U0190765

数控车床编程与仿真加工

（广数与华中系统）

（第2版）

主编　董代进　邓红梅
主审　夏建刚

重庆大学出版社

内 容 简 介

本书以实例的形式,以广州超软数控加工仿真软件为工具,系统地讲述了数控车编程的基本知识以及GSK928TC 系统、GSK980TD 系统、HNC22T 系统的指令及编程。

本书图文并茂、通俗易懂、可操作性强,与数控车的实际操作紧密相联,既可作为中等职业学校数控车编程与仿真加工教材,也可作为数控车方面的培训教材,还可作为相关工程技术人员自学数控车编程用书以及高等职业学校师生用书。

图书在版编目(CIP)数据

数控车床编程与仿真加工(第2版)/董代进,邓红梅主编.—重庆:重庆大学出版社,2009.2(2024.1 重印)

(中等职业教育机械类系列教材)

ISBN 978-7-5624-4752-8

Ⅰ.数… Ⅱ.①董…②邓… Ⅲ.①数控机床:车床—程序设计—专业学校—教材②数控机床:车床—操作—专业学校—教材 Ⅳ.TG519.1

中国版本图书馆 CIP 数据核字(2008)第 205851 号

中等职业教育机械类系列教材

数控车床编程与仿真加工

(第2版)

主编 董代进 邓红梅

主审 夏建刚

责任编辑:周 立 版式设计:周 立

责任校对:夏 宇 责任印制:张 策

*

重庆大学出版社出版发行

出版人:陈晓阳

社址:重庆市沙坪坝区大学城西路 21 号

邮编:401331

电话:(023) 88617190 88617185(中小学)

传真:(023) 88617186 88617166

网址:http://www.cqup.com.cn

邮箱:fxk@cqup.com.cn(营销中心)

全国新华书店经销

POD:重庆新生代彩印技术有限公司

*

开本:787mm×1092mm 1/16 印张:19.25 字数:480 千

2019 年 8 月第 2 版 2024 年 1 月第 8 次印刷

ISBN 978-7-5624-4752-8 定价:48.00 元

本书如有印刷、装订等质量问题,本社负责调换

版权所有,请勿擅自翻印和用本书

制作各类出版物及配套用书,违者必究

前　言

本书根据中等职业学校机械类专业的特点以及数控车编程及其仿真加工在机械类专业的地位和作用,以能熟练运用广州超软数控加工仿真软件,紧扣数控车的实际操作,对 GSK928TC 系统、GSK980TD 系统、HNC22T 系统进行仿真加工为目的,主要讲述了:

1.数控车编程的基本知识。

2.广州超软数控加工仿真软件的使用。

3.GSK928TC 系统、GSK980TC 系统、HNC22T 系统的操作、编程指令及其编程,以及仿真加工。

充分体现"以就业为导向,以能力为本位,以学生为宗旨"的精神。

本书作者长期从事中等职业学校数控车的理论与实际,以及数控仿真加工的教学,是各个学校优秀的双师型教师,具有丰富的实践经验和扎实的理论功底,非常熟悉中等职业学校的教育教学规律,本书既可作为数控车的仿真加工教材,也可作为数控车的实际操作教材。

根据中等职业学校机械类的教学要求,本课程教学共需 100 个课时左右,课时分配,可参考下表:

内　容	项目一	项目二	项目三	项目四	合　计
课时(节)	15	25	20	40	100

本书由重庆市龙门浩职业中学的董代进、徐继银、罗漾,重庆教育管理学校的邓红梅,重庆万洲职教中心的葛卫国,重庆九龙坡区职业教育中心的彭荣、唐斌武,五里店职业中学的何伟,重庆市机械高级技工学校陈燚等老师共同编写,由董代进、邓红梅任主编,全书由夏建刚主审。

本书在编写过程中,得到重庆龙门浩职业中学章方学校长、张小毅副校长,该校电子机械部邹开耀部长的大力支持,在此表示感谢。

由于编者水平有限,编写时间仓促,书中错误与不足在所难免,恳请读者批评指正。

编　者

2019 年 1 月

目　录

项目一　数控车床编程与数控仿真加工基础

项目内容　1. 数控车床编程基础知识。

2. 认识广州超软加工仿真软件。

项目目标　1. 了解数控技术的一些基本术语、数控加工的特点、数控机床的基本功能。

2. 理解数控车床的坐标系、程序的结构，能运用数学知识处理数控程序编制中的一些数学问题，理解数控程序编制的内容及步骤。

3. 了解数控加工仿真技术的历史，掌握 CZK 系统的安装及操作，理解 CZK 菜单工具栏、标准工具栏的内容及含义。

任务一　数控车床编程基础

课题一　数控技术概述

一、数控技术的几个基本术语

1. 数字控制

数字控制(Numerical Control)简称 NC，是一种借助数字、字符或其他符号对某一工作过程，如加工、测量、装配等，进行可编程控制的自动化方法。

2. 数控技术

数控技术(Numerical Control Technology)是指用数字、文字和符号组成的数字指令来实现一台或多台机械设备动作控制的技术。控制对象不仅可以是位移、角度、速度等机械量，也可以是温度、压力、流量、颜色等物理量，这些量的大小不仅是可以测量的，而且可以经 A/D 或 D/A 转换，用数字信号来表示。数控技术是近代发展起来的一种自动控制技术，是机械加工现代化的重要基础与关键技术。

数控技术的产生依赖于数据载体和二进制形式数据运算的出现。1908 年，穿孔的金属薄片互换式数据载体问世。19 世纪末，以纸为数据载体并具有辅助功能的控制系统被发明。1938 年，香农在美国麻省理工学院进行了数据快速运算和传输，奠定了现代计算机，包括计算机数字控制系统的基础。数控技术是与机床控制密切结合发展起来的。1952 年，第一台数控机床问世，成为世界机械工业史上一件划时代的事件，推动了自动化的发展。

现在，数控技术也叫计算机数控技术，目前它是采用计算机实现数字程序控制的技术。这种技术用计算机按事先存贮的控制程序来执行对设备的控制功能。由于采用计算机替代原先用硬件逻辑电路组成的数控装置，使输入数据的存储、处理、运算、逻辑判断等各种控制机能的实现，均可通过计算机软件来完成。

3. 数控机床

数控机床(Numerical Control Machine Tools)是采用数字控制技术对机床的加工过程进行自动控制的一类机床,它是按加工要求预先编制程序,由控制系统发出以数字量作为指令信息进行工作的机床。它是数控技术应用的典型例子。

数控机床将零件加工过程所需的各种操作(如主轴变速、主轴启动和停止、松夹工件、进刀退刀、冷却液开或关等)和步骤以及刀具与工件之间的相对位移量都用数字化的代码来表示,由编程人员编制成规定的加工程序,通过输入介质(磁盘等)送入计算机控制系统,再由计算机对输入的信息进行处理与运算,发出各种指令来控制机床的运动,使机床自动地加工出所需要的零件。

现代数控机床综合应用了微电子技术、计算机技术、精密检测技术、伺服驱动技术以及精密机械技术等多方面的最新成果,是典型的机电一体化产品。

随着数控技术的发展,数控机床不仅在宇航、造船、军工等领域广泛使用,而且也进入了汽车、机床等民用机械制造行业。目前,在机械制造行业中,单件、小批量的生产所占有的比例越来越大,机械产品的精度和质量也在不断地提高。所以,普通机床越来越难以满足加工精密零件的需要。同时,由于生产水平的提高,数控机床的价格在不断下降,因此,数控机床在机械行业中的使用已很普遍。

4. 数控系统

数控系统(Numerical Control System)实现数字控制的装置。

5. 计算机数控系统

计算机数控系统(Computer Numerical Control)简称 CNC,是以计算机为核心的数控系统。

6. 数控编程

在数控机床上加工零件,首先要进行程序编制,将零件的加工顺序、工件与刀具相对运动轨迹的尺寸数据、工艺参数(主运动和进给运动速度、切削深度等)以及辅助操作等加工信息,用规定的文字、数字、符号组成的代码,按一定的格式编写成加工程序单,并将程序单的信息通过控制介质输入到数控装置,由数控装置控制机床进行自动加工。从零件图纸到编制零件加工程序和制作控制介质的全部过程称为数控程序编制。

二、数控加工的特点

数控加工经历了半个世纪的发展已成为应用于当代各个制造领域的先进制造技术。数控加工的最大特征有两点:一是可以极大地提高精度,包括加工质量精度及加工时间误差精度;二是加工质量的重复性,可以稳定加工质量,保持加工零件质量的一致。也就是说加工零件的质量及加工时间是由数控程序决定而不是由机床操作人员决定的。具体来说,数控加工具有如下优点:

1. 具有复杂形状加工能力

复杂形状零件在飞机、汽车、造船、模具、动力设备和国防军工等制造部门具有重要地位,其加工质量直接影响整机产品的性能。数控加工运动的任意可控性,使其能完成普通加工方法难以完成或者无法进行的复杂型面加工。

2. 高质量

数控加工是用数字程序控制实现自动加工,排除了人为误差因素,且加工误差还可以由数控系统通过软件技术进行补偿校正。因此,采用数控加工可以提高零件加工精度和产品质量。

3. 高效率

与采用普通机床加工相比,采用数控加工一般可提高生产率 2 ~3 倍,在加工复杂零件时,生产率可提高十几倍甚至几十倍。特别是五面体加工中心和柔性制造单元等设备,零件一次装夹后能完成几乎所有表面的加工,不仅可消除多次装夹引起的定位误差,还可大大减少加工辅助操作,使加工效率进一步提高。

4. 高柔性

只需改变零件程序即可适应不同品种的零件加工,且几乎不需要制造专用工装夹具,因而加工柔性好,有利于缩短产品的研制与生产周期,适应多品种、中小批量的现代生产需要。

5. 减轻劳动强度,改善劳动条件

数控加工是按事先编好的程序自动完成的,操作者不需要进行繁重的重复手工操作,劳动强度和紧张程度大为改善,劳动条件也相应得到改善。

6. 有利于生产管理

数控加工可大大提高生产率、稳定加工质量、缩短加工周期、易于在工厂或车间实行计算机管理。数控加工技术的应用,使机械加工的大量前期准备工作与机械加工过程联为一体,使零件的计算机辅助设计(CAD)、计算机辅助工艺规划(CAPP)和计算机辅助制造(CAM)的一体化成为现实,宜于实现现代化的生产管理。

7. 数控机床价格较高,维修较难

数控机床是一种高度自动化机床,必须配有数控装置或电子计算机,机床加工精度因受切削用量大、连续加工发热多等影响,使其设计要求比通用机床更严格,制造要求更精密,因此数控机床的制造成本较高。此外,由于数控机床的控制系统比较复杂,一些元件、部件精密度较高以及一些进口机床的技术开发受到条件的限制,所以对数控机床的调试和维修都比较困难。

三、数控机床简述

1. 数控机床的类型

20 世纪 40 年代末,美国开始研究数控机床,1952 年,美国麻省理工学院(MIT)伺服机构实验室成功研制出第一台数控铣床,并于 1957 年投入使用。这是制造技术发展过程中的一个重大突破,标志着制造领域中数控加工时代的开始。数控加工是现代制造技术的基础,这一发明对于制造行业而言,具有划时代的意义和深远的影响。世界上主要工业发达国家都十分重视数控加工技术的研究和发展。我国于 1958 年开始研制数控机床,成功试制出配有电子数控系统的数控机床,1965 年开始批量生产配有晶体管数控系统的三坐标数控铣床。经过几十年的发展,目前的数控机床已经在工业界得到广泛应用,在模具制造行业的应用尤为普及。

数控机床种类繁多,一般将数控机床分为 16 大类:

(1)数控车床(含有铣削功能的车削中心)

(2)数控铣床(含铣削中心)

(3)数控镗床

(4)以铣镗削为主的加工中心

(5)数控磨床(含磨削中心)

(6)数控钻床(含钻削中心)

(7)数控拉床

(8)数控刨床

(9)数控切断机床

(10)数控齿轮加工机床

(11)数控激光加工机床

(12)数控电火花切割机床(含电加工中心)

(13)数控板材成型加工机床

(14)数控管料成型加工机床

(15)其他数控机床

模具制造常用的数控加工机床有:数控铣床、数控电火花成型机床、数控电火花线切割机床、数控磨床和数控车床。

2. 数控机床的组成

数控机床通常由控制系统、伺服系统、检测系统、机械传动系统及其他辅助系统组成。

(1)控制系统用于数控机床的运算、管理和控制,通过输入介质得到数据,对这些数据进行解释和运算并对机床产生作用。

(2)伺服系统根据控制系统的指令驱动机床,使刀具和零件执行数控代码规定的运动。

(3)检测系统则是用来检测机床执行件(工作台、转台、滑板等)的位移和速度变化量,并将检测结果反馈到输入端,与输入指令进行比较,根据其差别调整机床运动。

(4)机床传动系统是由进给伺服驱动元件至机床执行件之间的机械进给传动装置。

(5)辅助系统种类繁多,如:固定循环(能进行重复加工)、自动换刀(可交换指定的刀具)、传动间隙补偿(补偿机械传动系统产生的间隙误差)等。

四、数控机床的基本功能

1. 数控系统的功能

计算机数控系统,现在普遍采用了微处理器,可以通过软件实现很多功能。数控系统有多种系列,性能各异。数控系统的功能通常包括基本功能和选择功能,基本功能是数控系统必备的功能。选择功能是供用户根据机床特点和用途进行选择的功能。CNC 系统的功能主要反映在准备功能 G 指令代码和辅助功能 M 指令代码上。根据数控机床的类型、用途、档次的不同,CNC 系统的功能有很大差别。

2. 数控系统的标准

为了满足设计、制造、维修和普及的需要,在输入代码、坐标系、加工指令及程序格式等方面,国际上形成了两种通用的标准,即国际标准化组织(ISO)标准和美国电子工程协会(EIA)标准。我国原机械工业部根据 ISO 标准制定了 JB 3050—1982《数字控制机床穿孔符》、JB 3051—1982《数字控制机床坐标系和运动方向的命名》、JB 3208—1983《数字控制机床穿孔带程序段程式中的准备功能 G 和辅助功能 M 代码》。目前,由于各个数控机床生产厂家所用的标准尚未完全统一,其所用的代码、指令及其含义不完全相同,因此,在数控编程时必须按所用的数控机床编程说明书的规定进行。

3. 数控系统代码

数控系统中常用的代码有 ISO 代码和 EIA 代码。目前国际上广泛应用的是 ISO 标准。我国原机械工业部制定的 JB 3208—1938 标准与国际上使用的 ISO 1056—1975E 标准等效。

零件程序所用的代码，主要有准备功能（G 功能）、辅助功能（M 功能）、进给功能（F 功能）、刀具功能（T 功能）和主轴功能（S 功能）。一般数控系统中常用的 G 功能和 M 功能都与国际 ISO 标准中的功能一致，对某些特殊功能，ISO 标准中未指定的，按其数控机床控制功能的要求，数控生产厂家按需要进行自定义，并在数控编程手册中加以具体说明。下面介绍 ISO 标准中常用的功能指令。

4. 数控机床的基本功能

（1）控制功能。CNC 系统的主要性能之一就是能控制的轴数和能同时控制（联动）的轴数。控制轴有移动轴和回转轴，有基本轴和附加轴。通过轴的联动可以完成轮廓轨迹的加工。

一般数控车床只需二轴控制、二轴联动；数控铣床需要三轴控制、三轴联动或 2.5 轴联动；加工中心为多轴控制、多轴联动。控制的轴数越多，特别是同时控制的轴数越多，要求 CNC 系统的功能就越强大，同时 CNC 系统也就越复杂，编制程序也就越困难。

（2）插补功能。CNC 系统是通过软件插补来实现刀具运动轨迹控制的。由于轮廓控制的实时性很强，软件插补的计算速度难以满足数控机床对进给速度和分辨率的要求，同时，由于 CNC 不断扩展其他方面的功能，也要求插补计算其所占用的 CPU 时间。因此，CNC 的插补功能实际上被分为粗插补和精插补。插补软件每次插补一个小线段的数据为粗插补。伺服系统根据粗插补的结果，将小线段分成单个脉冲的输出称为精插补，有的数控机床采用硬件进行插补。

（3）准备功能（G 功能）。准备功能也称 G 功能或 G 代码，是使机床或数控系统建立起某种加工方式的指令。G 功能由地址符 G 及其后的两位数字给成，一般从 G00 ~ G99 共 100 个。

G 代码分为模态代码（又称续效代码）和非模态代码。所谓模态代码是指在程序中一旦指令生成就一直有效，非模态代码是指只在本程序段中才有效。

（4）辅助功能（M 功能）。辅助功能也称 M 功能或 M 代码，由地址符 M 及其后的两位数字组成，它是控制机床或系统开关功能的一种指令，用以指定如主轴的正、反转、工件或刀具的夹紧与松开、系统切削液的开与关、程序的结束等。

（5）进给功能（F 功能）。进给功能也称为 F 功能或 F 代码，由地址符 F 及其后面的数字组成，用来指定刀具相对于工件运动的速度或螺纹的螺距、导程。当指进给速度时，其单位一般是 mm/min。该代码是模态代码，一般有代码指定法和直接指定法两种方法。

①代码指定法。F 后跟随两位数字，这些数字不直接表示进给速度的大小，而是机床进给速度数列的序号。

②直接指定法。F 后跟的数字就是进给速度的大小，例如 F100 表示进给速度是 100 mm/min。这种指定方法较为直观，因此现在大多数机床均采用这一指定方法。按数控机床的进给功能，它也有两种速度表示法：

切削进给速度（每分钟进给量）：对于直线轴如 F800，表示每分钟进给速度是 800 mm；对于回转轴如 F12，表示每分钟进给速度为 12°。

同步进给速度（每转进给量）：主轴每转进给量规定的进给速度，如 0.5 mm/r，只有主轴上装有位置编码的机床，才能实现同步进给速度。

（6）主轴功能（S 功能）。主轴功能也称主轴转速功能，即 S 功能，用来指定主轴的转速，由地址符 S 及其后的数字组成,单位是 r/min。如 S2000 表示主轴转速为 2 000 r/min,该指令也是模态代码。

(7)刀具功能(T 功能)。刀具功能也称 T 功能,在自动换刀的数控机床中,该指令用来选择所需的刀具,同时也用来表示选择刀具偏置和补偿。T 功能由地址符 T 及其后的 2 ~4 位数字组成。如 T26 表示换刀时选择 26 号刀具。当用作刀具补偿时,T26 是指按 26 号刀具事先所设定的数据进行补偿。若用四位数码指令时,如 T0101,则前两位数字表示刀号,后两位数字表示刀补号。由于不同的数控系统有不同的规定,具体应用时,应按所用数控机床编程说明书中的规定进行。

(8)补偿功能。补偿功能是通过输入到 CNC 系统存储器的补偿量,根据编程轨迹重新计算刀具的运动轨迹和坐标尺寸,从而加工出符合要求的工件。补偿功能主要有以下两种:

①刀具的尺寸补偿。如刀具长度补偿、刀具半径补偿和刀尖圆弧半径补偿,这些功能可以补偿刀具的磨损以及换刀时对准正确的位置。

②丝杠的螺距误差补偿和反向间隙补偿或者热变形补偿。通过事先检测出的丝杠螺距误差和反向间隙,并输入到 CNC 系统中,在实际加工中进行补偿,从而提高数控机床的加工精度。

(9)字符、图形显示功能。CNC 控制器可以配置单色或彩色 CRT 或 LCD,通过软件和硬件接口实现字符和图形的显示。通常可以显示程序、参数、各种补偿量、坐标位置、故障信息、人机对话编程菜单、零件图形及刀具模拟移动轨迹等。

(10)报警功能。机床在操作或自动运行过程中,如果出现操作顺序或逻辑或格式上的错误,CNC 系统就会立刻出现报警状态,CRT 显示器上会显示出报警的编号、报警的内容及其他详细的内容。

(11)自诊断功能。为了防止故障的发生或在发生故障后,可以迅速查明故障的类型和部位,以减少停机时间,CNC 系统中设置了各种诊断程序。不同的 CNC 系统设置的诊断程序是不相同的,诊断的水平也不相同。诊断程序一般可以包含在系统程序中,在系统运行过程中进行检测和诊断;也可以在系统运行前或故障停机后进行诊断,查找故障的部位。有的 CNC 系统可以实现远程通信诊断或在线诊断以及网络诊断。

(12)通信功能。为了适应柔性制造系统(flexble manufacturing system,FMS)和计算机集成制造系统(computer integrated manufacturing system,CIMS)的需要,CNC 系统通常具有 RS232C 通信接口,有的还备有 DNC 接口或以太网接口。也有的 CNC 通过制造自动化协议(manufacturing automatic protocol,MAP)接入工厂的通信网络。

(13)人机交互图形编程功能。为了进一步提高数控机床的编程效率,对于 NC 程序的编制,特别是较为复杂零件的 NC 程序都要通过计算机辅助编程,尤其是利用图形进行自动编程,以提高编程效率。因此,现代 CNC 系统一般要求具有人机交互图形编程功能。有这种功能的 CNC 系统可以根据零件图直接编制程序,即编程人员只需送入图样上简单表示的几何尺寸就能自动地计算出全部交点、切点和圆心坐标,生成加工程序。有的 CNC 系统可根据引导图和显示说明进行对话式编程,并具有自动控制工序选择、刀具和切削条件的自动控制选择等智能功能。有的 CNC 系统(如日本 FANUC 系统)还备有用户宏程序功能。这些功能有助于那些未受过 CNC 编程专门训练的机械工人能够很快地进行程序编制工作。

【想一想 1-1】　数字控制、数控技术、数控机床、数控编程的含义。
【想一想 1-2】　数控加工有哪些特点？
【想一想 1-3】　数控机床有哪些基本功能？

课题二　数控程序的坐标系

一、车床坐标系

1. 车床相对运动的规定

在车床上，我们始终认为工件静止，而刀具是运动的。这样编程人员在不考虑车床上工件与刀具具体运动的情况下，就可以依据零件图样，确定车床的加工过程。

2. 车床坐标系的规定

(1)机床坐标系的含义。在数控车床上，机床的动作是由数控装置来控制的，为了确定数控机床上的成形运动和辅助运动，必须先确定机床上运动的位移和运动的方向，这就需要通过坐标系来实现，这个坐标系被称之为机床坐标系。

为了简化编程和保证程序的通用性，对数控机床的坐标轴和方向的命名制定了统一标准：规定直线进给的坐标轴用 X,Y,Z，也就是右手笛卡尔直角坐标系。右手笛卡尔直角坐标系，如图 1.1 所示，内容如下：

①伸出右手的大拇指、食指和中指，并互为90°。则大拇指代表 X 坐标，食指代表 Y 坐标，中指代表 Z 坐标。

②大拇指的指向为 X 坐标的正方向，食指的指向为 Y 坐标的正方向，中指的指向为 Z 坐标的正方向。

③围绕 X,Y,Z 坐标旋转的旋转坐标分别用 A,B,C 表示，根据右手螺旋定则，大拇指的指向为 X,Y,Z 坐标中任意轴的正向，则其余四指的旋转方向即为旋转坐标 A,B,C 的正向。

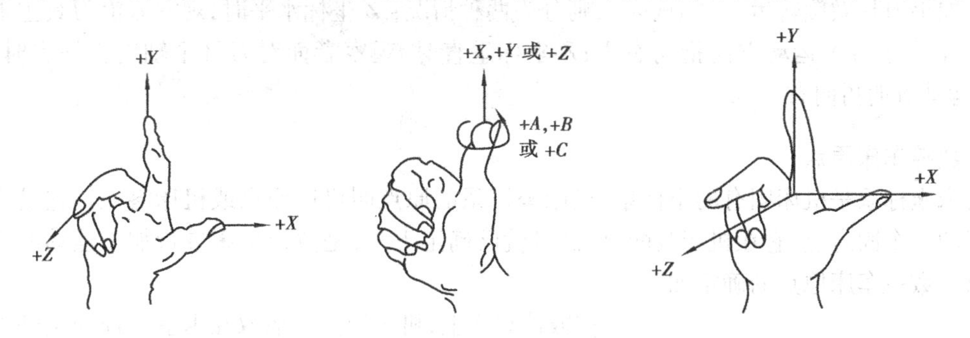

图 1.1　机床坐标系中 X,Y,Z 坐标轴的相互关系

(2)数控车床坐标系。数控车床坐标系的规定为：

①Z 坐标轴。与“传递切削动力”的主轴轴线重合，平行于车床纵向导轨，其正向为远离卡盘的方向，负向为走向卡盘的方向，如图 1.2 所示。

②X 坐标轴。在工件的径向上，平行于车床横向导轨，其正向为远离工件，走向工件的方向为其负向。如图 1.2 所示，为横向水平导轨和倾斜导轨两种布置的数控车床坐标系。

③Y 轴(车床上是虚设的)与 X 轴和 Z 轴构成笛卡尔直角坐标系。

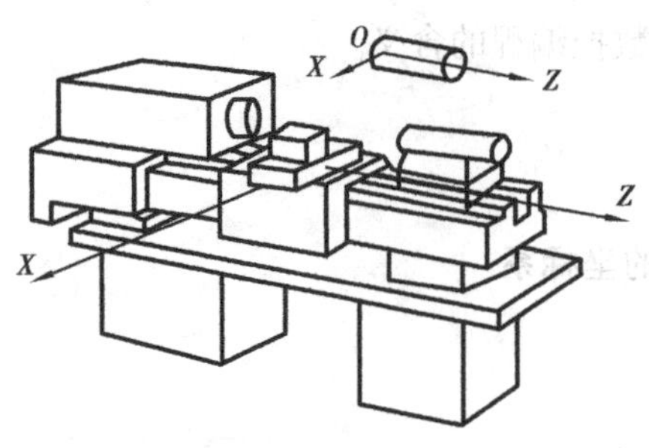

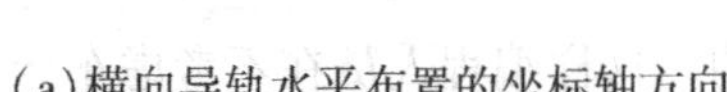
(a)横向导轨水平布置的坐标轴方向

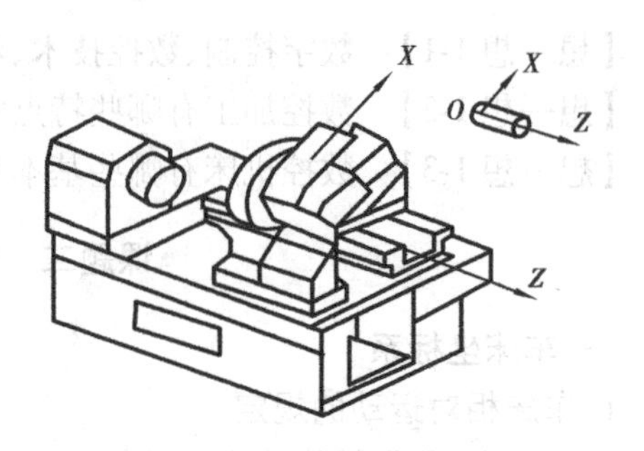

(b)横向导轨倾斜布置的坐标轴方向

图 1.2　横向导轨两种布置的数控车床坐标系

提示：

●机床坐标系运动方向的规定。增大刀具与工件距离的方向即为各坐标轴的正方向，减小刀具与工件距离的方向即为各坐标轴的负方向。

(1)Z 坐标轴。Z 坐标的运动方向是由传递切削动力的主轴所决定的，即平行于主轴轴线的坐标轴即为 Z 坐标，Z 坐标的正向为刀具离开工件的方向，Z 坐标的负向为刀具走向工件的方向。

如果机床上有几个主轴，则选一个垂直于工件装夹平面的主轴方向为 Z 坐标方向；如果主轴能够摆动，则选垂直于工件装夹平面的方向为 Z 坐标方向；如果机床无主轴，则选垂直于工件装夹平面的方向为 Z 坐标方向。

(2)X 坐标轴。X 坐标平行于工件的装夹平面，一般在水平面内。确定 X 轴的方向时，要考虑两种情况：

如果工件做旋转运动（如车床），则刀具离开工件的方向为 X 坐标的正方向；

如果刀具做旋转运动（如铣床），则分为两种情况：Z 坐标水平时，观察者沿刀具主轴向工件看时，$+X$ 运动方向指向右方；Z 坐标垂直时，观察者面对刀具主轴向立柱看时，$+X$运动方向指向右。

3. 数控车床原点

机床坐标系是机床固有的坐标系，机床坐标系的原点叫机床原点或机床零点。它是机床上设置的一个固定点，它在机床装配、调试时就已确定下来，是数控机床进行加工运动的基准参考点。数控车床原点的确定如下：

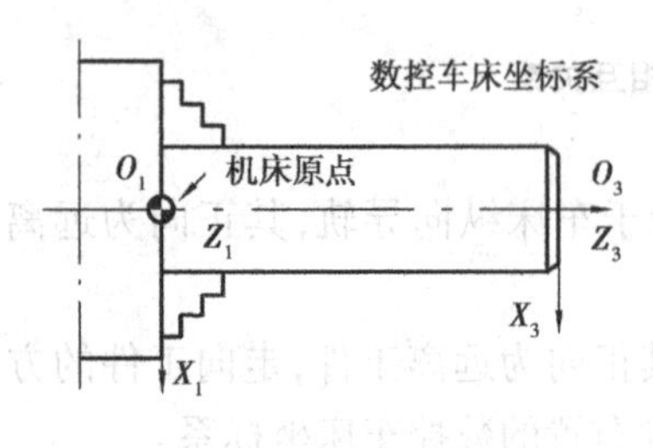

图 1.3　数控车床的原点

在数控车床上，机床原点一般取在卡盘端面与主轴中心线的交点处，如图 1.3 所示。同时，通过设置参数的方法，也可将机床原点设定在 X,Z 坐标的正方向极限位置上。

二、机床参考点

数控装置上电时，并不知道机床原点，为了正确地在机床工作时，建立机床坐标系，通常在每个坐标轴的移动范围内设置一个机床参考点。

机床参考点是用于对机床运动进行检测和控制的固定位置点。

机床参考点的位置是由机床制造厂家在每个进给轴上用限位开关精确调整好的,坐标值已输入数控系统中。因此参考点对机床原点的坐标是一个已知数。

通常在数控车床上机床参考点是离机床原点最远的极限点。如图 1.4 所示,为数控车床的参考点与机床原点。

数控机床开机时,必须先确定机床原点,而确定机床原点的运动就是刀架返回参考点的操作,这样通过确认参考点,就确定了机床原点。只有机床参考点被确认后,刀具(或工作台)移动才有基准,所以,机床开机后的第一步骤应是"回零"操作,以确定机床参考点和机床原点的距离。

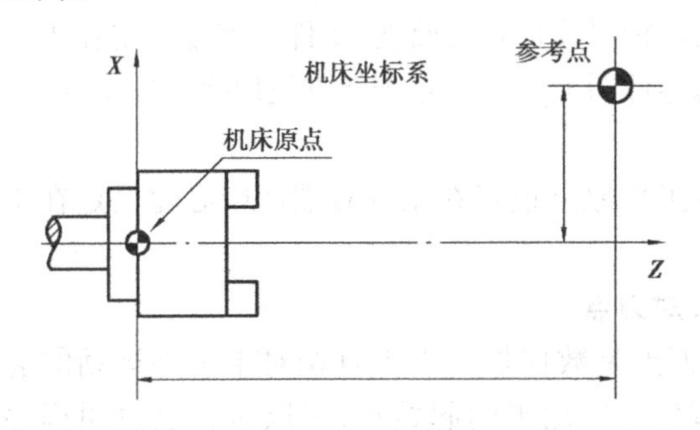

图 1.4　数控车床的参考点与机床原点

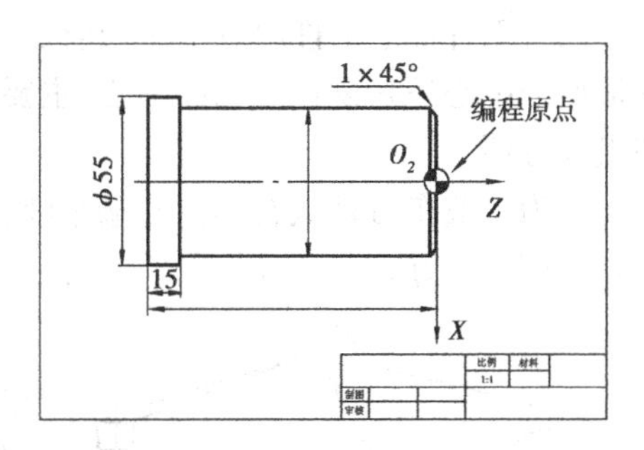

图 1.5　编程坐标系与编程原点

三、编程坐标系

1. 编程坐标系

编程坐标系是编程人员根据零件图样及加工工艺等建立的坐标系。

编程坐标系一般供编程使用,确定编程坐标系时不必考虑工件毛坯在机床上的实际装夹位置。如图 1.5 所示,为数控车床编程坐标系示例。

2. 编程原点

编程原点是根据加工零件图样及加工工艺要求所选定的编程坐标系的原点。编程原点应尽量选择在零件的设计基准或工艺基准上,编程坐标系中各轴的方向应该与所使用的数控机床相应的坐标轴方向一致,如图 1.5 所示,为编程原点选在零件右端面中心。

3. 编程原点的选择

编程原点的选择一般应从以下几个方面考虑:

(1)所选的原点要便于数值计算,减少错误,以利于编程。

(2)尽量选在工件的设计基准或工艺基准上,便于测量和检验。

(3)*X* 轴方向的原点,选在工件回转轴线上。

(4)*Z* 轴方向的原点,一般设在工件表面。

四、工件坐标系

1. 工件坐标系

工件坐标系是指以确定加工原点为基准所建立的坐标系。

2. 工件原点

工件原点也称为程序原点,是指零件被装夹好后,相应的编程原点在机床坐标系中的位置。

在加工过程中,数控机床是按照工件装夹好后所确定的加工原点位置和程序要求进行加工的。编程人员在编制程序时,只要根据零件图样就可以选定编程原点、建立编程坐标系、计算坐标数值,而不必考虑工件毛坯装夹的实际位置。

对于加工人员来说,则应在装夹工件、调试程序时,将编程原点转换为工件原点,并确定工件原点的位置,在数控系统中给予设定(即给出原点设定值),设定工件坐标系后就可根据刀具当前位置,确定刀具起始点的坐标值。在加工时,工件各尺寸的坐标值都是相对于工件原点而言的,这样数控机床才能按照准确的工件坐标系位置开始加工。

3. 工件原点的选择

同一工件由于工件原点变了,其程序段中的坐标尺寸也随之改变,工件原点是设定在工件左端面的中心还是设在右端面中心,主要是考虑零件图上的尺寸是否能方便地换算成坐标值,使编程方便。

因为一般车刀是从右端向左端车削,所以将工件原点设定在工件右端面中心比设定在工件左端面中心好。

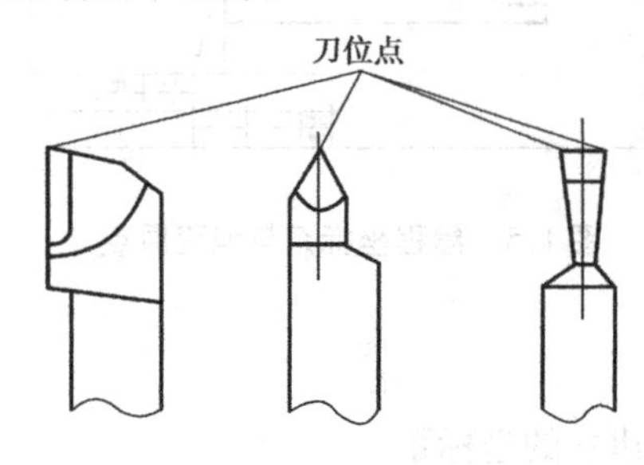

图 1.6　常用车刀的刀位点

五、对刀点

对刀点是数控加工中刀具相对于工件运动的起点,是零件程序加工的起始点,所以对刀点也叫程序起点。对刀的目的是确定工件原点在机床坐标系中的位置,即工件坐标系与机床坐标系的关系。数控车床所使用的刀具大都为尖形车刀,一般以车刀刀尖为刀位点。常用车刀的刀位点,如图 1.6 所示。

对刀点可设在工件上并与工件原点重合,也可设在工件外任何便于对刀之处,但该点与工件原点之间必需有确定的坐标联系。一般情况下,对刀点既是加工程序执行的起点,也是加工程序执行的终点。通常把设定该点的过程称为对刀或叫建立工件坐标系。

对刀有手动试切对刀和自动对刀两种,经济型数控车床一般是采用手动试切对刀,本书只介绍手动试切对刀方法。

六、工件坐标系的建立(对刀)

设定工件坐标系就是以工件原点为坐标原点,确定刀具起始点的坐标值。工件坐标系设定之后,显示屏幕上显示的是车刀刀尖相对工件原点的坐标值。编程时,工件的各尺寸坐标都是相对工件原点而言,因此,数控车床的工件原点也称程序原点。

在数控车床上建立工件坐标系有多种方法,不同数控系统所采用的主要方法也有不同,这里介绍常见的几种方法。

1. 通过“刀补”方式确定工件坐标系

通过“刀补”方式确定工件坐标系的具体方法是:

(1)进行系统回零操作。

(2)用每一把车刀,分别试切工件外圆、端面,并分别记下测量值。

(3)进入数控系统的 MDI 方式、刀具偏置页面,在“试切直径”和“试切长度”位置,分别输入测量值,数控系统就自动计算出每把刀具的刀位点相对于工件原点的机床绝对坐标。

(4)在程序中调用带有刀具位置补偿号的刀具功能指令(如“T0101”)后,即建立起加工坐标系。

这种方法相当于将每一把车刀,都建立起了各自相对独立的工件坐标系。由于操作简单,不需要计算,因此,这种方法已成为当前数控车床应用的主流方式。

2. 用 G92 设定工件坐标系

(1)用 G92 设定工件坐标系的含义。在华中数控系统中,用 G92 设定工件坐标系。在程序中出现 G92 程序段时,立即通过刀具当前所在位置,即刀具起始点来设定工件坐标系。

G92 指令的编程格式:G92 X ____ Z ______

X、*Z* 分别为刀尖的起始点距工件原点的距离,执行 G92 指令后,系统内部立即对(*X*,*Z*)进行记忆并显示在显示器上,这就相当于在系统内部建立了一个以工件原点为坐标原点的工件坐标系。

该程序段运行后,就根据刀具起始点设定了工件原点。

用 G92 设置加工坐标系,也可看做是:在工件坐标系中,确定刀具起始点的坐标值,并将该坐标值写入 G92 编程格式中。

(2)用“G92”设定工件坐标系的具体方法。如图 1.7 所示,用“G92” 指令,把工件原点设定在工件右端面中心 *O* 点,其方法是:

①换上基准刀(如 1 号刀)。

②分别试切工件外圆和端面,并分别记下测量值。

③通过计算,把基准刀的刀位点,手动移动到距离工件原点一个自行指定的坐标位置(如 *A* 点 X40,Z20)。

④在程序的首段,使用预置寄存指令:“G92 X40 Z20”(以工件右端面的中心为工件原点,如果以工件左端面的中心为工件原点,则工件坐标系建立指令是“G92 X40 Z55”)。

⑤自动运行程序,数控系统把工件坐标系原点,设置在工件的右端面中心 *O* 点上。

这种方法是通过刀具当前的位置 *A* 点,间接确定出工件坐标系原点 *O*。要注意的是:在运行程序之前,必须确保刀具的刀位点位于 G92 指定的位置上(如 *A* 点),否则会出现意想不到的结果,因此这种方法在实际操作中,目前不太常用。

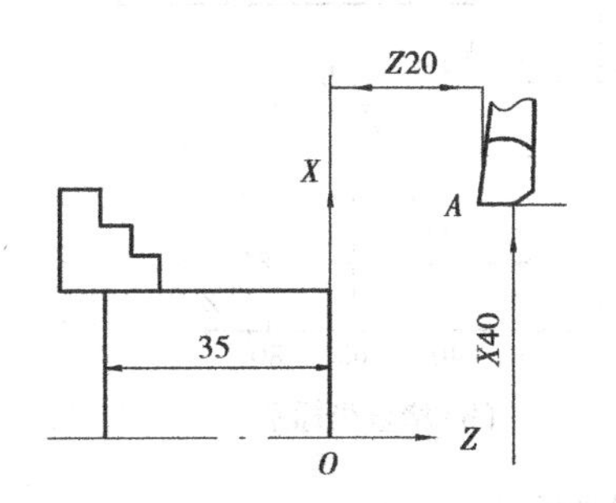

图 1.7 用 G92 指令,建立工件坐标系

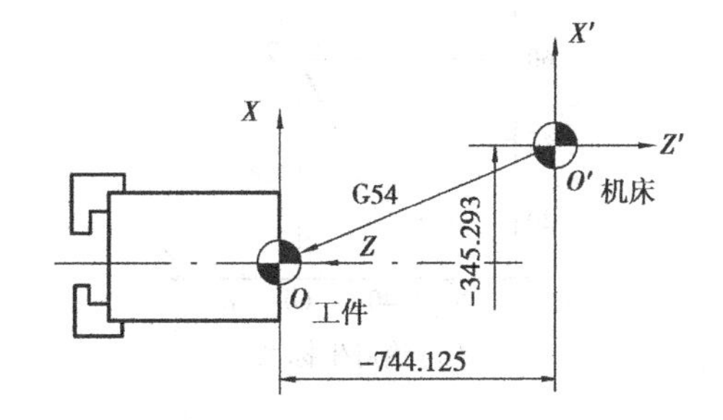

图 1.8 用 G54 指令,建立工件坐标系

3. 用存储型零点偏置指令设置工件标系,如“G54 ~ G59”

(1)用“G54 ~ G59”设定工件坐标系的含义。“G54 ~ G59”为设定工件坐标系指令,G54 对应一号工件坐标系,其余以此类推。可在 MDI 方式的参数设置页面中,设定加工坐标系。

(2)用“G54 ~ G59” 设定工件坐标系的具体方法。如图 1.8 所示,用“G54 ~ G59” 指令,

把工件原点设定在工件右端面中心 O 点,其方法是:

①进行系统回零操作。

②换上基准刀(如1号刀)。

③分别试切工件外圆、端面,并分别记下测量值。

④借助数控显示屏上显示的机床坐标系坐标值,计算出工件原点在机床坐标系中的坐标值。

⑤进入数控面板上的MDI方式,在工件坐标系页面,选择一个工件坐标系(如G54),并输入前述工件原点在机床坐标系中的坐标值,数控系统就保存了这个工件坐标系的零点位置。

⑥在程序中使用工件坐标系调用指令(如G54),则数控系统就把这个工件坐标系的零点偏置到需要的位置上。

这种方法多用于数控铣床和加工中心,在数控车中使用比较麻烦。

七、车床刀架的换刀点

车床刀架的换刀点是指刀架转位换刀时所在的位置。换刀点的位置可以是固定的,也可以是任意一点,他的设定原则是以刀架转位时,不碰撞工件和机床上其他部件为准则,通常和刀具起始点重合。

八、绝对坐标与增量坐标

1. 绝对坐标

所有坐标值均以机床参考点或工件原点计量的坐标系称为绝对坐标系。在这个坐标系中移动的尺寸称为绝对坐标,也叫绝对尺寸,所用的编程指令称为绝对坐标指令。

2. 增量坐标

运动轨迹的终点坐标是相对于起点计量的坐标系称为增量坐标系,也叫相对坐标系。在这个坐标系中移动的尺寸称为增量坐标,也叫增量尺寸,所用的编程指令称为增量坐标指令。

绝对坐标与增量坐标的对照,如图1.9所示。

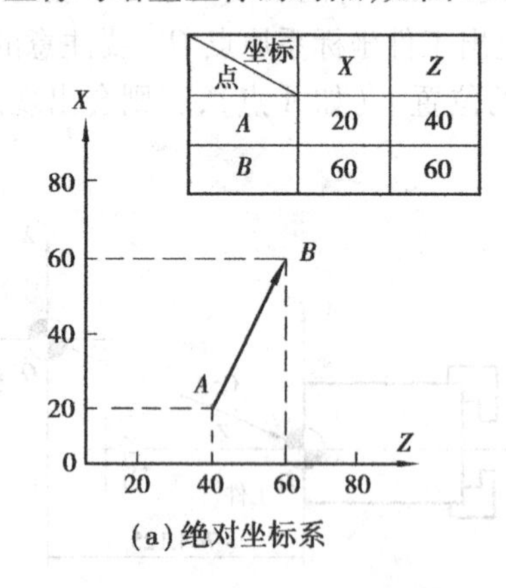

(a)绝对坐标系

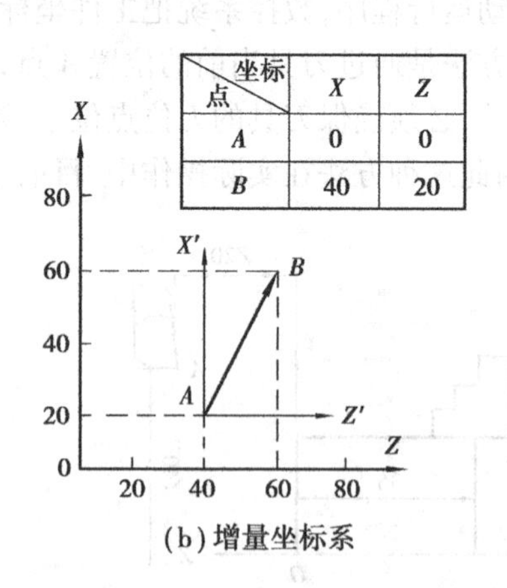

(b)增量坐标系

图1.9 绝对坐标与增量坐标

3. 绝对坐标与增量坐标的编程指令

(1)G功能字指定。如在华中系统中,G90指定尺寸值为绝对尺寸,G91指定尺寸值为增量尺寸。这种表达方式的特点是同一条程序段中只能用一种,不能混用,同一坐标轴方向的尺寸字的地址符是相同的。

(2)用尺寸字的地址符指定。绝对尺寸的尺寸字的地址符用 X,Y,Z,增量尺寸的尺寸字的地址符用 U,V,W。这种表达方式的特点是同一程序段中绝对尺寸和增量尺寸可以混用,这给编程带来很大方便。

【想一想 1-4】 车床坐标系、机床参考点、编程坐标系、工件坐标系的含义及相互关系。

【想一想 1-5】 如何建立工件坐标系的建立?

【想一想 1-6】 绝对坐标与增量坐标的含义。

课题三 程序的结构

一、程序结构

一个零件程序是由一组被传送到数控装置中去的指令和数据,他是由遵循一定结构、句话和格式规则的若干程序段组成,而每个程序段是由若干指令字(程序字)构成,如图 1.10 所示。

```
O0010                                程序名
N10 T0101
N20 G94 G00 X31 Z1 S600 M03
N30 G80 X26 Z-19.9 I-2.6 F80
N40 X22 Z-19.9 I-2.6                 程序内容
N50 X20.5 Z-19.9 I-2.6
N60 G80 X20 Z-20 I-2.6 F60
N70 G00 X100 Z50
N90 M05
N80 M02                              程序结束
```

图 1.10 程序结构

1. 程序段

把按顺序排列的各项指令称为程序段。如图 1.10 所示,程序内容中的每一行都为程序段。

2. 程序

为了进行连续的加工,需要很多程序段,程序段的集合称为程序。如图 1.10 所示,就是一个完整的程序。

3. 顺序号(程序段号)

(1)顺序号的含义。为了识别各程序段所加的编号,称为顺序号,顺序号又称程序段号或程序段序号。如图 1.10 所示的 N10、N20、N30 等都为该程序的顺序号。

程序段最前面的是顺序号(有的系统可省略不写),程序的运行顺序是按照程序段排列的先后,而不是按顺序号的大小来运行的。为了在修改程序时,能方便地插入程序段,顺序号之间最好有一定的间距。

(2)顺序号的作用。对程序的校对和检索修改,作为条件转向的目标,即作为转向目的程序段的名称。有顺序号的程序段可以进行复归操作,这是指加工可以从程序的中间开始或回到程序中断处开始。

(3)顺序号的一般使用方法。编程时将第一程序段冠以 N10,以后以间隔 10 递增的方法设置顺序号,这样,在调试程序时,如果需要在 N10 和 N20 之间插入程序段时,就可以使用 N11,N12 等。

4. 程序名

为了识别各程序所加的编号,称为程序名(程序号)。如图 1.10 所示,“O0010”就为该程序的程序名。

5. 指令字(程序字)

一个指令字是由地址符(指令字符)和带符号(如定义尺寸的字)或不带符号(如准备功能字 G 代码)的数字数据组成。

程序段中不同的指令字符及其后续数值确定了每个指令字的含义,在数控加工程序中,字是指一系列按规定排列的字符,并作为一个信息单元存储、传递和操作。字是由一个英文字母与随后的若干位十进制数字组成,这个英文字母称为地址符。如图 1.10 所示的“X31”是一个字,X 为地址符(代表 X 轴的地址符),数字“31”为地址中的内容(代表 X 轴的坐标值)。

在同一程序段中,各程序字的排列顺序要求并不严格。有的程序字是续效字(如“G01”等),如果在上一段中已经出现了,就可以省略不写。

常见的指令字有:程序段号 N、准备功能字 G、尺寸字、进给功能字 F、主轴转速功能字 S、刀具功能字 T 和辅助功能字 M。如图 1.11 所示。其含义见表 1.1。

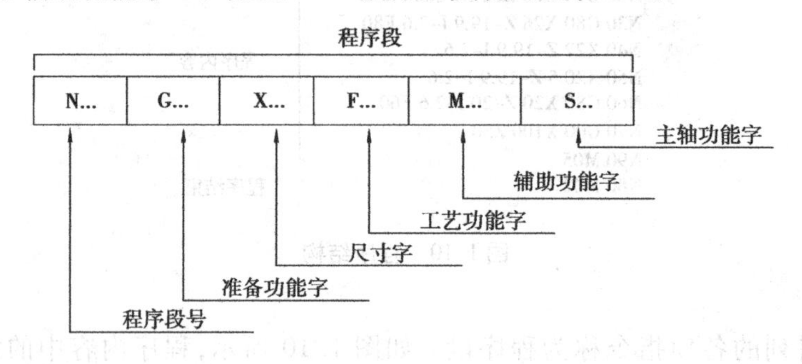

图 1.11　常见的指令字及程序段结构

表 1.1　常用指令字的含义

指令字	含　义
N	行号标识,通常后跟 4 位数字
G	准备功能字,用于机床进行加工运动和插补方式的功能字
M	辅助功能字,用于控制机床在加工操作时做一些辅助动作的开/关功能字
T	刀具功能字,表示刀具刀号和刀补值的功能字
S	主轴功能字,表示主轴转速的功能字
F	进给功能字,表示刀具刀位点进给速度的功能字
X、*Y*、*Z*	坐标尺寸字
U、*V*、*W*	第二坐标尺寸字,在很多系统中,*U*、*V*、*W* 表示分别平行于 *X*、*Y*、*Z* 的增量坐标字
I、*J*、*K*	坐标尺寸字,表示有关圆弧圆心的坐标参数

(1)顺序号字 N。顺序号位于程序段之首,由顺序号字 N 和后续数字组成。顺序号字 N 是地址符,后续数字一般为 1 ~4 位的正整数。数控加工中的顺序号实际上是程序段的名称,

与程序执行的先后次序无关。

(2)准备功能字 G。准备功能字的地址符是 G,又称为 G 功能或 G 指令,是用于建立机床或控制系统工作方式的一种指令,是由地址符 G 和两位数字表示,从 G00 ~ G99 共 100 种。如 G00 表示直线快速插补,G01 表示直线插补等。

(3)尺寸字。尺寸字用于确定机床上刀具运动终点的坐标位置。其中,

第一组 *X*、*Y*、*Z*、*U*、*V*、*W*、*P*、*Q*、*R*,用于确定终点的直线坐标尺寸。

第二组 *A*、*B*、*C*、*D*、*E*,用于确定终点的角度坐标尺寸。

第三组 *I*、*J*、*K*,用于确定圆弧轮廓的圆心坐标尺寸。

在一些数控系统中,还可以用 *P* 指令暂停时间、用 *R* 指令圆弧的半径等。

多数数控系统可以用准备功能字来选择坐标尺寸的制式,如 FANUC 诸系统可用 G21/G22 来选择米制单位或英制单位,也有些系统用系统参数来设定尺寸制式。采用米制时,一般单位为 mm,如"X100"指令的坐标单位为 100 mm。当然,一些数控系统可通过参数来选择不同的尺寸单位。

(4)进给功能字 F。进给功能字的地址符是 F,又称为 F 功能或 F 指令,是由地址符 F 和后面的若干位数字构成,用于指定切削的进给速度。对于车床,F 可分为每分钟进给和主轴每转进给两种,对于其他数控机床,一般只用每分钟进给。F 指令在螺纹切削程序段中常用来指令螺纹的导程,如 F100 表示进给速度为 100 mm/min。

(5)主轴转速功能字 S。主轴转速功能字的地址符是 S,又称为 S 功能或 S 指令,用于指定主轴转速,单位为 r/min,由地址符 S 和后面的若干位数字构成。对于具有恒线速度功能的数控车床,程序中的 S 指令用来指定车削加工的线速度数。如 S800 表示主轴转速为 800 r/min。

(6)刀具功能字 T。刀具功能字的地址符是 T,又称为 T 功能或 T 指令,用于指定加工时所用刀具的编号,由地址符 T 和后面的若干位数字构成。对于数控车床,其后的数字还兼作指定刀具长度补偿和刀尖半径补偿用。如 T08 表示第 8 号刀。

(7)辅助功能字 M。辅助功能字的地址符是 M,又称为 M 功能或 M 指令,用于指定数控机床辅助装置的开关动作,由地址符 M 和后面的两位数字构成,从 M00 ~ M99 共 100 种。如 M02 表示程序结束, M30 表示程序结束并返回程序起点等。

常见指令字的具体内容在本书以后的各系统中具体讲解。

二、加工程序的一般格式

加工程序的一般格式由以下几部分组成:程序开始符、结束符,程序名,程序主体,程序结束指令。如图 1.12 所示。

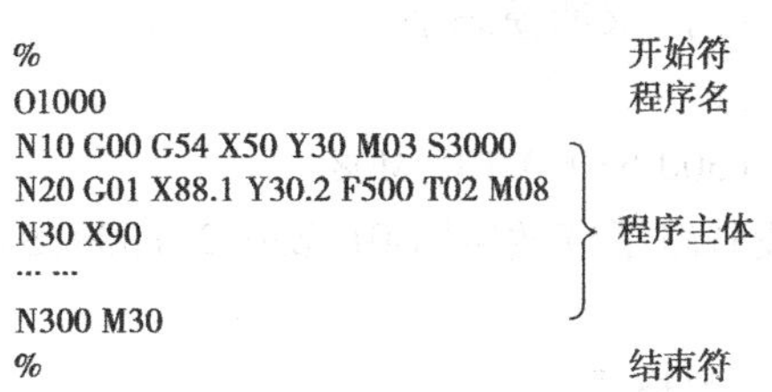

图 1.12　加工程序的一般格式

1. 程序开始符、结束符

程序开始符、结束符是同一个字符,ISO 代码中是"%",EIA 代码中是"EP",书写时要单

列一段。如图 1.12 所示,程序开始和结束的"%"就为该程序的开始符和结束符。

2. 程序名

程序名有两种形式:一种是英文字母 O 和 1~4 位正整数组成;另一种是由英文字母开头,字母数字混合组成。一般要求单列一段。如图 1.12 所示的"O1000"就为该程序的程序名:英文字母"O"和 4 位数"1000" 组成。

3. 程序主体

程序主体是由若干个程序段组成的。每个程序段一般占一行。如图 1.12 所示的" N10 G00 G54 X50 Y30 M03 S3000"等程序段就构成了该程序的程序主体。

4. 程序结束指令

程序结束指令可以用 M02 或 M30。一般要求单列一段。

加工程序的一般格式举例:

提示:

●数控车的手工编程一般不单独使用开始符、结束符,而是把程序名与开始符合二为一,把结束符和结束指令 M02 或 M30 合二为一。如图 1.13 所示。

●华中系统可用"%"代替程序名中的"O"。如图 1.13 所示的程序名可为"%1000"。

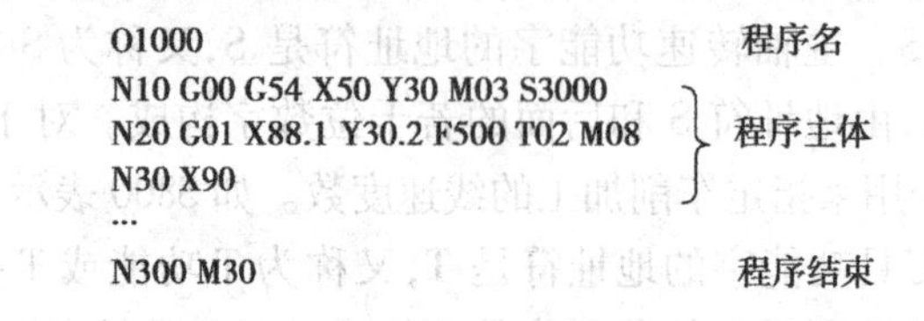

图 1.13　数控车手工编程程序的一般格式

三、程序段格式

1. 程序段格式要求

程序段是可作为一个单位来处理的、连续的字组,是数控加工程序中的一条语句。一个数控加工程序是若干个程序段组成的。

程序段格式是指程序段中的字、字符和数据的安排形式。现在一般使用"字地址可变程序段"格式,每个字长不固定,各个程序段中的长度和功能字的个数都是可变的。"地址可变程序段"格式中,在上一程序段中写明的,本程序段里又不变化的那些字仍然有效,可以不再重写。这种功能字称之为续效字,又叫模态字。

2. 程序段格式举例:

N30 G01 X88.1 Z 30.2 F500 S3000 T02 M08

N40 X90　(本程序段省略了续效字"G01,Z30.2,F500,S3000,T02,M08",但它们的功能仍然有效)

【想一想 1-7】 程序的一般格式。

【想一想 1-8】 程序段、程序、顺序号(程序段号)、程序名、指令字(程序字)的含义。

课题四　数控车程序编制中的数学处理

一、选择编程原点

车削零件编程原点的 X 向零点,应选在零件的回转中心,Z 向零点一般应选在零件的右端面、设计基准或对称平面内。如图 1.14 所示,车削零件的编程原点选择右端中心处。

二、基点

1. 基点的含义

零件的轮廓是由许多不同的几何要素所组成,如直线、圆弧、二次曲线等,各几何要素之间的连接点称为基点。基点坐标是编程中必需的重要数据,如图 1.15 所示,A,B,C,D,E 都为基点。

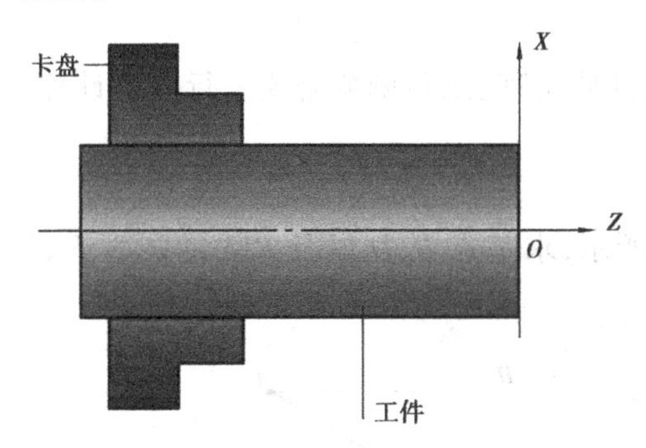

图 1.14　车削零件的编程原点

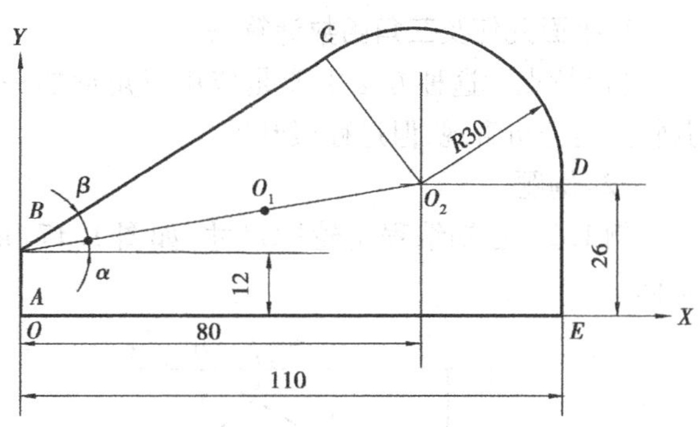

图 1.15　基点 A,B,C,D,E

2. 基点坐标的处理

例 1.1　如图 1.15 所示的零件中,求基点 A,B,C,D,E 的坐标。

解　从图中很容易找出 A,B,D,E 的坐标值:$A(0,0)$,$B(0,12)$,$D(110,26)$,$E(110,0)$。

C 点是直线与圆弧切点,要联立方程求解。以 B 点为计算坐标系原点,联立下列方程:

直线方程:$Y=\tan(\alpha+\beta)X$

圆弧方程:$(X-80)^2+(Y-12)^2=30$

可求得 $X=64.278\ 6$,$Y=39.550\ 7$,换算到以 A 点为原点的编程坐标系中,C 点坐标为 $(64.278\ 6,51.550\ 7)$。

可以看出,对于如此简单的零件,基点的计算都很麻烦。对于复杂的零件,其计算工作量可想而知,为提高编程效率,可应用 CAD/CAM 软件辅助编程来处理基点。

三、节点

1. 节点的含义

数控系统一般只能作直线插补和圆弧插补的切削运动。如果工件轮廓是非圆曲线,数控系统就无法直接实现插补,而需要通过一定的数学处理。数学处理的方法是用直线段或圆弧段去逼近非圆曲线,逼近线段与被加工曲线的交点称为节点。如图 1.16 所示的曲线,用直线逼近时,其交点 $A,B,C,D,$

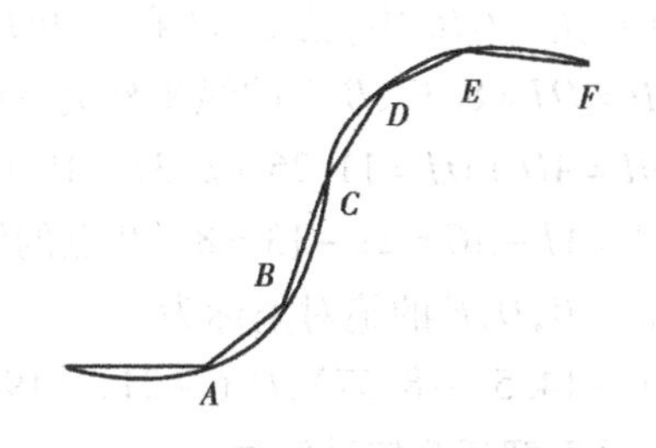

图 1.16　零件轮廓的节点 A,B,C,D,E,F

E,F 等即为节点。

2. 节点的处理

在编程时，首先要计算出节点的坐标，节点的计算一般都比较复杂，靠手工计算已很难胜任，必须借助计算机辅助处理。求得各节点后，就可按相邻两节点间的直线来编写加工程序。

这种通过求得节点，再编写程序的方法，使得节点数目决定了程序段的数目。如图 1.16 所示的曲线中有 6 个节点，即用五段直线逼近了曲线，因而就有五个直线插补程序段。节点数目越多，由直线逼近曲线产生的误差 δ 就越小，程序的长度则越长。可见，节点数目的多少，决定了加工的精度和程序的长度。因此，正确确定节点数目是个关键问题。为提高编程效率，可应用 CAD/CAM 软件辅助编程来处理节点。

四、基点坐标的计算方法

1. 平面几何及三角函数计算法

(1)特点。这种方法主要是应用三角形的一些性质定理、三角函数公式进行数值计算。其特点是分析直观，但过程很麻烦。

(2)例题。

例 1.2 已知编程用轮廓尺寸，如图 1.17(a)所示，求基点 B,D 以及 $R13$ 的圆心 F 的坐标。

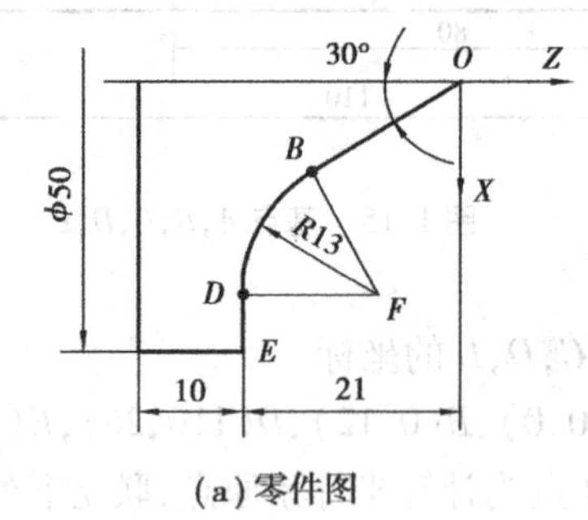

(a)零件图

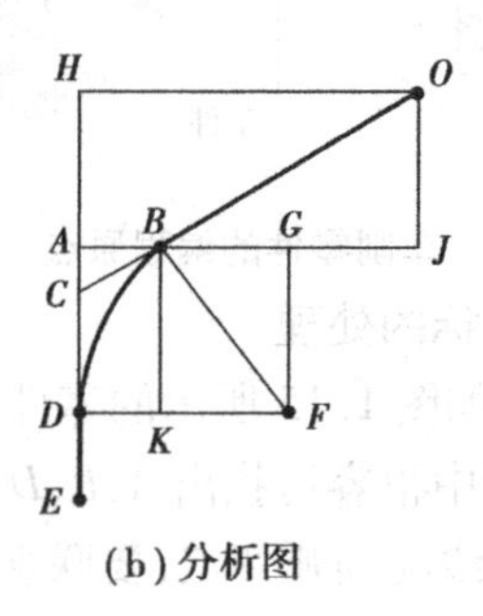

(b)分析图

图 1.17 例 1.2 题的图形

解 作出图 1.17(b)所示的各条辅助线

已知 $\angle HOC=30°$，则：$\angle OBJ=\angle BFG=\angle HOC=30°$

$KF=BG=6.5$ $DK=DF-KF=13-6.5=6.5$

$BJ=AJ-AB=21-6.5=14.5$

在直角$\triangle BGF$ 中，已知 $BF=13$ mm，$\angle BFG=30°$，可解得 $GF=11.26$ 和 $BG=6.5$

在直角$\triangle OJB$ 中，已知 BJ 和$\angle OBJ$，可解得 $OJ=8.37$ mm；

$AH=OJ=8.37$，B 点的纵坐标为 -8.37，横纵坐标为 -14.5。

$DH=AD+OJ=11.26+8.37=19.63$ D 点的纵坐标为 -19.63，横纵坐标为 -21。

$GJ=AJ-AG=21-13=8$ B 点的纵坐标为 -19.63，横纵坐标为 -8。

即点 B,D,F 的绝对坐标为

$B(-14.5,-8.37)$，$D(-21,-19.63)$，$F(-8,-19.63)$

2. 平面解析几何计算法

(1)特点。这种方法是通过建立零件轮廓要素的数学方程来求解基点坐标。其特点是数学表达形式简单，分析中间环节少，但比较抽象，且解方程有一定的麻烦。数控机床加工的零件轮廓多为直线和圆弧构成，这里只介绍用直线和圆的方程，求解基点坐标的计算方法。

(2)例题。

例 1.3　见例 1.1

例 1.4　已知编程用轮廓尺寸，如图 1.18(a)所示，求基点的相关尺寸。

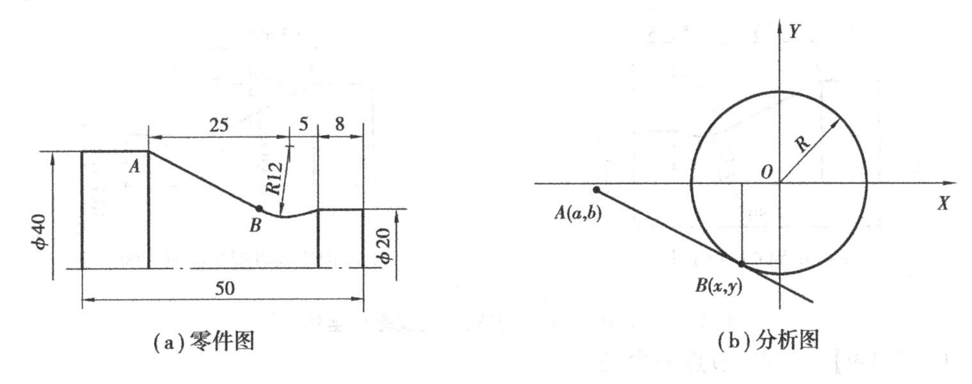

(a)零件图　　(b)分析图

图 1.18　例 1.4 题图

解　作出图 1.18(b)所示的各条辅助线

为了分析方便，把 $R12$ 的圆心，设为直角坐标系原点，先求出点 $A(a,b)$ 的坐标值为 $A(-25,-0.9087)$。

建立 R 圆的方程为：　$X^2+Y^2=R^2$

建立点 A 到 R 圆的切线方程为：　$aX+bY=R^2$

解方程组得：

$$Y=\frac{2bR^2\pm\sqrt{4b^2R^4-4(a^2+b^2)(R^4-a^2R^2)}}{2(a^2+b^2)}$$

$$X=\frac{R^2-bY}{a}$$

代入已知参数，计算得切点 B 的坐标为：$B(-5.3699,-10.7314)$(舍去不合题意的另一切点)。

3. 利用 CAD 绘图软件查找基点坐标

(1)特点。这种方法是利用 CAD 强大的精确绘图功能，快捷查找各基点的坐标值。其特点是：快捷精确，无论是二维图形还是复杂的三维图形，只要能准确画出图形，无需复杂计算，可以用鼠标直接点出任意一基点的坐标值，所得出坐标值的精度可达到相当高的精确程度。这种方法实用性非常强，是值得推广的好方法。

(2)方法介绍。利用 CAD 绘图软件查找基点坐标的方法如下：

①运用 CAD 软件，准确地画好零件图相关轮廓的几何要素。

②选定坐标原点。

③标注基点到坐标原点的尺寸。

(3)例题。

例 1.5　运用在 CAD 软件，查找例 1.4 的基点坐标。

解 解题步骤为

①运用 CAD 画图，如图 1.19(a)所示。

②选定坐标原点，$R12$ 的圆心为坐标原点。

③标注基点 A、B 到坐标原点 O 的尺寸，如图 1.19(b)所示。

④写出各点坐标。

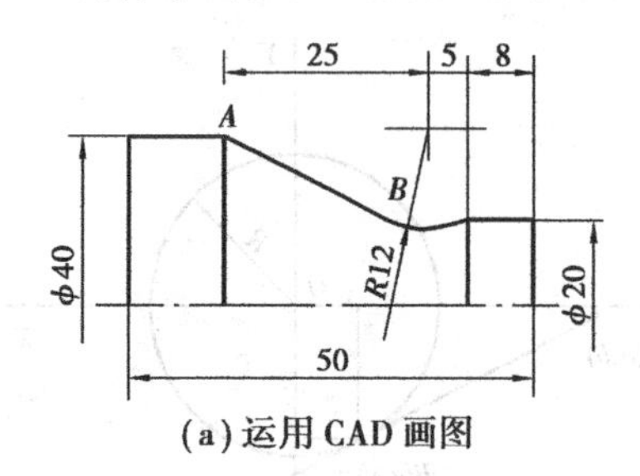

(a)运用 CAD 画图

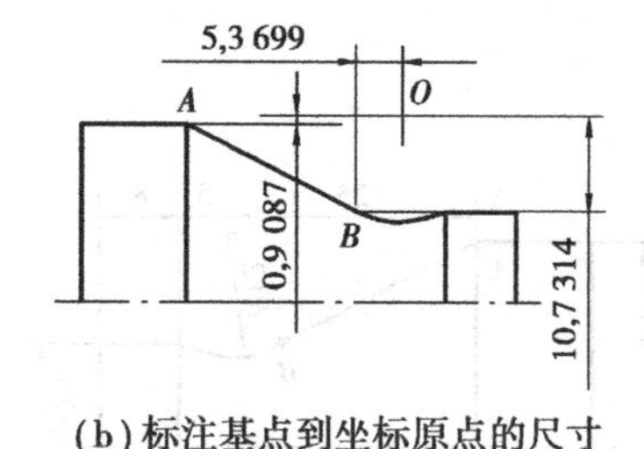

(b)标注基点到坐标原点的尺寸

图 1.19　利用 CAD 绘图软件查找基点坐标示例

【想一想 1-9】　基点、节点的含义。

【自己动手 1-1】　分别用 CAD 绘图的方法、数学计算的方法，确定如图 1.20 中所示的基点 A，B 及 $R15$ 圆心的位置。

【自己动手 1-2】　分别用 CAD 绘图的方法、数学计算的方法，确定如图 1.21 中所示的切点的位置。

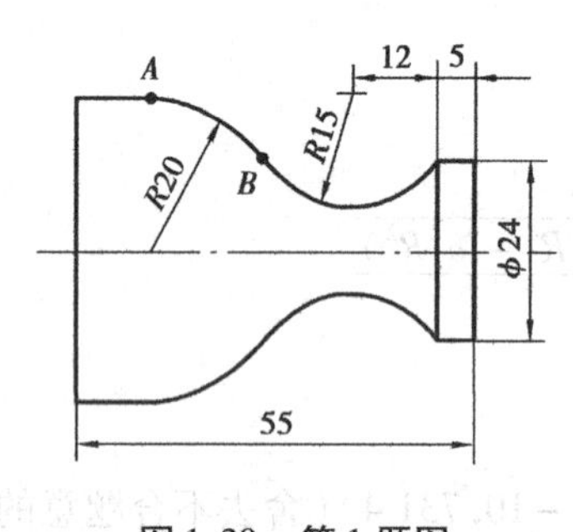

图 1.20　第 1 题图

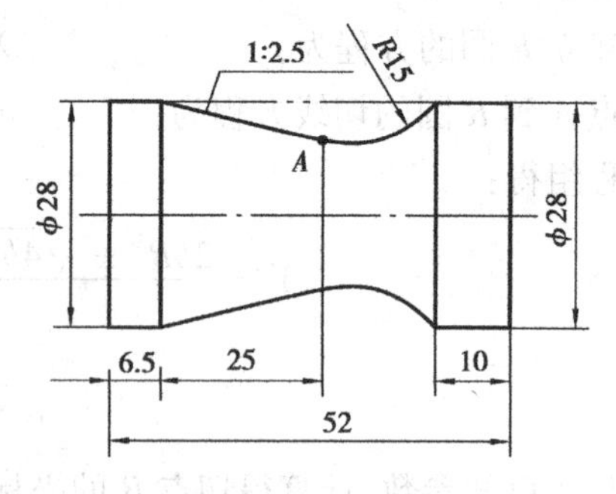

图 1.21　第 2 题图

课题五　数控程序编制的内容及步骤

一、数控程序编制的含义

编制数控加工程序是使用数控机床的一项重要技术工作，理想的数控程序不仅应该保证加工出符合零件图样要求的合格零件，还应该使数控机床的功能得到合理的应用与充分的发挥，使数控机床能安全、可靠、高效地工作。数控编程是指从零件图纸到获得数控加工程序的全部工作过程。

二、数控程序编制的内容及步骤

1. 数控程序编制的内容

数控程序编制的内容有分析零件图样、确定加工工艺方案、数学处理、编写零件加工程序、制作控制介质、校对程序、首件试切。

2. 数控程序编制的步骤

数控程序编制的一般步骤，如图 1.22 所示。

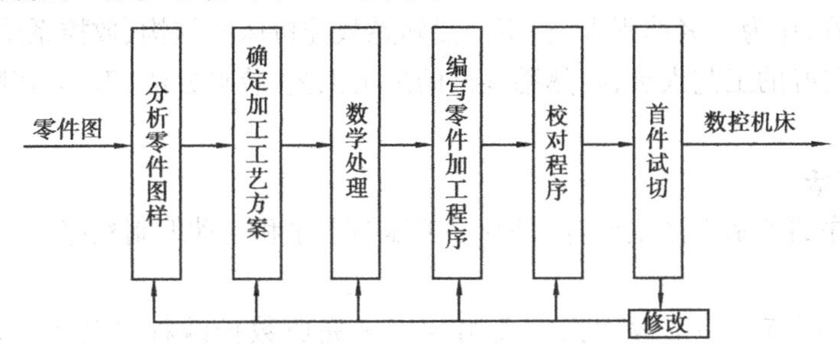

图 1.22　数控程序编制的步骤

3. 分析零件图样和制定工艺方案

这项工作的内容包括：

(1)对零件图样进行分析，明确加工的内容和要求，确定加工方案。

(2)选择适合的数控机床。

(3)选择或设计刀具和夹具。

(4)确定合理的走刀路线及选择合理的切削用量等。

这一工作要求编程人员能够对零件图样的技术特性、几何形状、尺寸及工艺要求进行分析，并结合数控机床使用的基础知识，如数控机床的规格、性能、数控系统的功能等，确定加工方法和加工路线。

4. 数学处理

在确定了工艺方案后，就需要根据零件的几何尺寸、加工路线等，计算刀具中心运动轨迹以获得刀位数据。数控系统一般均具有直线插补与圆弧插补功能，对于加工由圆弧和直线组成的较简单的平面零件，只需要计算出零件轮廓上相邻几何元素交点或切点的坐标值，得出各几何元素的起点、终点、圆弧的圆心坐标值等，就能满足编程要求。当零件的几何形状与控制系统的插补功能不一致时，就需要进行较复杂的数值计算，一般需要使用计算机辅助计算，否则难以完成。

5. 编写零件加工程序

在完成上述工艺处理及数值计算工作后，即可编写零件加工程序。程序编制人员使用数控系统的程序指令，按照规定的程序格式，逐段编写加工程序。程序编制人员应对数控机床的功能、程序指令及代码十分熟悉，才能编写出正确的加工程序。

6. 程序检验

将编写好的加工程序输入数控系统，就可控制数控机床的加工工作。一般在正式加工之前，要对程序进行检验。通常可采用机床空运转的方式，来检查机床动作和运动轨迹的正确性，以检验程序。在具有图形模拟显示功能的数控机床上，可通过显示走刀轨迹或模拟刀具对工件的切削过程，对程序进行检查。对于形状复杂和要求较高的零件，也可采用铝件、塑料或石蜡等易切材料进行试切来检验程序的正确与否。

通过检查试件，不仅可确认程序是否正确，还可知道加工精度是否符合要求。若能采用与被加工零件材料相同的材料进行试切，则更能反映实际加工效果，当发现加工的零件不符合加工技术要求时,可修改程序或采取尺寸补偿等措施。

如果有数控仿真软件,可把编写的程序先进行仿真加工,以检测程序的正确与否。

从以上内容看,作为一名编程人员,不但要熟悉数控机床的结构、数控系统的功能及标准,而且还必须是一名好的工艺人员,要熟悉零件的加工工艺、装夹方法、刀具、切削用量的选择等方面的知识。

三、编程的方法

数控加工程序的编制方法主要有两种:手工编制程序和自动编制程序。

1. 手工编程

(1)手工编程环节。手工编程指主要由人工来完成数控编程中各个阶段的工作,如图1.23所示。

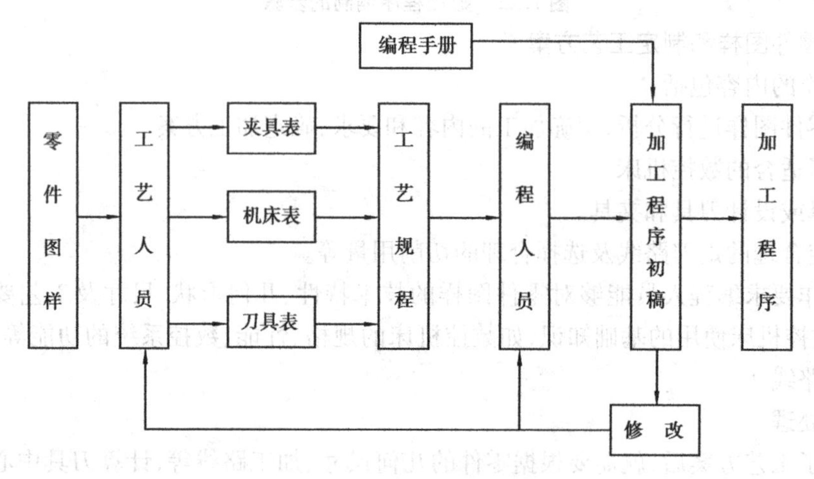

图1.23 手工编程的主要内容

(2)手工编程适用范围。一般对几何形状不太复杂的零件,所需的加工程序不长,计算比较简单,用手工编程比较合适。

(3)手工编程的特点。耗费时间较长,容易出现错误,无法胜任复杂形状零件的编程。

据国外资料统计,当采用手工编程时,一段程序的编写时间与其在机床上运行加工的实际时间之比,平均约为30:1,而数控机床不能开动的原因中有20% ~30%是由于加工程序编制困难,编程时间较长引起的。

本书主要讲手工编程。

2. 计算机自动编程

计算机自动编程是指在编程过程中,除了分析零件图样和制定工艺方案由人工进行外,其余工作均由计算机辅助完成。

采用计算机自动编程时,数学处理、编写程序、检验程序等工作是由计算机自动完成的,由于计算机可自动绘制出刀具中心运动轨迹,使编程人员可及时检查程序是否正确,需要时可及时修改,以获得正确的程序。又由于计算机自动编程代替程序编制人员完成了繁琐的数值计算,可提高编程效率几十倍乃至上百倍,因此解决了手工编程无法解决的许多复杂零件的编程难题。因而,自动编程的特点就在于编程工作效率高,可解决复杂形状零件的编程难题。

根据输入方式的不同,可将自动编程分为图形数控自动编程、语言数控自动编程和语音数控自动编程等。图形数控自动编程是指将零件的图形信息直接输入计算机，通过自动编程软件的处理，得到数控加工程序。目前，图形数控自动编程是使用最为广泛的自动编程方式。

语言数控自动编程指将加工零件的几何尺寸、工艺要求、切削参数及辅助信息等用数控语言编写成源程序后，输入到计算机中，再由计算机进一步处理得到零件加工程序。语音数控自动编程是采用语音识别器，将编程人员发出的加工指令声音转变为加工程序。

【想一想 1-10】　数控程序编制的基本内容及一般步骤。

任务二　认识广州超软数控加工仿真软件

课题一　数控加工仿真技术的发展与应用

一、数控加工仿真技术的产生

1. 职业学校数控教学方面的困难

机床数控技术是20世纪70年代发展起来的一种机床自动控制技术。30多年来，随着计算机、传感与检测、自动控制及机械制造等技术的不断进步，机床数控技术得到了迅速的发展。数控机床作为典型的机电一体化产品，是高新技术的重要组成部分，采用数控机床提高机械工作的数控化率，已成为当前机械制造技术更新的必由之路。近年来，随着企业数控机床应用率的大幅度提高，数控机床操作技能的培养成为各类职业学校一个亟待解决的问题。但数控机床是高技术产品，价格较昂贵，许多学校受场地和资金的限制，无法购置大量的数控机床来供学生实训。另一方面，学生直接在数控机床上进行操作练习，容易因为培训中的误操作而导致昂贵设备的损坏。因此，如何根据各学校的具体情况，在满足数控专业教学和实训需要的同时，做到“少花钱、多办事”，是各类职业学校面临的具体的迫切问题。

2. 数控加工仿真技术的含义

数控加工仿真系统是结合机床厂家实际加工制造经验与职业学校：职业技术学院、中等职业学校、技工职业学校等教学训练一体化所开发的一种机床控制虚拟仿真系统软件。

所谓数控加工仿真，就是采用计算机图形学的手段对加工走刀和零件切削过程进行模拟，具有快速、仿真度高、成本低等优点。它采用可视化技术，通过仿真和建模软件，模拟实际的加工过程，在计算机屏幕上将铣、车、钻、镗等加工方法的加工路线描绘出来，并能提供错误信息的反馈，使工程技术人员能预先看到制造过程，及时发现生产过程中的不足，有效预测数控加工过程和切削过程的可靠性及高效性，此外，还可以对一些意外情况进行控制。

数控仿真系统可以模拟实际设备加工环境及其工作状态，为验证数控程序的可靠性、防止发生干涉和碰撞以及预测加工过程，提供了强有力的工具。

针对目前计算机的普及以及在数控机床上教学的诸多不便，结合数控加工技术的教学实践，基于计算机平台的数控加工仿真教学系统，被用于数控操作人才的培训和教学。在培训和教学过程中，数控机床的模拟通过计算机屏上的仿真操作面板进行操作，而零件切削过程可在机床仿真模型上进行三维动画演示，仿真加工和操作几乎和实际机床的真实情况一样。

数控加工仿真系统具有FANUC、SIEMEN、广数、华中等众多数控系统的功能，学生通过在计算机上操作此类软件，在很短时间内就能掌握数控车、数控铣及加工中心的操作。

数控加工仿真系统功能较为完善,适合于教学的使用,其中语法诊断和模拟示教功能可以使学生进行人机交互学习。即由学生输入NC程序,在模拟运行过程中,系统能及时提供错误信息、刀具相对移动轨迹的显示以及最终加工的立体效果。再由学生经过简单判断就能很容易地发现和修改NC程序的错误,从而避免教师直接面对学生而可能伤害学生的自尊,也大大减轻了教师批改NC程序作业时的繁重负担,使教师能够集中精力帮助学生解决实际问题,保证了教学质量,使教学效果得到显著提高。

在操作方面,由于数控加工仿真系统采用了与数控机床操作系统相同的面板和按键功能,并且使用数控加工仿真系统在操作中,即使出现人为的编程或操作失误也不会危及机床和人身安全,学生反而还可以从中吸取大量的经验和教训。所以说它是初学者理想的实验、实践工具,只要经过短期的专门训练,学生很快就能够适应数控系统的实际操作方法,从而为以后技能的进一步深造打下坚实的基础。由于是在教学中边教边学、边学边做、在学中做、在做中学,学生的积极性被调动起,老师也在教学活动中得到解放,和学生一样感到非常轻松,大大提高教学效果。

二、数控仿真加工技术的教学特点与组成

1.数控仿真加工技术的教学特点

(1)系统完全模拟真实数控机床的控制面板和屏幕显示,可轻松操作。

(2)在虚拟环境下,对NC代码的切削状态进行检验,操作安全。

(3)用户可以看到真实的三维加工仿真过程,仔细检查加工后的工件,可以更迅速地掌握数控机床的操作过程。

(4)采用虚拟机床替代真实机床进行培训,在降低费用的同时获得更佳的培训效果,使用更经济。

2.数控加工仿真技术的组成

(1)仿真环境:由机床、工件、夹具、刀具库构成。

(2)仿真过程:包括几何仿真和力学仿真两个部分。几何仿真将刀具与零件视为刚体,不考虑切削参数、切削力等其他属于物理因素的影响,只仿真刀具、工件几何体的运动来验证NC程序的正确性。切削过程的力学仿真属于物理范畴,需要考虑精度分析等影响加工质量的因素,它通过仿真切削的动态力学特性来预测刀具破损、刀具振动,控制切削参数,从而达到优化切削过程。

三、国产数控加工仿真软件

目前,国内使用的数控加工仿真软件主要有上海宇龙软件工程有限公司的“数控加工仿真系统”、北京斐克公司的“VNUC数控加工仿真与远程教学系统”、南京宇航自动化技术研究所的“南京宇航仿真软件”、南京斯沃软件技术有限公司的“斯沃仿真软件”、广州超软公司的“超软仿真软件”等。

四、广州超软数控加工仿真软件的主要性能

广州超软数控加工仿真软件简称CZK,如:“CZK-HNC22T”就是广州超软数控加工仿真华中HNC22T系统,“CZK-980T”就是广州超软数控加工仿真广数980T系统等。本书主要讲解广州超软的广数与华中两个系统。

CZK系统,是由广东省职业技能鉴定指导中心、广州超软科技有限公司、华南理工大学工业培训中心面向数控职业教育领域联合开发的数控加工教育软件。其主要性能有：

1. 丰富的教学功能

(1)提供配套的动态编程教学课件，生动形象，在学习初期加深对数控编程的理解。

(2)完美的三维图形效果。系统采用世界标准的三维图形软件设计制造，体现实用、精美、真实的三维效果，专业美工的界面设计，提高学员参与学习的积极性。

2. 对机床、床身部分、操作面板等进行仿真

(1)仿真机床的类型。能仿真数控车床、数控铣床、加工中心等。

(2)仿真床身部分。将实际加工中使用的机床上所有的功能全部体现在仿真系统内，如卡盘、卡爪、刀架、尾架、车门等，并能自定义安装毛坯、刀具。

(3)根据对应系统的面板，进行操作界面的仿真，包括按钮、手轮、显示信息及错误提示。

3. 工件测量的仿真

对工件进行直观的仿真测量。如：

(1)仿真游标卡尺的测量。

(2)仿真钢尺和深度的测量。

(3)仿真同系统内部的自动测量等。

4. 装刀、对刀的仿真

(1)根据实际系统的操作方式进行装刀、对刀全过程的仿真操作。

(2)鼠标拖动装刀，操作形象直观。

(3)铣床与加工中心，采用在实际加工中用的寻边器对刀。

5. 三维立体显示加工过程

(1)在加工的过程中，可以随意地转换视角，以便更多角度地观察工件零件的加工过程。

(2)使用鼠标的左、中、右键，可以对床身进行左、右平移，放大、缩小，随意地旋转。

6. 加工成型仿真

(1)自定义工件大小，从手动、机械回零、MDI、自动功能、单段功能等过程仿真操作，直到进行两维、三维工件的实时切削，体现 M、S、T、G 代码真实效果。

(2)可加工内孔、螺纹、切槽、倒角、圆弧等复杂形状。

(3)可提供刀具补偿、坐标系等参数的设置。

(4)加工成型的零件，可以进行状态保存，以便下次调用。

7. 多种编辑方式，处理数控程序

(1)能导入并可兼容 Mastercam，Pro/E，UG，CAXA-ME Cimatron 等 CAD/CAM 软件生成的数控程序。

(2)可以直接用记事本手工编辑数控程序或粘贴程序到仿真面板的编辑窗口中。

(3)可用软件面板手工编辑程序。

(4)程序可用配套软件与车床系统进行双向通讯。

(5)软件有预检查程序语法功能。

8. 监视考试功能

(1)具有即时提示和记录所有考生全过程的所有错误信息(操作工艺错误、尺寸错误等)，必要时可进行屏幕录像，以便回放。

(2)学员交卷后,系统可以对本次的仿真进行自动评分,并可以查询每个考生扣分的细节。

(3)能将本次考试的信息存档,便于以后查阅。

9. 多套试卷考试

本系统提供同工种不同等级的同时考试,在同一个服务端内可以导入多套试卷进行考试。

10. 成绩加密处理

(1)在考生交完卷后,监考老师可以对考生的成绩进行即时处理,并将成绩处理后产生的两个加密文件上报给有关部门。

(2)考生的成绩不能修改,使考试公平、公正。

11. 系统扩展性和维护性

系统支持世界流行的数控系统和各种机床。广州超软 CZK 数控仿真训练与智能化考核系统,可针对广州数控、华中数控、大连大森、浙江凯达、北京凯恩帝、南京华兴、三菱、法那克、西门子等车、铣、加工中心系统的进行仿真操作训练考核。大大降低维护和系统升级的难度和成本。

12. 操作系统兼用性好

目标前通用的操作系统:Win98、WinXP/ME 、Win2000/Server/Professiona、Win2003 等,都能使用。

五、CZK 操作平台的要求

1. 操作系统

中文 Windows 98 以上的操作系统。

2. 硬件

CPU 奔腾 800、128 MB 内存、32 MB 显存、1024 ×768 分辨率。

【想一想 1-11】 数控加工仿真技术的历史。

课题二 CZK 系统的安装

一、CZK 系统服务端的安装

1. 系统需求

(1)操作系统:WINDOWS 98/ME/2000/XP。

(2)处理器:PentiumII 800 或以上。

(3)内存:128 M 或以上。

(4)硬盘:200 M 或以上空间。

(5)显卡:32 M 或以上显存。

(6)分辨率:1024 ×768。

2. 全模块安装

(1)将“CZK 数控加工仿真训练与智能化鉴定考试系统”软件安装光盘放在光驱中,如果没有自动运行,就双击光盘根目录下的“AutoRun. exe”文件。弹出如图 1.24 所示的安装界面。

(2)单击 安装服务端 ,弹出如图 1.25 所示的界面。

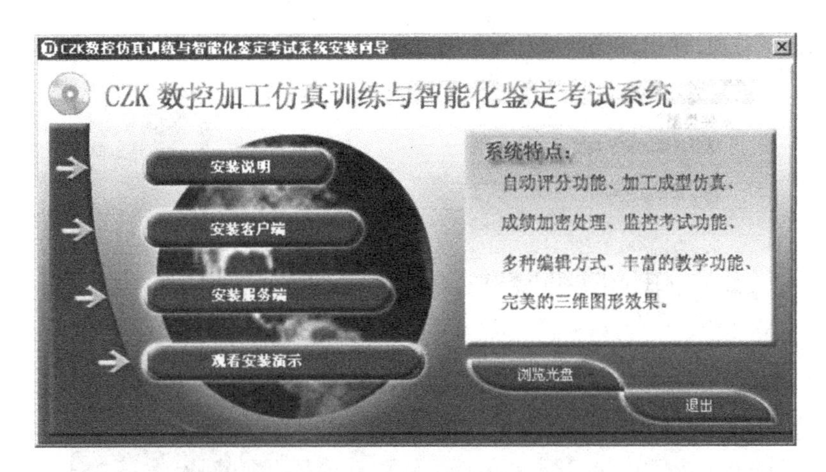

图 1.24　CZK 安装界面

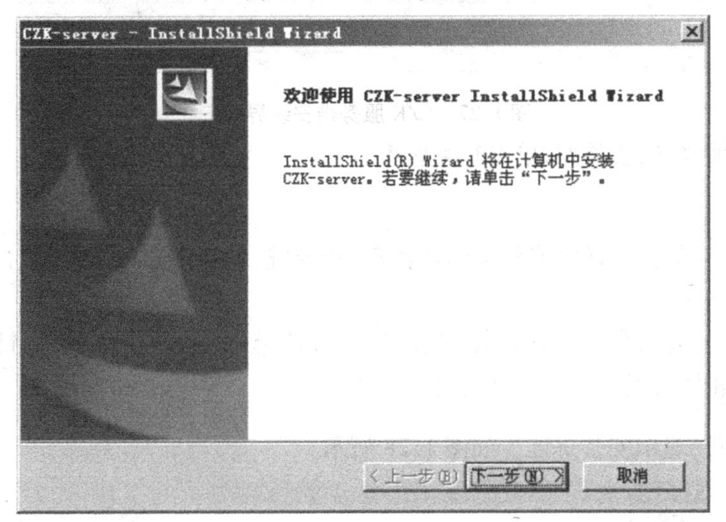

图 1.25　CZK 服务端安装界面一

(3)单击下一步(N) >,弹出如图 1.26 所示的界面。输入用户名、公司名称等相关信息。

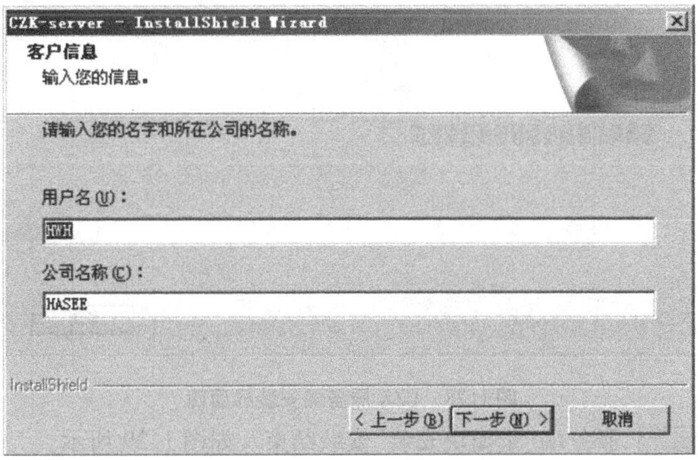

图 1.26　CZK 服务端安装界面二

(4)单击[下一步(N)>],弹出如图1.27所示的界面。

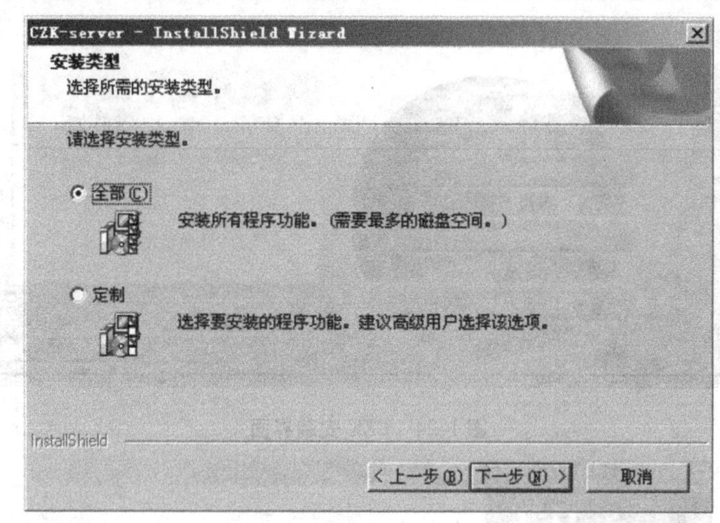

图1.27 CZK服务端安装界面三

(5)选择[全部(C)]安装类型,单击[下一步(N)>]。

提示:

● [全部(C)]:安装所有数控系统的数控车、数控铣、加工中心的服务端、出题工具和加密锁。

● [定制]:自定义安装。在选择安装目录下,选择安装数控车或数控铣模块的服务端、出题工具和加密锁。高级用户适用。

(6)复制文件,显示安装进度。如图1.28所示。

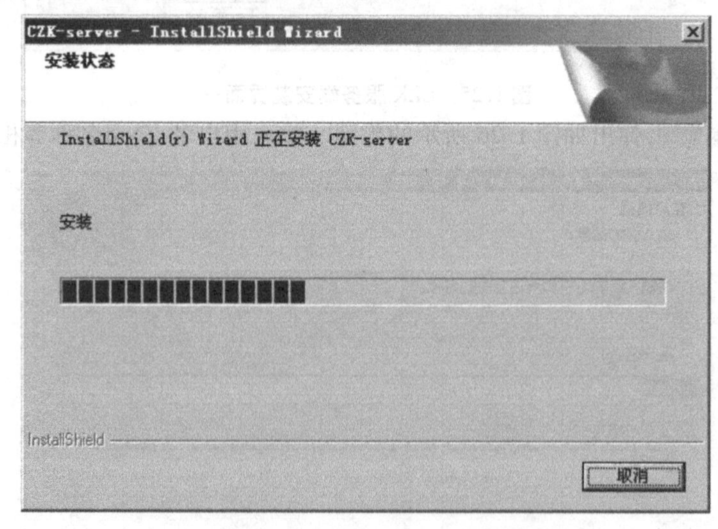

图1.28 CZK服务端安装界面四

(7)单击[完成],服务端"全模块安装"安装结束。如图1.29所示。

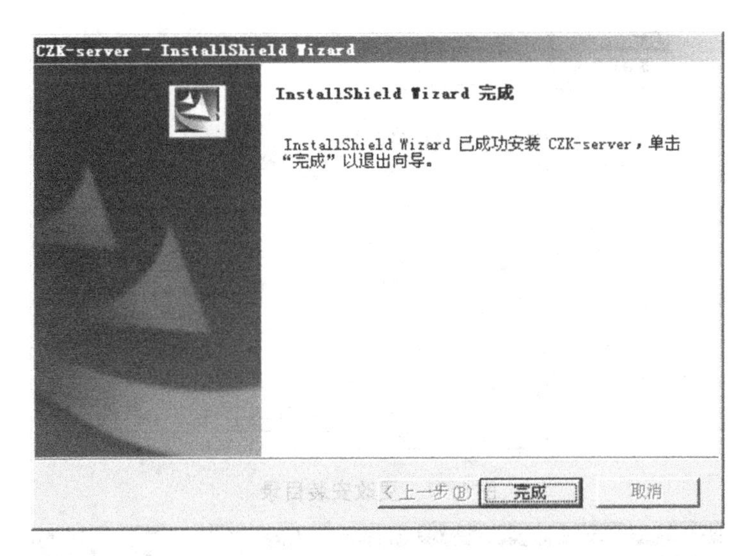

图 1.29　CZK 服务端安装界面五

提示：

- 服务端全模块安装，默认安装目录为“C:\CZK\”。
- 请以管理员权限进行安装。
- 如果您的硬盘有防读写功能，请先解除此功能，否则无法安装。

3. 自定义模块安装

(1)同“1. 全模块安装”的(1)—(4)，出现如图 1.27 所示的界面。

(2)选择 定制 安装类型。如图 1.30 所示。

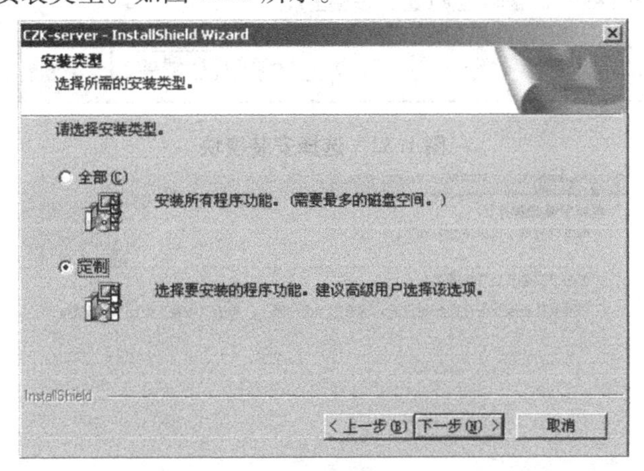

图 1.30　选择 定制 安装类型

(3)单击 下一步(N) >，选择 更改...，可以更改安装目录。如图 1.31 所示。

(4)选择安装模块，“系统环境”、“报名表工具”、“加密锁管理”模块必须安装，如图 1.32 所示。

(5)单击 下一步(N) >，弹出如图 1.33 所示的界面。

(6)单击 安装，复制文件，显示安装进度(如图 1.28 所示)。

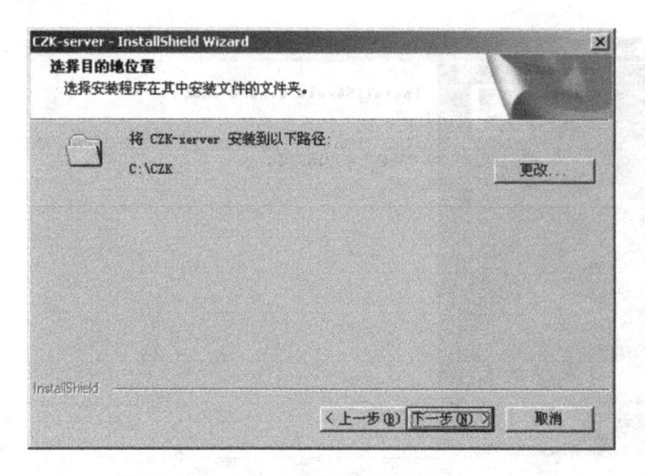

图 1.31　更改安装目录

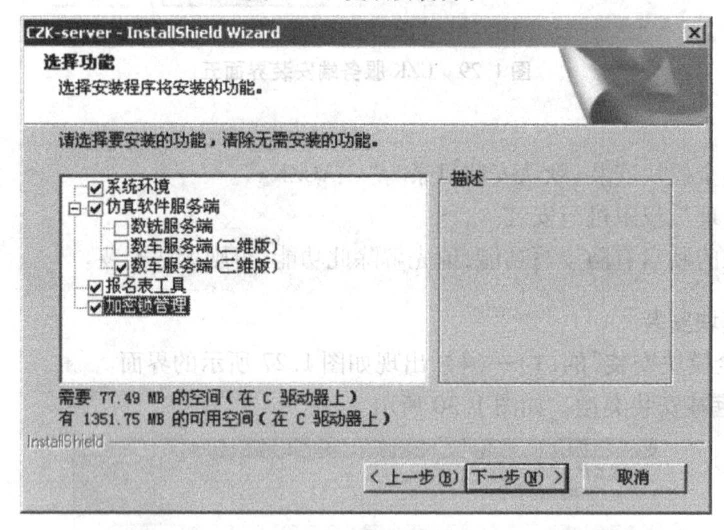

图 1.32　选择安装模块

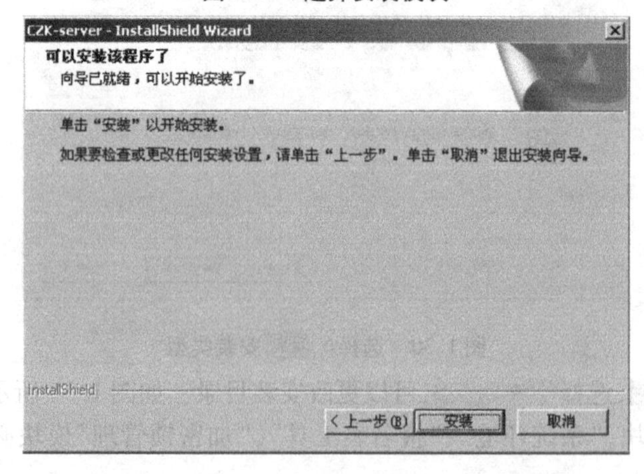

图 1.33

(7)单击 完成 ,服务端"自定义模块"安装结束(如图 1.29 所示)。

4. 启动加密锁服务程序

(1)在服务端安装完成后,选择“开始”菜单中的“程序”。

(2)选择“广州超软 CZK 系列软件”,单击“启动加密锁服务程序”,系统启动加密锁的服务程序,如图 1.34 所示。

加密锁的服务程序启动后,将自动缩小到显示器的右下角的工具栏中,这时电脑右下角的工具栏会出现一个“ ”软件锁服务程序的图标,如图 1.35 所示。

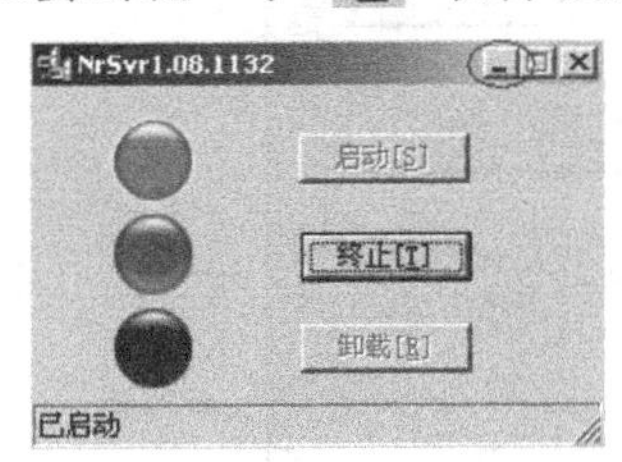

图 1.34　系统启动加密锁的服务程序

软件锁服务程序图标

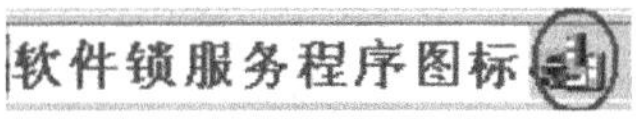

图 1.35　软件锁服务程序图标

二、客户端的安装

1. 系统需求

(1)操作系统:WINDOWS 98/ME/2000/XP。

(2)处理器:PentiumII 500 或以上。

(3)内存: 128 M 或以上。

(4)硬盘: 安装全系列系统需要 1.5 G 以上空间,单一系统需要 250 M 以上空间。

(5)显卡: 64 M 或以上显存。

(6)分辨率: 1024 × 768。

2. 全模块安装

(1)将“CZK 数控加工仿真训练与智能化鉴定考试系统”软件安装光盘放在光驱中,如果没有自动运行,就双击光盘根目录下的“AutoRun. exe”文件。弹出如图 1.24 所示的安装界面。

(2)单击  安装客户端 ,弹出如图 1.36 所示的安装界面。

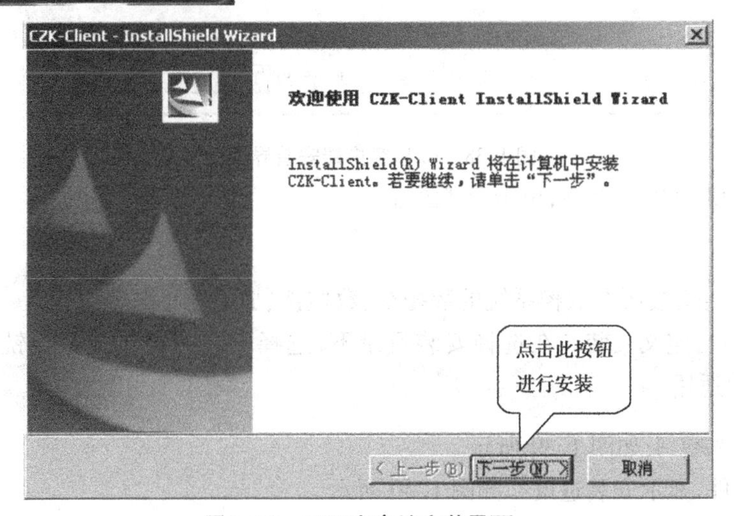

图 1.36　CZK 客户端安装界面一

(3)单击[下一步(N)>],弹出如图1.37所示的界面。输入用户名、公司名称等相关信息。

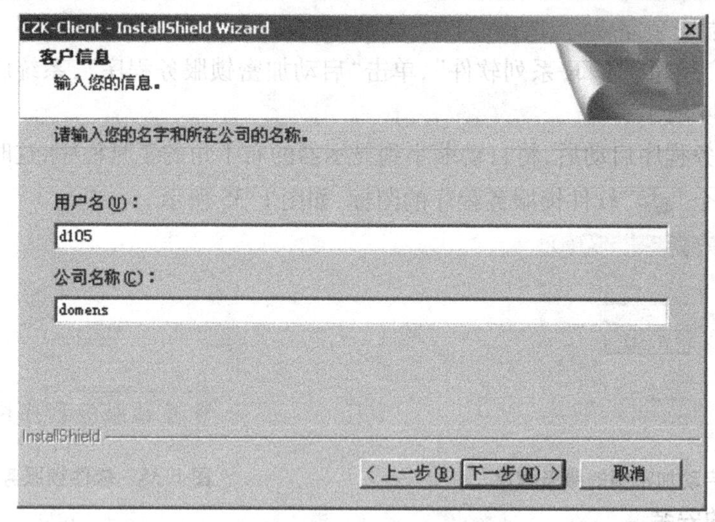

图1.37　CZK客户端安装界面二

(4)单击[下一步(N)>],弹出如图1.38所示的界面。

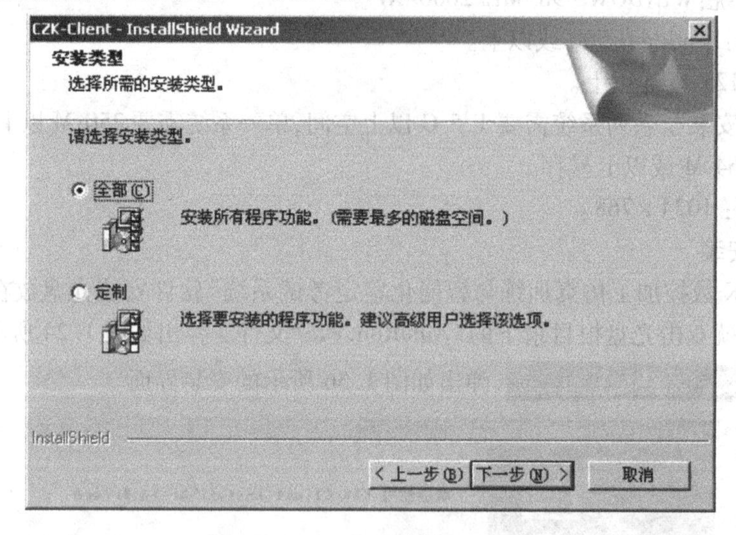

图1.38　CZK客户端安装界面三

(5)选择[全部(C)]安装类型,单击[下一步(N)>]。

提示:

● [全部(C)]:安装所有数控系统的数控车、数控铣、加工中心的客户端。

● [定制]:自定义安装。在选择安装目录下,选择安装数控车或数控铣模块的客户端。高级用户适用。

(6)点击[安装],如图1.39所示。

(7)复制文件,显示安装进度。如图1.40所示。

(8)单击[完成],客户端"全模块安装"安装结束。如图1.41所示。

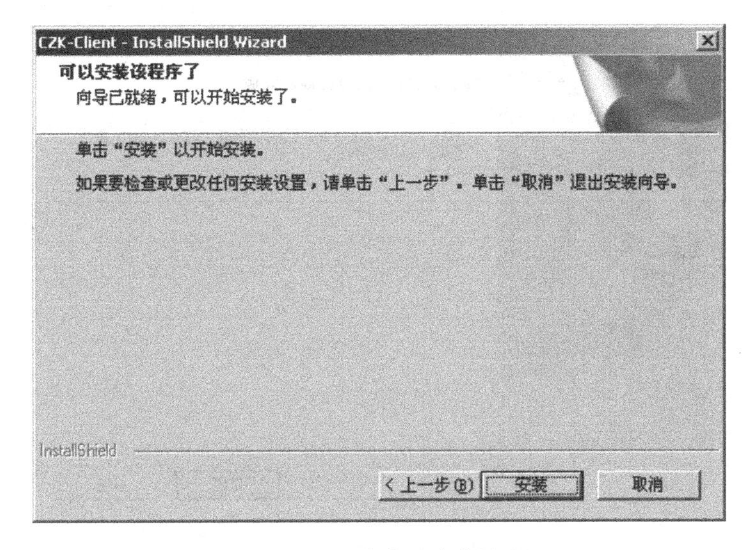

图 1.39　CZK 客户端安装界面四

图 1.40　CZK 客户端安装界面五

提示:

- 客户端全模块安装,默认安装目录为“C:\CZK\”。
- 请以管理员权限进行安装。
- 如果您的硬盘有防读写功能,请先解除此功能,否则无法安装。

3. 自定义模块安装

(1)将“CZK 数控加工仿真训练与智能化鉴定考试系统”软件安装光盘放在光驱中,如果没有自动运行,就双击光盘根目录下的“AutoRun. exe”文件。弹出如图 1.24 所示的安装界面。

(2)单击 安装客户端 ,弹出如图 1.36 所示的安装界面。

(3)单击 下一步(N) > ,弹出如图 1.37 所示的界面。输入用户名、公司名称等相关信息。

(4)单击 下一步(N) > ,弹出如图 1.38 所示的界面。

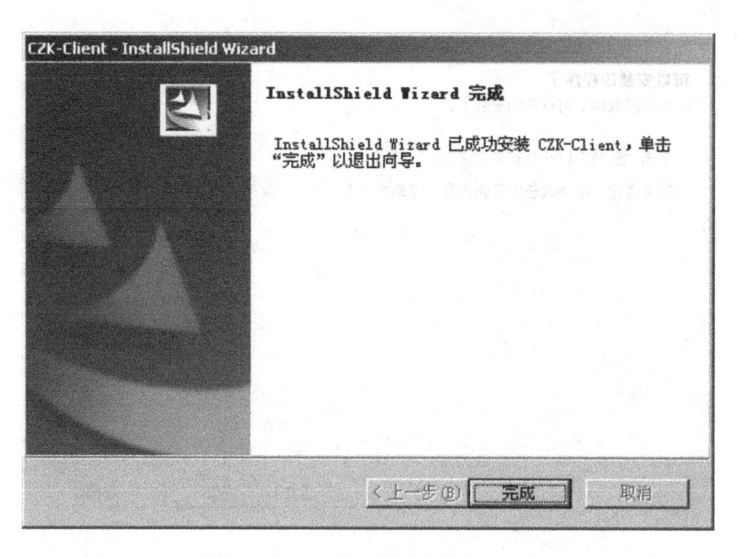

图 1.41　CZK 客户端安装界面六

(5)选择定制安装类型,如图 1.42 所示。

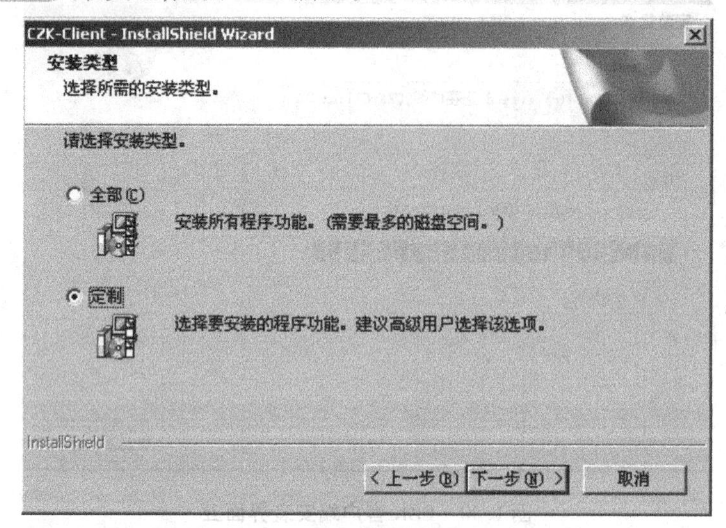

图 1.42　选择定制安装类型

(6)单击下一步(N)>。选择更改...,可以更改安装目录,如图 1.43 所示。

(7)选择安装模块,选择下一步(N)>。如图 1.44 所示,选择安装 FANUCPM 系统数控车床。

(8)单击安装,如图 1.39 所示。

(9)复制文件,显示安装进度。如图 1.40 所示。

(10)单击完成,客户端“自定义模块”安装结束。如图 1.41 所示。

(11)同理,可安装其他数控系统。

提示:

- 请以管理员权限进行安装。
- 如果您的硬盘有防读写功能,请先解除此功能,否则无法安装。

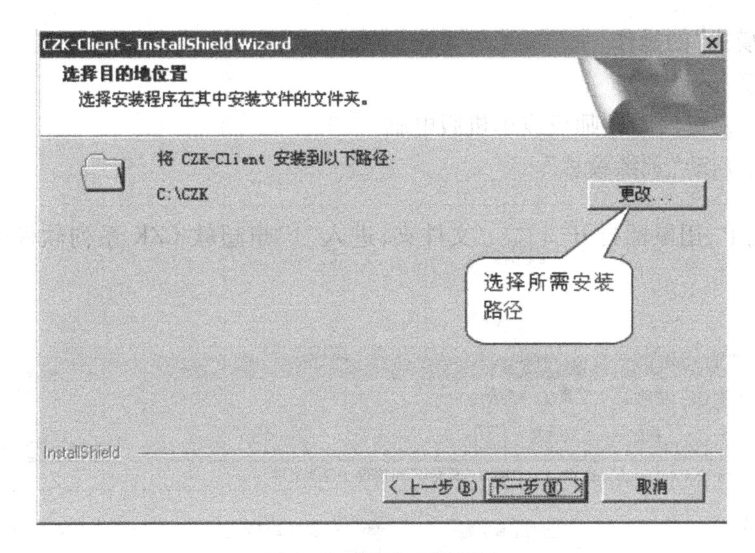

图 1.43　更改安装目录

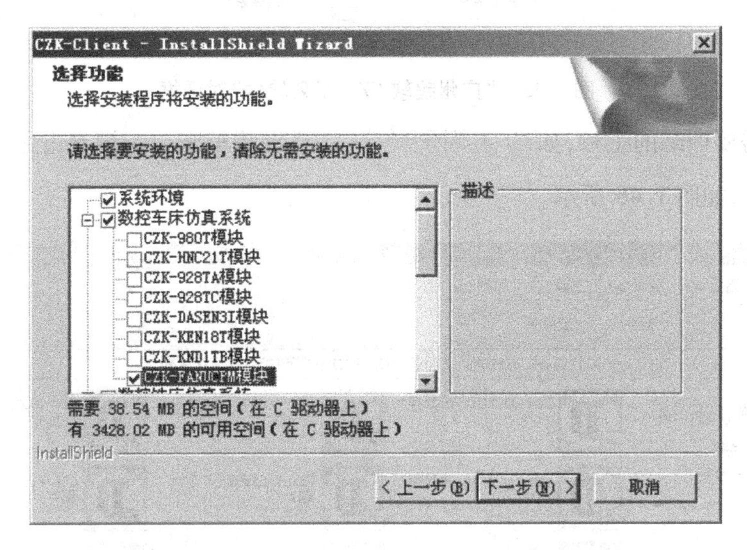

图 1.44　选择安装 FANUCPM 系统数控车床模块

【自己动手 1-3】　分别安装 CZK 系统服务端的全模块和自定义模块。

【自己动手 1-4】　分别安装 CZK 系统客户端的全模块和自定义模块。

课题三　CZK 系统的操作

一、概述

服务端启动后,必须先“导入报名表”和“导入仿真题”,再点击“开始服务”。客户端才可以有效登陆服务端,进行考核。

客户端进行仿真训练时(即“训练模式”的操作),只需要启动安装有服务端、并插有软件锁的电脑,不需要启动服务端的“开始服务”。

二、"训练模式"的操作

1. 插软件锁

将软件锁插入机房的教师机或单机版电脑。

2. 在桌面上启动"训练模式"

(1)在桌面上,用鼠标打开 广州超软CZK系列软件 文件夹,进入"广州超软 CZK 系列软件"对话框,如图 1.45 所示。

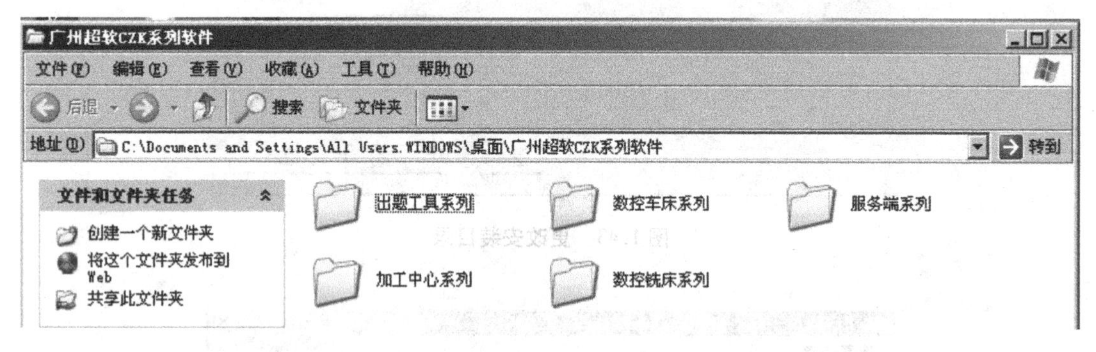

图 1.45 "广州超软 CZK 系列软件"对话框

(2)选择需要训练的工种,如 数控车床系列 (需要训练车床),左键双击之。弹出"数控车床系列"对话框,如图 1.46 所示。

图 1.46 "数控车床系列"对话框

(3)选择需要训练的数控系统,如 CZK-HNC22T(武汉华中) ,左键双击之。弹出"重新选择主机"对话框,如图 1.47 所示。

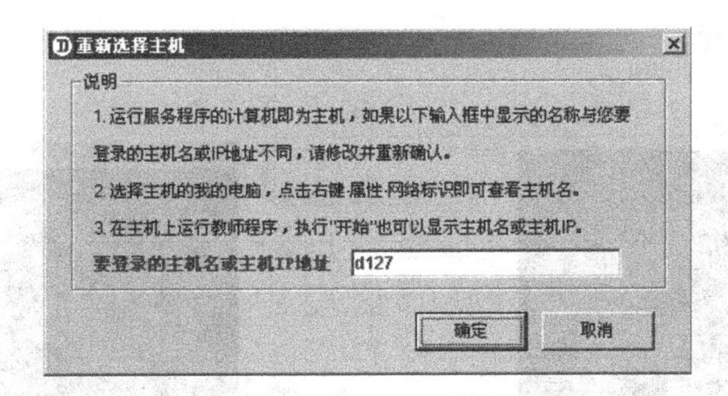

图 1.47　“重新选择主机”对话框

(4)按要求,输入要登录的主机名或主机IP地址,如图 1.47 所示的“d127”。

(5)单击 确定 ,进入“登录窗口”对话框。如图 1.48 所示。

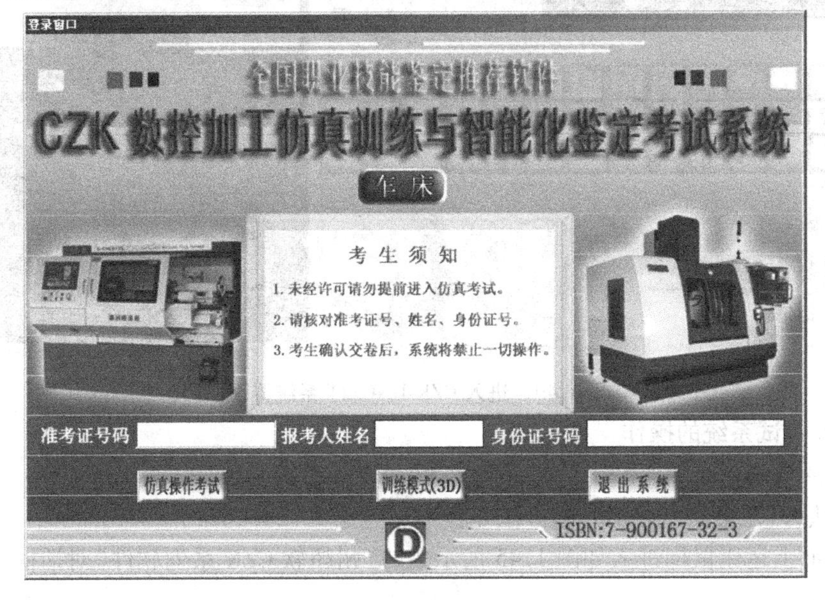

图 1.48　“登录窗口”对话框

(6)单击训练模式(3D),进入 CZK-HNC22T 系统界面。如图 1.49 所示。

(7)在此界面中,就可对 CZK-HNC22T 系统进行编程及仿真加工等操作。

(8)同理,可启动其他系统的“训练模式”。

3.通过“开始”菜单,启动

以进入华中 HNC22T 为列进行讲解。

(1)单击 开始 ,依次选取 所有程序(P) 、广州超软CZK系列软件、CZK客户端系列、数控车床系列,单击 CZK-HNC22T(武汉华中) ,进入如图 1.47 所示的“重新选择主机”对话框。

(2)以后的操作同“2.在桌面上启动“训练模式”的操作”。

【自己动手 1-5】　用两种方法,分别启动 CZK-928TC 系统、CZK-980T 系统、CZK-HNC22T 系统的“训诫模式”系统。

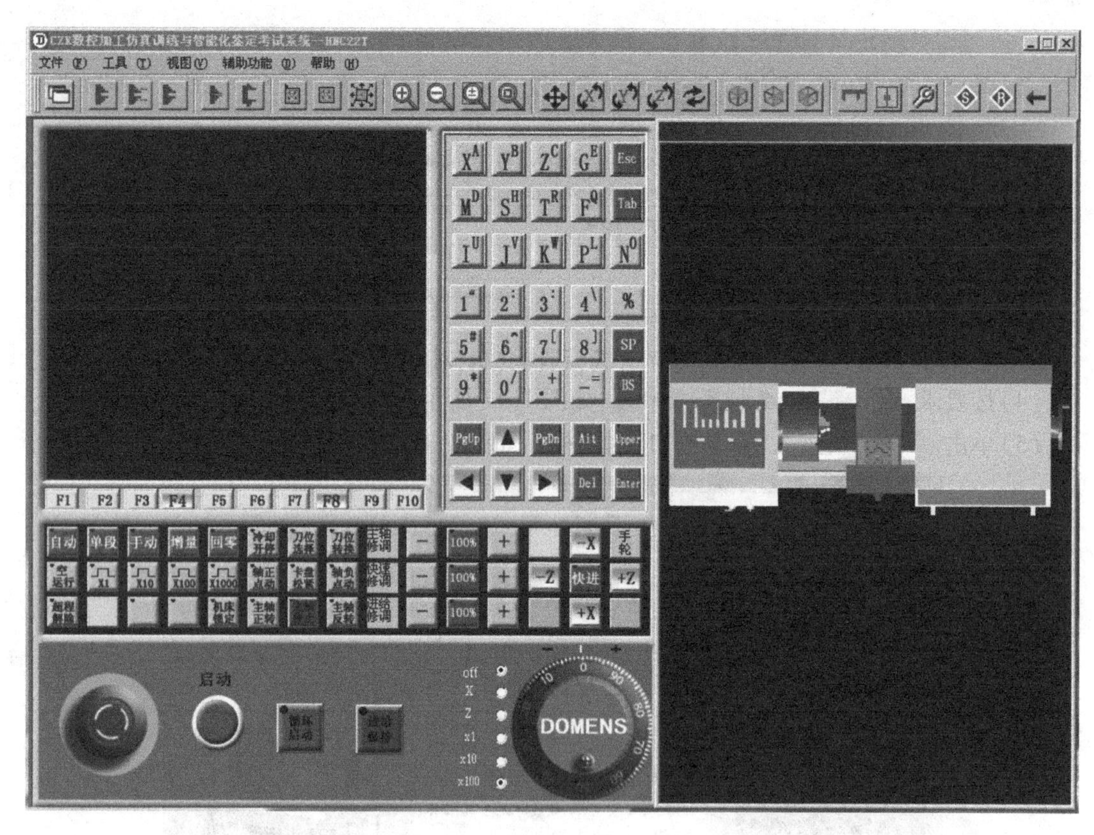

图 1.49 进入 CZK-HNC22T 系统界面

三、CZK 考试系统的操作

1. 启动服务端系统

(1)方法一,在桌面上启动。其方法是:

①在桌面上运用鼠标进入如图 1.45 所示的“广州超软 CZK 系列软件”对话框。

②左键双击 服务端系列,进入“服务端系列”对话框,如图 1.50 所示。

图 1.50 “服务端系列”对话框

③双击 数车服务端(三维版) 快捷方式 1 KB ,进入“CZK 数控加工仿真训练与智能化鉴定考试系统”,如图 1.51 所示。

(2)方法二,在“开始”菜单中启动。其方法是:

单击开始，依次选取所有程序(P)、广州超软CZK系列软件、CZK服务端系列、CZK服务端系列，单击数车服务端(三维版)，进入如图1.51所示的“CZK数控加工仿真训练与智能化鉴定考试系统”。

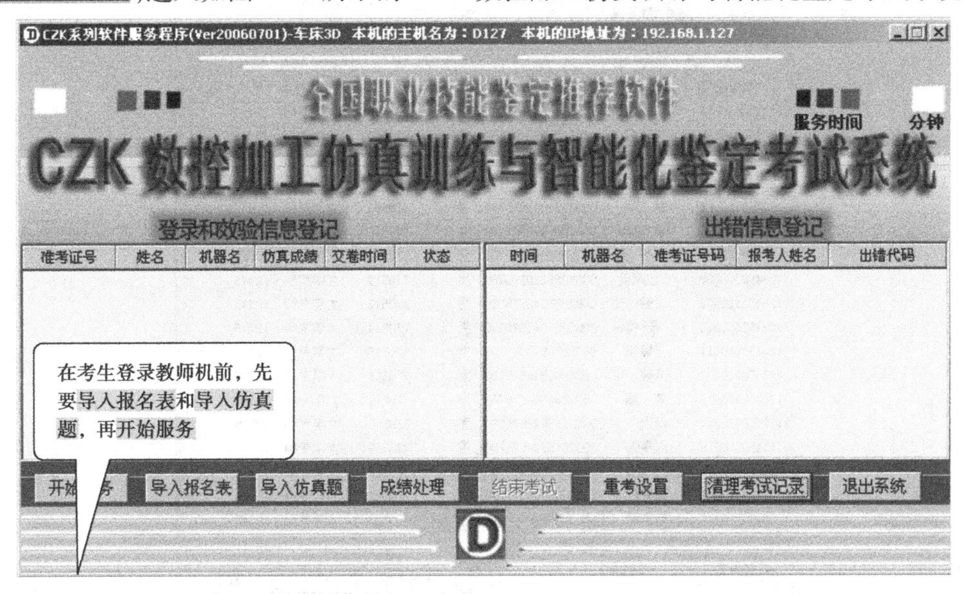

图1.51　服务端控制界面

提示：

●在启动前，应先确认教师机是否插有软件锁，如果没有，请插好软件锁。

2. 导入报名表

(1)单击导入报名表，弹出如图1.52所示的“导入报名表”对话框界面。进行导入考试前所制作的报名表文件操作。

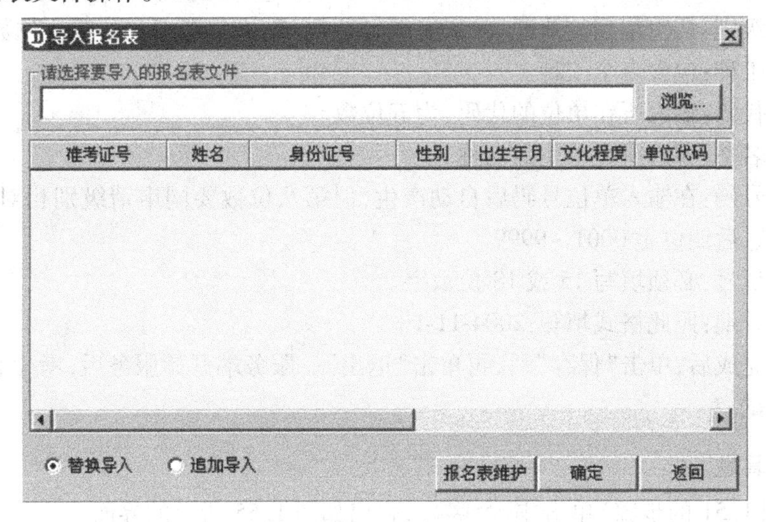

图1.52　“导入报名表”对话框

(2)单击浏览...，浏览报名表所在的文件夹，选择报名表文件。

(3)单击[打开(O)],再单击[确定]。弹出如图 1.53 所示的界面。

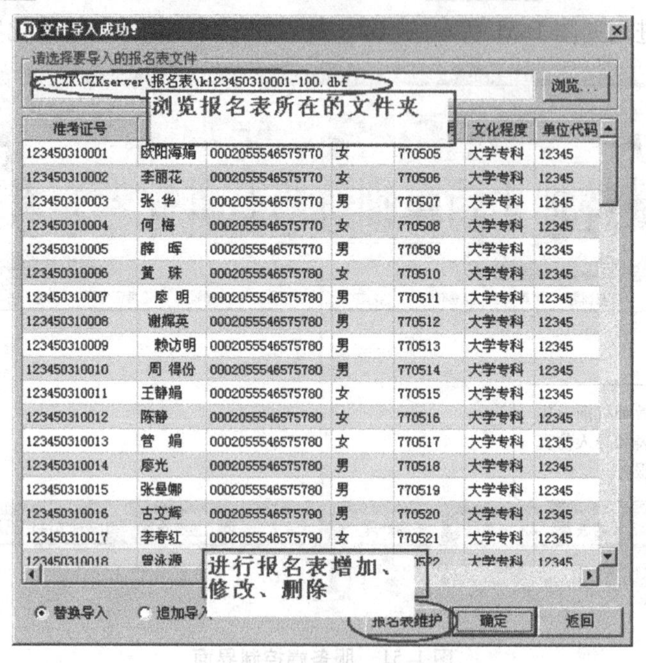

图 1.53　导入报名表界面

提示:

●在导入文件前可以选择[替换导入]:替换掉以前导入的报名表;或[追加导入]:追加在上一个导入的报名表的后面。

●报名表维护:在此增加、修改、删除报名表,如图 1.54 所示。

1. 鉴定时间:系统自动填写生成报名表的当天时间,以电脑内的时间为准。

2. 申请级别:从岗位到结业证书,数字编号是 0 ~9,在报考号码的第八位数体现出。

3. 鉴定工种:包含多个工种。

4. 单位代码:输入所在单位的代码,为五位数。

5. 单位名称:输入所在单位的名称。

6. 报考号码:在输入单位号码后自动产生,但第八位数要同申请级别相对应,而且必须为 12 位数,后四位是 0001 ~9999。

7. 身份证号:必须填写 15 或 18 位数字。

8. 出生日期:照此格式填写:2004-11-1。

9. 填写完成后,单击"保存"后,再单击"退出"。服务端开始服务后,考生就可根据此号码登录考试。

3. 导入仿真题

(1)(接图 1.51 的步骤)单击[导入仿真题],弹出如图 1.55 所示的界面。

(2)单击[删除],弹出如图 1.56 所示的"系统提示"对话框。

(3)单击[是(Y)],删除上次导入的仿真题。

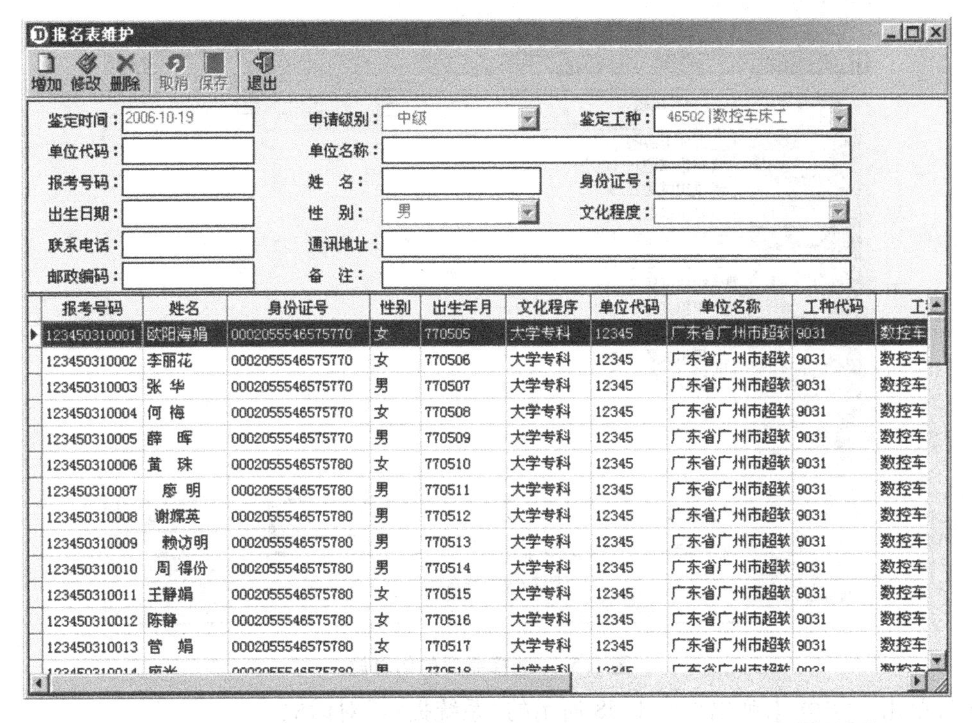

图 1.54 “报名表维护”界面

车床评分参数维护

导入 删除 退出　　选择试卷：模拟试题三

序号	考核项目	考核内容及要求	配分	公差要求	评分标准
1	W	17.3	3	最大值：17.5 最小值：17.1	超差：0.05 扣1.00分
2		18	3	最大值：18.2 最小值：17.8	超差：0.05 扣1.00分
3			3	最大值：18.2 最小值：17.8	超差：0.05 扣1.00分
4		20.4	3	最大值：20.6 最小值：20.2	超差：0.05 扣1.00分
5		22	3	最大值：22.2 最小值：21.8	超差：0.05 扣1.00分
6			3	最大值：22.2 最小值：21.8	超差：0.05 扣1.00分
7		16	3	最大值：16.2 最小值：15.8	超差：0.05 扣1.00分
8			3	最大值：16.2 最小值：15.8	超差：0.05 扣1.00分
9		10.25	3	最大值：10.45 最小值：10.05	超差：0.05 扣1.00分
10		9.7	3	最大值：9.9 最小值：9.5	超差：0.05 扣1.00分
12	C	55	3	最大值：55.2 最小值：54.8	超差：0.05 扣1.00分

图 1.55 “评分参数”界面

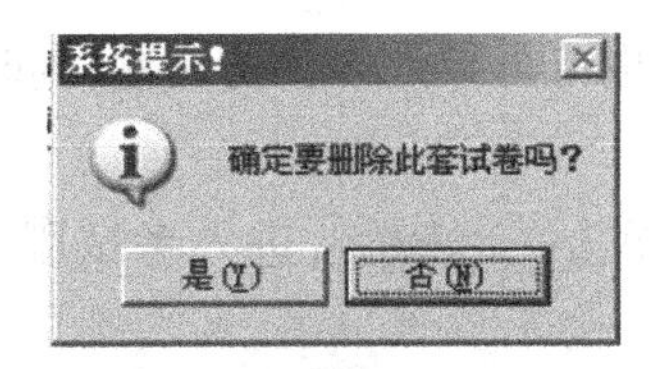

图 1.56 “系统提示”对话框

(4)单击导入，导入由出题工具制作的仿真题，浏览仿真题所在的文件夹，选择需要的仿真题。如图 1.57 所示。

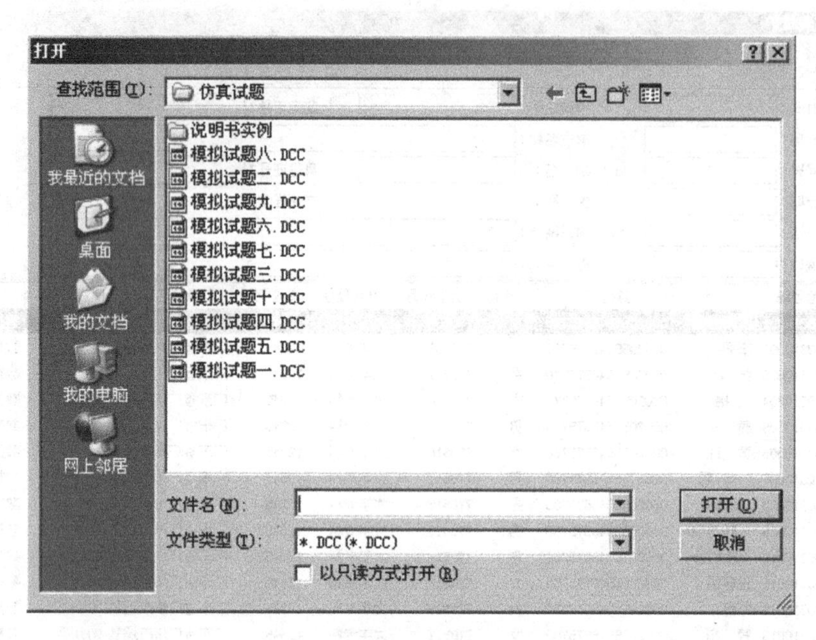

图 1.57　选择需要的仿真题

(5)单击 打开(O) ,弹出如图 1.58 所示的“系统提示”对话框。

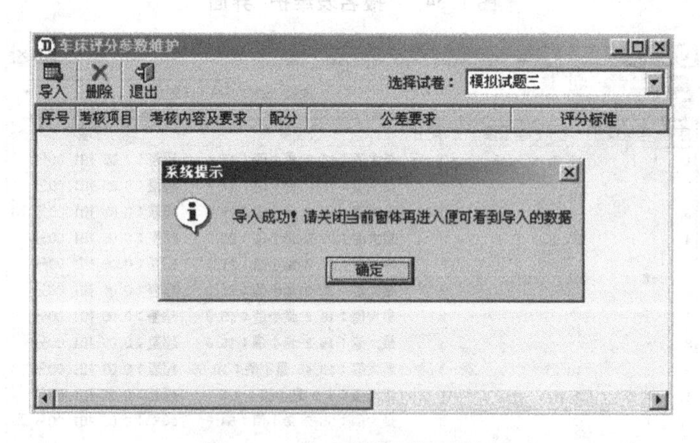

图 1.58　“系统提示”对话框

(6)单击 确定 ,再单击 退出 ,返回到教师机“CZK 数控加工仿真训练与智能化鉴定考试系统”,主界面(如图 2.3 所示)。也可再导入多套仿真题,同时考试。

4. 开始服务

导入报名表 和 导入仿真题 后,单击 开始服务 ,进入考试服务状态,记录学生考试情况。如图 1.59 所示。

5. 启动客户端(学生机登陆程序)

在服务端,做好相应的准备后,考生可在客户端登陆,进行操作。详见后面的“四. CZK 考试系统客户端的操作”。

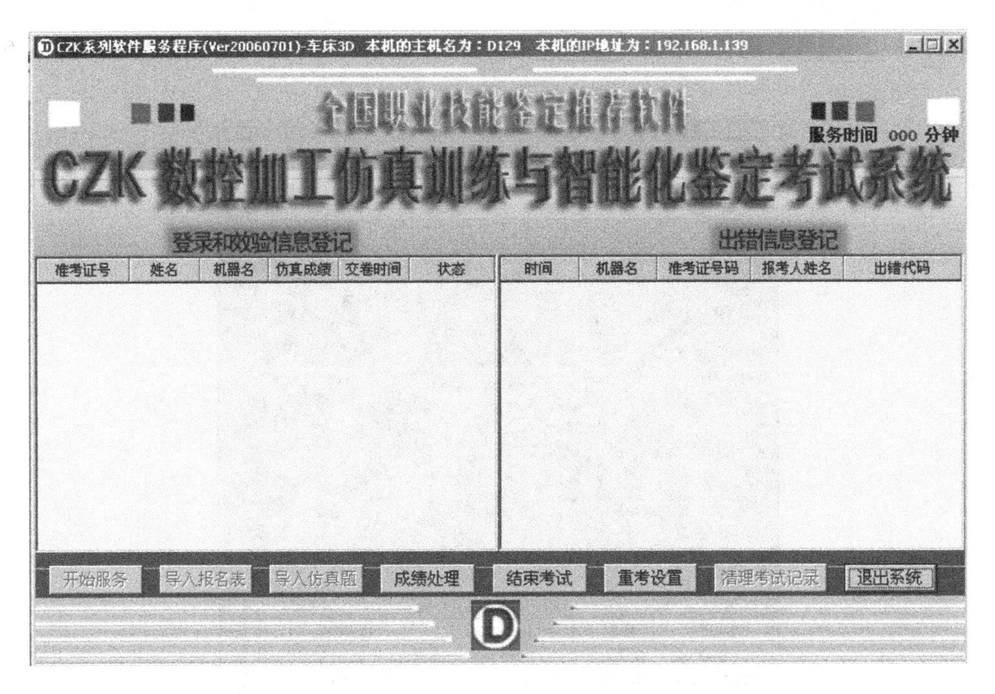

图 1.59

6. 成绩处理

(1)在考试完成后,单击 结束考试 ,教师对考生的成绩进行处理,查看考试每一项目所扣的分值,如图 1.60 所示。

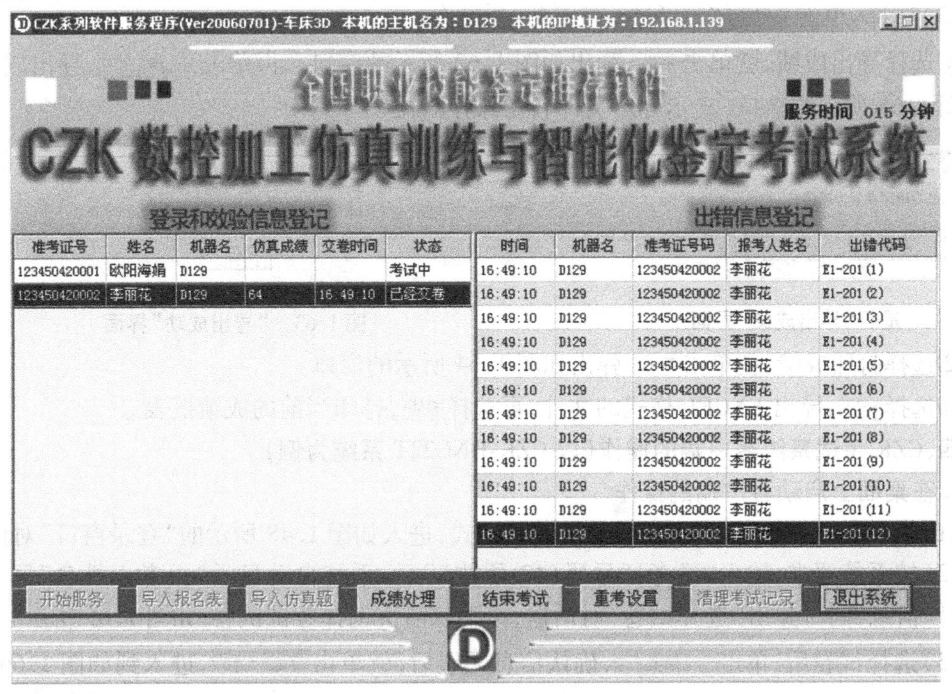

图 1.60　查看考生每一项目所扣的分值

(2)单击成绩处理,选择(单击)仿真成绩,选择考生,查看该考生的考试信息。如图1.61所示。

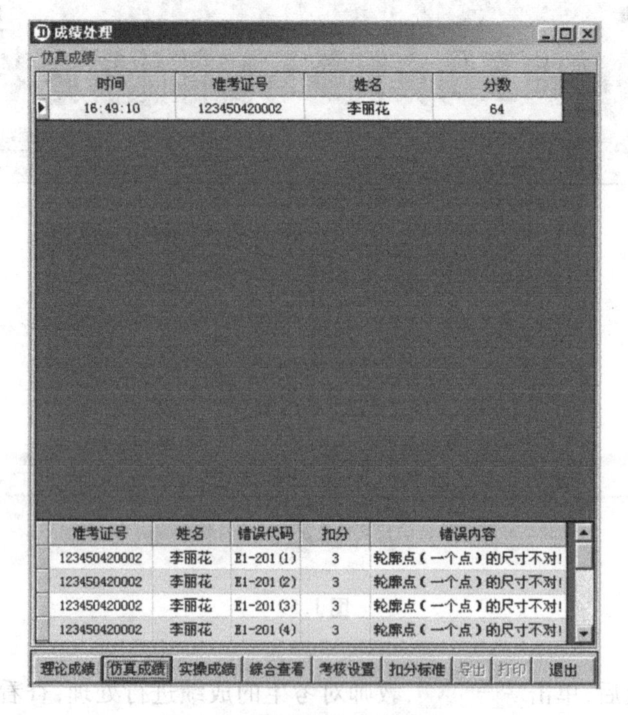

图1.61 “成绩处理”对话框

(3)选择(单击)综合查看,可进行导出或打印操作。

①选择导出成绩,就单击导出,弹出如图1.62所示的窗口。再单击确定,导出成绩,弹出如图1.63所示的窗口(显示导出文件名及保存路径)。

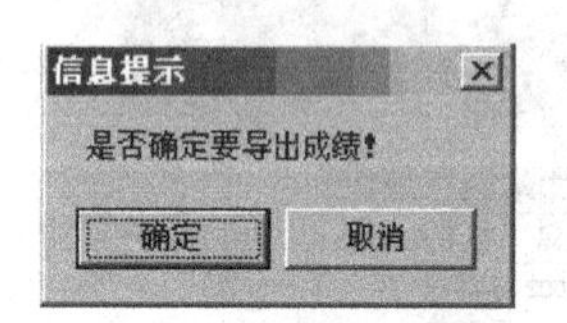

图1.62 是否“导出成绩”界面

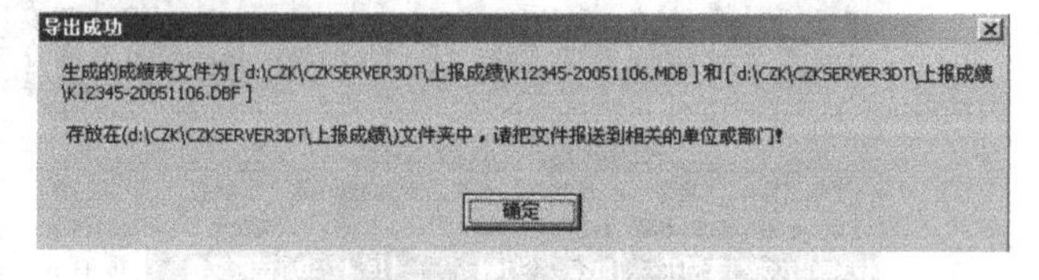

图1.63 “导出成功”界面

②选择打印成绩,就单击打印,弹出如图1.64所示的窗口。

③选择导出,导出EXCEL格式的文件,再选择打印,打印当前的成绩报表。

四、CZK考试系统客户端的操作(以CZK-HNC22T系统为例)

1. 在桌面上启动客户端的操作

(1)运用“在桌面上启动‘训练模式’”的方式,进入如图1.48所示的“登录窗口”对话框。

(2)按系统要求,输入“准考证号码(12位数)”后,系统自动显示“报考人姓名”同“身份证号码”信息,同时弹出“选择试卷”对话框,按下拉箭头选择考试试卷,如图1.65所示。

(3)选择试卷后,单击确定,确认信息无误后,就单击仿真操作考试,进入到如图1.66所示的界面。

(4)单击是(Y),进入CZK-HNC系统(参见图1.49所示),进行考试。

打印表绩报表

导出　打印　100 %　1/4　后退　前进　退出

成 绩 报 表

准考证号码	姓　名	鉴定工种	级　别	理论成绩	仿真成
123450310001	欧阳海娟	数控车工	中级	0	14
123450310002	李丽花	数控车工	中级	0	15
123450310003	张 华	数控车工	中级	0	0
123450310004	何 梅	数控车工	中级	0	0
123450310005	薛 晖	数控车工	中级	0	0
123450310006	黄 珠	数控车工	中级	0	0
123450310007	廖 明	数控车工	中级	0	0
123450310008	谢娟英	数控车工	中级	0	0

图 1.64　打印成绩

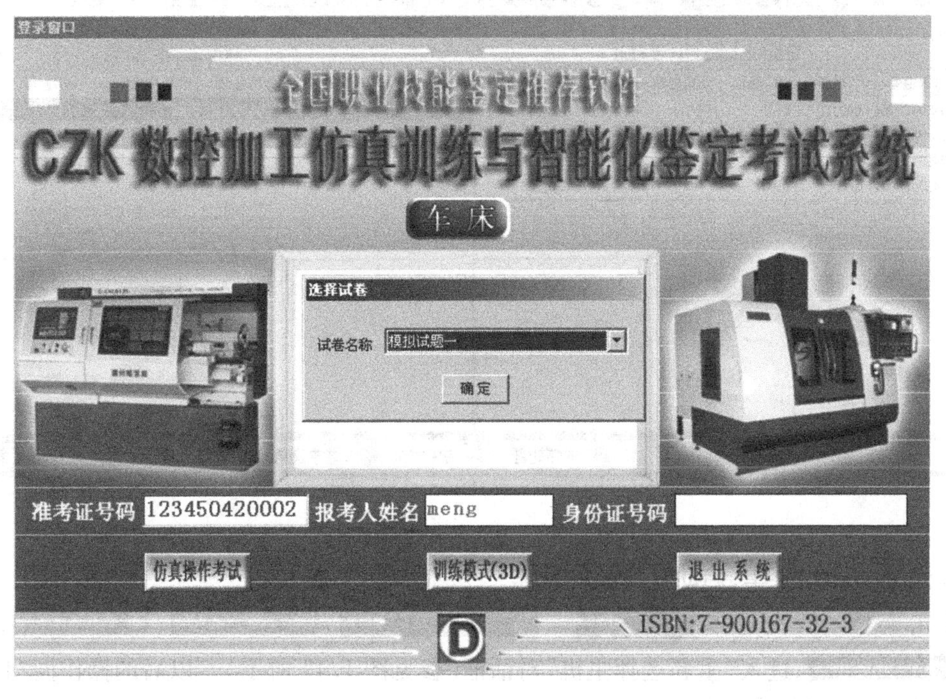

图 1.65　输入“准考证号码”,选择试卷

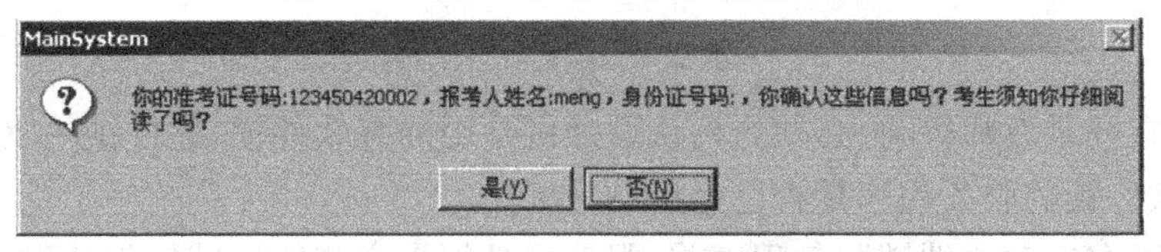

图 1.66　登录确认界面

(5)按数控系统的要求,启动车床,录入程序,仿真加工工件(其具体操作见后面系统的操作)。

(6)交卷。确认加工完成后,单击工具栏中的“交卷”图标,弹出图 1.67 所示的对话框。

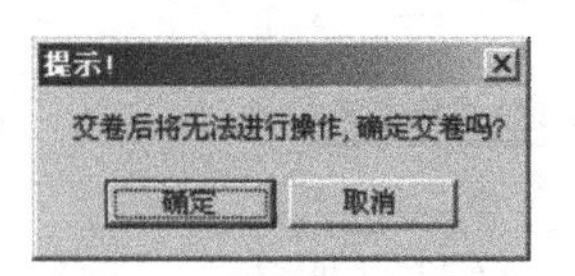

图 1.67　交卷提示

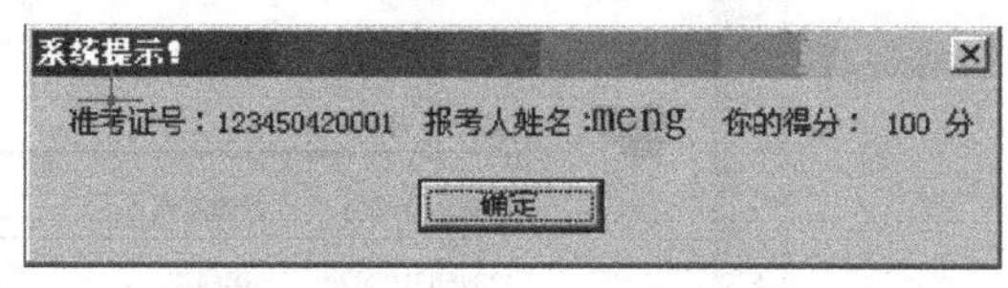

图 1.68　考生分数显示

(7)单击 确定 后,在床身窗口的上部会显示出该考生的分数,如图 1.68 所示。

(8)在“服务程序监控”界面,能同时显示相关考试考生信息。如图 1.69 所示。

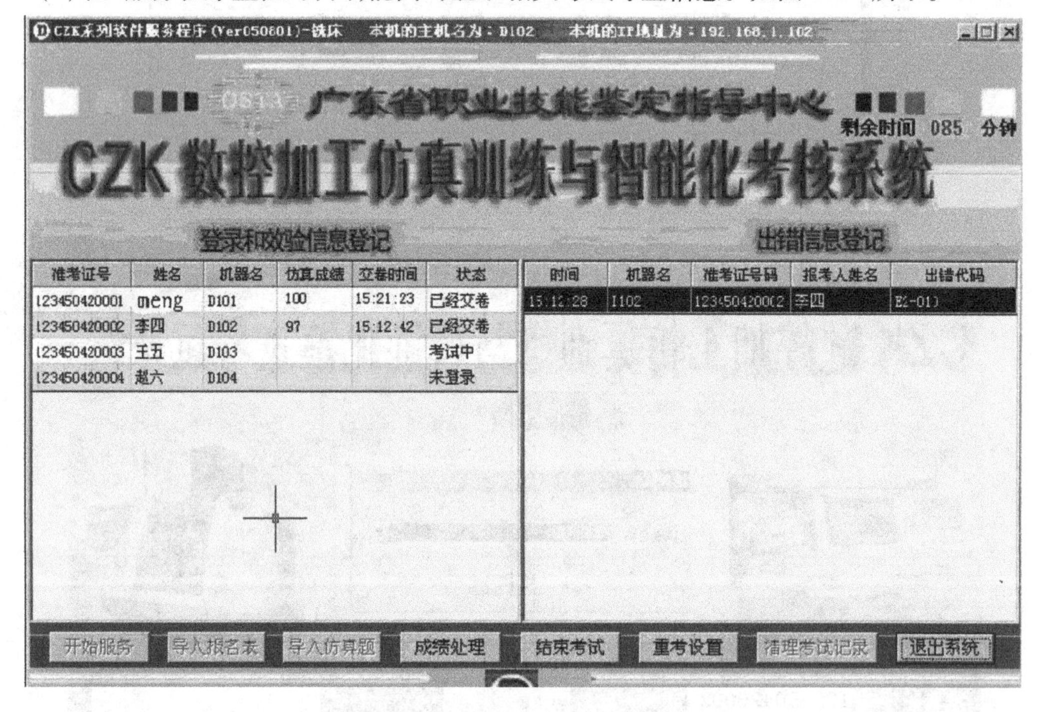

图 1.69　服务程序监控界面

2. 通过“开始”菜单,启动客户端的操作

单击 开始,依次选取 所有程序(P)、广州超软CZK系列软件、CZK客户端系列、数控车床系列,单击 CZK-HNC22T(武汉华中),进入“重新选择主机”对话框(参见图 1.47 所示)。以后的操作同“1. 在桌面上启动客户端的操作”。

提示:

●学生在登录教师机前,必须先确认教师机是否插有软件锁,软件锁的驱动程序是否已经安装,软件锁的服务程序是否已经启动。

●网络版在启动软件锁服务程序前,服务端必须先安装软件锁的驱动程序。

●学生在登录时，在输入主机名或 IP 地址处，必须输入插有软件锁的电脑名：即在教师机上右键单击“我的电脑”选择“网络标识”，里面显示的完整的计算机名就是主机名。

●客户端进入仿真考试前，服务端必须已经启动，并开始服务。反之进入训练模式，则可不启动服务端。

●客户端在考试完成后，一定要按时交卷。

【自己动手 1-6】　用两种方法，分别启动 CZK-928TC 系统、CZK-980T 系统、CZK-HNC22T 系统的考试系统。

课题四　CZK 菜单工具栏、标准工具栏的操作

一、CZK 操作面板的组成（以 CZK-HNC22T 系统为例）

运用前面所学的知识，打开 CZK-HNC22T 系统。CZK-HNC22T 数控车床的操作面板，如图 1.70 所示。它分为菜单工具栏部分、标准工具栏部分、数控系统操作面板部分（包括 LCD 显示器、CNC 键盘等）。

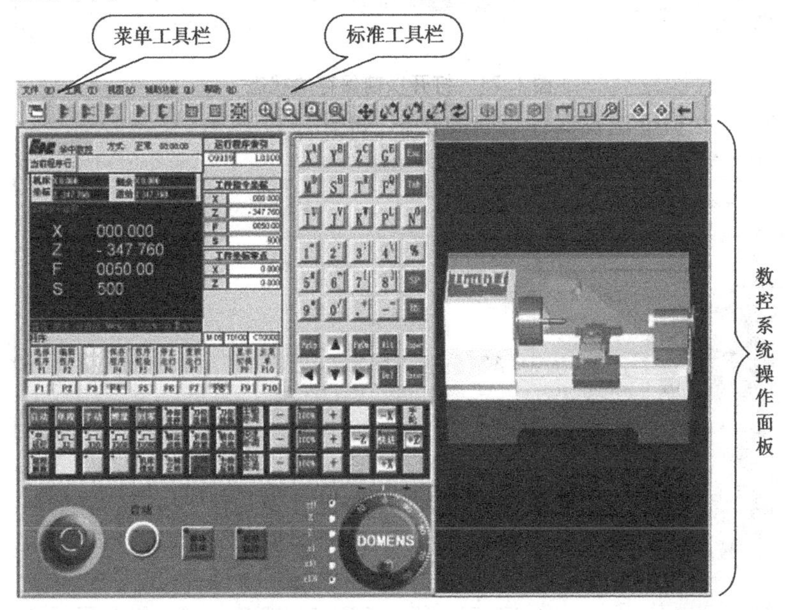

图 1.70　广州超软数控加工仿真系统 HNC-22T 系统操作面板

二、菜单工具栏

菜单工具栏，如图 1.71 所示。其按键的功能及内容如下：

文件(F)　工具(T)　视图(V)　辅助功能(D)　帮助(H)

图 1.71　菜单工具栏

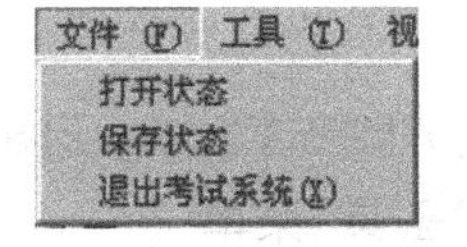

图 1.72　“文件”下拉菜单

1.“文件”菜单

单击 文件(F)，出现“文件”菜单，如图 1.72 所示，其下拉菜单的内容有：

(1) 打开状态 。打开以前保存的状态。如图 1.73 所示,指定要打开的状态文件。

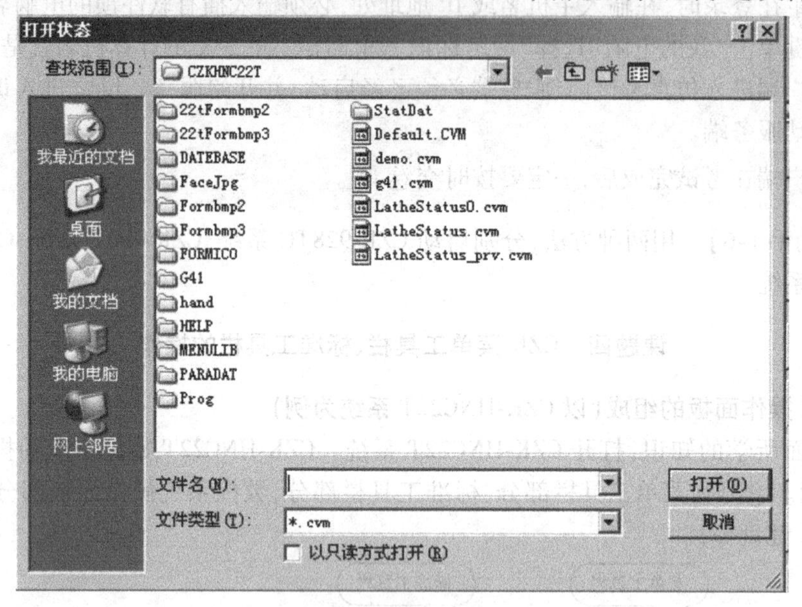

图 1.73　打开以前保存的状态

(2) 保存状态 。在指定位置保存当前的状态,如图 1.74 所示。

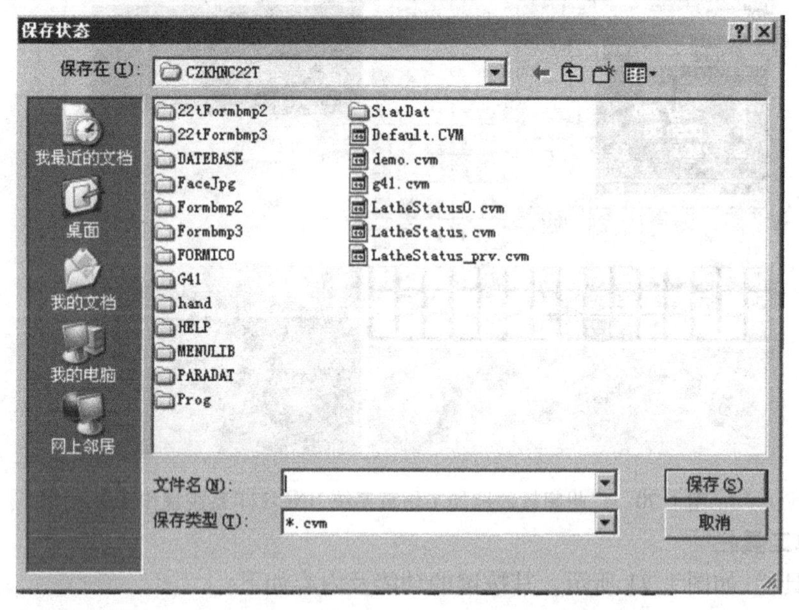

图 1.74　在指定位置保存当前的状态

(3) 退出考试系统(X)。退出客户端操作系统。

2. "工具"菜单

单击 工具(T),出现"工具"下拉菜单,如图 1.75 所示,其下拉菜单的内容及其作用见"三.标准工具栏"。

3."视图"菜单

单击视图(V),出现"视图"下拉菜单,如图1.76所示,其下拉菜单的内容及其作用见"三.标准工具栏"。

(1)正向视图。其作用见"三.标准工具栏"。

(2)右向视图。其作用见"三.标准工具栏"。

(3)俯向视图。其作用见"三.标准工具栏"。

(4)✓标准工具栏。其左方有✓,界面上有"标准工具栏";其左方无✓,界面上无"标准工具栏"。其方法是单击,可相互转换。

(5)✓编辑工具栏。其左方有✓,界面上有"编辑工具栏";其左方无✓,界面上无"编辑工具栏"。其方法是单击,可相互转换。

4."辅助功能"菜单

单击辅助功能,出现"辅助功能"下拉菜单,如图1.77所示,其下拉菜单的内容及其作用是:

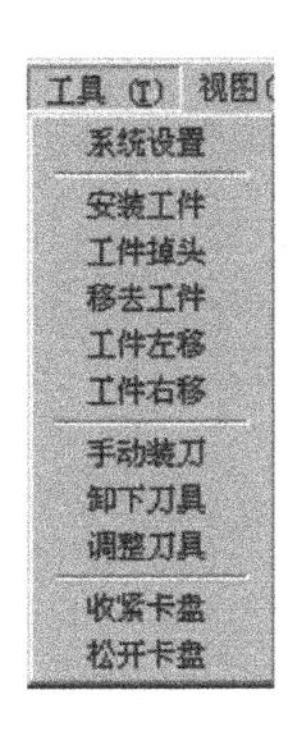

图1.75　"工具"下拉菜单

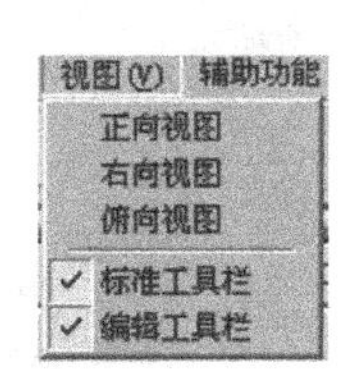

图1.76　"视图"下拉菜单

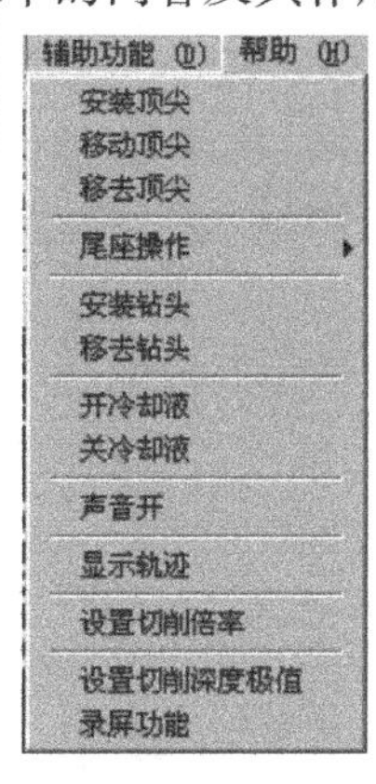

图1.77　"辅助功能"下拉菜单

(1)顶尖操作部分。其内容有:

①安装顶尖。单击安装顶尖,在机床尾座上安装顶尖,如图1.78所示。

②移动顶尖。单击移动顶尖,移动机床尾座上的顶尖。

③移去顶尖。单击移去顶尖,移去机床尾座上的顶尖,如图1.79所示。

(2)尾座操作部分。单击尾座操作,出现尾座操作子菜单,如图1.80所示。

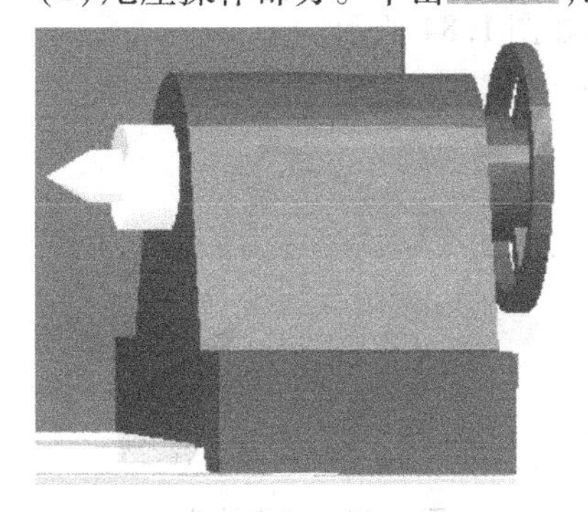

图1.78　安装顶尖

图1.79　移去顶尖

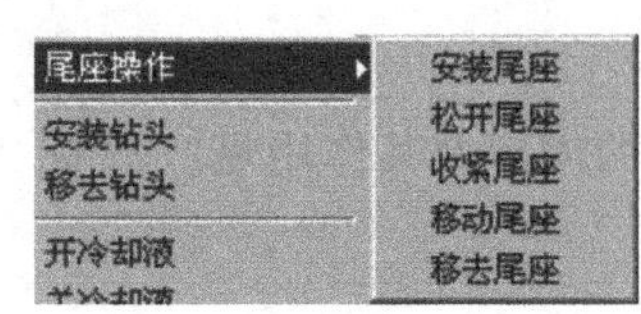

图 1.80　尾座操作子菜单

①安装尾座。单击安装尾座，在机床上安装尾座，如图 1.81 所示。

②松开尾座。单击松开尾座，在机床上松开尾座。

③收紧尾座。单击收紧尾座，在机床上收紧尾座。

④移动尾座。单击移动尾座，在机床上移动尾座。

⑤移去尾座。单击移去尾座，在机床上移去尾座，如图 1.82 所示。

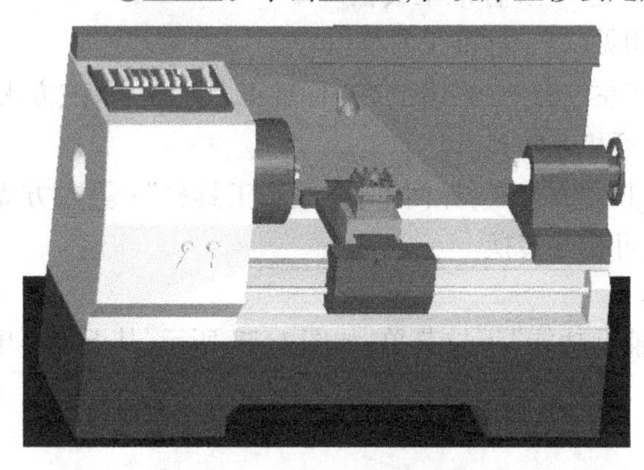

图 1.81　在机床上安装尾座

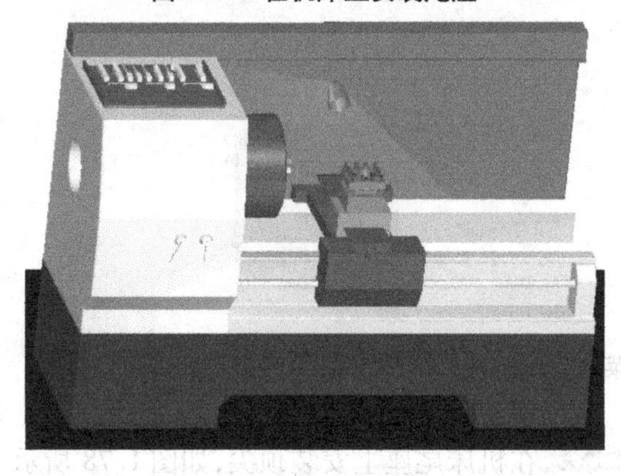

图 1.82　在机床上移去尾座

(3)钻头操作部分。其内容有：

①安装钻头。单击安装钻头，在机床尾座上安装钻头，如图 1.83 所示。

②移去钻头。单击移去钻头，在机床尾座上移去钻头，如图 1.84 所示。

图 1.83　安装钻头

图 1.84　移去钻头

(4)开、关冷却液部分。其内容有：

①开冷却液。单击开冷却液，开冷却液。

②关冷却液。单击关冷却液，关冷却液。

(5)其他部分。其内容有：

①声音开。单击声音开，打开或关闭声音。

②显示轨迹。单击显示轨迹，在加工时，显示当前刀具行走的轨迹，如图 1.85 所示。

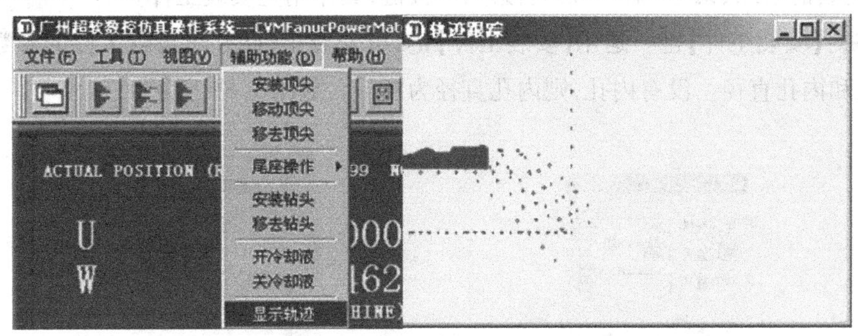

图 1.85　显示当前刀具行走的轨迹

③设置切削倍率。单击设置切削倍率，打开“切削倍率输入”对话框，设置切削倍率，如图 1.86 所示。

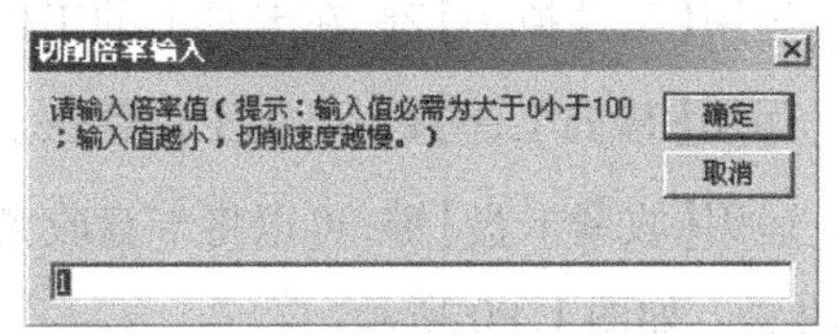

图 1.86　“切削倍率输入”对话框

④设置切削深度极值。单击设置切削深度极值，打开“设置切削深度极值”对话框，设置切削深度的最大值。如图 1.87 所示。

图 1.87　“设置切削深度极值”对话框

【自己动手 1-7】　分别安装、移去尾座。

【自己动手 1-8】　分别安装、移去钻头。

【自己动手 1-9】　分别安装、移去顶尖。

三、标准工具栏

标准工具栏，如图 1.88 所示。其按键的功能及操作方法如下：

图 1.88　标准工具栏

1. 界面切换按键

:【界面切换】键。从左向右的第一个按键,单击【界面切换】键,切换显示机床控制界面和床身界面。

2. 安装工件部分的按键

从左向右的第二、第三、第四、第五、第六个按键,其作用是安装工件。

(1) :【安装工件】键。运用【安装工件】键,可安装工件,并可设置工件的参数,工件的长度、直径和内孔直径。没有内孔,则内孔直径为“0”。如图 1.89 所示。

(a)设置工件的参数

(b)在卡盘上安装好工件

图 1.89 工件的安装

(2) :【工件掉头】键。运用【工件掉头】键,在卡盘上的工件可以掉头加工。

(3) :【移去工件】键。运用【移去工件】键,可将工件移去。

(4) :【收紧卡盘】键。运用【收紧卡盘】键,可以将卡盘收紧。每单击一次该项,卡盘收紧一点,连续点击,卡盘连续收紧。如图 1.90 所示。

图 1.90 收紧卡盘

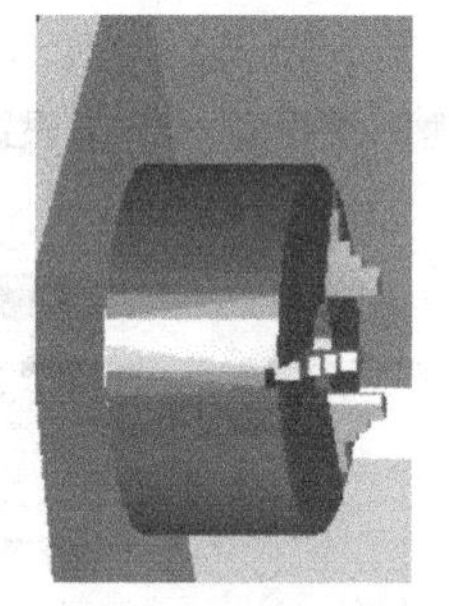

图 1.91 松开卡盘

(5) :【松开卡盘】键。运用【松开卡盘】键,可以将卡盘松开。每单击一次该项,卡盘松开一点,连续点击,卡盘连续松开。如图 1.91 所示。

提示:

●安装工件的步骤:

(1)单击 (指左键单击,以下同),松开卡盘,至卡盘的内孔直径大于工件直径为止。

(2)单击 ,安装工件,根据图纸要求,设置工件的参数。

(3)单击 ▶ ,收紧卡盘,夹紧工件。

●移去工件的步骤通常是:

(1)松开卡盘。

(2)单击 ▶ ,将工件移去。

●工件掉头的步骤通常是:

(1)松开卡盘。

(2)单击 ▶ ,将工件掉头。

【自己动手1-10】　安装、调整工件,移去工件。

3.安装刀具部分的按键

从左向右,第七、第八、第九个按键,其作用是安装刀具、调整刀具的位置。

(1) ▣ :【手动装刀】键。运用【手动装刀】键,可以实现手动装刀。

(2) ▣ :【调整刀具】键。运用【调整刀具】键,可以调整刀具的位置。

(3) ▣ :【移去刀具】键。运用【移去刀具】键,可以卸下当前工作位的刀具。

提示:

●安装刀具的步骤通常是:

(1)单击 ▣ ,第一次单击该项,出现"装刀方法提示" 对话框,如图1.92(a)所示。

(2)按提示要求,选择需要安装的刀具,按住鼠标左键,拖动刀具到刀架上。

(3)松开鼠标,刀具即安装到刀架上。如图1.92(b)所示。

(4)单击 松螺钉 ,选择松螺钉,调整刀具的位置:前后位置,单击 前移 或 后移 ;左右位置:单击 左移 或 右移 ;上下位置:单击 调高 或 调低 位置,至合适。

(5)单击 紧螺钉 ,拧紧螺钉。

(6)单击 关闭 ,关闭"调整刀具位置"对话框,退出如图1.93所示。

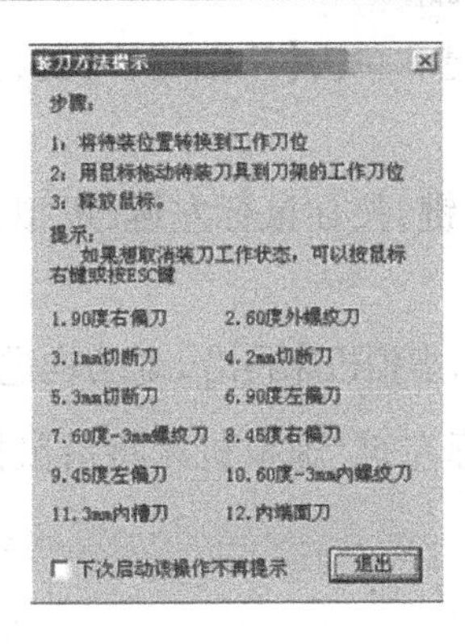

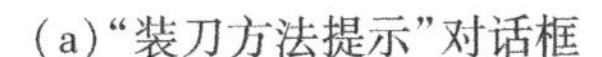
(a)"装刀方法提示"对话框

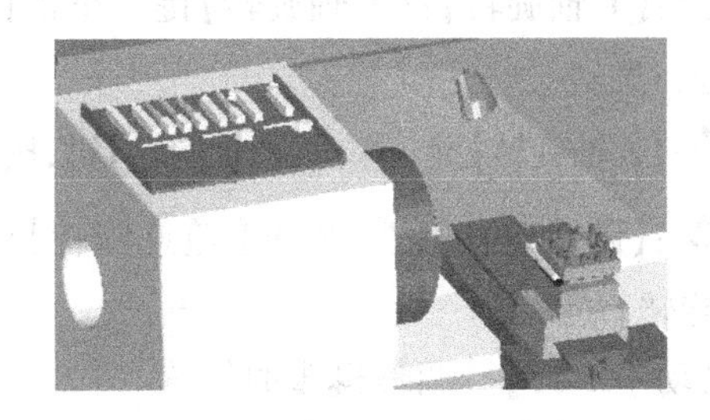
(b)手动装好的刀

图1.92　手动装刀

【自己动手1-11】　安装、调整刀具,移去刀具。

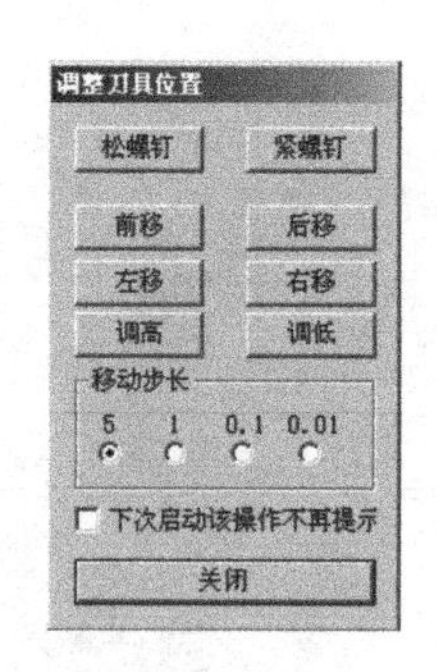

(a)“调整刀具位置”对话框　　(b)调整好的刀具

图 1.93　调整刀具位置

4. 调整图形大小部分的按键

从左向右,第十、第十一、第十二、第十三个按键,其作用是调整图形的大小。

(1) :【图形放大】键。单击【图形放大】键,对当前图形进行整体放大。

(2) :【图形缩小】键。单击【图形缩小】键,对当前图形进行整体缩小。

(3) :【局部放大】键。运用【局部放大】键,可对选中的区域进行局部放大,其方法是:根据如图 1.94 所示的“图形局部放大方法提示”对话框中的提示,按住鼠标左键拖动,框住需放大的部分,对所选中的区域进行局部放大。

图 1.94　“图形局部放大方法提示”对话框

(4) :【正常大小】键。单击【正常大小】键,图形将恢复至初始大小。

【自己动手 1-12】　调整图形的大小。

5. 调整图形位置部分的按键

从左向右,第十四、第十五、第十六、第十七、第十八个按键,其作用是调整图形的位置。

(1) :【图形平移】键。单击【图形平移】键,按住鼠标左键,可以随意平移虚拟机床。

(2) :【X 轴旋转】键。单击【X 轴旋转】键,按住鼠标左键,虚拟机床将沿 x 轴方向进行旋转。

(3) :【Y 轴旋转】:【Y 轴旋转】键。单击【Y 轴旋转】键,按住鼠标左键,虚拟机床将沿 y 轴方向进行旋转。

(4) :【Z 轴旋转】键。单击【Z 轴旋转】键,按住鼠标左键,虚拟机床将沿 z 轴方向进行旋转。

(5) :【随意旋转】键。单击【随意旋转】键,按住鼠标左键,虚拟机床将沿鼠标移动的方向进行旋转。

【自己动手 1-13】　调整机床的位置。

6. 调整机床视图部分的按键

从左向右,第十九、第二十、第二十一个按键,其作用是调整机床视图。

(1)：【俯向视图】键。单击【俯向视图】键，俯向查看当前机床，常用。如图 1.95 所示。

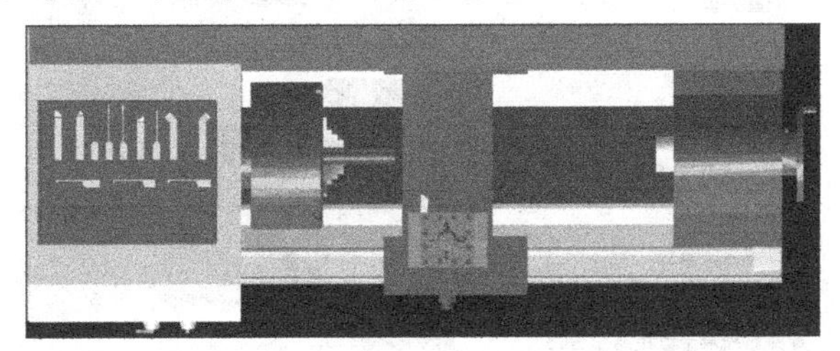

图 1.95　俯向查看当前机床

(2)：【左向视图】键。单击【左向视图】键，左向查看当前机床，不常用。

(3)：【正向视图】键。单击【正向视图】键，正向查看当前机床，不常用。

【自己动手 1-14】　从不同的视图，看机床。

7. 尺寸测量按键

从左向右，第二十二个按键为【尺寸测量】键：，其作用是测量工件的尺寸。测量工件尺寸的步骤，通常是：

单击【尺寸测量】键，出现"测量"对话框。选择要测量的类型，移动到测量的位置，单击执行测量，如图 1.96 所示（测量类型是工件外径、内径）。

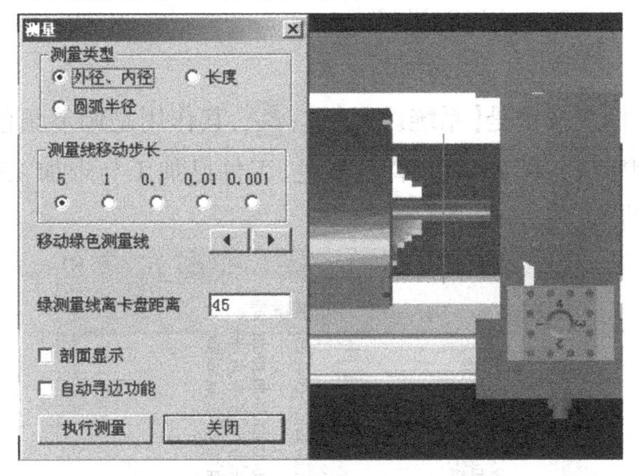

图 1.96　测量类型是工件外径、内径时的"测量"对话框及图示

提示：

●"测量"对话框中的内容：

(1)测量类型。选择要测量的类型，是工件外径、内径或长度。

(2)测量线移动步长。设置每次移动的距离，单位：mm，如图 1.96 所示的测量线移动步长是 5。

(3)绿测量线离卡盘距离，显示当前绿测量线离卡盘的距离。

(4)执行测量：执行所选的位置测量。

当选择测量工件外径、内径时，只会出现一条测量线，其测量的尺寸是测量线所在位置的直径；当选择测量长度时，会出现两条测量线，如图 1.97 所示，其测量的尺寸是两条测量线之间的距离。

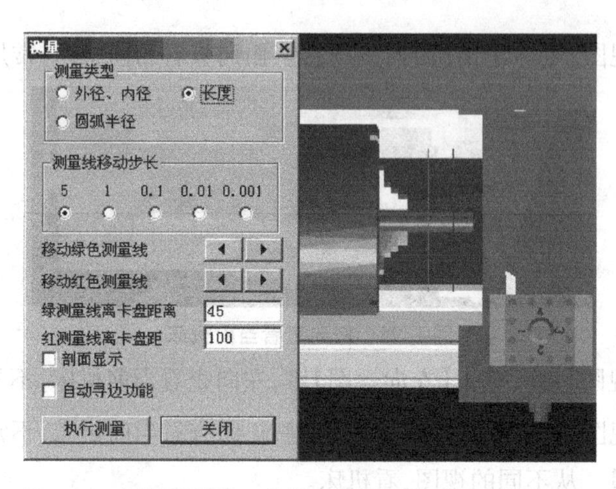

图 1.97　测量类型是工件长度时的“测量”对话框及图示

【自己动手 1-15】　分别测量工件的长度、工件的外径。

8. 打开或关闭围栏门按键

从左向右，第二十三个按键是【开/关车门】键：，其作用是打开或关闭围栏门（安全门）。单击，就可打开或关闭围栏门。

【自己动手 1-16】　打开或关闭围栏门。

9. 系统设置按键

从左向右，第二十四个按键是【系统设置】键：，其作用是调整颜色。单击，进入后，双击各选项，可以手调床身各部分颜色、背景颜色、工件已加工与未加工颜色、各部分灯光、隐藏车门等，如图 1.98 所示。

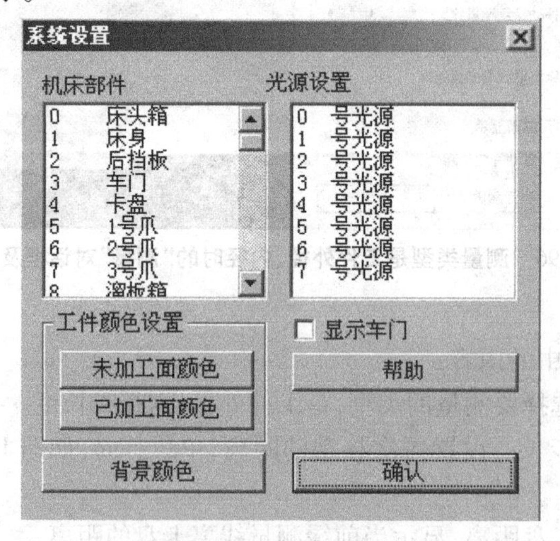

图 1.98　调整颜色

10. 系统设置按键

（1）：【保存床身设置】键。从左向右，第二十五个按键，其作用是保存床身的设置。

（2）：【恢复床身设置】键。从左向右，第二十六个按键，其作用是恢复床身的设置。

(3) ← :【传送文件】键。从左向右,第二十七个按键,其作用是传送文件。

提示:

●床身右键功能:在床身显示界面,单击右键,显示右键快捷方式,如图 1.99 所示。

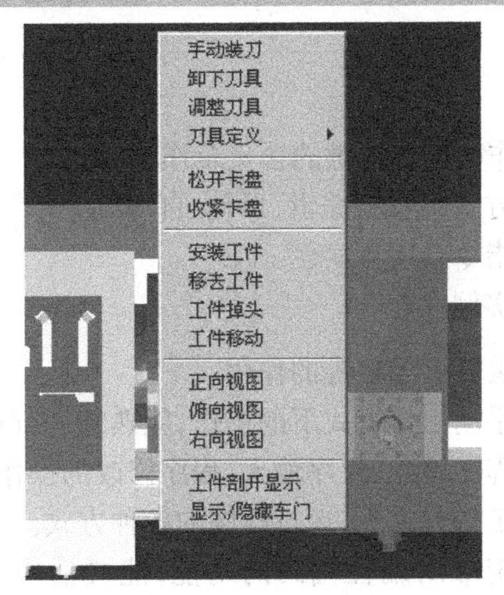

图 1.99　右键快捷方式

【自己动手 1-17】　运用床身右键功能,安装刀具、工件。

项目二　GSK928TC 系统

项目内容　1. 928TC 操作面板各按键的含义及作用。
2. 各种操作方式:手动、编辑、刀补、自动等。
3. 常用编程指令及应用实例。
4. 仿真加工实例。

项目目的　1. 熟习数控装置上各按键的作用。
2. 熟练掌握手动工作方式下的操作,能熟练进行对刀操作。
3. 熟练掌握程序建立、程序输入、程序修改的操作方法。
4. 掌握自动工作方式下,运行程序的各种方式。
5. 熟悉本系统常用编程代码的功能,能灵活应用 G00,G01,G02,G03,G33,G90,G92,G71,G93,G22-G80 以及子程序 M98,M99 等代码编制各类零件的加工程序。

任务一　GSK928TC 操作

课题一　GSK928TC 操作面板说明

GSK98TC 数控系统的操作面板,如图 2.1 所示。

一、输入编辑键

在面板右上方输入各类数字及字母如图 2.2 所示。

二、编辑状态选择键

1. 内容

包括:删除 Del　退出 Esc　输入 Input　回车 Enter

2. 各键作用

(1) 改写 Rew 键:交替按该键,则在插入/改写方式之间切换。

(2) 删除 Del 键:删除数字、字母。

(3) 退出 Esc 键:取消当前输入的各类数据。

(4) 输入 Input 键:输入各类数据。

(5) 回车 Enter 键:换行或者确认。

三、工作方式选择键

1. 内容

包括编辑、手动、自动、参数、刀补、诊断 6 种工作方式,如图 2.3 所示。

图 2.1　GSK98TC 数控系统的操作面板

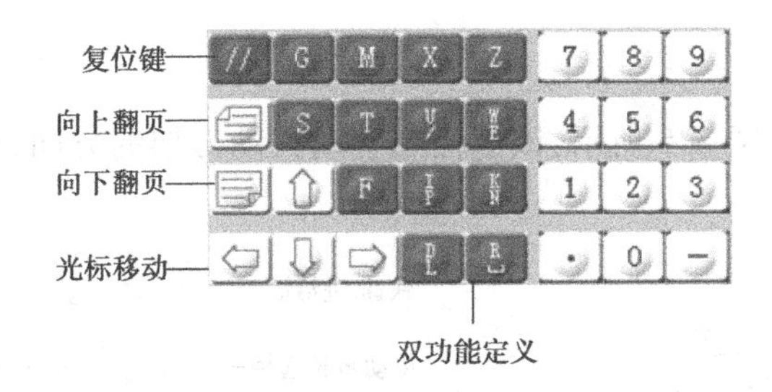

图 2.2　输入编辑键

图 2.3　工作方式选择键

2. 各键作用

(1) :按此键,可建立新的程序或者修改程序。

(2) :按此键,则进入手动状态,可以进行手动移动刀架、换刀、开主轴等操作。

(3) :按此键,则可查看各刀的刀补值,并可手动输入刀初值。

(4) :按此键,则进行自动运行状态,可以自动运行当前程序。

提示:

●超软软件暂时不支持参数和诊断功能。

四、循环启动及进给保持键

(1)是循环启动键(绿色),自动运行中启动程序,开始自动运行。

(2)是进给保持键(红色),程序运行及运行过程中暂停程序运行。

五、功能键

根据《数控机床形象化符号》标准,设置了以下形象化符号功能键,按下功能键完成相应功能,各键符号含义如图2.4所示,还包括空运行、单段两键。

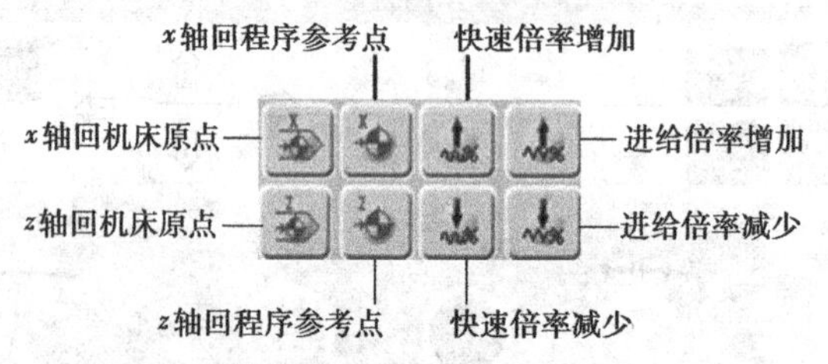

图2.4　功能键

(1)是"空运行"键,如在自动工作方式中选择空运行方式,程序运行时,机床坐标轴不移动S,M,T功能无输出,用于模拟程序。在编辑工作方式中按此键可将光标直接移到本行行号之后的第一个字符。

(2)是"单段/连续"键,在自动工作方式中,盘选择单段/连续的运行方式。

六、手动轴控制键

1. 内容

手动方向控制键,如图2.5所示,该键控制手动移动刀架的方向,单步及手轮的控制键如图2.6所示。

图2.5　手动方向控制键

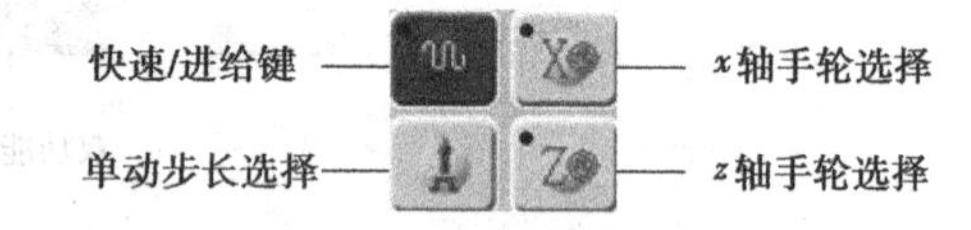

图2.6　单步手轮控制键

2. 各键作用

(1):手动运行时,快速移动速度和进给速度转换,按下此键,表示快速,按手动轴控制键,刀架将快速移动。

(2)"单步/点动"键:在手动工作方式中,单击该键可以进行"单步/点动"进给方式的切换。

七、手动换刀及辅助功能键

直接选择下一个刀位及控制机床,完成各类辅助功能。各辅助功能键,如图2.7所示。

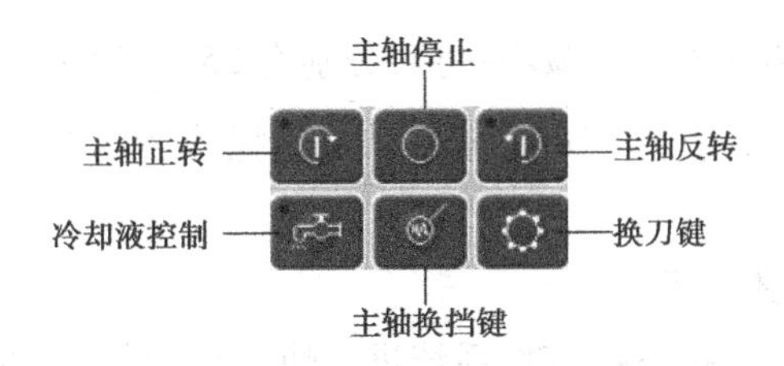

图 2.7　辅助功能键

课题二　手动操作

一、手动移动

手动移动有手动点动和手动单步两种，系统配置有电子手轮时，还可以选择手轮控制。

按工作方式选择键[手动JOG]，进入手动工作方式，屏幕上方显示“手动点动”，如图 2.8 所示。初始方式为点动方式，按[单步Setp]键，可以进行手动点动和手动单步方式的相互切换。

1. 手动连续移动

在手动点动进给方向键中，按住一个手动进给方向键：[←]，[→]，[↑]，[↓]，不放开，机床拖板就按所选的坐标轴及方向连续移动，按键放开，机床拖板减速停止。

手动点动的移动速度按选定的快速或进给速度执行。

2. 手动单步移动

在手动方式下，按[单步Setp]键，进入手动单步进给方式中，屏幕上部显示“手动单步”字样，如图 2.9 所示。

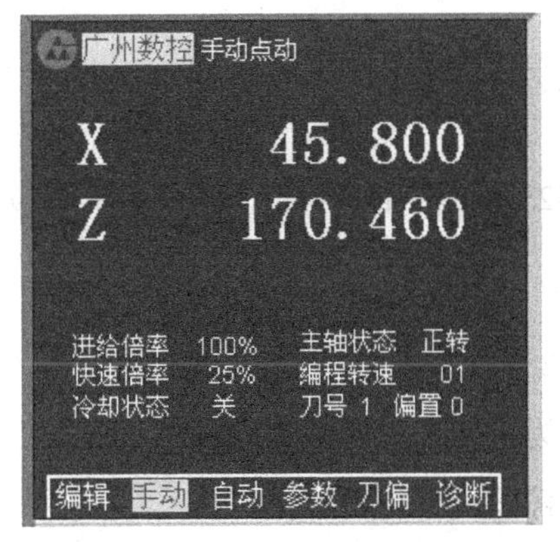

图 2.8　手动点动

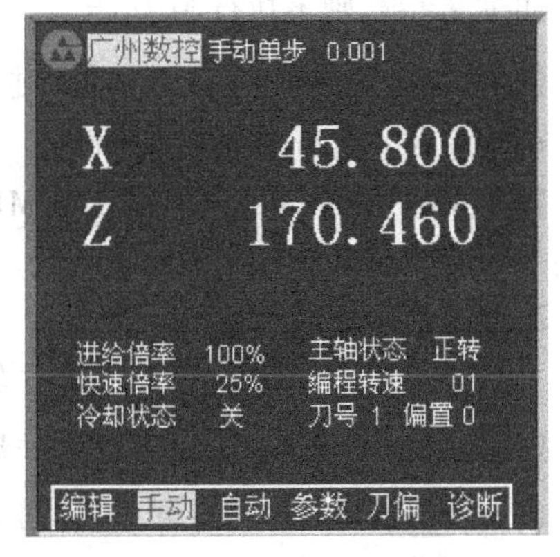

图 2.9　手动单步

机床拖板每次的移动距离是按事先选定好的步长，手动单步进给的步长分为 0.001，0.01，0.1，1.0，10，50 共 7 级可选。按[↓]键，可以选择各级步长，每按一次键，步长递减一级，到最后一级后又返回第一级，如此循环。每按一次手动进给方向键，刀架就在所选的坐标轴及方向，移动一个选定步长的距离。

3. 手动进给速度调节

在手动点动方式下：

(1) 按一下[↑]键，进给速度倍率增加一挡，每挡增加 10%，从 0%，10%，20%，…，150%。

（2）按一下键，进给速度倍率减小一挡，分别有25%，50%，75%，100%四挡。

（3）如：需调节手动进给速度为70毫米/分钟，其操作为：按键四次，直到进给速度倍率显示为140%。

4. 手动快速移动及速度调节

（1）手动快速移动方式。按下键，系统进入快速移动状态，此时按下进给方向键，刀架按快速移动的速度移动。

（2）手动快速移动速度选择。快速移动的速度可用、两个按键进行调节：

①按一下键，快速移动的速度增加一挡，到100%时，不再增加。

②按一下键，快速移动的速度减小一挡，到25%时，不再减小。

【自己动手2-1】 在手动点动方式下进行手动进给，使刀具沿X轴正向进给速度为30毫米/分钟，沿Z轴负向进给速度为65毫米/分钟。

【自己动手2-2】 在手动点动方式下用快速方式移动刀架，并调节快速速度倍率。

【自己动手2-3】 在手动单步方式下移动刀架，每步移动距离分别为10 mm、1 mm、0.1 mm、0.01 mm。

二、辅助功能的手动操作

1. 手动MDI功能

在手动方式下可以通过输入M代码，使系统执行相应的M功能，操作方法如下：

按M键，屏幕上显示："M"，再输入一位或二位数字，按回车Enter键，系统就执行相应的M功能。如按退出Esc键，则不执行M功能。

例如：依次按M、0、3、回车Enter键，则启动主轴正转。

可以输入并执行的M代码如下：

M03、M04、M05、M08、M09、M10、M11、M21、M22、M23、M24、M41、M42、M43、M78、M79，这些指令的功能与自动方式下完全相同。

2. 手动主轴控制

手动方式下，可以通过按键控制主轴的正、反转和停转

（1）按键，主轴顺时针转动，屏幕显示主轴状态为正转，LED指示灯亮。

（2）按键，主轴停止转动，屏幕显示主轴状态为停止，LED指示灯灭。

（3）按键，主轴反时针转动，屏幕显示主轴状态为反转，LED指示灯亮。

3. 手动主轴转速控制

当机床主轴电机是变频电机时，可以直接输入转速值来控制主轴的转速。操作如下：

按S键，输入所设的转速数值，再按回车Enter键，启动主轴后，主轴按所输入速度转动。

4. 手动冷却液控制

在手动方式下，可以通过按键，来控制冷却液的开关。

按动该键，冷却液在开/关之间相互切换，屏幕上有相应显示。按键上方的指示灯在冷却液开时，灯亮，关时灯灭。

5. 手动换刀控制

转换刀位有两种方式：

(1)第一种方法。按转换刀位键，每按一次，刀位旋转到下一个刀位号，屏幕上显示相应刀位号。

(2)第二种方法。从键盘输入换刀指令“T ＊#”。(其中＊表示需要转到的刀位号，#表示刀补号)

如输入 T22，则表示刀位转到 2 号刀，并执行 2 号刀补。

T10，则表示刀位转到 1 号刀，并撤销刀具补偿。

【自己动手 2-4】 在手动方式下进行手动换刀、冷却液和润滑液的开关、机床主轴的正反转和停止练习。

【自己动手 2-5】 在手动方式下，输入 M 代码使主轴正转、反转和停转。

【自己动手 2-6】 在手动方式下，输入 S 代码，使主轴转速为 1 000 转/分钟，并观察屏幕上显示的转速。

【自己动手 2-7】 在手动方式下，输入换刀指令，使第三号刀位转到加工位，并执行第三号刀补，观察屏幕变化。

课题三　设置工件原点

设置坐标系，通俗地说，就是让数控系统知道编程原点的所在位置。在用自动方式加工零件前，必须设置工件坐标系。在因某些特殊原因造成失步而使实际位置与工件坐标系位置不符时，也应重新设置工件坐标系。本书中工件原点的位置均设在工件的端面圆心处，设置工件坐标原点的操作如下：

通常用第一把刀具作为标准刀具设置工件原点，设置方法及步骤如下所述：

一、*X* 方向的原点设置

第一步：在机床上装夹好试切工件，选择加工中使用的第一把刀。

第二步：选择合适的主轴转速，启动主轴。按 手动 JOG 键，在手动方式下移动刀具，在试切工件上切一小段外圆，如图 2.10 所示。

第三步：*X* 轴不动，沿 *Z* 方向将刀具移动到安全位置，停止主轴旋转。

第四步：测量所切出的外圆的直径。

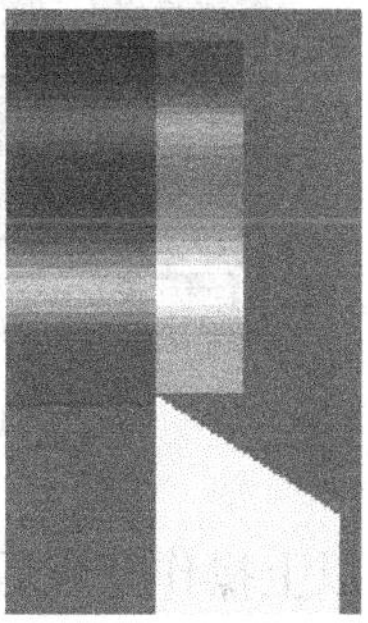

图 2.10　切一小段外圆

第五步：按 输入 Input 键，再按 X 键，输入测量出的直径值，如：34.960，屏幕显示“设置X34.960”，如图 2.11(a)所示。

第六步：按 回车 Enter 键，系统自动设置好 *X* 轴方向的工件原点位置，屏幕显示如图 2.11(b)所示，此时刀尖点位置在 X34.960 处，即原点在轴心处。

如在输入过程中出现错误，可按 退出 Esc 键，取消 *X* 轴的工件坐标设置，重新进行设置。

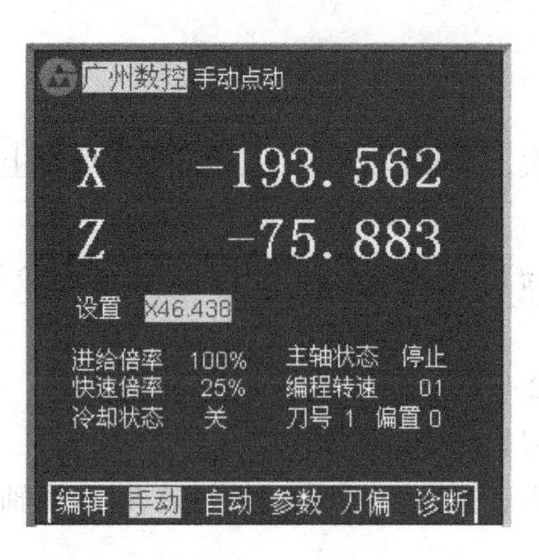

(a)输入直径值

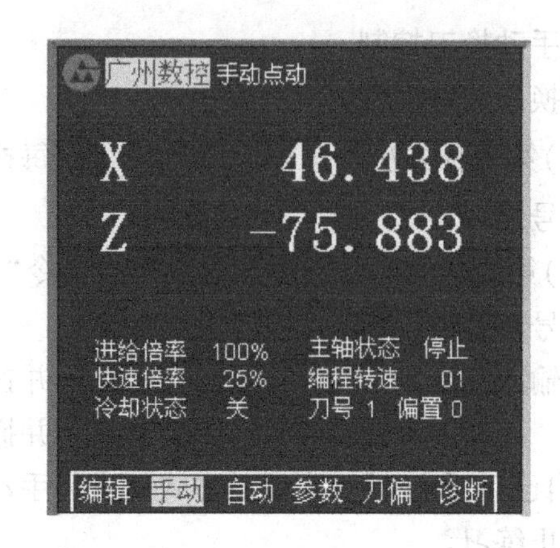

(b)回车后

图 2.11 设置 X 原点

二、Z 方向原点设置

第一步:再次启动主轴,在手动方式下切工件端面。

第二步:Z 轴不动,沿 X 方向将刀具移动到安全位置,停止主轴旋转。

第三步:按[输入 Input]键,再按[Z]键,再按屏幕显示“设置 Z0”,如图 2.12(a) 所示。

第四步:按[回车 Enter]键,系统自动设置好 Z 轴方向原点位置(工件右端面),屏幕显示如图 2.12(b)所示。

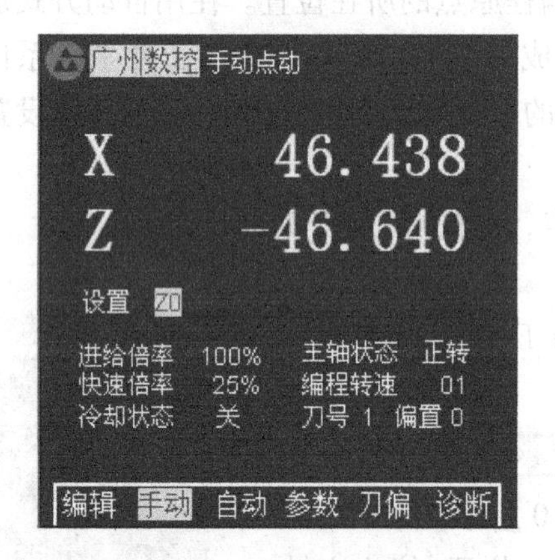

(a)输入 0

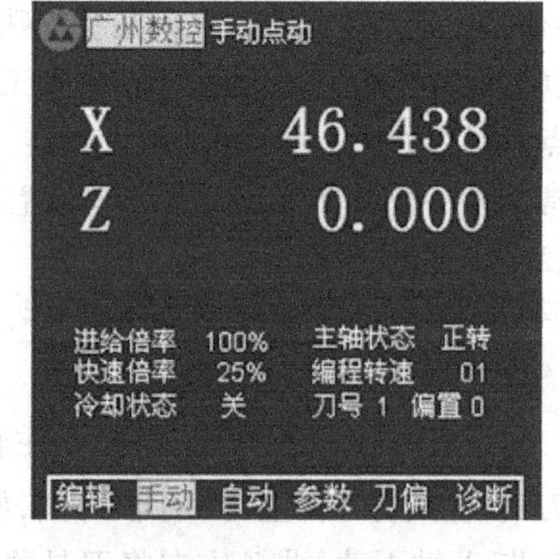

(b)Z 轴方向原点建立

图 2.12 Z 轴工件坐标原点设置

以上操作完成后,工件坐标系便建好了,工件坐标系的原点被设置在工件端面中心处。

提示:

●如按[退出 Esc]键,则取消 Z 轴的工件坐标设置。

【自己动手 2-8】 在车床上装夹一棒料毛坯,尺寸为 $\phi35\times100$,并在刀架的一号刀位上装夹一外圆车刀,设置该零件的工件原点,并观察屏幕,查看设置结果。

课题四 零件程序处理

按编辑键，系统进入编辑工作方式，可进行程序的输入和修改。

一、建立新程序

（1）在编辑工作方式下，按输入键，系统进行编辑工作方式，屏幕上显示系统中已有的程序清单，如图 2.13（a）所示。

（2）从键盘输入两位程序目录清单中不存在的程序号，作为新程序号。如输入0、6，如图 2.13（b）所示，按回车键，则系统自动产生第一个顺序号 N0000，进入新程序 %08 的编写，如图 2.13（c）所示。

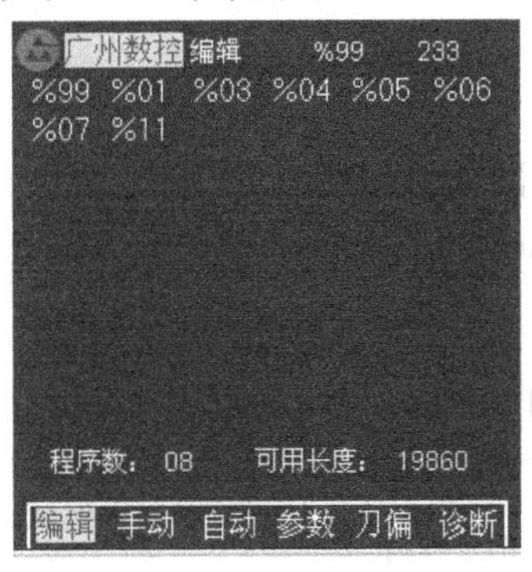

（a）零件程序目录

（b）输程序号

N0000

（c）自动产生第一个顺序号

图 2.13 建立新程序

二、输入程序内容

1. 顺序号自动生成

在第一个顺序号后面输入第一段程序内容。每输完一个程序段后，按回车键，系统自动产生下一个程序段号“N0010”，如图 2.14 所示。

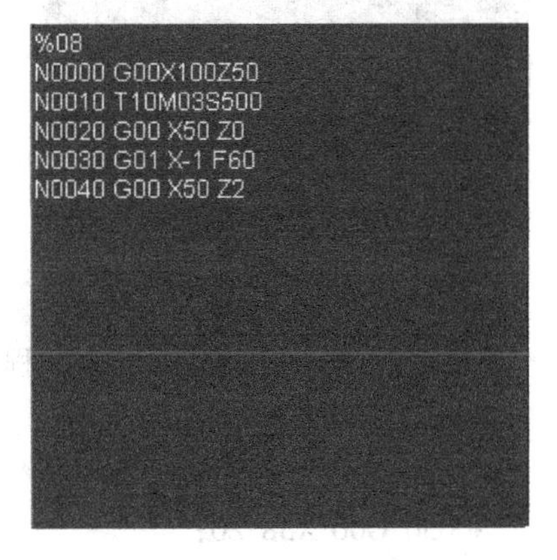

图 2.14 输入程序内容

2. 程序内容的输入

（1）显示器上显示顺序号“N0010”后，通过键盘输入第二段程序内容。

（2）每输完一段程序后，按回车键，结束本段输入。

（3）系统自动产生下一个程序段顺序号，并继续输入程序内容。

（4）输入完最后一行程序，按回车键，结束程序内容的输入。

三、程序行的插入

在两个程序行之间插入一个或多个程序行。

（1）按⇩或⇧键，将光标移动到两个程序段中的前一个程序段上。

（2）按住⇨键，直到光标移动到最后一个字符后面或按单段键，直接将光标移到最后一个字符后面。

(3)按回车Enter键,系统自动在两个程序段之间产生一个新程序段顺序号(此顺序号增量的大小为P16号参数1/4的整数值,如果仍不够,可修改下一行的行号)并空出一行。

(4)输入需要插入程序段的内容。

(5)输完所有内容后,若需要插入多个程序行,则按回车Enter键,若只插入一个程序行,则不需要此操作。

四、零件程序的选择与删除

1. 零件程序的选择

如果需要修改已经编辑过的程序,则按以下操作:

(1)按编辑EDIT键,进入零件程序目录检索状态。

(2)按输入Input键。

(3)从键盘输入需要选择的程序号(该程序号必须是在程序目录中存在的)。如输入0 1后,按回车Enter键,则系统进入编辑工作状态。可以继续编辑或修改程序%01。

2. 零件程序的删除

删除零件的操作方法如下:

(1)进入编辑状态后,按输入Input键。

(2)从键盘输入需要删除的程序号。

(3)按删除Del键,屏幕上显示:"确认?",如图2.15所示。

(4)按回车Enter键,系统将该程序删除,如按其他任意键,就可取消删除。

(5)例:删除%08号程序。

按输入Input键后,再依次按0→8→删除Del→回车Enter键,就可将程序%08删除。

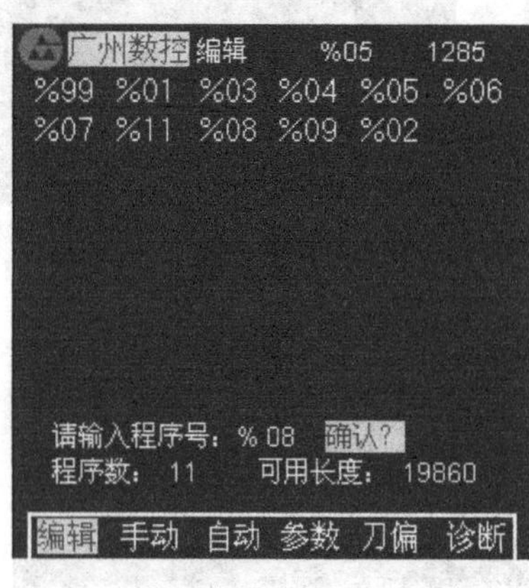

图2.15 屏幕上显示:"确认?"

【自己动手2-9】 建立一个新程序,程序名为%09,输入以下内容,并修改、编辑。

N0010 G00 X100 Z50;

N0020 M03 T10 S300;

N0030 G00 X38 Z0;

N0040 G01 X-0.5 F60;

N0050 Z2;

N0060 G00 X35;

N0070 G01 Z-20 F100;

N0080 M05 T10;

N0090 G00 X100 Z50;

N0100 M02;

【自己动手2-10】 将数控装置中的程序01%删除。

课题五 GSK928TC 加工初步

例 2.1 试在 GSK928TC 中，加工如图 2.16 所示的工件：

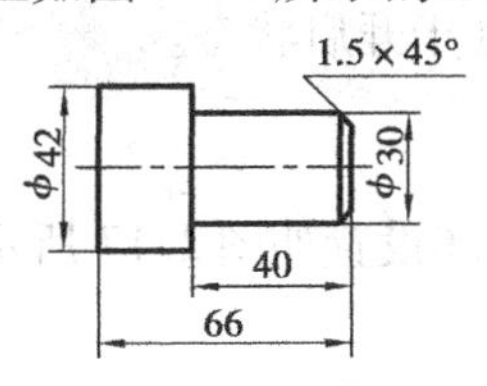

图 2.16 例 2.1 的图样

一、加工程序

加工程序，见表 2.1。

表 2.1 加工图 2.16 的程序

G00X100 Z50	到达换刀点
T10M03S500	刀架转位到 1 号刀位，并开启主轴，主轴转速为 500 r/min
G00X44Z0	快速移动到毛坯附近
G01X－1F100	切削工件端面
G00X43Z1	快速移动到切削起点
G01X42	X 向进刀
Z－66	切削外圆 φ42，长度为 66
G00X43	X 向让刀
Z1	Z 向退回
G01X36	X 向进刀
Z－40	切削外圆至 φ36，长度为 40
G00X37	X 向让刀
Z1	Z 向退回
G01X30	X 向进刀
Z－40	切削外圆至 φ30，长度为 40
G00X100Z50	退回换刀点
M30	主轴关闭，程序结束

二、仿真操作加工

1. 机床操作

第一步：打开 CZKGSK928TC 界面，按绿色的“ON”键，打开电源，使屏幕显示。

第二步：按工具栏中的按钮，使车床处于俯视图状态，再按或者按钮，调整机床显示大小，并运用右键隐藏车门。

第三步：先后按[X]、[Z]，回机床零点。

提示：

●开机后，应使急停按键处于开启状态。

2. 安装工件和刀具

第一步：松开卡盘，安装工件，毛坯设置如图2.17所示，并将工件向右移动4次，如图2.18所示。

第二步：在一号刀位，安装90度外圆车刀，并将刀具向前调整至合适位置，如图2.18所示。

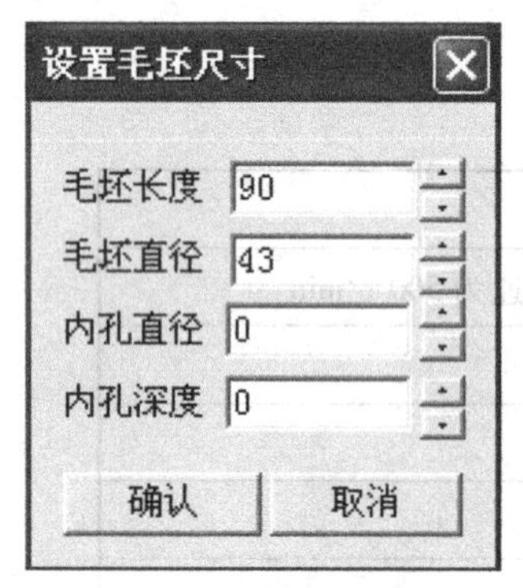

图2.17　毛坯尺寸设置

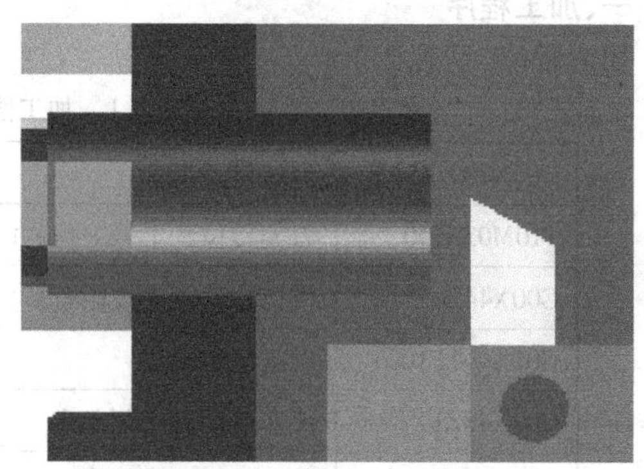

图2.18　调整刀具安装位置

3. 设置工件原点

按[手动 JOG]键，进入手动工作方式，并将工件快速移动到工件附近，按照“课题三”的方法，进行对刀操作，建立工件原点。

4. 输入加工程序

第一步：按[编辑 EDIT]键，进入编辑工作方式。

第二步：再按[输入 Input]键，按数字键“0”和“9”，输入程序号：%09，输入工件的加工程序。

5. 自动加工

按[自动 AUTO]键，进入自动工作方式，确认屏幕上方显示的是%09号程序后，按循环启动键，则系统开始自动加工工件，工件加工完成后的图形，如图2.19所示。

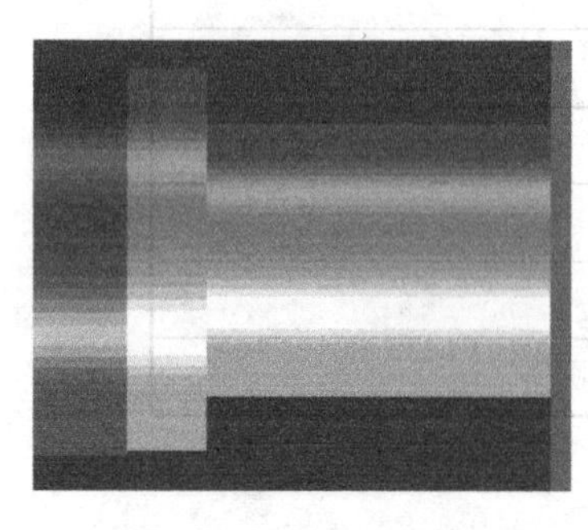

图2.19　仿真加工结果

【自己动手2-11】　在CZK-GSK928TC系统中，加工如图2.16所示零件。毛坯尺寸为长度是90 mm直径是43 mm。程序可参考表2.1。

课题六　设置刀补值

课题三中介绍了工件原点的设置方法，一般用加工用的第一把刀来建立工件原点。加工一个零件常需要用几把不同的刀具，由于刀具安装位置有变和刀具尺寸的变化，每把刀转到切削位置时,其刀尖所处位置跟第一把刀的刀尖并不重合,即会产生刀具偏置。通过对刀操作,可让系统自动算出各把刀的偏置量,形成刀补值。在使用各把刀时,只需在换刀时调用各刀的刀补值,就可让刀具处于正确的位置。下面介绍设置刀补值的操作步骤及方法:

一、安装车刀

分别在1,2号刀位,安装90°右偏刀和切断刀。

二、设置工件原点

参照"课题三",用第一把刀设置工件原点。

三、设置2号切断刀的刀补值

将刀位转至2号刀位,设置2号切断刀的刀补值,其具体方法如下:

1. X 轴对刀操作

第一步:在机床上装夹好试切工件,选择一把刀,输入T*0(*为所选择刀的刀号),撤销原刀偏,然后选择合适的主轴转速,启动主轴。在手动方式下移动刀具在工件上切一小段外圆。

第二步:在 X 轴不移动的情况下,沿 Z 方向将刀具移动到安全位置,使主轴停止转动。

第三步:用游标卡尺测量所切台阶的直径。

第四步:按键,屏幕显示:"刀偏X",如图2.20(a)所示。

第五步:输入测量出的直径值,屏幕显示:"刀偏X #####"(#为输入的直径数字),如图2.20(b)所示。

第六步:按回车Enter键,屏幕显示"T * X"(* 表示当前的刀位号),如图2.20(c)所示。

第七步:按回车Enter键,系统自动计算 X 轴方向的刀偏值,并将计算出的刀偏存入 * 对应的 X 轴刀偏参数区。如按退出Esc键,则取消 X 轴刀偏值的设置。

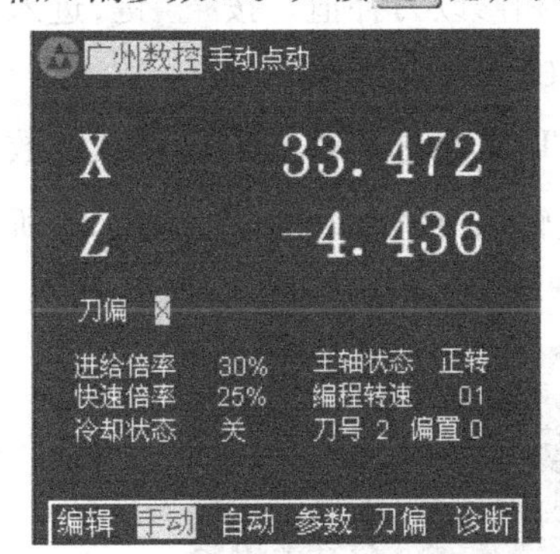

(a)刀偏 X

(b)输入直径值

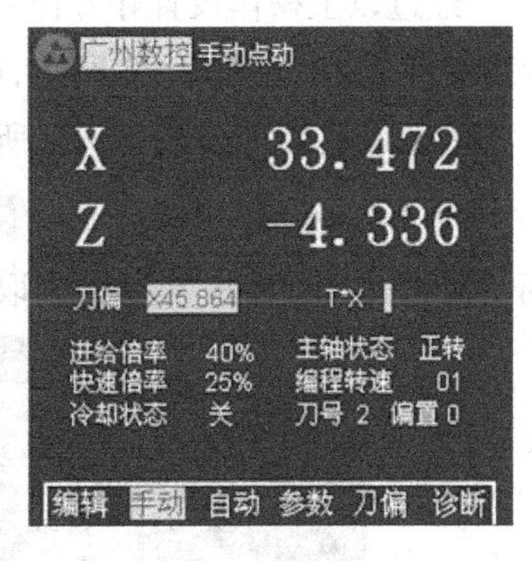

(c)X 刀补号

图2.20 设置 X 轴刀补

2. Z 轴对刀操作

第一步:再次启动主轴,在手动方式下,慢慢移动刀具接触工件端面,直到碰到端面(听声音或观察是否有铁屑飞出)。

第二步:在 Z 轴不移动的情况下,沿 X 方向将刀具移动到安全位置,停止主轴旋转。

第三步:按键,屏幕显示"刀偏Z",如图2.21(a)所示。

第四步：输入0，屏幕显示“刀偏Z0”，如图2.21(b)所示。

第五步：按回车Enter键，屏幕显示“T ＊ Z ”（ ＊表示当前的刀位号），如图2.21(c)所示。

第六步：再按回车Enter键，系统自动计算所选刀具在*Z*轴方向的刀偏值，并将计算出的刀偏值存入当前刀号对应的*Z*轴刀偏参数区。

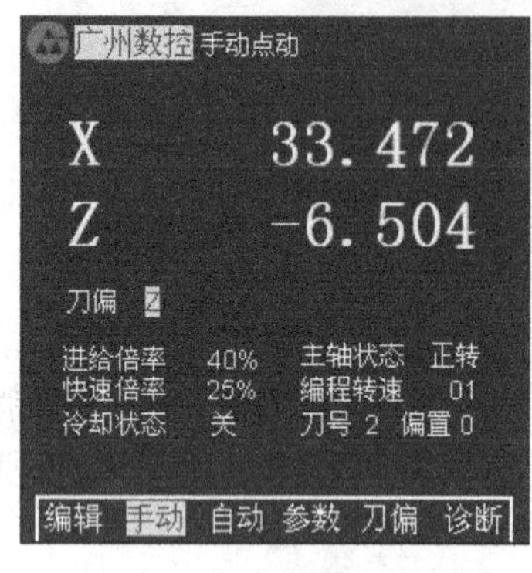

(a)刀偏*Z*

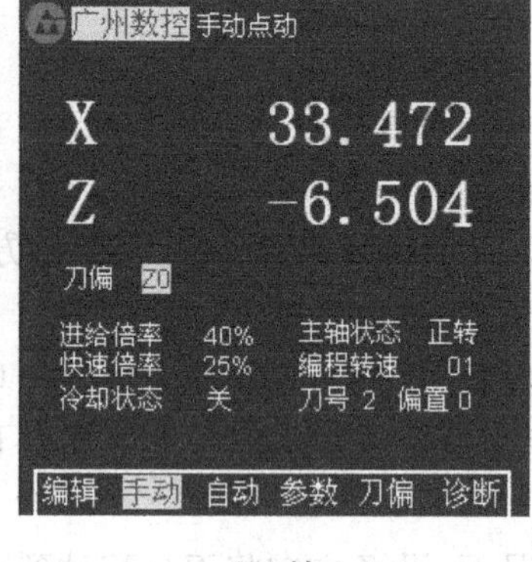

(b)输入0

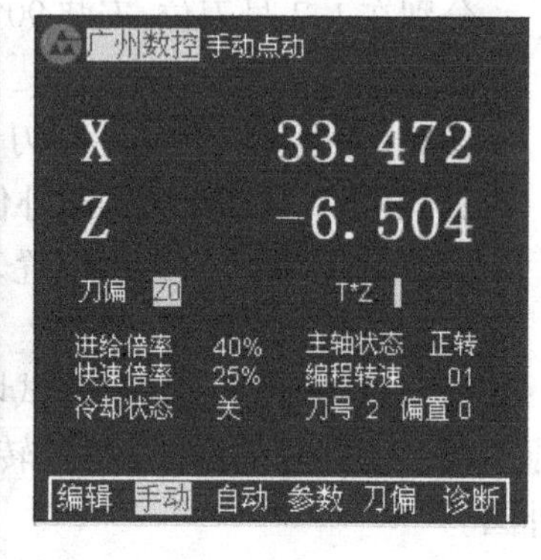

(c)*Z*刀补号

图2.21 设置*Z*轴刀补值

换刀后，重复上述步骤，对好其他刀具。

提示：

●当工件坐标系没有变动的情况下，可以通过上述过程对除第一把刀以外的任意一把刀，进行对刀操作，在刀具磨损或调整一把刀时，操作非常快捷、方便。

四、查看或修改刀补

经过以上操作设置好刀补后，可以在刀补工作方式下查看和修改刀补值。按刀补OFT键，进入刀补设置界面，如图2.22所示，可以查看各刀的刀补值是否正确。

按⇩或者⇧键，可选择所需刀补号。如将光标停留在T5X处，按输入Input键，再依次按数字键0.5，输入刀补值0.5。按回车Enter，则5号刀的*X*向刀补值被输入并显示出来，如图2.23所示。不按回车Enter键而按退出Esc键，则取消刀偏计算及存储。

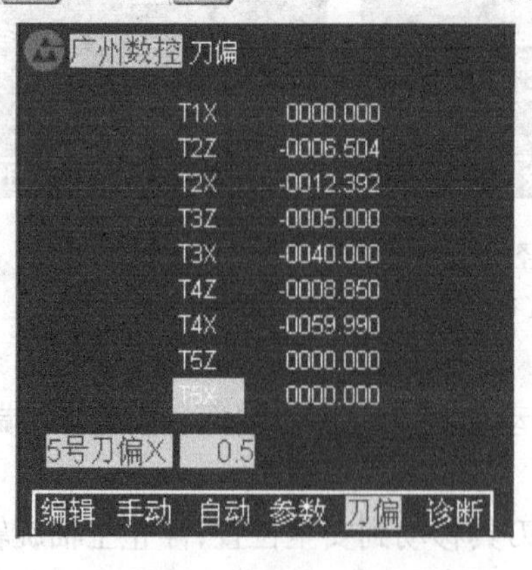

图2.22 刀补设置

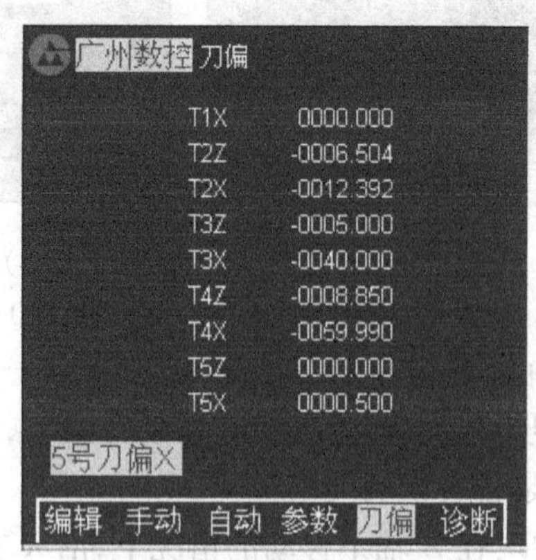

图2.23 *X*向刀补值显示界面

五、验证刀补值

设置好刀补后，可按以下方法检查刀补值是否设置正确。

1. 移动架移至安全位置

按刀补OFT键，进入手动工作方式，将刀架移至安全位置。

2. 执行 2 号刀补值

先后按T、2、2，刀架转至 2 号刀位，并且执行 2 号刀补值。

3. 检查 X 向刀补

第一步：开启主轴，输入X、0，屏幕显示如图 2.24(a)所示。

第二步：按回车Enter键，屏幕显示，如图 2.24(b)所示。

第三步：按●键，如果刀补值设置正确，则刀架以手动进给速度移动至 $X0$ 处，反之，则不能移到 $X0$ 处。

第四步：检查 Z 向刀补设置是否正确。分别按Z、0键，其后的操作同“检查 X 向刀补”的方法。

(a)

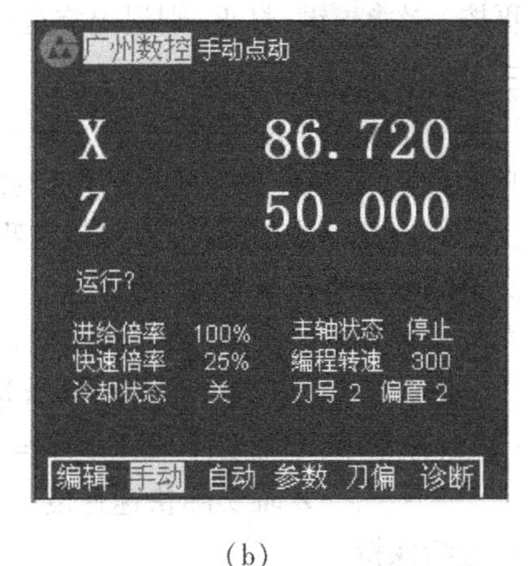

(b)

图 2.24 移动 X 轴

【自己动手 2-12】 安装工件，并分别在 1，2，3 刀位上，安装 90°右偏刀、切断刀、螺纹刀。用 1 号刀设置工件原点，分别设置 2 号刀和 3 号刀的刀补值，查看刀补值，并检查刀补值是否设置正确。

课题七 自动工作方式

在设置好工件坐标系，设置好各刀的刀补值等各项准备工作后，就可以进入自动运行方式。系统按照选定的零件程序的顺序执行，对零件进行自动加工。自动运行中可以采用不同的工作方式，以达到不同的目的。

一、加工程序的单段和连续运行

编好的程序，经过空行程运行检验之后，在加工第一个工件的时候，为保证安全，可选择单段运行方式，进一步检查程序是否正确。按单段Single键，可进入单段运行方式，屏幕上显示“自动单段”，如图 2.25 所示。

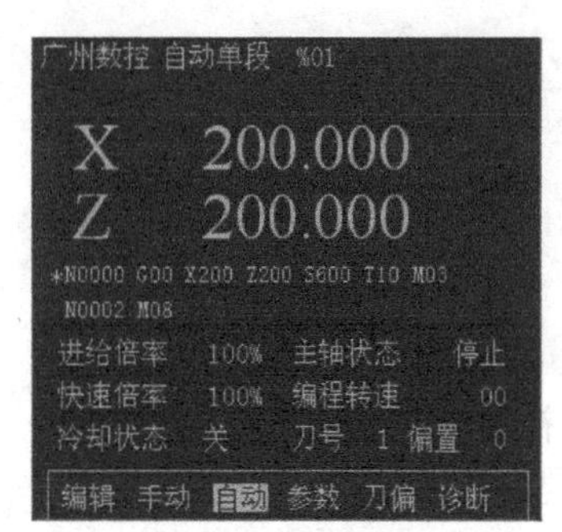

图 2.25 单段运行方式

在单段运行状态下，按一次键，系统执行一段程序，操作者可观察机床的运行是否和预想的动作一致，如果一致，就再按键；继续执行下一段程序，如果不一致，就应该停止程序的运行，返回换刀点，检查原因，修改程序直到程序无误。

在单段运行完成而加工无误之后，再按键，就进入连续运行方式，用连续运行方式加工零件。

二、机床锁住运行方式(空运行)

在用自动运行加工工件之前，必须用空运行的方式，观察屏幕上的坐标数据与实际情况是否相符，程序的段与段之间的关系是否正确，以避免程序输入错误造成的不良后果。如果空运行后，程序无误，就可以切换到自动运行方式下运行程序，加工零件。

按一次键，灯亮后，就可以进行空运行，空运行时，刀架不会移动，刀架的坐标值会随着程序运行发生变化。

再按一次键，灯灭，则退出空运行状态。

三、自动方式中的手动操作

1. 辅助功能的手动操作

自动方式下，机床的主轴、冷却液、高低速等辅助功能，均可在没有执行程序时，以手动按键方式操作。其中冷却液控制，可以在程序运行过程中操作。

2. 速度倍率修调

在自动方式下或程序运行过程中，均可以通过改变速度倍率，来改变程序的运行速度。

(1)进给倍率：实际进给速度 = F × 进给倍率

(2)快速倍率：X 轴实际快速速度 = 参数 P05 × 快速倍率

Z 轴实际快速速度 = 参数 P06 × 快速倍率

3. 进给保持

按键，刀架运动减速停止，屏幕上显示“暂停!”

按键，程序继续执行余下的程序部分。如按键，程序退出进给保持状态，末执行的程序不再执行，并自动切换成单段运行方式，程序自动返回第一行。

4. 单段停止

在连续运行方式运行程序过程中，按键，程序在当前程序段执行完后，暂停下一段程序执行，屏幕上显示：“自动单段!”，如图 2.25 所示。

单段停止后，按键，程序继续运行。如按键，程序退出单段停止状态，返回自动运行方式，但程序处于停止状态。

提示：

- 进入自动工作方式时的初始运行方式为连续方式。
- 如在执行循环指令中，按键，则循环完成后程序才停止。
- 在单段运行方式运行程序的过程中，按键无效。

【自己动手 2-13】 分别用单段运行和连续运行方式运行程序%10。

【自己动手 2-14】 在自动方式下,没有运行程序时,分别按 , , ,观察主轴转动情况。

【自己动手 2-15】 在连续方式下运行程序 01%,在运行到 N0030 程序段时,按 (绿色)键,再按 (红色)键,观察运行情况。

任务二 GSK928TC 编程指令

课题一 GSK928TC 常用指令代码

一、G 代码

GSK928TC 数控系统的 G 功能代码,见表 2.2 所示。

表 2.2 GSK928TC 数控系统 G 功能表

指令	功 能	模态	编程格式	
G00	快速移动	*	G00 X(U) Z(W)	
G01	直线插补	*	G01 X(U) Z(W) F	F:5 ~ 6 000 mm/min
G02	顺圆插补	*	G02 X(U) Z(W) R F G02 X(U) Z(W) I K F	F:5 ~ 3 000 mm/min
G03	逆圆插补	*	G03 X(U) Z(W) R F G03 X(U) Z(W) I K F	F:5 ~ 3 000 mm/min
G33	螺纹切削	*	G33 X(U) Z(W) P(E) I K	
G32	攻牙循环		G32 Z P(E)	
G90	内、外圆(锥)固定循环	*	G90 X(U) Z(W) R F	
G92	螺纹切削循环	*	G92 X(U) Z(W) P(E) L I K R	
G94	内、外端(锥)面循环	*	G90 X(U) Z(W) R F	
G71	外圆粗车复合循环		G71 X I K F L	
G72	端面粗车复合循环		G72 Z I K F L	
G74	端面钻孔循环		G74 X(U) Z(W) I K E F	
G75	内、外圆切槽循环		G75 X(U) Z(W) I K E F	
G22	局部循环开始		G22 L	
G80	局部循环结束		G80	
G50	设置工件绝对坐标系		G50 X Z	
G26	X、Z 轴回参考点		G26	按 G00 方式快速移动
G27	X 轴回参考点		G27	按 G00 方式快速移动
G29	Z 轴回参考点		G29	
G04	定时延时		G04 D	
G93	系统偏置		G93 X(U) Z(W)	
G98	每分进给	*	G98 F	1 ~ 6 000 mm/min
G99	每转进给		G99 F	0.01 ~ 99.99 mm/r

提示：

●表中带＊号的指令为模态指令，即在没有其他 G 指令的情况下一直有效。
●表中指令在每个程序段只能有一个 G 代码。
●通电及复位时系统处于 G00，G98 状态。

二、M 代码

跟大多数控系统一样，GSK928TC 的 M 功能也是用来控制机床的某些动作的开和关以及加工程序的运行顺序。本系统常用的 M 代码，见表 2.3 所示。

表 2.3　GSK928TC M 功能表

指令	功　能	编程格式	说　明
M00	暂停等待启动	M00	按运行键再启动
M02	程序结束	M02	
M20	程序结束，返回第一段循环加工	M20	
M30	程序结束，关主轴、关切削液	M30	
M03	主轴顺时针转动	M03	
M04	主轴逆时针转动	M04	
M05	关主轴	M05	
M08	开切削液	M08	
M09	关切削液	M09	
M10	工件夹紧	M10	
M11	工件松开	M11	
M41	主轴换第一挡	M41	
M42	主轴换第二挡	M42	
M43	主轴换第三挡	M43	
M78	尾座前进	M78	
M79	尾座后退	M79	
M97	程序转移	M97 P	由 P 指定转移入口程序段号
M98	子程序调用	M98 P L	由 P 指定子程序所在程序段号 由指定调用子程序的次数
M99	子程序返回	M99	

提示：

●每个程序段只能有一个 M 代码，前导 0 可以省去。
●在 M 指令与 G 指令在同一个程序段中时，按以下顺序执行：
1. M03，M04，M08 优先于 G 指令执行。
2. M00，M02，M05，M09，M20，M30 后于 G 指令执行。
3. 其余 M 指令只能单独在一个程序段中，不能与其他 G 指令或 M 指令共处一段。

三、S，T，F 功能

1. S 功能——主轴功能

指令格式：S＊＊＊＊。

＊＊＊＊—为主轴转速，单位：转/分。

2. T 功能——刀具功能

加工一个工件，一般需要几把不同的刀具，由于刀具尺寸不同、安装位置不同或有磨损，每把刀处于相同的坐标位置时，其刀尖的位置并不相同。因此，系统必须设置换刀和刀具补偿功能。

指令格式：T a b。

其中：a——表示刀具号（范围为 0 ~4）。a 为 0 时，表示不换刀只进行刀具补偿。1 ~4 对应四工位电动刀架上的四把刀。

b——表示刀具补偿号，又叫刀偏号。

在一般情况下刀偏号和刀具号应同号，如：T11，T22，T33，T44 等。

3. F 功能——刀具切削速度功能

指令格式：F＊＊＊＊，或者 F＊＊.＊＊

当进给速度用每分进给（G98）时，用 F＊＊＊＊表示。范围为 0 ~999 9 毫米/分；

当时给速度用每转进给（G99）时，用 F＊＊.＊＊表示。范围为 0.01 ~99.99 毫米/转。

提示：

●F 值是模态值，指定后如果不改变可以不再写，系统上电复位后，为每分进给（G98）状态。

●刀具切削速度 = 进给倍率 ×F（每分进给）或刀具实际切削速度 = 进给倍率 ×主轴转速 ×F（每转进给）

课题二　G00、G01、G02、G03 插补指令

一、G00 快速移动指令

1. 格式

G00 X(U)__ Z(W)__

2. 功能

使刀具从当前点快速移动到程序段中给定的坐标位置。

3. 说明

X(U)——移动终点 x 轴坐标

Z(W)——移动终点的 z 轴坐标

G00 的移动速度由数控系统的参数设定。

4. 示例

例 2.2　如图 2.26 所示，A 点为刀具起点，点 B(30，2)是将要到达的刀具终点，用 G00 指令可使刀尖快速移动至 B 点。

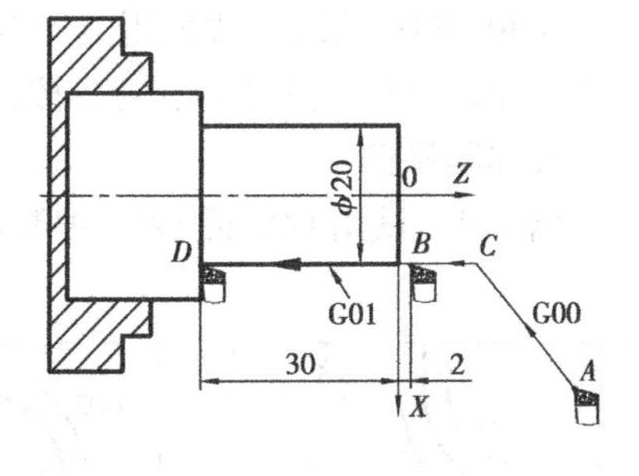

图 2.26　G00，G01 指令的应用举例

指令为：G00 X30 Z2

提示：

●编程时不能让刀具以 G00 的速度去接触工件,以防止碰坏刀尖。

●X 轴、Z 轴同时从起点,以各自的快速移动速度移动到终点,两轴是以各自独立的速度移动,短轴先到达终点,长轴独立移动剩下的距离,其合成轨迹可能是折线,如图2.26所示。

●G00 的移动速度由数控系统的参数设定。

二、G01 指令

1. 格式

G01 X(U)__Z(W)__ F__

2. 功能

使刀具从当前点以指定的进给速度移动到程序段中给定的坐标位置。

3. 说明

格式中的 F 也是模态代码,即遇到新的 F 指令出现为止,其指令一直有效。

4. 示例

例 2.3 如图 2.26 所示,B 点为 G01 的起点,点 $D(20, -30)$ 是将要到达的刀具终点,用 G01 指令可以使刀具以给定的进给速度沿工件进行切削。

指令为:G01 X20 Z-30 F80。

三、G02,G03 圆弧插补

1. 格式

G02(G03) X(U)__ Z(W)__ R__ F__

2. 功能

使刀具以设定速度,按规定的圆弧轨迹运动,G02 为顺时针圆弧,G03 为逆时针圆弧。

3. 说明

X(U)——圆弧终点的 X 轴坐标。

Z(W)——圆弧终点的 Z 轴坐标。

R——为圆弧半径。

4. G02,G03 的方向判断

GSK928TC 系统一般采用前置刀架,坐标系如图 2.27 所示。G02 为顺圆弧,即刀具按顺时针方向运动,G03 为逆圆弧,刀具按逆时针方向运动。

5. 编程举例

例 2.4 试用 G02 或 G03,编制如图 2.28 所示两工件的精加工程序。

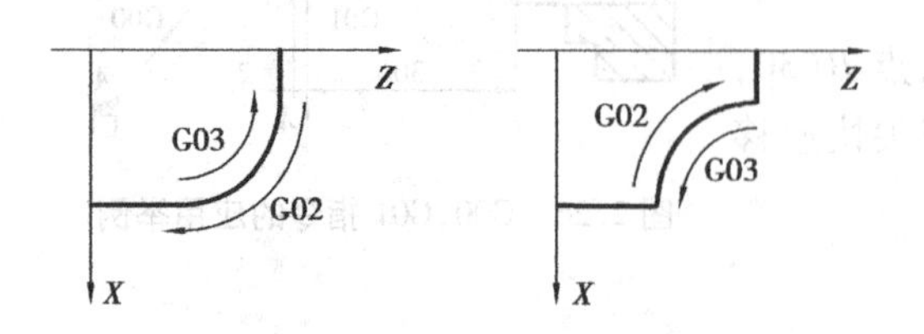

图 2.27 圆弧插补方向判断

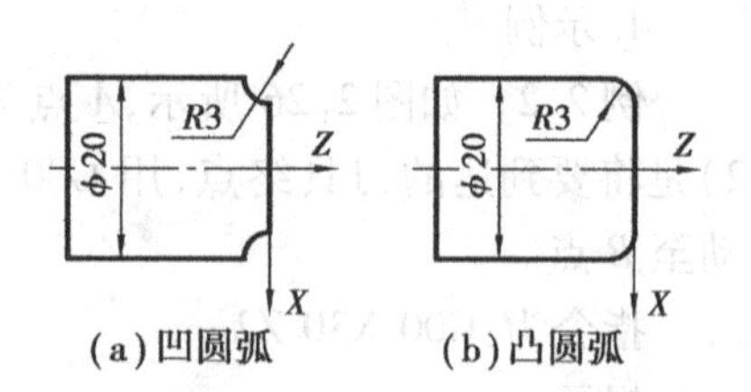

图 2.28 圆弧编程举例

走刀方向为从右向左，程序见表 2.4 所示：

表 2.4　圆弧编程

	凹圆弧	凸圆弧	说　明
从右向左走刀	N0070 G01 X14 Z0 F50	N0070 G01 X14 Z0 F50	移动到圆弧起点(14,0)处
	N0080 G03 X20 Z－3 R3	N0080 G02 X20 Z－3 R3	圆弧插补
从左向右走刀	N0070 G01 X20 Z－3 F50	N0070 G01 X20 Z－3 F50	移动到圆弧起点(20，－3)处
	N0080 G02 X14 Z0 R3	N0080 G03 X14 Z0 R3	圆弧插补

【自己动手 2-16】　试用直线插补和圆弧插补指令，编写如图 2.29 所示工件的精加工程序，并导入仿真软件中验证。

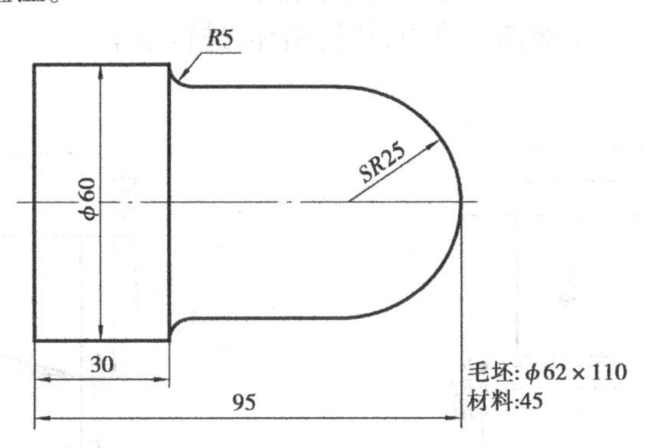

图 2.29　【自己动手 2-16】的图样

课题三　G90——内外圆柱(锥)面车削循环

一、G90 指令格式及循环执行过程

1. 指令格式

G90 X(U) Z(W) R F。

其中：(1) X(U) Z(W)——圆柱(锥)面终点位置，两轴坐标必须齐备，相对坐标不能为零。

(2) R——循环起点与循环终点的直径之差，省略 R 为圆柱面切削。

(3) F——切削速度。

2. G90 循环执行过程

如图 2.30 所示，G90 一次循环的过程如下：

(1) *X* 轴从 *A* 点快速进给到 *B* 点(点画线表示快速进给)。

(2) *X*、*Z* 轴以 *F* 速度从 *B* 点切削到 *C* 点(无 *R* 时 *X* 轴不移动)。

(3) *X* 轴以 *F* 速度从 *C* 切削到 *D* 点。

(4) *Z* 轴快速移动到 *A* 点(循环起点)。

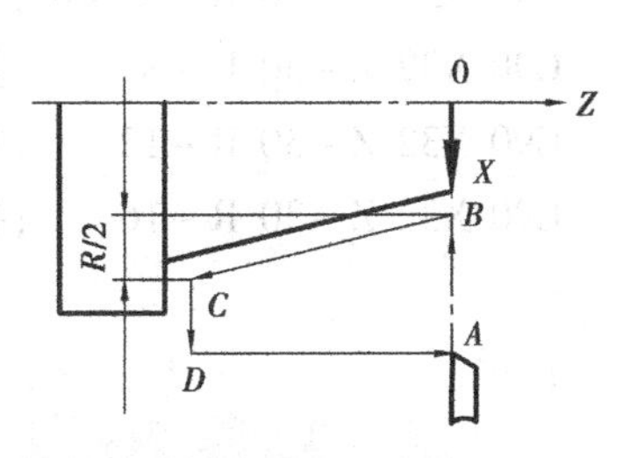

图 2.30　G90 一次循环的过程

二、G90 应用举例

1. 车削阶梯轴

例 2.5 如图 2.31 所示，该阶梯轴的切削余量很大，如用 G01 编程，程序会很烦琐，而用 G90 编程，则程序段会大大减少。每次进刀 3 mm，以后每次进刀均为 1 mm(吃刀量 1 mm)，切削速度 F 为 100 mm/min。

其程序如下(省略了前后部分及程序段号)：

```
…
G00 X30 Z2            ；快速定位到 A 点
G90 X26 Z－45 F100    ；第一次进刀，执行循环 A→ B1→ C1→ D→ A
X23                   ；第二次进刀，执行循环 A→ B2→ C2→ D→ A
X21                   ；第三次进刀，执行循环 A→ B3→ C3→ D→ A
X20                   ；第四次进刀，执行循环，进行精车。
…
```

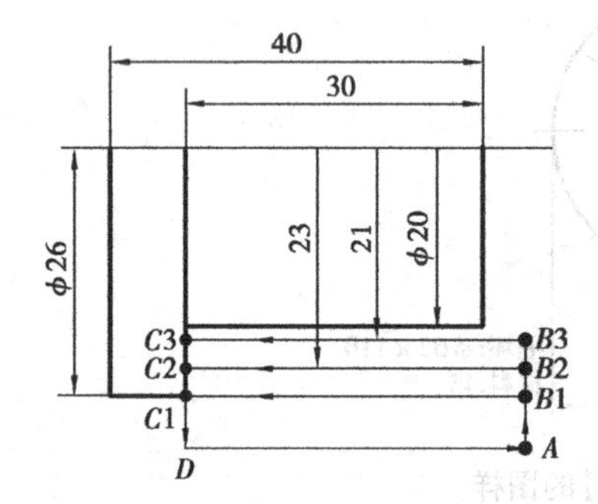

图 2.31　用 G90 车削阶梯轴过程

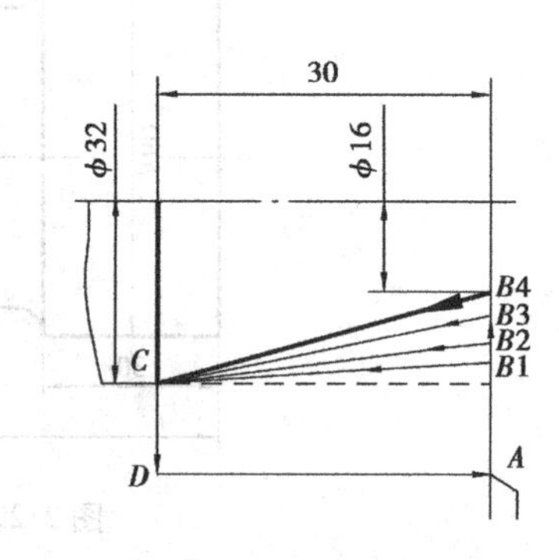

图 2.32　用 G90 车削圆锥

每循环一次，车刀均会退回到 A 点，执行完上面程序后，车刀仍停留在 A 点。其中：

(1)点 A→点 $B1$($B2$,$B3$)、点 $B1$($B2$,$B3$)→点 $C1$($C2$,$C3$)，车刀以切削速度(F)走刀。

(2)点 $C1$($C2$,$C3$)→点 D 、点 D→点 A(图中点画线)，车刀做快速移动。

2. 车削圆锥轴

例 2.6 如图 2.32 所示，以每次 R = －4 mm 进刀，切削速度 F 为 60 mm/min。

其程序如下(省略了前后部分及程序段号)：

```
…
G00 X34 Z0
G90 X32 Z－30 R－4 F60 ；执行第一次循环 A→ B1→ C→ D→ A
G90 X32 Z－30 R－8     ；执行第二次循环 A→ B2→ C→ D→ A
G90 X32 Z－30 R－12    ；执行第三次循环 A→ B3→ C→ D→ A
G90 X32 Z－30 R－16    ；执行第四次循环 A→ B4→ C→ D→ A
…
```

提示：

●用 G90 循环指令车削圆锥体时，G90，X，Z，R 在每一次循环中均不能省略。

【自己动手2-17】 用G90指令编写如图2.33所示各零件的粗、精加工程序。粗加工吃刀量为1 mm,余量为0.5。

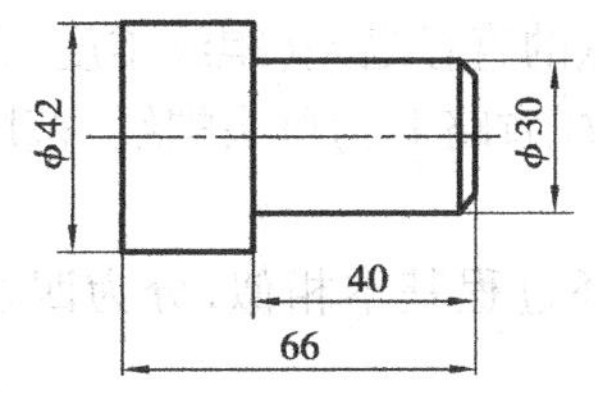

图2.33 【自己动手2-17】的图样

课题四 螺纹切削

一、G33

G33指令可以加工公、英制等螺距的直螺纹、锥螺纹、内螺纹、外螺纹等常用螺纹。

1. 指令格式

G33 X(U) Z(W) P(E)。其中:

(1)X(U)Z(W)——螺纹终点的绝对/相对坐标(省略X时为直螺纹)。

(2)P——公制螺纹导程,单位:mm,范围:0.25~100 mm。

(3)E——英制螺纹导程,单位:牙/英寸,范围:100~4牙/英寸。

2. 编程实例

例2.7 试编制如图2.34所示的螺纹加工程序,螺纹导程1 mm,牙深0.65 mm。

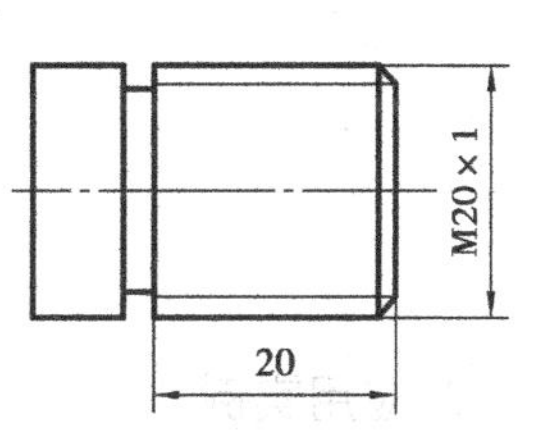

图2.34 螺纹切削举例

其程序如下:

```
N0005 G00 X20 Z2        ;接近工件
N0010 G01 X19.17 F100   ;第一次进刀0.7 mm(直径量)
N0020 G33 Z-20 P1       ;第一次螺纹切削
N0030 X22               ;X向退刀
N0040 Z2                ;回起始位置
N0050 G01 X18.77        ;第二次进刀0.4 mm
N0060 G33 Z-20 P1       ;第二次螺纹切削
N0070 X22               ;X向退刀
N0080 Z2                ;Z回起始点
N0090 G01 X18.57        ;第三次进刀0.2 mm
N0010 G33 Z-20 P1       ;第三次螺纹切削
N0110 X22               ;X向退刀
```

二、G92——螺纹切削循环

1. 指令格式

G92 X(U) Z(W) P(E) I K R L。其中:

(1)X(U) Z(W)——螺纹终点坐标。

(2)P——公制螺纹螺距,范围:0.25~100 mm。

(3)E——英制螺纹导程,范围:100~0.25牙/英寸。

(4)I——螺纹退刀时X轴方向的移动距离(不能取负值),当K≠0时省略I,则默认

I＝2×K即45°方向退尾。

(5)K——螺纹退刀时，退尾起点距终点在Z轴方向的距离。

(6)R——螺纹起点与螺纹终点的直径之差(螺纹锥度，省略R为圆柱螺纹)。

(7)L——多头螺纹的螺纹头数(省略L为单头螺纹)范围：1～99。

2. G92螺纹循环执行过程

G92螺纹循环的跟G90的循环过程基本相似，分为四段，如图2.35所示。其循环过程如下：

(1)*X*轴从*A*点快速进给到*B*点。

(2)*X*、*Z*轴螺纹切削到*C*点(包括螺纹退尾)。

(3)*X*轴以快速退到*D*点。

(4)Z轴快速退回A点(起始点)。

循环完成后，螺纹车刀仍停留在A点。

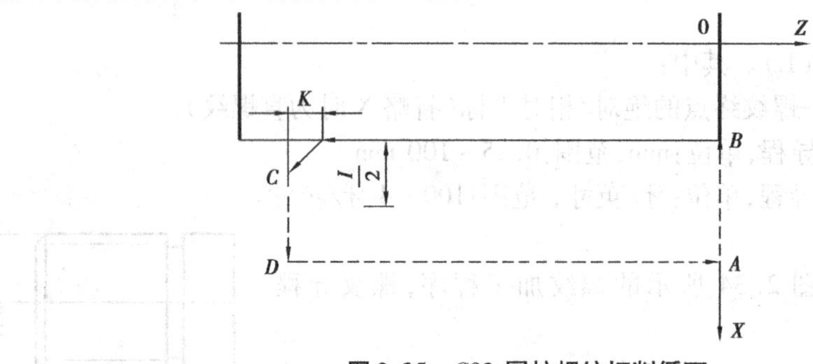

图2.35　G92圆柱螺纹切削循环

3. 应用实例

例2.8　加工如图2.36所示的公制螺纹(螺纹公称直径为16，螺纹外径为15.8，螺距为1.5 mm)。

程序如下：

```
G00 X 35 Z2            ;快速定位于A点
M03 S500               ;主轴正转,500转/分
G92 X15 W-21 P1.5      ;第一次进刀,进刀量0.8(直径值)
X 14.4                 ;第二次循环切削,进刀量0.6(直径值)
X 14                   ;第三次循环切削,进刀量0.4(直径值)
X 13.84                ;第四次循环切削至尺寸,进给量0.16
```

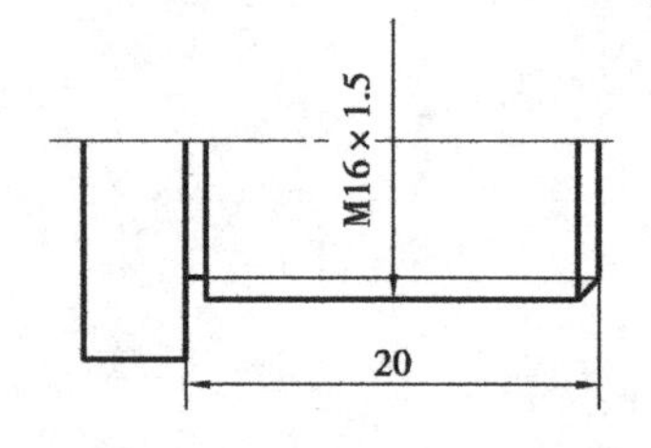

图2.36　G92车公制圆柱螺纹

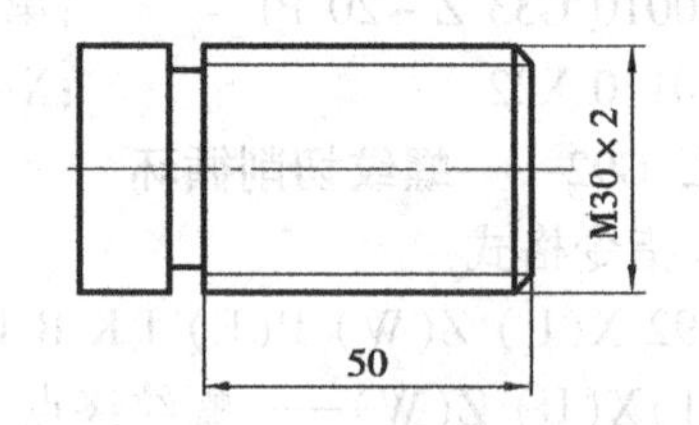

图2.37　【自己动手2-18】的图样

【自己动手2-18】　分别用G33螺纹切削指令、G92螺纹循环指令，编写如题图2.37所示的工件螺纹的加工程序。

课题五 G71——外圆粗车复合循环

一、指令格式及循环执行过程

1. 指令格式

G71 X(U) I K L F。其中:

(1)X(U)——精加工轮廓起点的 X 轴坐标值。

(2)I——X 轴方同每次进刀量,直径值表示,无符号。

(3)K——X 轴方向每次退刀量,直径值表示,无符号。

(4)L——描述零件轨迹的程序段数量(不抱括 L 所在程序段),范围:1 ~99。

(5)F——切削速度。

2. 循环执行过程

G71 适用于零件轮廓非单一形状的零件,但是尺寸变化应为沿 Z 轴负向直径尺寸从小到大。如图 2.38 所示,G71 循环的执行过程如下:

(1)X 轴快速进给 I 的距离;

(2)Z 轴切削进给,进给终点由系统根据所编程序自动计算;

(3)X 轴以 F 速度退 K 的距离;

(4)Z 轴快速退回起点;

(5)X 轴快速移动 $I+K$ 的距离;

(6)重复 2 ~5 的过程直到 X 方向到达指令中 X 指定的位置;

(7)按最终轨迹路线执行,并加工出程序中描述的最终轨迹形状。

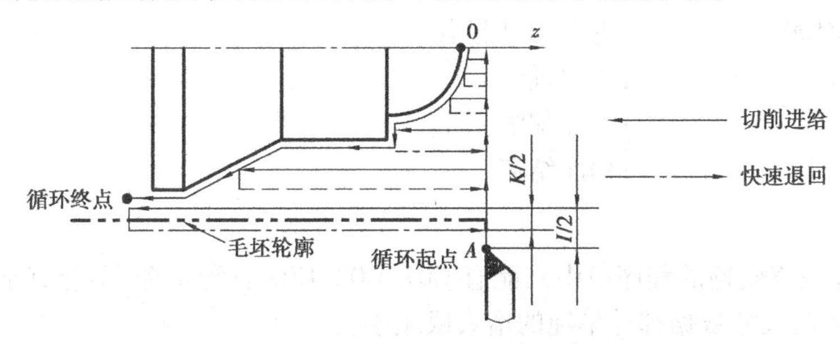

图 2.38 G71 循环过程

提示:

●粗车时循环起点 X 坐标应大约等于毛坯的外径,以免出现空行程,但起点的 Z 坐标则应大于 0。

●循环结束后刀具停在描述最终轨迹的最后一段终点处。

●在描述最终轨迹的程序段中只可以有 G01,G02,G03 指令,不能调用子程序,且必须保证 X 与 Z 的尺寸数据都是单纯的增大或减小。

二、G71 应用

例 2.9 切削如图 2.39 所示的零件,毛坯 $\phi72$,粗车吃刀量 2 mm,退刀 2 mm,切削速度 60 mm/min。

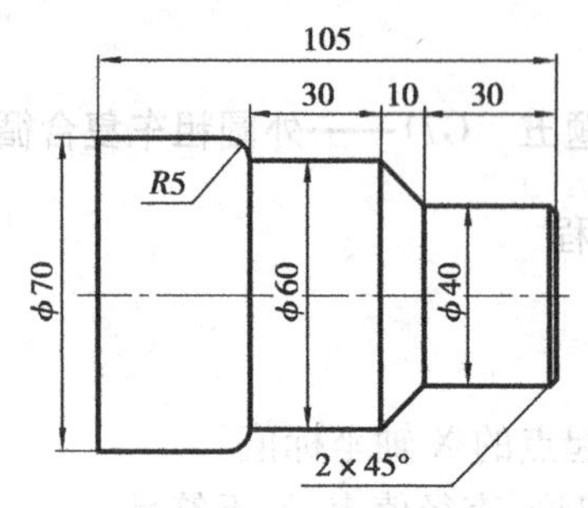

图 2.39　G71 编程实例

程序如下：

```
G00 X100 Z100 T10        ;定位到起始点换刀
M3 S02                   ;开主轴,置主轴高速
M8                       ;开冷却液
G0 X73 Z2                ;刀具靠近工件,即到达循环起点
G71 X36 I2 K2 L7 F60     ;定义粗车循环参数
G1 Z0                    ;
X40.5 Z-2                ;
Z-30                     ;
X60.5 W-10               ;  定义最终轨迹(X 向余量 0.5)
W-30                     ;
G02 X70.5 W-5 R5         ;
G01 Z-105                ;
G00 X100 Z100            ;返回刀具起点
M05                      ;关主轴
M09                      ;关冷却液
M02                      ;程序结束
```

提示：

●在描述最终轨迹的程序段中只能有 G01,G02,G03 三种指令,不能有子程序,且必须保证 X 与 Z 的尺寸数据都是单纯的增大或减小。

●循环结束时,刀具停在描述最终轨迹的最后一段终点处。

●刀具起点应保证停留在最终轨迹形成的矩形范围之外,即在毛坯之外,并通过编程使刀具移到最终轨迹的起点。

【自己动手 2-19】　试用 G71 指令,编写如题图 2.40 所示零件的粗加工程序。吃刀量为 1 mm,余量为 0.5。

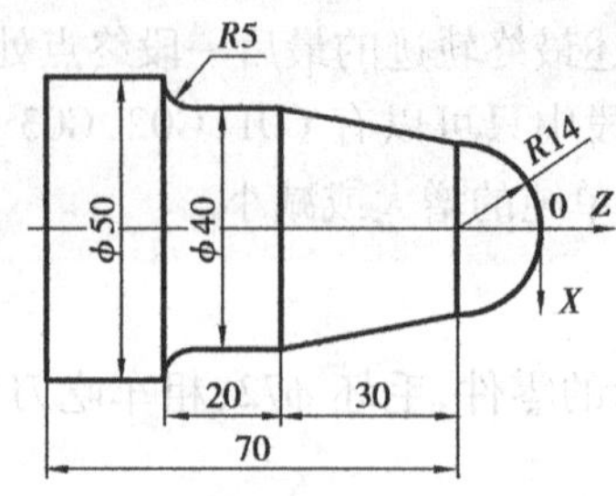

题图 2.40　【自己动手 2-19】的图样

课题六 G75 切槽循环

在实际加过程中，对于较宽的内、外圆沟槽（切槽刀宽度小于沟槽宽度），如果仅用直线插补指令编程，程序会很烦琐，而用 G75 切槽循环指令编程，则程序会简化很多。

一、指令格式及循环执行过程

1. 指令格式

G75 X(U)Z(W) I K E F。其中：

(1)X(U)Z(W)——槽终点坐标，省略 Z 为切断循环。

(2)I——每次 X 轴进刀量，如图 2.41 所示。

(3)K——每次 X 轴退刀量，如图 2.41 所示。

(4)E——在 Z 轴方向每次的偏移量。

(5)F——进刀速度。

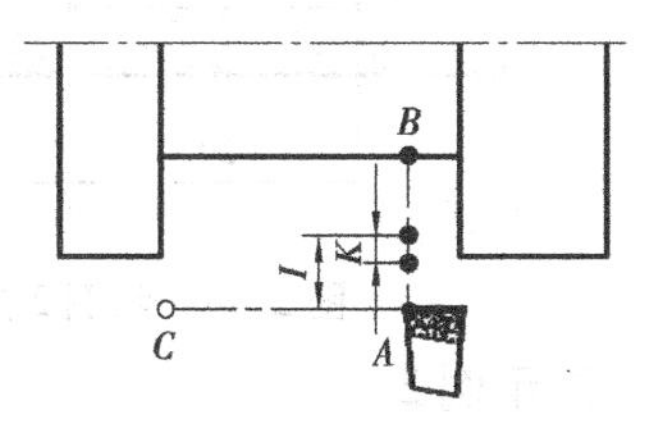

图 2.41 G75 切槽循环

2. 循环执行过程

(1)X 轴以 F 速度进给 I 的距离。

(2)X 轴快速后退 K 的距离。

(3)X 轴以 F 速度进给 $I+K$ 的距离。

(4)重复(2)~(3)的过程，直到 X 轴进给到 B 点。

(5)如 Z 不为零，则 Z 轴快速偏移 E 的距离。

(6)重复(1)~(4)的过程，直到 Z 轴进给到 C 点，X 轴进给到 B 点。

(7)X 轴快速返回 C 点，Z 轴快速返回 A 点。

G75 循环结束后，刀具仍在循环起始点 A。

提示：

●指令中未考虑刀具的宽度，实际使用中终点 Z 坐标，应根据实际情况加上或减去刀具宽度（根据进刀方向不同而定）。

●I，K，E 均为无符号数。

二、G75 应用

1. 示例 1

例 2.10 用 G75 循环指令，编写如图 2.42 所示槽的加工程序。刀具宽度 5 mm，每次进刀 6 mm，每次退刀 2 mm，每次偏移 4.5 mm，进刀速度 150 mm/min。

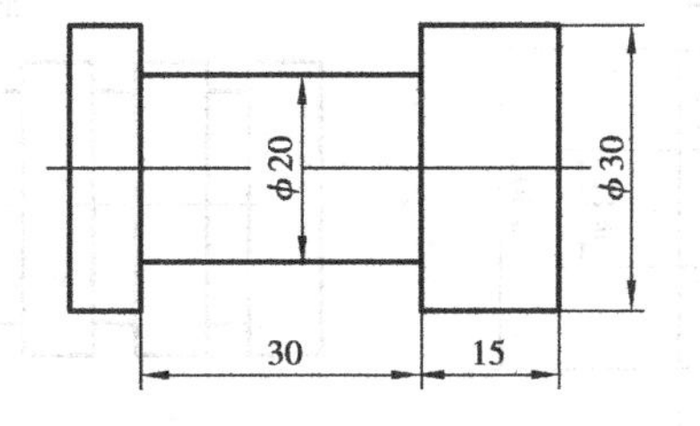

图 2.42 示例 1 的图样

程序如下：

N0130 G0 X45 Z－20　　　　　　　　　　;定位到起始点 Z＝－(15＋刀宽)＝－20。

N0140 G75 X20 Z－45 I6 K2 E4.5 F30　　　;切槽循环,终点坐标为(20,－45)。

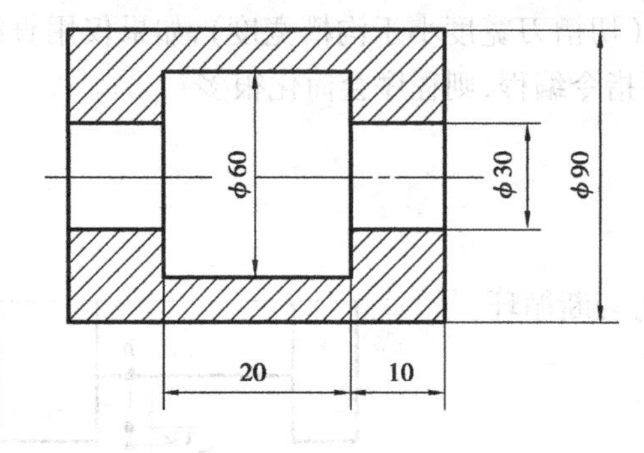

图 2.43　示例 2 的图样

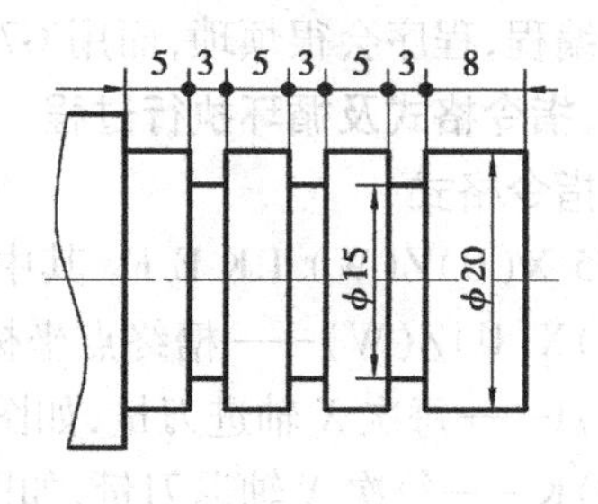

图 2.44　示例 3 的图样

2. 示例 2

例 2.11　用 G75 循环指令,编写如图 2.43 所示工件内沟槽的加工程序。

程序如下:

N00130 G00 X28　　　　　　　　　　;

N00140 G00 Z－15　　　　　　　　　;定位到循环起点 Z＝－(10＋刀宽)＝－15。

N00150 G75 X60 Z－30 I5 K2 E4.5 F20　;切槽循环,终点坐标为(60,－30)。

刀宽为 5 mm,因此 Z 向偏移量取 4.5 mm。

3. 示例 3

例 2.12　用 G75 循环指令,编写如题图 2.44 所示零件的加工程序(切槽刀用左刀尖对刀)。

程序如下:

…

N00130 G00 X22 ;

N00140 G00 Z－8 ;定位到循环起点 Z＝－(5＋刀宽)＝－8。

N00150 G75 X15 Z－27 I5 K2 E8 F20;两槽之间的间距为 8,所以 E 取 8。

…

【自己动手 2-20】　试用 G75 循环指令,编写如题图 2.45(a)、图 2.45(b)所示的内、外沟槽的加工程序。

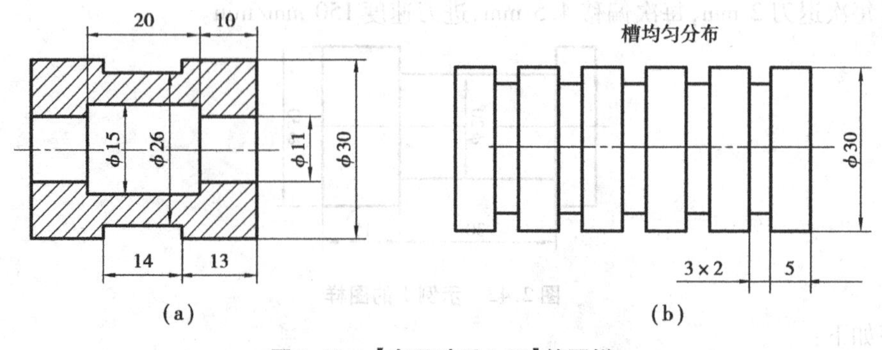

图 2.45　【自己动手 2-20】的图样

课题七 凹槽加工

一、用 G22、G80 局部循环加工凹槽

1. 指令格式

G22 L

…

G80

其中：

L——循环次数，范围 1 ~99。L =1 时不能省略。

2. 循环执行过程

(1)G22 定义程序循环体开始，L 定义循环次数。

(2)执行循环程序。

(3)G80 循环体结束时，循环次数 L 减少，若 L 不等于零，再次执行循环体程序，若 L 等于零后，循环结束，继续执行后面的程序。

提示：

●在程序中 G22 和 G80 必须成对使用。

●在执行局部循环指令时，不能嵌套循环指令 G90，G92，G94，G71，G72 等，而且只能用相对坐标编程。

二、M98 M99——子程序

1. 指令格式

M98 P* * * * L* *；

:

M99

其中：

(1)P——子程序所在的程序段号，必须输够四位数。

(2)L——子程序调用次数，省略 L 或 L 为 0 或 1 时，都要调用一次，最多为 99 次。

工件上不同的位置，存在有多处相同的结构，局部的程序一致，便可将该局部的程序作为子程序，在每一处需要使用该子程序时，就可以用调用子程序的方法执行，而不必重复编写。

三、局部循环及子程序有关参数计算

1. 局部循环或子程序起点计算方法

起点 X 坐标 $= d_{max} - d_{min} + d_o$ 其中：

(1)d_{min}——最小处直径；

(2)d_{max}——最大处直径；

(3)d_o——凹处起点直径。

2. 循环次数计算

$L = (d_{max} - d_{min})/U$ 其中：

(1)L——循环次数(取整数)；

(2)U——每次吃刀量(直径值)。

3. 示例

例 2.13　如图 2.46 所示，凹陷部分最大处直径 $d_{max}=64$，最小处直径 $d_{min}=31.21$，凹处起点直径 $d_o=46$。试计算循环起点的 X 坐标值及循环次数，每次吃刀量（直径量）为 2 mm。

计算：a. 起点 X 坐标 $=d_{max}-d_{min}+d_o=64-31.21+46=78.79$

b. 循环次数计算：$L=(d_{max}-d_{min})/U=(64-31.21)/2\approx16$ 余 0.79

一般情况下，余数作为精车余量。

例 2.14　如图 2.47 所示，试计算下图中两个凹陷处的循环起点 A 和 B 点的 X 坐标及两处的循环次数。

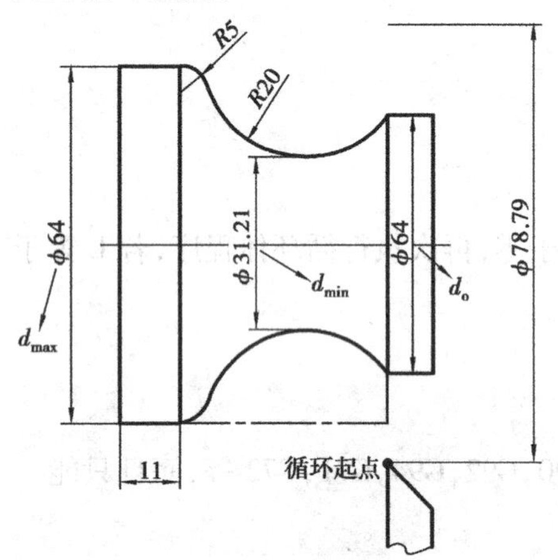

图 2.46　例 2.13 的图样

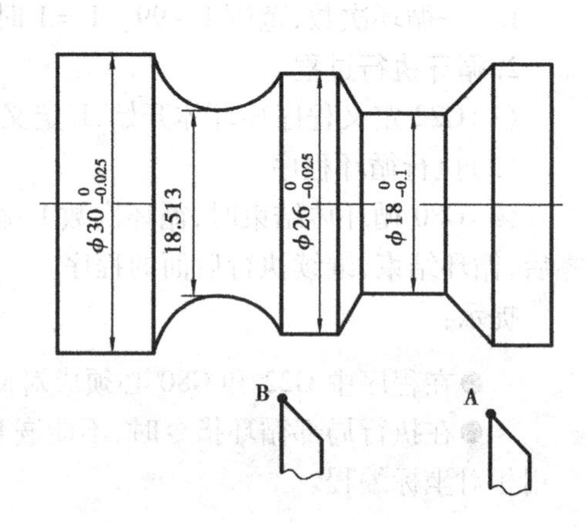

图 2.47　例 2.14 的图样

①A 点计算：A 点 X 坐标 $=d_{max}-d_{min}+d_o=28-18+28=38$

循环次数计算：$L_a=(d_{max}-d_{min})/U=(28-18)/2=5$

A 点 X 坐标取为 38.6，其中 0.6 为精车余量。

②B 点计算：B 点 X 坐标 $=d_{max}-d_{min}+d_o=30-19+26=37$

循环次数计算：$L_b=(d_{max}-d_{min})/U=(30-19)/2\approx5$ 余 1

余数为 1，作为精车余量。

四、应用实例

例 2.15　试用 G22，G80 循环，编写如图 2.48 所示工件中圆弧部分的加工程序。

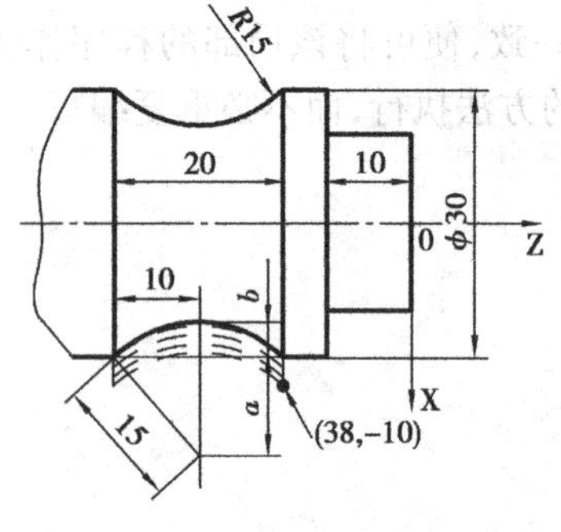

图 2.48　例 2.15 的图样

有关参数计算：

①凹进量计算：$a=\sqrt{R^2-10^2}=\sqrt{15^2-10^2}=11.18$ mm

$b=R-a=15-11.18=3.82$

②循环起点 X 坐标计算：$X=d_{max}-d_{min}+d_o=3.82\times2+30=37.64$

③计算每次切削的进给量：$U=(d_{max}-d_{min})/L=3.82\times2/4=1.91$

来回均走刀切圆弧，因此循环次数为 2。为了留精车余量，起点 X 坐标取 38，粗车凹圆弧的程序如下：

…

```
G01 X38 Z-5 F100        ;定位到圆弧起点
G22 L2                  ;程序循环开始,循环两次
G01 U-1.91 F50          ;X 向进刀 1.91(直径量)
G03 W-20 R15            ;从右向左切凹圆弧
G01 U-1.91              ;X 向进刀 1.91(直径量)
G02 W20 R15             ;从左向右切圆弧
G80                     ;循环结束
…
```

例 2.16 用子程序 M98,M99 指令,编写加工如图 2.48 程序:

```
…
N0030 G01 X38 Z-5 F100;定位到圆弧起点
N0040 M98P0100L2
N0050 M30
N0100 G01 U-1.91 F50    ;X 向进刀 1.91(直径量)
N0110 G03 W-20 R15      ;从右向左切凹圆弧
N0120 G01 U-1.91        ;X 向进刀 1.91(直径量)
N0130 G02 W20 R15       ;从左向右切圆弧
N0140 M99               ;子程序结束, 返回到主程序
```

上述程序中,执行到 N0040 时,调用子程序,执行 N0100 ~ N140 两次,然后继续执行 N0050,程序结束。

提示:

●在一般情况下,子程序都放在主程序后面,即放在主程序的 M02 语句后面。如果子程序插在主程序中间,则需用 M97 语句进行程序转移。

【自己动手 2-21】 分别用 G22,G80 循环指令和子程序,编写如题图 2.49 所示的零件凹圆弧部分的加工程序,并将程序导入仿真软件进行验证。

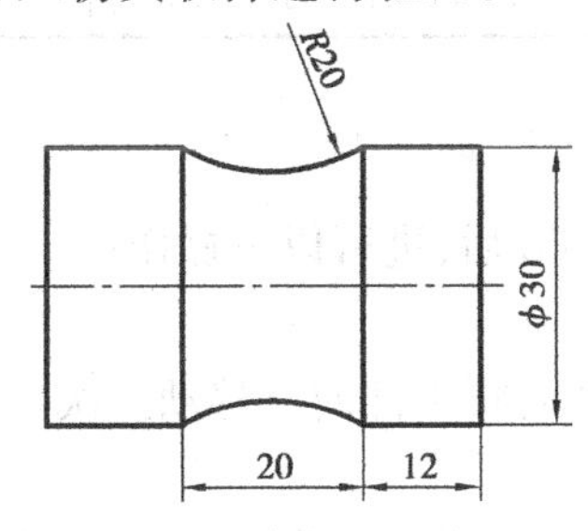

图 2.49 【自己动手 2-21】的图样

任务三 GSK928TC 仿真加工实例

课题一 阶梯螺纹轴的车削

例 2.17 在超软仿真软件中,加工如图 2.50 所示的工件。

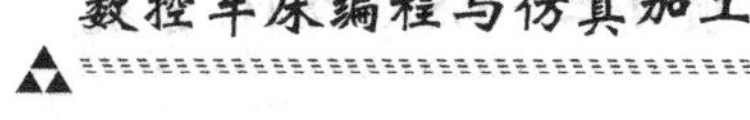

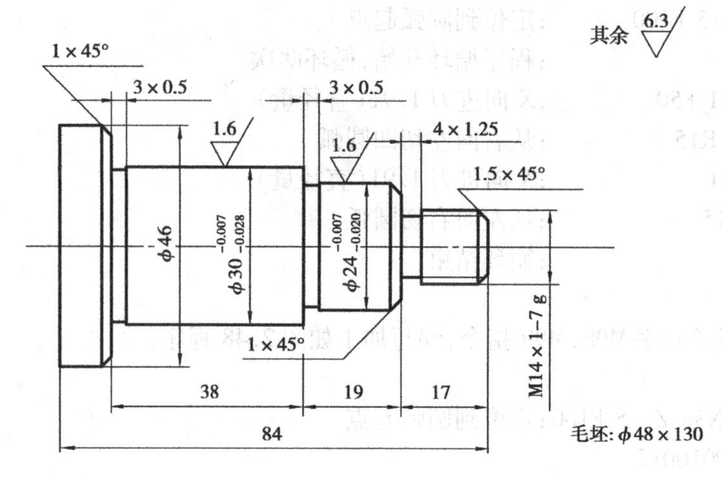

图 2.50　例 2.17 的图样

一、加工工序卡

加工工序卡,见表 2.5 所示:

表 2.5　例 2.17 的加工工序卡

工步号	工步内容	刀具名称及规格	刀具号	背吃刀量/mm	主轴转速/($r\cdot min^{-1}$)	进给速度/($mm\cdot min^{-1}$)
1	夹毛坯外圆,车端面	90°外圆刀	T10	1	600	80
2	粗车各段外圆至 φ14.5,φ24.5,φ30.5,φ46,粗车倒角	90°外圆刀	T10	0.25	1 200	100
3	精车各段外圆至尺寸,精车倒角					
4	切 4 mm 槽(G75 循环)和 3 mm 槽	3 mm 切槽刀	T22	5	300	50
5	车螺纹	60°螺纹车刀	T33	0.2	350	
6	切断	5 mm 切槽刀	T22	5	200	50

二、仿真加工过程

进入超软仿真软件的 GSK928TC 后,进行以下操作:

1. 安装工件

设置毛坯尺寸为 φ48×130,然后将工件向右移动三次。

2. 安将刀具

1 号刀位安装 90°外圆车刀,2 号刀位为切断刀,3 号刀位为螺纹刀。

3. 设置工件原点

用试切法对 1 号 90°外圆车刀。

4. 设置刀补值

设置 2 号、3 号刀的刀补值。

5. 编辑程序

点击编辑EDIT按钮,进入编辑方式,按输入Input键,输入程序号:%01,进入编辑页面,输入该零件程

序,程序见表 2.6 所示:

表 2.6 例 2.17 的程序

%01		
N0010 G00 X100 Z50	到达换刀点	
N0020 T11 M03 S500	换 1 号刀,并执行 1 号刀补,留出粗车余量	
N0030 G00 X50 Z0	到达工件附近	
N0040 G01 X－1 F60	切端面	
N0050 G00 X50 Z2	到循环起点	
N0060 G71 X10.8 I4 K2 L11	G71 循环,X10.8:最终轮廓起点坐标;I4:X 轴每次进刀量 4 mm(双边);K2:X 轴退刀量 2 mm;L11:最终轮廓程序段段数	
N0070 G01 Z0.5	到达倒角起点	
N0080 X13.8 Z－1.5	倒角	
N0090 Z－17	车外圆 $\phi 13.8$	
N0100 X22		
N0110 X24 W－1	倒角	
N0120 Z－36	车外圆 $\phi 24$	
N0130 X30		
N0140 W－38	车外圆 $\phi 30$	
N0150 X44		
N0160 X46 W－1	倒角	
N0170 Z－88	车外圆 $\phi 46$	
N0180 T10 S1300	撤销 1 号刀补,轴速提高至 1 300 r/min	精车各段外圆及倒角
N0190 G00 X11.8		
N0270 G01 Z0		
N0280 X13.8 Z－1.5		
N0290 Z－17		
N0300 X22		
N0310 X24 W－1		
N0320 Z－36		
N0330 X30		
N0340 W－38		
N0350 X44		
N0360 X46 W－1		
N0370 Z－88		

续表

N0380 G00 X100 Z50		
N0390 T22 S400	换切槽刀	换切槽刀，切各退刀槽
N0400 G00 X30 Z－16		
N0410 G01 X11.5 F30	切右边第一个槽(分两刀切)	
N0220 X25 F200		
N0430 W－1		
N0440 X11.5 F30	第二刀	
N0450 X31 F200		
N0460 G00 W－19		
N0470 G01 X21 F30	切右边第二个槽	
N0480 X47 F200		
N0490 G00 W－38		
N0500 G01 X29 F30	切右边第三个槽	
N0510 G00 X47		
N0520 G00 X100 Z50	到换刀点	用 G92 循环车削螺纹 M14
N0530 T33 S400	换 3 号螺纹刀	
N0540 G00 X14 Z2	到螺纹循环起点	
N0550 G92 X13.1 Z－14 P1	第一次循环切削螺纹	
N0560 G92 X12.7 Z－14 P1	第二次循环切削螺纹	
N0570 G92 X12.5 Z－14 P1	第三次循环切削螺纹	
N0580 G00 X100 Z50	到换刀点	切断
N0590 T22	换切断刀	
N0600 G00X47 Z－87	到切断起始点	
N0610 G01X－1 F20	切断	
N0620 G00X100	退回换刀点	退回换刀点，撤销刀补，结束程序
N0630 Z50		
N0640 T10	撤销刀补	
N0650 M30	结束	

6. 设置刀补值

设置 1 号刀的刀补值，用于粗车外轮廓的余量，操作步骤如下：

第一步：按刀补键，进入刀补设置界面。

第二步：按↓键，使光标停留在“T1Z”处。

第三步:按键,输入数字:0.2,按键,则5号 Z 轴刀补值被存储在数控系统中。

第四步:再将光标移动到"T1X"处,按同样方法输入刀补值0.5。

7. 自动运行程序

用左键点击按钮,进入自动运行方式,再点击,自动运行程序。加工结果,如图2.51所示。

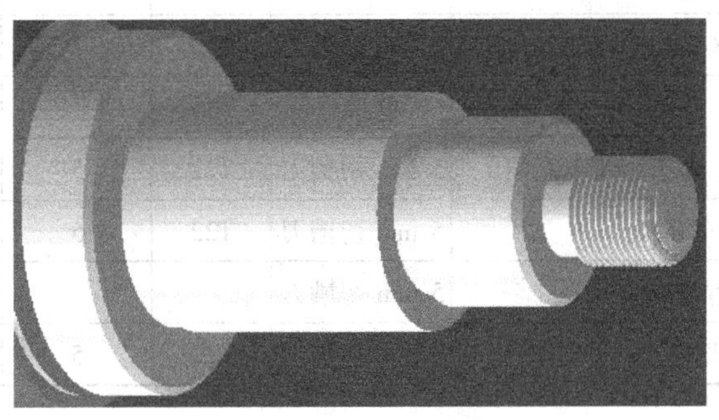

图2.51 例2.17的零件图形

课题二 复杂轴类零件1

例2.18 在超软仿真GSK928TC中,加工如图2.52所示的工件,计算节点、基点坐标,填写工序卡片,编制程序,并导入仿真软件中进行加工。

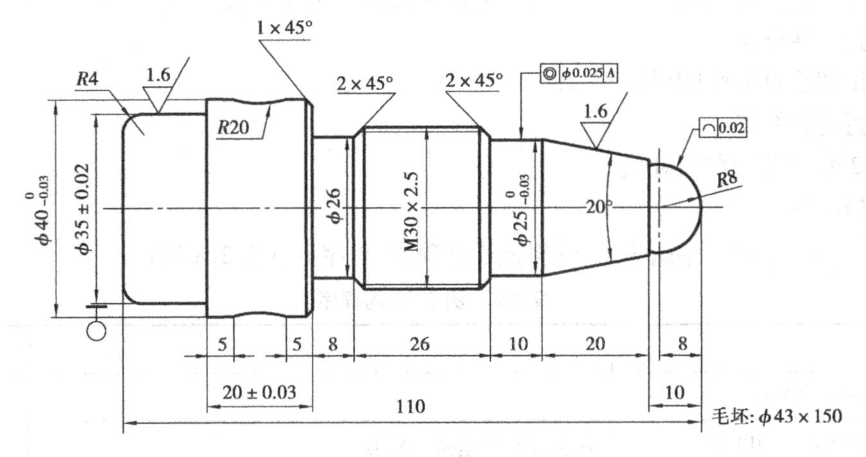

图2.52 例2.18的图样

一、分析图例,计算坐标

如图2.53所示,该零件中仅有圆锥小端直径需要计算。A 点计算的过程如下:

A 点的 X 坐标,即圆锥小端直径 $d = 25 - 2 \times 20 \times \tan 10° = 25 - 20 \times 0.176 = 17.947$

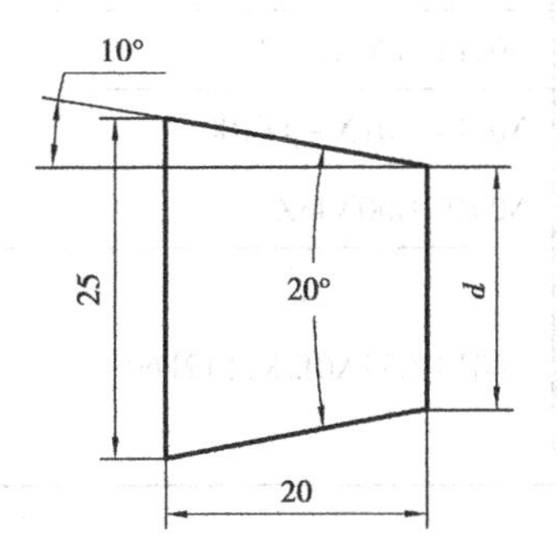

图2.53 圆锥小端直径的计算

二、工序卡

工序卡,见表2.7所示。

表 2.7　例 2.18 的工序卡

工步号	工步内容	刀具名称及规格	刀具号	背吃刀量 /mm	主轴转速 /(r/min)	进给速度 /(mm/min)
1	G71 循环粗车 $R8$、$\phi16$、圆锥、$\phi25$、$\phi30$、$\phi40$(留精车余量为 0.5)	90°外圆刀	T10	3	600	100
2	精车 $R8$、$\phi16$、圆锥、$\phi25$、$\phi30$、$\phi40$	90°外圆刀	T10	0.25	1 200	50
3	切 8 mm 槽	5 mm 切槽刀	T22	5	300	50
4	车螺纹	60°螺纹车刀	T33	0.2	350	
5	G75 粗车 $\phi35$(留 0.5 精车余量)	5 mm 切槽刀	T22	5	300	30
6	精车 $\phi35$	5 mm 切槽刀	T22	5	400	20
7	粗精车 $R4$	5 mm 切槽刀				
8	切断	5 mm 切槽刀	T22	5	200	20

三、仿真加工过程

1. 安装工件

设置毛坯尺寸 $\phi43\times150$,然后将工件向右移动四次。

2. 安将刀具

1 号刀位安装 90°外圆车刀,2 号刀位为切断刀,3 号刀位为螺纹刀。

3. 设置工件原点

即用试切法对 1 号 90°外圆车刀。

4. 设置的刀补值

设置 2 号、3 号刀的刀补值。

5. 编辑程序

点击按钮,进入编辑方式,编辑该零件程序,程序见下表 2.8 所示:

表 2.8　例 2.18 的程序

%02		
N0010 G00X100Z50		程序头
N0010 M03S600T10F100	开主轴设转速换一号刀	
N0012 G00X45Z0		
N0014 G01X－1F100	切端面	
N0016 G00X43Z2	到循环起点	
N0018 G71X0I2K1L12F60	G71 粗车循环,X0:最终轮廓起点 X 轴坐标;I2:每次进给量(双边 2 mm);K1:退刀量,双边 1 mm;L12:最终轮廓程序段段数。	粗车循环

续表

N0020 G01Z0	到达起点	描述最终轮廓的程序段
N0022 G02X16Z-8R8	车圆弧 $R8$	
N0024 G01Z-10	车外圆 $\phi16$	
N0026 X17.947	到圆锥小端	
N0028 X25W-20	车圆锥	
N0030 W-10	车外圆 $\phi25$	
N0032 X26		
N0034 X29.8W-2	倒角 2×45°	
N0036 Z-74	车外圆 $\phi29.8$	
N0038 X38		
N0040 X40W-1	倒角 1×45°	
N0042 Z-113	车外圆 $\phi40$	
N0043 G00X43		切凹圆弧
N0044 Z-79	到达凹弧起点	
N0046 G01X40.7	留余量 0.7 mm(双边)	
N0047 G03W-10R20	车凹圆弧	
N0048 G00X50		
N0049 G00Z0		
N0048 T10S1200F30		精车外轮廓
N0050 G01X0	到达精车起点	
N0022 G02X16Z-6R8	精车圆弧 $R8$	
N0024 G01Z-10	精车外圆 $\phi16$	
N0026 X17.947	到圆锥小端	
N0028 X25W-20	精车圆锥	
N0030 W-10	精车外圆 $\phi25$	
N0032 X26		
N0034 X30W-2	倒角 2×45°	
N0036 Z-74	精车外圆 $\phi29.8$	
N0038 X38		
N0040 X40W-1	倒角 1×45°	
N0042 W-4	精车外圆 $\phi40$	
N0044 G03W-10R20	精车凹圆弧 $R20$	
N0052 G01Z-113	精车外圆 $\phi40$	

续表

N0054 G00X100		切槽
N0156 Z50		
N0058 T22S300F30	换切槽刀,刀宽为 5 mm	
N0060 G00X31Z－71	到切槽起点,左刀尖对刀	
N0056 G75X26W－3I2K1E2.5F30	G75 切槽循环,X26:槽底直径;W－3:槽 Z 向终点坐标,I2:每次 X 轴间歇进刀量 2 mm,K1:X 轴退刀量 1 mm;E2.5:Z 轴进刀量 2.5 mm。	
N0058 G01W2	*Z* 轴到达倒角起点	倒角 *C*2
N0060 X30	*X* 轴到达倒角起点	
N0062 X26W－2	倒角	
N0064 G00X100		换螺纹刀
N0065 Z50		
N0070 T33S700F30	换螺纹刀	
N0072 G00X32Z－38	到达螺纹起点	
N0074 G92X28.675Z－67P2.5	*G*92 循环车削螺纹,第一次进刀于 *X*28.675	螺纹循环
N0076 X27.775	第二次进刀于 X27.775	
N0078 X26.875	第三次进刀于 X26.876	
N0080 X26.275	第四次进刀于 X26.275	
N0082 X25.875	第五次进刀于 X25.875	
N0084 X25.675	第六次进刀于 X25.675	
N0108 G01X100		
N0110 Z50		换切槽刀
N0112 T22S300F30		
N0114 G00X41Z－95		
N0116 G75X35.5Z－115I2K1E4.5F30	G75 切槽循环,X35.5:槽底直径;Z－115:槽 Z 向终点坐标,I2:每次 X 轴间歇进刀量 2 mm,K1:X 轴退刀量 1 mm;E4.5:Z 轴进刀量 4.5 mm。	切槽循环粗车左部外圆 ϕ35.5
N0120 X35	X 向进刀	精车槽底
N0122 Z－115	精车外圆 ϕ35	
N0123 X25 F20	切槽(为倒圆作准备)	
N0124 X35		粗车左部倒圆 *R*3
N0125 G00Z－112	Z 轴到达倒圆起点,*R*3	
N0127 G02X29Z－113R3	粗切圆弧 *R*2	
N0128 G00X35	X 轴到达倒圆起点	精车左部倒圆 *R*4
N0129 G00Z－111	Z 轴到达倒圆起点	
N0131 G02X27Z－115R4	精车圆弧 *R*4	

续表

N0132 G01X-1	切断	
N0136 G00X100Z50		
N0140 M30		

6. 自动运行程序

用左键点击自动AUTO按钮，进入自动运行方式，再点击●，自动运行程序。加工后工件，如图2.54所示。

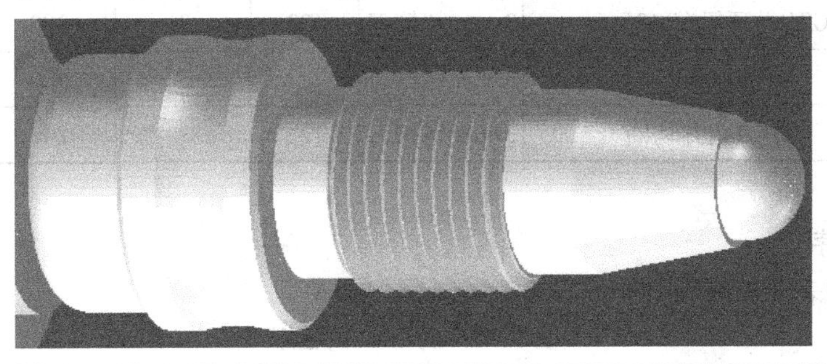

图2.54 例2.18的零件图形

课题三 复杂轴类零件2

例2.19 在超软仿真GSK928TC中，加工如图2.55所示的工件，计算节点、基点坐标，填写工序卡片，编制程序，并导入仿真软件中进行加工。

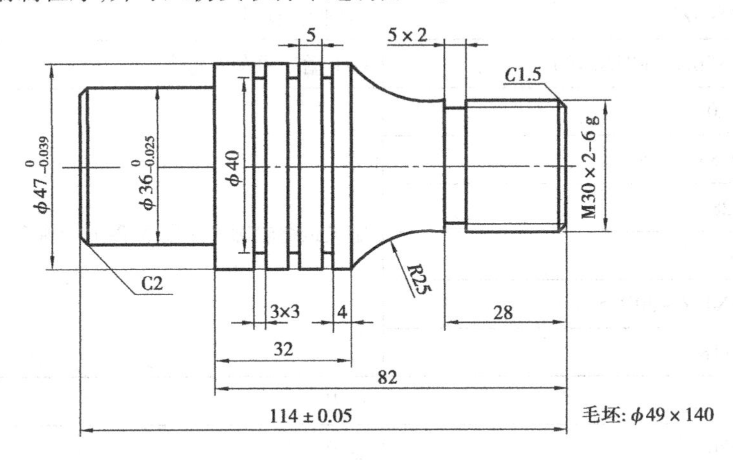

图2.55 例2.19图样

一、工序卡

工序卡，见表2.9所示。

表 2.9　例 2.19 的工序卡

工步号	工步内容	刀具名称及规格	刀具号	背吃刀量/mm	主轴转速/(r/min)	进给速度/(mm/min)
1	G71 循环粗车 ϕ29.8、R25、ϕ47 余量为 0.5	90°外圆刀	T10	3	600	100
2	精车 ϕ29.8、R25、ϕ47	90°外圆刀	T10	0.25	1 200	50
3	G75 循环切 5 mm 槽和 3 mm 槽	3 mm 切槽刀	T22	5	300	50
4	车螺纹	60°螺纹车刀	T33	0.2	350	
5	G75 循环粗车 ϕ36.5	3 mm 切槽刀	T22	3	300	30
6	精车 ϕ36	3 mm 切槽刀	T22	3	400	20
7	倒 C2 角并切断	3 mm 切槽刀	T22	3	200	20

二、加工程序

加工程序如表 2.10 所示。

表 2.10　例 2.19 的程序

%03	
N0005 T11M03S500	换一号刀,并执行刀补,设置粗车余量
N0010 G00X50Z0	快速到达工件附近
N0015 G01X-1F80	切端面
N0020 G00X49Z1	退回到循环起点
N0030 G71X26.8I3K2L6F100	G71 循环粗车外轮廓
N0040 G01Z0	定义最终轮廓程序段 N0040—N0070
N0050 X29.8Z-1.5	
N0060 Z-28	
N0065 X30	
N0070 G03X47Z-50R25	
N0080 Z-118	
N0085 X52	让刀
N0090 G00Z0	退刀
N0095 T10S1200F30	撤销刀补

续表

N0100 G01X26.8	精车右部外轮廓
N0105 X29.8Z-1.5	
N0106 Z-28	
N0107 X30	
N0108 G03X47Z-50R25	
N0110 G01Z-118	
N0105 X52	
N0120 G00X100Z50	
N0130 T22S350	换 2 号刀并执行刀补，刀宽 3 mm
N0140 G00X50Z-26	到切槽起点
N0150 G75X26Z-28I5K2E2.5F30	G75 切槽循环，切 5×2 退刀槽
N0210 G00X100Z50	
N0220 T33	换第三把螺纹刀，并执行刀补
N0230 G00X30.5Z2	快速到达螺纹起点
N0240 G92X28.9Z-24P2	用 G92 循环车削螺纹
N0250 X28.3	第一次进刀
N0260 X27.7	第二次进刀
N0270 X27.3	第三次进刀
N0280 X27.2	第四次进刀
N0281 G00X100Z50	
N0282 T22	换切槽刀
N0283 G00X50	
N0160 Z-57	到达切槽起点
N0170 G75X40Z-73I5K2E8	用 G75 循环切槽 3×3
N0190 G00Z-85	到达切槽起点
N0200 G75X36.5Z-118I5K2E2.5	用 G75 切槽循环车削外圆
N0210 G01X36	进刀
N0220 Z-117F30	精车外圆 $\phi35$
N0230 G01X32F30	切槽
N0240 X36	X 轴到倒角起点
N0250 W1	Z 轴到倒角起点

续表

N0260 X32W－1	倒角
N0270 X－1	切断
N0280 G00X100Z50	
N0290 X100Z50	
N0300 T10	
N0310 M30	

三、自动运行程序

用左键点击自动AUTO按钮，进入自动运行方式，再点击●，自动运行程序。工件图形，如图2.56所示。

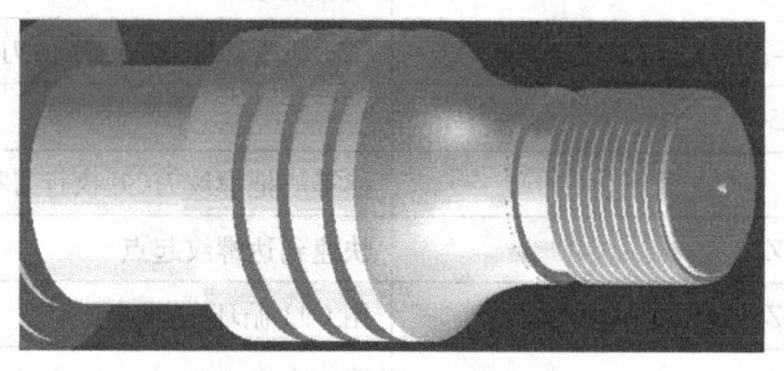

图 2.56　例 2.19 的零件图形

课题四　带凹圆槽轴类零件的车削

例 2.20　在超软仿真 GSK928TC 中，加工如图 2.57 所示的工件，计算节点、基点坐标，填写工序卡片，编制程序，并导入仿真软件中进行加工。

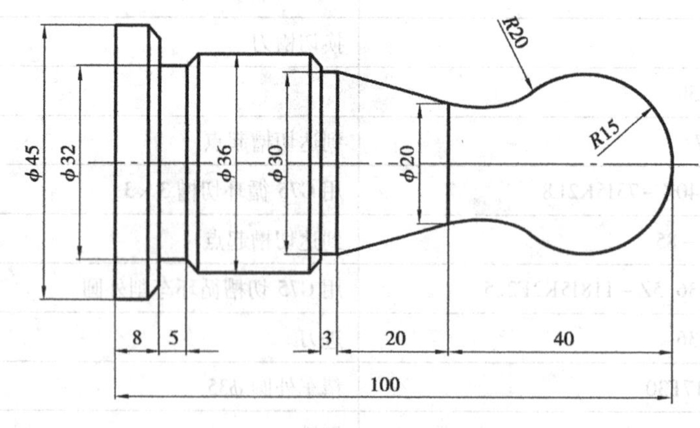

倒角均为 C2

图 2.57　例 2.20 的图样

一、有关计算

1. 计算切点 A 的坐标

如图 2.58 所示,$R15$ 和 $R20$ 的切点 A 的坐标计算如下:

$$O_2C = 18.358 \div 2 + 20 = 29.179$$

直角三角形 O_1CO_2 与直角三角形 ABO_2 为相似三角形,所以

$$O_2C/O_2O_1 = AD/AO_1$$

所以: $29.179/(20+15) = AD/15$

则: $AD = (15 \times 29.179)/35 = 12.505$

再用勾股定理求出线 DO_1 的长度:

$$DO_1 = \sqrt{AO_1^2 - AD^2} = \sqrt{15^2 - 12.505^2} = 8.284$$

所以,切点 A 的 X 坐标为:$2 \times AD = 2 \times 12.505 = 25.011$

Z 坐标为:$DO_1 + 15 = 8.284 + 15 = 23.284$

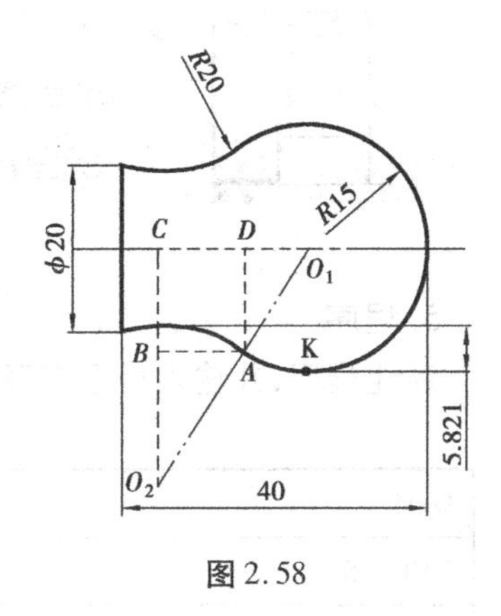

图 2.58

2. 计算凹弧起点 X 向坐标

如图 2.58 所示,A 点的 X 坐标为 $30 + 2 \times 5.821 = 41.642$

二、工序卡

工序卡如表 2.11 所示:

表 2.11 例 2.20 的工序卡

工步号	工步内容	刀具名称及规格	刀具号	背吃刀量 /mm	主轴转速 /(r/min)	进给速度 /(mm/min)
1	G71 外轮廓粗切	90°右偏刀(副偏角为 10°)	T10	3	700	150
2	G22 粗车凹圆弧及圆锥部分	90°右偏刀(副偏角为 30°)	T20	2	700	100
3	外轮廓精车	90°右偏刀(副偏角为 30°)	T20	0.5	1 500	50
4	G75 循环切槽	5 mm 切槽刀	T22	5	500	50

三、仿真加工过程

1. 安装工件

设置毛坯尺寸 $\phi 46 \times 150$,然后将工件向右移动三次。

2. 安装刀具

1 号刀位安装(主偏角 $\theta_1 = 90°$;副偏角 $\theta_2 = 35°$)外圆车刀,如图 2.59 所示。

2 号刀位安装 3 mm 切断刀。

3 号刀位安装 60°螺纹刀。

3. 设置工件原点

用试切法对 1 号刀,建立工件坐标系。

4. 设置刀补值

设置 2 号、3 号刀的刀补值。

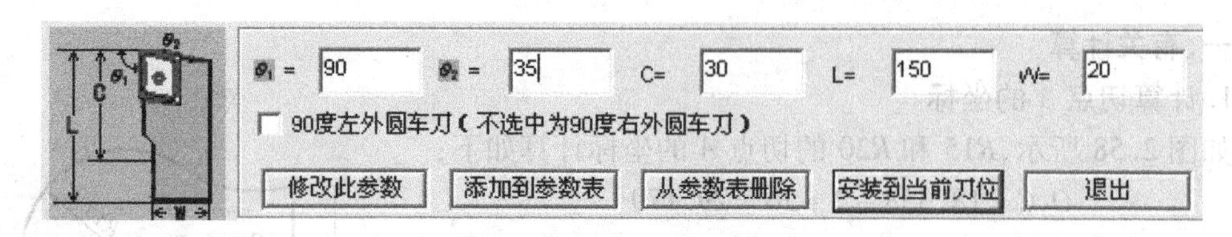

图 2.59　1 号刀位参数

5. 程序

新建程序，并输入程序内容，程序如表 2.12 所示：

表 2.12　例 2.20 的程序

%04	
N10 T15	第一把刀并执行 5 号刀补以设置粗车余量
N20 G00X100Z50	
N25 M03S600	
N30 G00X47Z2	到达循环起点，注意起点须在毛坯外面
N35 G71X0I4K2L9F100	用 G71 粗车外圆轮廓
N40 G01Z0	
N50 G02X30Z－15R15	
N60 G01Z－63	
N70 X31.675	
N80 X35.675W－2	N40—N120：定义最终轮廓程序段，共 9 段
N90 W－27	
N100 X41	
N110 X45W－2	
N120 Z－106	
N130 G00X42.342	到达凹处 X 轴起点 41.642＋0.7(0.7 为精车余量)
N140 Z－15	到达凹处 Z 轴起点
N150 G22L2F100	G22 局部循环粗车凹圆处，L4：循环次数
N160 U－2.911	每次进刀量为：2×5.821÷4＝2.911
N170 G02U－4.989W－8.284R15	从右至左车圆弧 $R15$
N180 G03U－5.011W－16.716R20	从右至左车圆弧 $R20$
N181 G01U10W－20	车圆锥
N210 G80	局部循环结束
N220 T10F50S1200	取消 1 号发刀补，准备精车
N223 G00X31	

续表

N230 G00Z2	
N235 G00X0	*X* 轴到精车起点
N240 G01Z0F50	*Z* 轴到精车起点
N250 G02X25.011Z－23.284R15	精车外轮廓
N260 G03X20Z－40R20	
N270 G01X30W－20	
N280 W－3	
N290 X31.675	
N300 X35.675W－2	
N310 W－27	
N320 X41	
N330 X45W－2	
N340 W－8	
N350 G00X100	
N360 Z50	
N370 T22	换 2 号切槽刀
N380 X46G00Z－92	到切槽起点
N400 G01X32F50	切槽 $\phi 32 \times 5$
N410 G01X36F200	*X* 轴到倒角起点
N420 W2	*Z* 轴到倒角起点
N430 X32W－2	倒角
N550 Z－105	
N560 G01X－1F20	切断
N570 G00X100Z50	
N580 T10	
N590 M30	

6. 自动加工

加工结果如图 2.60 所示。

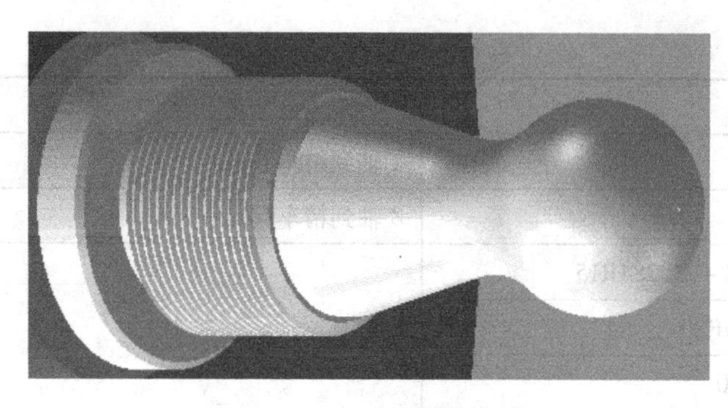

图 2.60　例 2.20 的零件图形

课题五　套类零件的车削

例 2.21　在超软仿真 GSK928TC 中，加工如图 2.61 所示的工件，计算节点、基点坐标，填写工序卡片，编制程序，并导入仿真软件中进行加工。

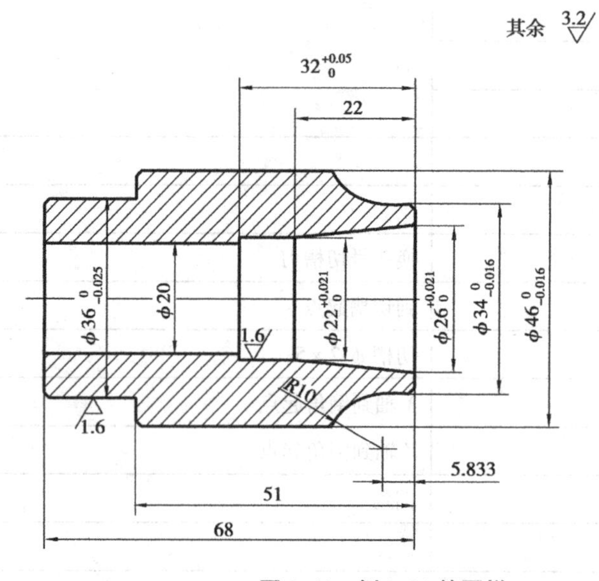

图 2.61　例 2.21 的图样

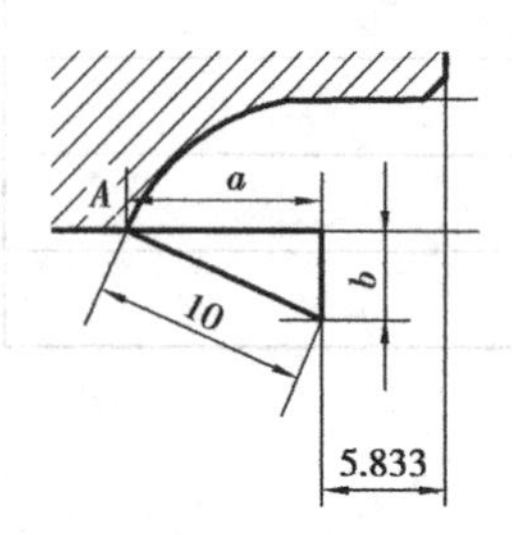

图 2.62　计算坐标点

一、计算坐标点

如图 2.62 所示：

$$b = (46 - 34) \div 2 = 6$$

$$a = \sqrt{10^2 - b^2} = \sqrt{100 - 36} = 8$$

则 A 点的 Z 向坐标为：$a + 5.833 = 8 + 5.833 = 13.833$

二、工序卡

工序卡，见表 2.13 所示：

表 2.13 例 2.21 的工序卡

工步号	工步内容	刀具名称及规格	刀具号和刀补号	背吃刀量/mm	主轴转速/(r/min)	进给速度/(mm/min)	备注
1	平端面	90°外圆刀	T10	1	500	60	自动
2	循环粗车外轮廓 R10、外圆 ϕ46.5	90°外圆刀	T11	3	500	100	自动
3	精车外轮廓 R10、外圆 ϕ46	90°外圆刀	T10	0.5	1 000	50	自动
4	循环粗镗圆锥及外圆 ϕ22	镗孔刀	T22	1	350	50	自动
5	精镗圆锥及外圆 ϕ22	镗孔刀	T22	0.2	1 000	20	自动
6	粗车外圆 ϕ36.5	5 mm 切槽刀	T33		500	100	自动
7	精车外圆 ϕ36	5 mm 切槽刀	T33		1 000	50	自动
8	切断	5 mm 切槽刀	T33		500	50	自动

三、仿真加工过程

1. 安装工件

如图 2.63 所示设置毛坯尺寸,安装后将工件剖开显示,如图 2.64 所示。

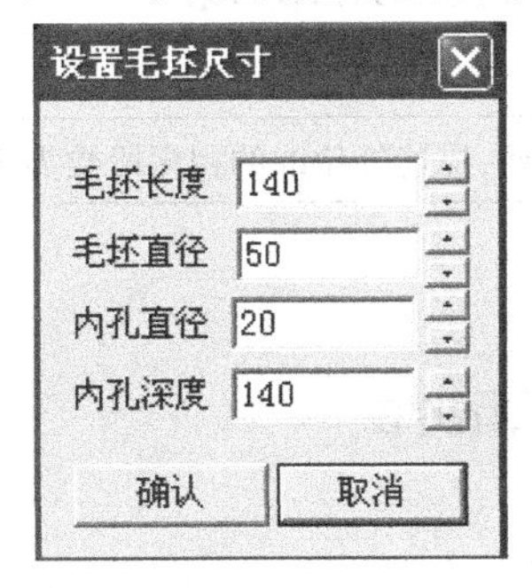

图 2.63 设置毛坯尺寸

图 2.64 工件剖开显示

2. 安装刀具

1 号刀位安装 90°外圆车刀。

2 号刀位安装镗孔刀。

3 号刀位安装 3 mm 切断刀。

3. 设置工件原点

用 90°右偏刀设置工件原点。

4. 设置刀补值

设置 2 号镗孔刀、3 号刀的刀补值。镗孔刀对刀时,应车削内孔,如图 2.65 所示,测量直径时,应取内径值,如图 2.66 中的“20.212”。刀补设置方法参照本项目任务一课题六,设置完成后刀补值如图 2.67 所示。

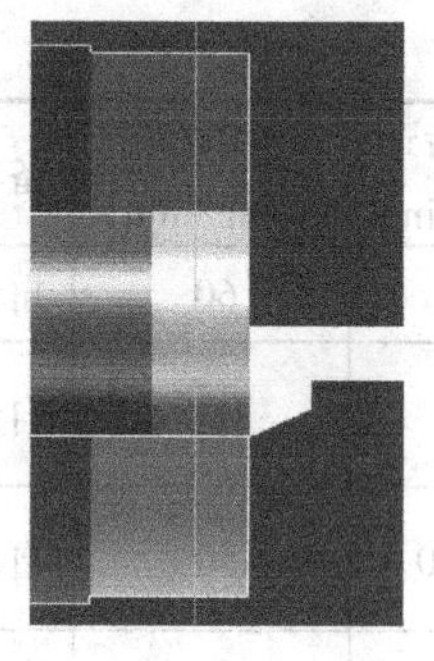
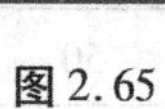

图 2.65

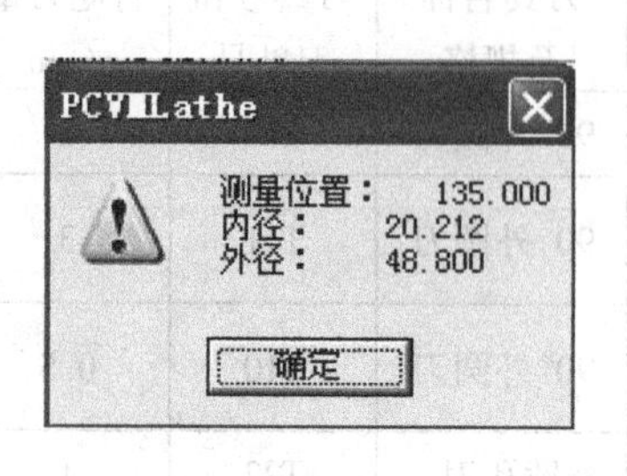

图 2.66

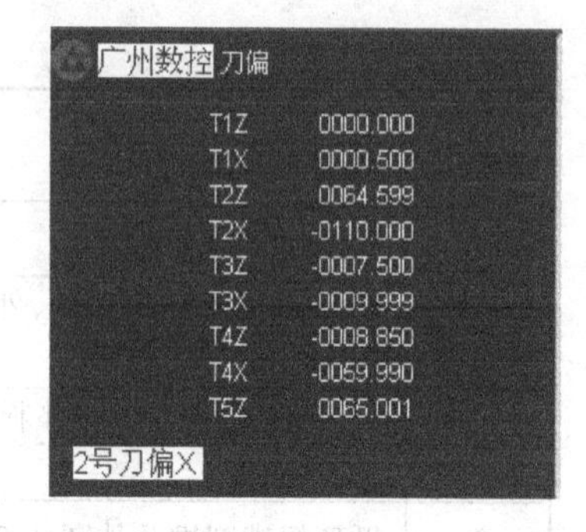

图 2.67

5. 程序

新建程序，并输入程序内容。程序，见表 2.14 所示：

表 2.14　例 2.21 的程序

N05 G00X100Z50M03S500	快速到达换刀点
N10 T10	换一号外圆车刀
N20 G00X52Z0	
N30 G01X－1F100	切端面
N50 T11	换 1 号外圆车刀并执行刀补，设置余量
N60 G00X50Z1	到循环起点
N70 G71X32I2K1L5	G71 外圆粗车循环，描述外轮廓的程序段数为 5
N80 G01Z0	N80—N100 外轮廓程序段
N85 X34Z－1	
N90 G01Z－5.833	
N95 G03X46Z－13.833R10	
N100 G01Z－71	
N105 T10S1000	撤销刀补，准备精车
N110 G01X32Z0	到精车起点
N115 X34Z－1	倒角
N120 G01Z－5.833	精车外圆 $\phi34$
N125 G03X46Z－13.833R10	精车圆弧 $R10$
N130 G01Z－75	精车外圆 $\phi46$
N132 G00X100Z50	
N134 T22	换 2 号镗孔刀
N140 G00X20Z1	到镗孔起点
N150 G71X26.5I2K1L3	G71 内圆循环，描述内轮廓的程序段数为 3

续表

N160 G01Z0	内轮廓程序段 N160—N180
N170 G01X22.5Z - 22	
N180 G01Z - 32	
N190 G01X26Z0S1000	到达精车起点
N200 X22Z - 22	精镗圆锥面
N210 Z - 32	精镗内孔 $\phi32$
N220 X20	让刀
N230 Z2	退刀
N240 G00X100Z50	
N240 T33	换 3 号切槽刀(刀宽 3 mm)
N250 G00X50Z - 56	快速到达切槽起点
N260 G75X36.5Z - 73I5K2E4.5F30	用 G75 切槽循环粗车外圆 $\phi36.5$
N270 G01X46	*X* 轴到倒角起点
N280 W1	*Z* 轴到倒角起点
N290 X44W - 1	倒角 *C*1
N300 X36	进刀
N310 Z - 73	精车外圆 $\phi36$
N320 X33	切槽
N330 X36	*X* 轴到倒角起点
N340 W1	*Z* 轴到倒角起点
N350 X34W - 1	倒角 *C*1
N360 X - 1	切断
N370 G00X100Z50	
N380 T10	
N390 M30	

6. 运行程序

自动运行程序,加工后结果如图 2.68 所示。

【自己动手 2-22】 试编写图 2.69 所示工件的加工程序,并在 GSK928TC 数控仿真系统中加工。

【自己动手 2-23】 试编写图 2.70 所示工件的加工程序,并在 GSK928TC 数控仿真系统中加工。

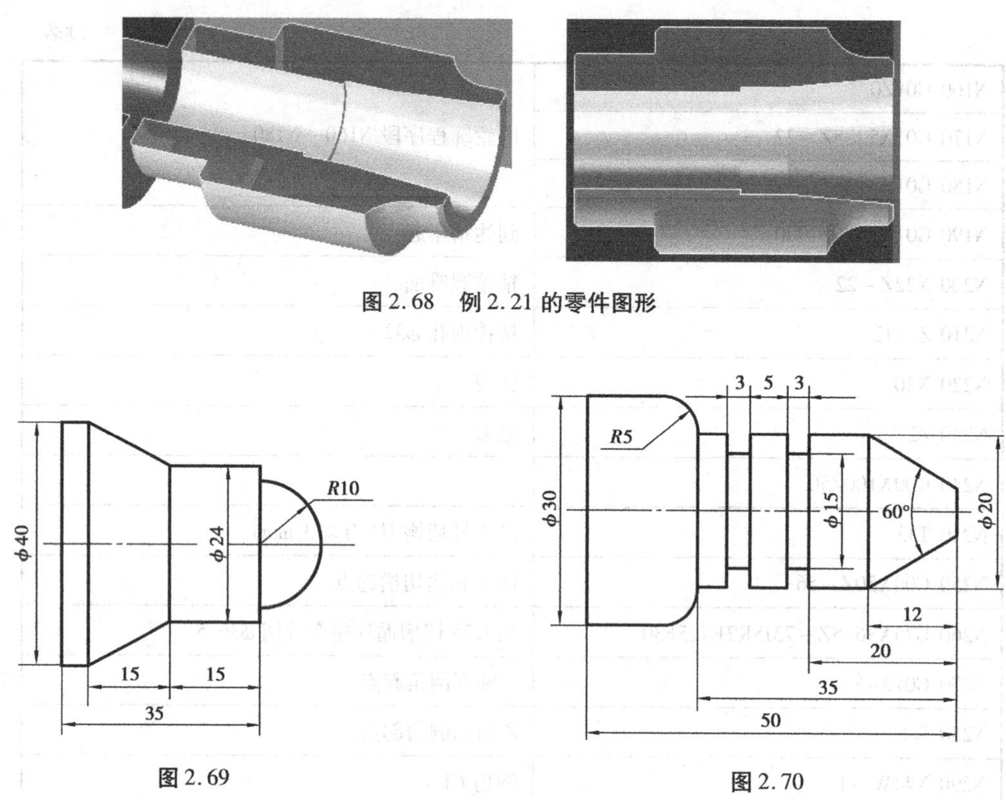

图 2.68 例 2.21 的零件图形

图 2.69

图 2.70

【自己动手 2-24】 试编写图 2.71 所示工件的加工程序，并在 GSK928TC 数控仿真系统中加工。

【自己动手 2-25】 试编写图 2.72 所示工件的加工程序，并在 GSK928TC 数控仿真系统中加工。

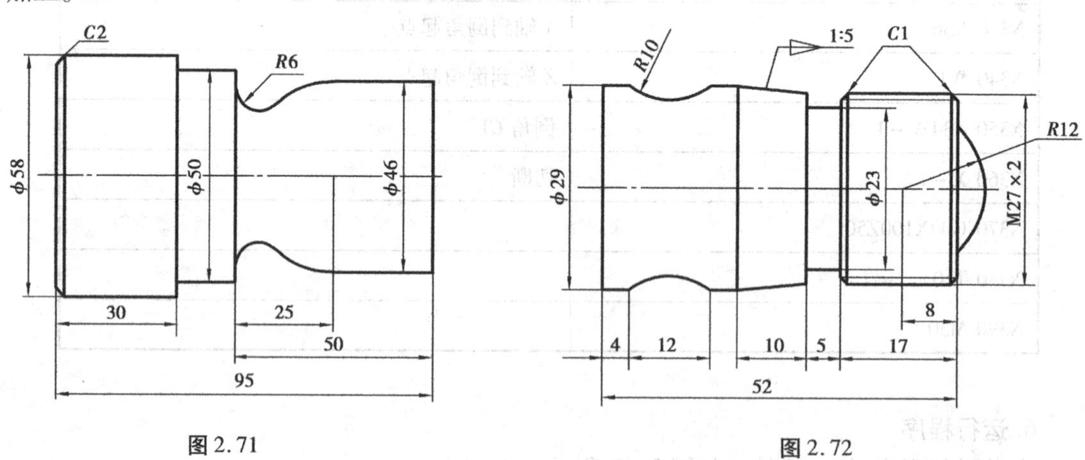

图 2.71

图 2.72

【自己动手 2-26】 试编写图 2.73 所示工件的加工程序，并在 GSK928TC 数控仿真系统中加工。

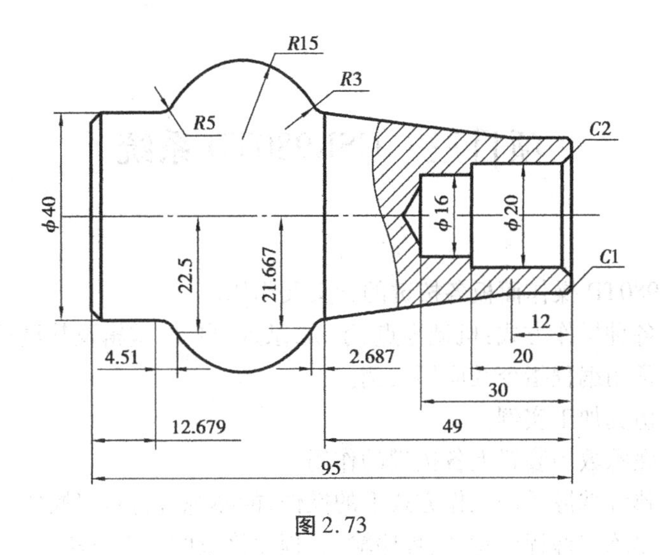
R15
R3
R5
C2
C1
φ40
φ16
φ20
22.5
21.667
12
20
30
4.51
2.687
12.679
49
95

图 2.73

项目三　GSK980TD 系统

项目内容　1. 980TD 操作面板各按键的含义及作用。

2. 各种操作方式:机械零点、手动、录入、自动、编辑及其显示页面。

3. 常用编程指令及应用实例。

4. 仿真加工实例。

项目目的　1. 熟悉数控装置上各按键的作用。

2. 熟练掌握手动工作方式下的操作,能熟练进行对刀操作。

3. 熟练掌握程序建立、程序输入、程序修改的操作方法。

4. 掌握自动工作方式下,运行程序的各种方式。

5. 熟悉本系统常用编程代码功能,能灵活应用 G00,G01,G02,G03,G33,G90,G92,G71,G73 以及子程序 M98,M99 等代码编制各类零件的加工程序。

6. 能在仿真软件中熟练加工各类中等复杂程度的零件。

任务一　GSK980TD 操作

课题一　操作面板说明

GSK980TD 操作面板,如图 3.1 所示。

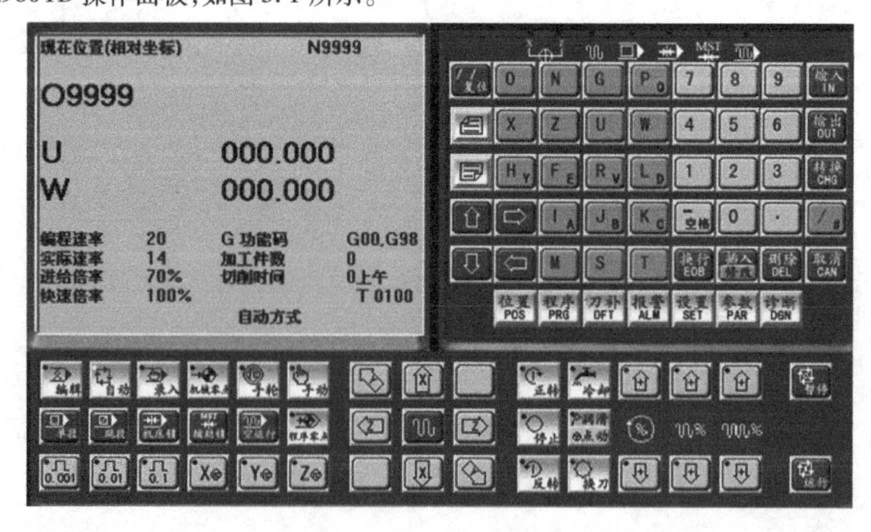

图 3.1　GSK980TD 操作面板

一、状态指示区

1. 状态指示区的组成

状态指示区的组成，如图 3.2 所示。

图 3.2

2. 状态指示区各按键的含义

各按键的含义，如表 3.1 所示。

表 3.1　状态指示区各按键的含义

	X,Z 向回零结束指示灯		快速指示灯		单段运行指示灯
	机床锁指示灯，灯亮表示机床锁住	 MST	辅助功能锁指示灯，灯亮表示辅助功能被锁住		空运行指示灯

二、编辑键盘区

输入编辑程序时，所用按键如图 3.3 所示。

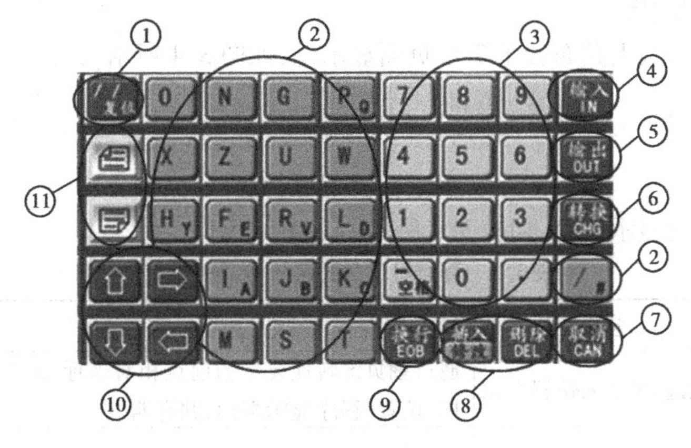

图 3.3　程序输入按键

将编辑键盘区的键，再细分为 11 个小区，具体每个区的使用说明，如表 3.2 所示。

表 3.2　编辑键盘区各按键的含义

序　号	名　称	功能说明
1  复位	复位键	按此键，系统复位，进给、输出停止
2	地址键	按此类键，进行地址录入
3	数字键	按此类键，进行数字录入
4  输入 IN	输入键	用于输入参数、补偿量等数据；通讯时文件的输入

续表

序　号	名　称	功能说明
5 输出 OUT	输出键	用于通讯时文件输出
6 转换 CHG	转换键	用于为参数内容提供方式的切换
7 取消 CAN	取消键	在编辑方式时，用于消除录入到输入缓冲器中的字符，输入缓冲器中的内容由 LCD 显示，按一次该键消除一个字符，该键只能消除光标前的字符，例如 LCD 中光标在字符“N0001”的后面：则按一次、两次、三次该键后的显示分别为：N000，N00，N0
8 插入 修改 删除 DEL	插入、修改、删除键	用于程序编辑时程序、字段等的插入、修改、删除操作
9 换行 EOB	EOB 键	用于程序段的结束
10	光标移动键	可使光标上下左右移动
11	翻页键	用于同一显示方式下页面的转换、程序的翻页

三、页面显示方式区

本系统在操作面板上共布置了 7 个页面显示键，如图 3.4 所示。

图 3.4　页面显示键

各页面显示键的显示内容，如表 3.3 所示。

表 3.3　页面显示方式区各按键的含义

按　键	功能说明	备　注
位置 POS	按此键，可进入位置页面	通过翻页键转换显示当前点相对坐标、绝对坐标、相对/绝对坐标、位置/程序显示页面，共有四页
程序 PRG	按此键，可进入程序页面	进入程序、程序目录、MDI 显示页面，共有三页，通过翻页键转换
刀补 OFT	按此键，可进入刀补页面	进入刀补量、宏变量显示页面，共有七页，通过翻页键转换
报警 ALM	按此键，可进入报警页面	进入报警信息显示页面
设置 SET	按此键，可进入设置页面	进入设置、图形显示页面（设置页面与图形页面间可通过反复按此键转换）。设置页面共有两页，通过翻页键转换，图形页面也共有两页，通过翻页键转换
参数 PAR	按此键，可进入参数页面	反复按此键可分别进入状态参数、数据参数及螺距补偿参数页面，以进行参数的查看或修改
诊断 DGN	按此键，可进入诊断页面	通过反复按此键，可进入诊断、PLC 信号状态、PLC 数值诊断、机床面板、系统版本信息等页面查看信息

四、机床控制区

机床控制面板，如图 3.5 所示。

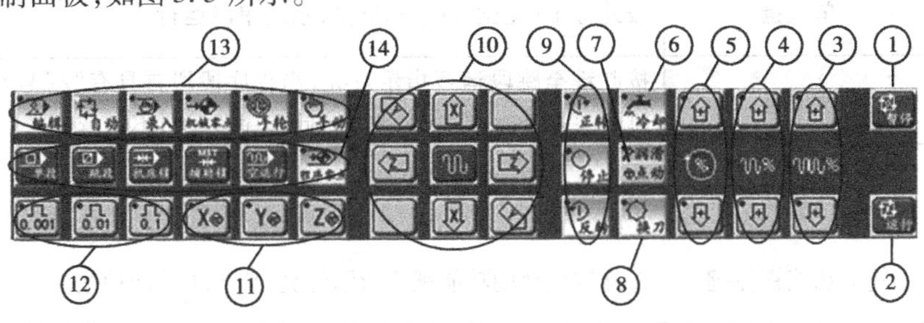

图 3.5　机床控制按键

1. 1～9 号按键

1～9 号按键的功能说明，如表 3.4 所示。

表 3.4　1～9 号按键的功能说明

序号	名　称	功能说明	序号	名　称	功能说明
①	进给保持键	按此键，系统停止自动运行	⑥	手动换刀键	按此键，进行相对换刀
②	循环启动键	按此键，程序自动运行	⑦	润滑液开关键	按此键，进行机床润滑开/关转换
③	进给速度倍率键	自动运行时可增大或减少进给速度，手动时选择连续进给速度	⑧	冷却液开关键	按此键，进行冷却液开/关转换
④	快速倍率键	选择快速移动的倍率	⑨	主轴控制键	可进行主轴正转、停止、反转控制
⑤	主轴倍率键	选择主轴旋转倍率			

2. 10～12 号按键

10～12 号按键的功能说明，如表 3.5 所示。

表 3.5　10～12 号按键的功能说明

⑩	进给轴及方向选择键	可选择进给轴及方向，中间按键为快速移动选择键
⑪	手轮轴选择键	选择与手轮相对应的移动轴
⑫	手轮/单步倍率选择键	可进行手轮/单步移动倍率选择

3. 13，14 号键区

13，14 号键区的功能说明，如图 3.6 和图 3.7 所示。

图 3.6　13 号键区

图 3.7　14 号键区

各键的功能，如表 3.6 所示。

表 3.6　13,14 号键区的功能说明

 单段	单段键	按此键至单段运行指示灯亮,系统单段运行
 跳段	跳段键	按此键至跳段运行指示灯亮,当程序段段首具有"/"号且程序段选跳开关打开时,在自动运行时此程序段跳过不运行该段程序
 机床锁	机床锁住键	按此键至机床锁住指示灯亮,机床进给轴锁住
 MST 辅助锁	辅助功能锁住键	按此键至辅助功能锁住指示灯亮,M,S,T 功能锁住
 空运行	系统空运行键	按此键至空运行指示灯亮,系统空运行,常用于检验程序
 程序零点	程序回零方式键	按此键,进入回程序零点方式
 手动	手动方式键	按此键,进入手动操作方式
 手轮	单步/手轮方式键	按此键,进入单步/手轮方式(单步或手轮可通过参数设定)
 机械零点	机械回零方式键	按此键,进入回机械零点方式
 录入	录入方式键	按此键,进入录入(MDI)操作方式
 自动	自动方式键	按此键,进入自动操作运行方式
 编辑	编辑方式键	按此键,进入程序编辑操作方式

五、附加面板

附加面板,如图 3.8 所示。

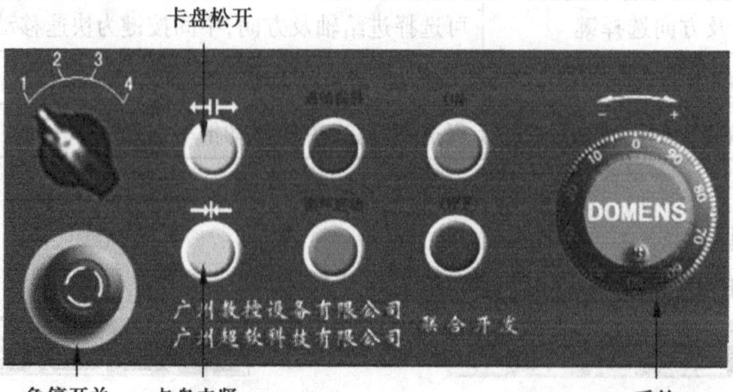

图 3.8　附加面板

课题二 页面显示及数据的修改与设置

超软提供了位置显示页面、程序显示页面、偏置显示页面、报警显示页面、设置显示页面、参数显示页面,没有提供诊断页面。

一、位置显示页面

1. 位置页面显示的四种方式

按位置键进入位置显示页面,位置显示页面有绝对坐标、相对坐标、综合坐标、位置/程序四种方式,可通过键或键,切换查看,具体如下:

(1)绝对坐标显示。显示当前点在工件坐标系的绝对坐标,屏幕左上角显示"现在位置(绝对坐标)",如图 3.9 所示。

(2)相对坐标显示。显示当前点在工件坐标系的相对坐标,屏幕左上角显示"现在位置(相对坐标)",如图 3.10 所示。

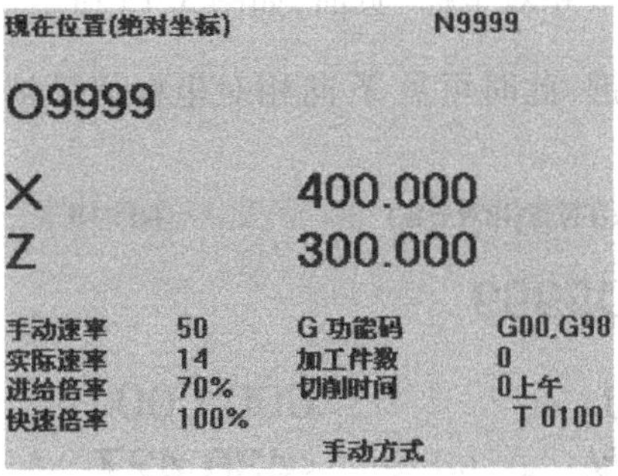

图 3.9 绝对坐标显示

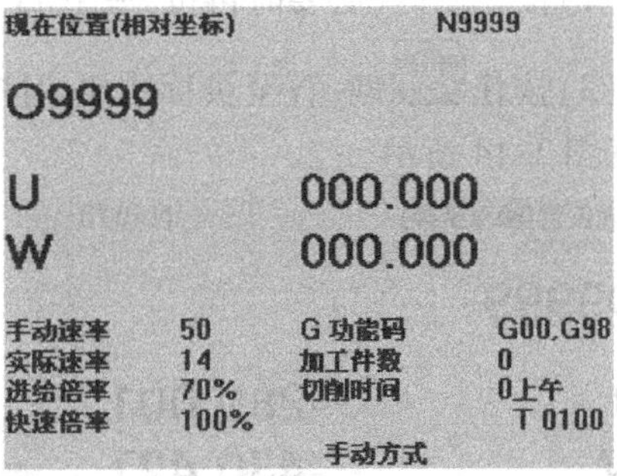

图 3.10 相对坐标显示

(3)综合方式。在综合位置页面显示方式中,可同时显示下面坐标系中的坐标位置值,如图 3.11 所示。

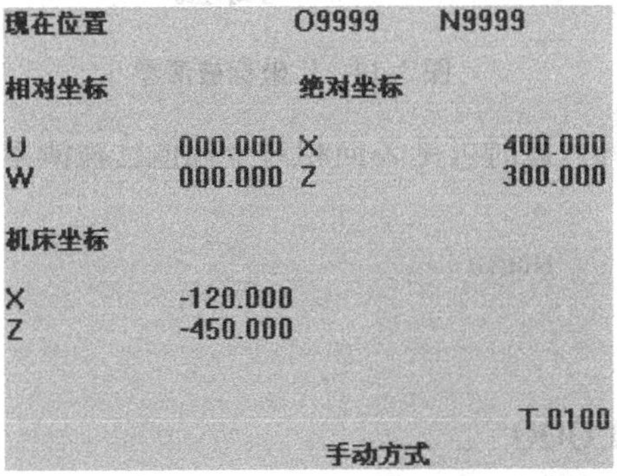

图 3.11 综合位置页面

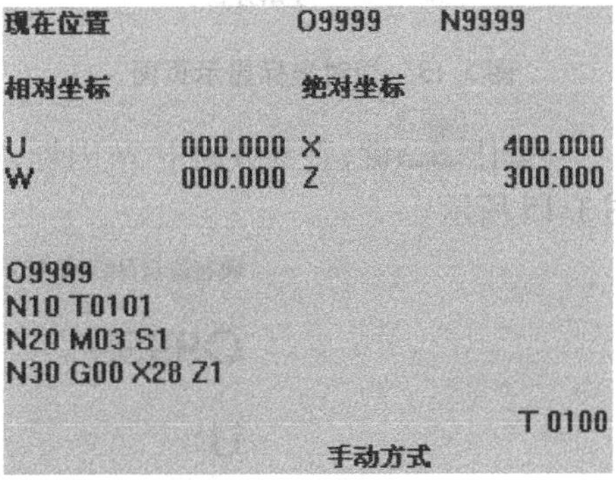

图 3.12 位置/程序页面

①相对坐标系中的位置(相对坐标)。

②零件坐标系中的位置(绝对坐标)。

③机械坐标系中的位置(机床坐标)。

④剩余移动量(在自动及录入方式下才显示)。

(4)位置/程序方式。在此页面显示方式中,可同时显示现在位置绝对坐标、相对坐标及当前程序,如图3.12所示。

2. 编程速度、倍率及实际速度等信息的显示

在位置显示的绝对、相对方式页面上,可以显示编程速率、实际速率、进给倍率、G功能码等信息,其具体意义如下。

(1)编程速率:程序中由F代码指定的速率。

(2)实际速率:实际加工中,经倍率后的实际加工速率。

(3)进给倍率:由进给倍率开关选择的倍率。

(4)G功能码:当前正在执行程序段中的G代码01组和03组的值。

3. 相对坐标清零

开机后只要机床运动,其运动位置即可由相对位置显示出来,并可随时清零,操作步骤如下:

(1)按位置POS键(必要时再按键或键),进入“相对坐标”页面,如图3.13所示。

(2)按住U键,直至页面中U闪烁,再按取消CAN键,此时可见X向相对坐标值已被清零了,如图3.14所示。

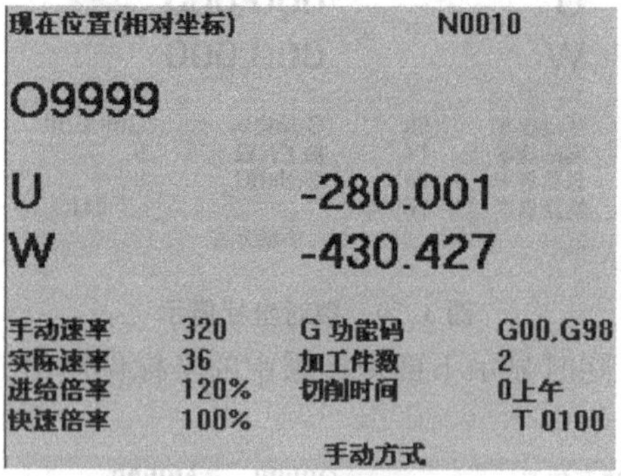

图3.13　相对坐标显示页面

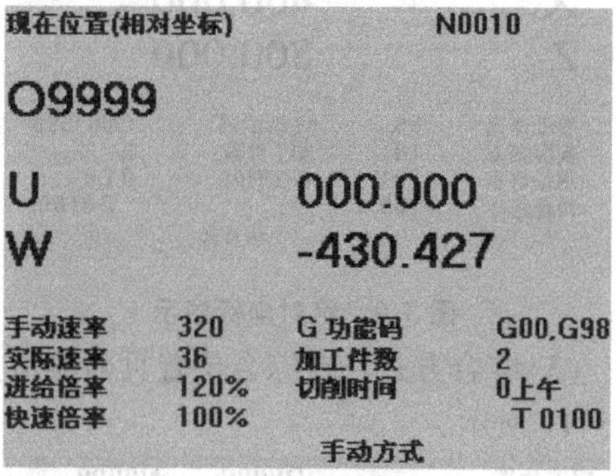

图3.14　U坐标被清零

(3)按住W键,直至页面中W闪烁,再按取消CAN键,此时可见Z向相对坐标值已被清零了,如图3.15所示。

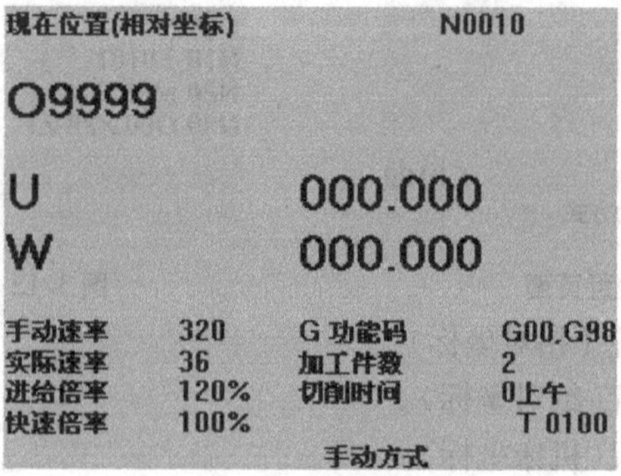

图3.15　W坐标被清零

二、程序显示页面

按键，进入程序页面显示，在非编辑操作方式下程序显示页面有程序显示、MDI 输入、程序目录三种页面，可通过键、键查看，如图 3.16 所示。

1. 程序显示

可显示程序。

2. 程序目录显示

再按键，可进入程序目录显示页面，如图 3.17 所示：

```
程序                  O9999     N9999
O9999
N10 T0101
N20 M03 S1
N30 G00 X28 Z1
N40 G71 U2 R1
N50 G71 P60 Q160 U0.5 W0.5 F50
N60 G00 X0
N70 G01 Z0
N80 G01 X4.8
N90 G03 X10.7 W-2.7 R3
N100 G01 X15 W-12.3
地址                              T 0100
                录入方式
```

图 3.16　程序显示页面

```
程序                 O9999        N9999
系统版本号      Gsk-980 991226
已存程序数      0004     剩余        0059
已用存储备量    02879    剩余        40769
程序目录表

O0004  O0005  O0010  O9999

                录入方式
```

图 3.17　程序目录页面

3. MDI 输入显示

先按键，再键，再按键，可进入 MDI 显示页面，如 3.18 图所示。在此页面中，可显示正在执行程序段的指令值和当前的模态值，可进行 MDI 数据输入并运行。

三、偏置显示页面

按键，进入刀补信息显示页面，超软仅能显示偏置（No. 000 ~ No. 032），显示一个页面，可通过键和键，查看或修改刀补值，如图 3.19 所示。

```
程序                  O0002      N0002
 (程序段值)                    (模态值)
    X                             F30
    Z               G0            M5
    U               G97           S 0000
    W                             T 0100
    R               G69
    F               G98
    M               G21
    S
    T
    P
    Q                     SACT   0000
地址                              T 0100
                录入方式
```

图 3.18　程序目录页面

```
偏置                  O0002       N0002
  序号       X          Z              R
 _000      0.000      0.000          0.000
  001   -380.000   -525.427          0.000
  002   -390.000   -533.927          0.000
  003   -380.001   -530.427          0.000
  004      0.000      0.000          0.000
  005      0.000      0.000          0.000
  006      0.000      0.000          0.000
  007      0.000      0.000          0.000

现在位置     相对坐标
U           000.000  W             000.000
地址                               T 0100
                 手动方式
```

图 3.19　偏置显示页面

【自己动手 3-1】　按键，进入位置显示页面，再按键或键，切换查看，观察屏幕显示的内容。并在显示相对坐标时，将相对坐标值清零。

【自己动手3-2】 在非编辑操作方式下,按程序PRG键,进入程序页面显示,再按键、键,查看,观察屏幕显示的内容。

【自己动手3-3】 按刀补OFT键,进入刀补信息显示页面,再通过键和键查看或修改刀补值。

课题三 录入方式(MDI)方式和编辑工作方式

一 、录入方式(MDI)方式

由LCD/MDI操作面板,输入一个指令并可以执行。操作步骤为:

第一步:按录入键,进入录入方式。

第二步:按程序PRG键。

第三步:按下翻页键,在MDI方式下键入指令:G01。

第四步:按输入IN键,G01数据被输入并显示,如图3.20所示。

第五步:键入Y200。

第六步:按输入IN键,Y200的数据被输入并显示在LCD画面,如图3.21所示。

```
程序                 O9999      N9999
 (程序段值)                    (模态值)
     X                            F20
G01  Z               G0           M5
     U               G97          S 0001
     W                            T 0100
     R               G69
     F               G98
     M               G21
     S
     T
     P
     Q                    SACT    0000
地址                              T 0100
                    录入方式
```

图3.20 显示G01数据

```
程序                 O9999      N9999
 (程序段值)                    (模态值)
     X      200.000               F20
G01  Z               G0           M5
     U               G97          S 0001
     W                            T 0100
     R               G69
     F               G98
     M               G21
     S
     T
     P
     Q                    SACT    0000
地址                              T 0100
                    录入方式
```

图3.21 显示Y200的数据

第七步:按运行键,程序即被执行。

二、编辑工作方式

选择编辑方式,可编辑、修改、存储、调入NC程序。

1. 建立新程序或调出原有的程序

第一步:选择编辑方式。

第二步:按程序PRG键。

第三步:按Oxxxx如果此程序存在,按键,将此程序调出;如果程序不存在,就按换行EOB键,即建立一个新程序。

2. 字的插入、变更

(1)字的插入、修改。其操作方法是:

①光标移动到前面一段指令的地址符后面。

②系统默认的状态是插入修改键,则系统处于修改状态,输入的字会代替前面的字。

③再按插入修改,系统又处于插入状态,输入的指令出现在前面一段字的后面。

(2)字的变更。其操作方法是:

①检索要插入的地址。

②键入要变更的指令。

③按插入修改键。

(3)字的删除。其操作方法是:

①检索要删除的指令。

②按删除DEL键。

3. 程序的删除

(1)删除存储器中的程序。其操作方法是:

①编辑方式编辑下,点击程序程序PRG键,显示程序画面。

②在操作面板上,按0键,输入地址"O"。

③输入要删除的程序号。

④按删除删除DEL键,则对应输入程序号的存储器中程序被删除。

(2)删除存储器中的全部程序

①编辑方式编辑下,点击程序程序PRG键,显示程序画面。

②在操作面板上,按0键,输入"O-9999",按删除删除DEL键,则存储器中的所有程序被删除。

【自己动手3-4】 在录入工作方式下,分别输入以下指令,执行,并观察运行结果。

M03,S700,T0101,G00 X50 Z-60

【自己动手3-5】 建立一个新程序,程序名为O0001,并输入以下内容。

O0001

N0020 M03 T0101 S300;

N0030 G00 X52 Z0;

N0040 G01 X-0.5 F60;

N0050 Z2;

N0060 G00 X48;

N0070 G01 Z-26 F100;

N0075 G00X100Z50

N0080 T0202

N0090 G00 X50 Z-30;

N0100 G01 X40 F80

N0110 G01 X50 F200

N0120 G00 X100 Z50

N0100 M30;

【自己动手3-6】 调出原有的程序 O9999。

课题四 对刀操作

CZK980TD 系统,可以用回零方式对刀,开机后,按[机械零点]键,然后分别按 *X*,*Z* 向的手动方向键,回零后,进行对刀操作。

1. 对1号刀

(1)准备工作。其操作步骤为:

第一步:开机回零后,按[手动]键进入手动方式,按[换刀]键,将1号刀转到加工位置。

第二步:按[正转]键,使主轴正转。

(2)*X* 方向对刀。其操作步骤为:

第一步:在手动方式下,用刀具在工件外圆处,轻轻试切一刀。*X* 轴方向不动,*Z* 方向水平移到安全位置,按[停止]键,停主轴。如图 3.22 所示。

第二步:用左键按工具栏中的“[测量]”按钮,弹出一个“测量”窗口,把绿色线移到需要测量的外圆位置上,按“执行测量”按钮。弹出一个新窗口,显示所测量的数据。如图 3.23 所示。

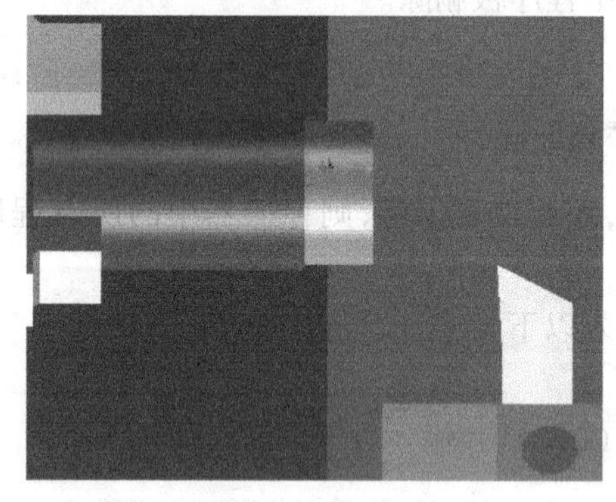

图 3.22 *Z* 向退刀

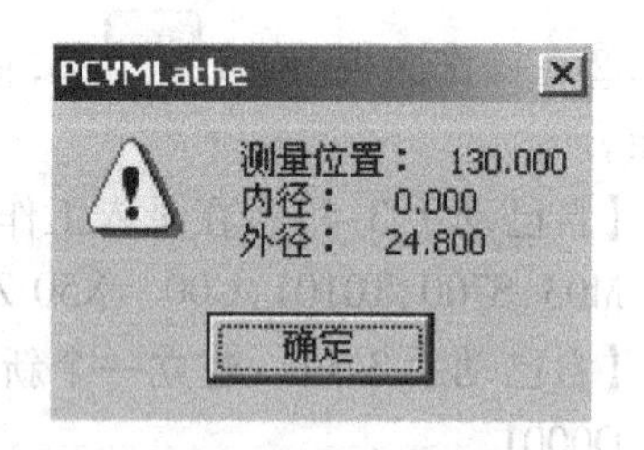

图 3.23 显示所测量数据

第三步:把测量到的值记下,点[刀补 OFT],再点[⇩]键。将光标移到001前面,如图 3.24 所示。

第四步:用数字键输入“X24.8”,按[输入 IN]键,系统自动算出实际刀补。如图 3.25 所示。

偏置		O9999	N9999
序号	X	Z	R
000	0.000	0.000	0.000
_001	0.000	0.000	0.000
002	0.000	0.000	0.000
003	0.000	0.000	0.000
004	0.000	0.000	0.000
005	0.000	0.000	0.000
006	0.000	0.000	0.000
007	0.000	0.000	0.000
现在位置	相对坐标		
U	-173.600 W		-098.700
地址			T 0100
		手动方式	

图 3.24　光标移到 001 前面

偏置		O9999	N9999
序号	X	Z	R
000	0.000	0.000	0.000
_001	-340	0.000	0.000
002	0.000	0.000	0.000
003	0.000	0.000	0.000
004	0.000	0.000	0.000
005	0.000	0.000	0.000
006	0.000	0.000	0.000
007	0.000	0.000	0.000
现在位置	相对坐标		
U	-293.200 W		-556.450
地址			T 0100
		手动方式	

图 3.25　*X* 刀补显示

(3)*Z* 方向对刀。其操作步骤为:

第一步:按手动键,进入手动方式,车削工件右端面后,*Z* 方向保持不动,*X* 方向退出到安全位置。如图 3.26 所示。

第二步:按刀补 OFT 键 ,用⇩键,把光标移动到“001”前面,用数字键输入“Z0”,按输入 IN 键,系统自动算出实际 Z 向刀补,1 号刀对刀完成。如图 3.27 所示。

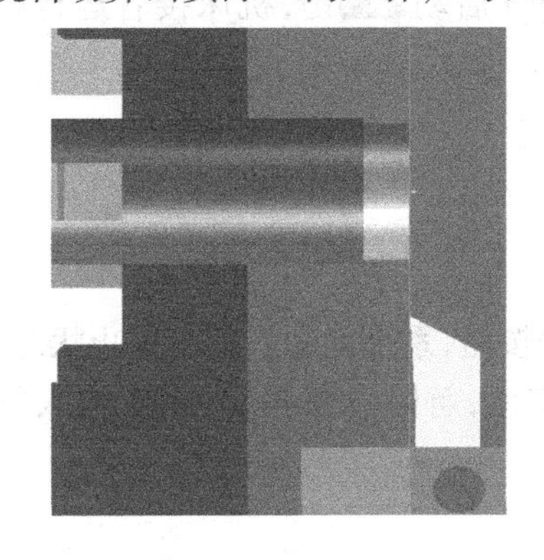

图 3.26　*X* 向退刀

偏置		O9999	N9999
序号	X	Z	R
000	0.000	0.000	0.000
_001	-340	-576.75	0.000
002	0.000	0.000	0.000
003	0.000	0.000	0.000
004	0.000	0.000	0.000
005	0.000	0.000	0.000
006	0.000	0.000	0.000
007	0.000	0.000	0.000
现在位置	相对坐标		
U	-254.000 W		-576.750
地址			T 0100
		手动方式	

图 3.27　1 号刀对刀完成

2. 对 2 号刀

第一步:按换刀键,把 2#刀转到当前工作位置。

第二步:用二号刀切削工件外圆,并测量所切外圆直径。

第三步:按刀补 OFT 键,进入刀补页面,再按⇩键。将光标移到“002”前面,输入 X ***(测量到的直径值),再按输入 IN 键,系统又算出 2 号刀的 *X* 向刀补值。

第四步:*Z* 方向移动刀尖到与右端面平齐后,沿着 *X* 方向垂直移到安全位置。

第五步,进入刀补页面,把光标移动到“002”前面,键入“Z0”,按输入 IN 键,系统自动算出 2 号刀的 *Z* 向刀补,2#刀对刀完成。

用同样方法,可以对 3#刀、4#刀、…进行对刀。

【自己动手 3-7】　分别在 1,2,3 号刀位上,安装 90°右偏刀、切断刀和螺纹刀,然后分别对三把刀进行对刀操作,并在 MDI 方式下验证对刀结果。

课题五 程序的自动运行

一、自动运转的启动

1. 选择当前操作的程序

在选择编辑方式 , 里，选择好当前操作的程序。

2. 选择自动方式

选择自动方式 。

3. 按循环启动

按操作面板上的循环启动 键。

二、自动运转的停止

1. 暂停或终止自动运行

按下进给保持 键或复位 键，可暂停或终止自动运行。

提示

● 进给保持，按下该键后，进给为零，当再按循环启动 键，机床接着运行程序。

2. 主轴停转，程序回到开始

复位键，按下该键后，主轴停转，程序回到开始。

3. 按急停按钮

在机床运行过程中，如果遇到紧急情况时，可以按急停按钮，系统就进入紧急停止状态，此时机床运动立即停止，所有的输出全部关闭。松开急停按钮，解除急停报警，系统进入复位状态。

三、单程序段运行

在程序执行过程中，若按下单节键 ，执行一个程序段后，机床停止。若按循环启动 键，下一个程序段执行后，机床停止。

四、从任意段自动运行

在加工时，有时需要从加工程序的中间某段程序开始运行，操作步骤如下：

1. 进入程序页面

按 键进入编辑方式，按 键，进入程序页面。

2. 移动光标到需要的位置

按 键或 键，将光标移到准备开始运行的程序段处。

3. 移动刀具到需要的位置

把刀具移到当前光标所在程序段的上一程序段运行后的终点位置处。

4. 处理相应的模态功能

如果当前的模态与运行该程序前的模态不一致，执行相应的模态功能、状态。

5. 启动程序运行

按[自动]键,进入自动操作方式,按[运行]键,启动程序运行。

五、其他运行方式

1. 空运行

在自动运行程序前,可以选择空运行状态,进行程序的校验,以检查程序是否有语法错误。在自动操作方式下,按下[空运行]键,空运行指示灯亮。表示进入了空运行状态。

2. 跳段运行

在程序中不想执行某一段程序而又不想删除时,可选择程序段选跳功能。当程序段段首具有"/"号且程序段选跳开关打开(机床面板按键或程序选跳外部输入有效)时,在自动运行时,此程序段跳过不运行。自动操作方式下,程序段选跳开关打开的方法如下:

按[跳段]键,使状态指示区中程序段选跳指示灯亮。

3. 机床锁住运行

在自动方式下,按[机床锁]键,机床锁住运行指示灯亮,表示进入机床锁住运行状态,在此状态下运行程序,可检验程序。机床锁住运行的状态:

(1)机床拖板不移动,位置界面中的"机床坐标"不改变。

(2)除机床坐标外,其他坐标的显示和未锁住状态时一样。

(3)M,S,T 指令照样执行。

4. 辅助功能锁住运行

在自动操作方式下,按[辅助锁]键,辅助功能锁住运行指示灯亮,表示进入辅助功能锁住运行状态,此时 M,S,T 指令不执行,机床拖板移动。通常与机床锁住功能一起,用于程序校验。辅助功能锁住有效时,不影响 M00,M30,M98,M99 的执行。

六、自动运行时速度的调整

在自动运行时,可以通过调整进给、快速移动倍率,改变运行速度,如图 3.28 所示,为调整的按键。

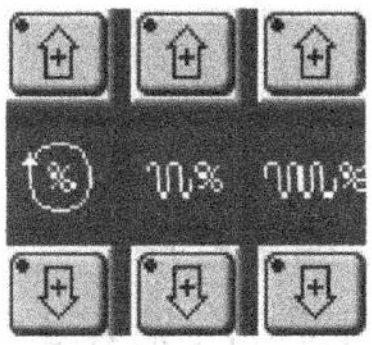

图 3.28 改变运行速度按键

1. 进给速率的调整

中间为[WW%]图标的是进给倍率键,按下[↑]或[↓],可以 16 级进给倍率的实时调节,按一次[↑]键,进给倍率增加一挡,直至 150%。按一次[↓]键,进给倍率减少一挡,直至 0。

提示:

●实际进给速度 = F 程序值 × 进给倍率

2. 快速倍率的调整

中间为[W%]图标的,是快速倍率键,按下[↑]、[↓],可以实现快速倍率 F0,25%,50%,100% 四挡实时调节,按一次[↑]键,进给倍率增加一挡,直至 100%。按一次[↓]键,进给倍率减少一挡,直至F0。

提示:

●沿 X,Z 轴实际快速移动速度 = 系统参数指定值 × 快速倍率。

3. 主轴速度调整

中间为图标的,为主轴倍率键。按下、,可以调节主轴倍率而改变主轴速度。它可实现主轴倍率50% ~120%共8级的实时调节。按一次键,进给倍率增加一挡,直至120%。按一次键,进给倍率减少一挡,直至50%。

【自己动手3-8】 在编辑方式下,输入课题三中的程序,分别设置好两把刀的刀补值,然后分别在单段、跳段、机床锁住、辅助功能锁住方式下,运行程序(毛坯设为 $\phi50\times100$)。

【自己动手3-9】 从程序的N0075段开始运行程序,并仔细观察运行过程。

课题六 GSK980TD 加工初步

例3.1 在GSK980TD中,加工如图3.29所示的工件:

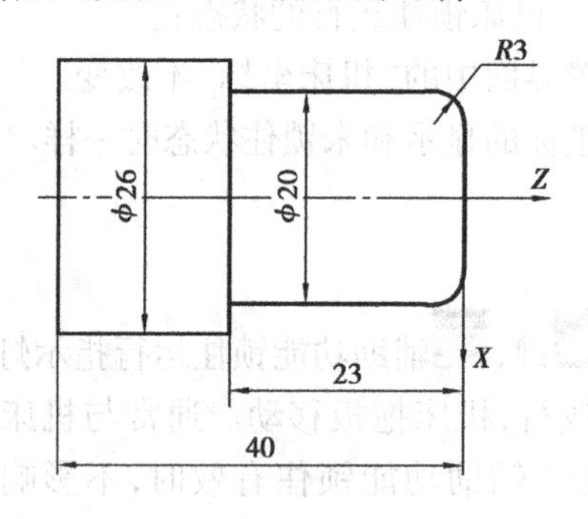

图3.29 例3.1的图样

一、加工程序

加工程序,见表3.7。

表3.7

N10 T10M03S500	刀架转位到1号刀位,并开启主轴,主轴转速为500 r/min
N20 G00X24Z0	快速移动到毛坯附近
N30 G01X-1F100	切削工件端面
N40 G00X22Z1	快速移动到切削起点
N50 G01X20	X 向进刀
N60 Z-43	切削外圆 $\phi20$,长度为66
N70 G00X23	X 向让刀
N80 Z1	Z 向退回

续表

N90 G01X14	X 向进刀
N100 G03X20Z－3R3	倒圆
N110 Z－40	切削外圆至 ϕ20，长度为 40
N120 G00X100Z50	退回换刀点
N130 M30	主轴关闭，程序结束

二、仿真操作加工

1. 机床操作

第一步：打开 CZKGSK980TD 界面，按绿色的“ON”键，打开电源，使屏幕显示。

第二步：按工具栏中的按钮，使车床处于俯视图状态，再按或者按钮，调整机床显示大小。并运用右键，隐藏车门。

第三步：按，再分别按、，回机床零点。

提示：

●开机后，应使急停按键处于开启状态。

2. 安装工件和刀具

第一步：松开卡盘，安装工件，毛坯设置为 $\phi28\times100$，并将工件向右移动 2 次。

第二步：在一号刀位，安装 90 度外圆车刀，并将刀具向前调整至合适位置。

3. 对刀操作

按键，进入手动工作方式，并将工件快速移动到工件附近，按照本项目本任务课题四的方法进行对刀操作。

4. 输入加工程序

按键，进入编辑工作方式，再按键，按数字键“0”和“0001”，再按键，建立 00001 程序，然后输入工件的加工程序。

5. 自动加工

按键，进入自动工作方式，确认屏幕上方显示的是 00001 号程序后，将光标移动到第一段程序前面，再按循环启动键，则系统开始自动加工工件。

任务二 GSK980TD 编程基础

课题一 GSK980TD 指令

GSK980TD 的指令代码中，M，S，F，T 代码与 GSK928TC 基本相同，这里不再叙述。但 GSK980TD 的 G 代码与 928TC 的 G 代码有部分不相同。因此本任务仅介绍与 928TC 意义不同的G代码。

一、GSK980TD 的 G 代码

GSK980TD 常用的G代码,见表3.8。

表3.8 GSK980TD 常用的G代码

G代码	组别	功能
G00	01	定位(快速移动)
* G01		直线插补(切削进给)
G02		圆弧插补 CW(顺时针)
G03		圆弧插补 CCW(逆时针)
G04	00	暂停,准停
G28	00	返回参考点
G32	01	螺纹切削
G50	00	坐标系设定
G65	00	宏程序命令
G70	00	精加工循环
G71		外圆粗车循环
G72		端面粗车循环
G73		封闭切削循环
G74		端面深孔加工循环
G75		外圆、内圆切槽循环
G90	01	外圆、内圆车削循环
G92		螺纹切削循环
G94		端面切削循环
G96	02	恒线速开
G97		恒线速关
* G98	03	每分进给
G99		每转进给

注1:带有 * 记号的G代码,当电源接通时,系统处于这个G代码的状态。

注2:00组的G代码是一次性G代码。

注3:如果使用了G代码一览表中未列出的G代码,则出现报警(NO.010)或指令了不具有的选择功能的G代码,也报警。

注4:在同一个程序段中可以指令几个不同组的G代码,如果在同一个程序段中指令了两个以上的同组G代码时,后一个G代码有效。

注5:在恒线速控制下,可设定主轴最大转速(G50)。

注6:G代码分别用各组号表示。

注7:G02,G03的顺逆方向由坐标系方向决定。

二、GSK928TC 与 GK980TD 指令对比

为 GSK928TC 与 GSK980TD 部分指令的对比,见表 3.9。

表 3.9 GSK928TC 与 GSK980TD 部分指令的对比

功 能	GSK928TC	GSK980TD
刀具功能	T○□ 例:T11	T○○□□ 例:T0101
螺纹切削	G33 X(U)_Z(W)_P(E)_; P_为公制螺纹螺距 E_为英制螺纹螺距	G32 X(U)_Z(W)_ F(I)_; F_为公制螺纹螺距 I_为英制螺纹螺距
圆锥固定循环	G90 X(U)_Z(W)_ R_ F_; R 为循环起点与终点的直径差	G90 X(U)_Z(W)_ R_ F_; R 为循环起点和终点的半径差
螺纹切削循环	G92 X(U)_Z(W)_P(E)_ R_L_; R 为循环起点与终点的直径差	G92 X(U)_Z(W)_F(I)_R_ R 为循环起点与终点的半径差
外圆粗车复合循环	G71 X_I_K_L_F_; I_K_后为进退刀量 L 为精车轮廓程序段数 无精车循环	G71 U(Δd)R(e);分别为 X 向进、退刀量 G71 P(ns) Q(nf)U(Δu)W(Δw); P(ns)为精车第一个程序段号 Q(nf)为精车最后一个程序段号 U(Δu) W(Δw)分别为 X,Z 向精车余量 精车循环为 G70 P(ns) Q(nf)
切槽循环	G75 X(U)_Z(W)_I_K_E_; I_K_后分别为 X 向进退刀量 E 为 Z 方向每次的偏移量	G75 R(e) G75 X(U)Z(W) P(Δi) Q(Δk) R(Δd) F_; R(e)每次切削后的径向退刀量 P(Δi)为径向断续进刀量(0.001 mm) Q(Δk)为 Z 方向每次的偏移量(0.001 mm)
子程序	M 98 P □□□□ L ○○; 调用次数 : M99 被调用的子程序段号 子程序在主程序后,需写程序段号	M 98 P○○○ □□□□; 被调用的子程序段号 : M99 调用次数 子程序在主程序后,用 O * * * * 表示,需写程序段号

课题二 圆弧插补(G02、G03)

一、G02,G03 的方向判断

GSK980TD 前置刀架和后置刀架的圆弧方向,如图 3.30 所示。

二、指令格式

G02 X_Z_ R_F

G03 X_Z_ I_K_F

其含义,如表 3.10 所示。

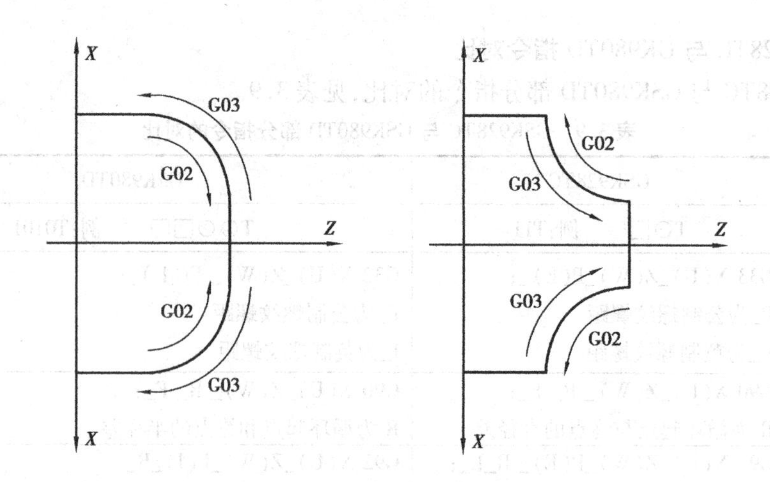

图 3.30　圆弧插补方向判断

表 3.10　G02、G03 的含义

指　令	意　义	指　令	意　义
G02	顺圆弧	U,W	从始点到终点的距离
G03	逆圆弧	I,K	圆弧起点到圆心的距离
X,Z	工件坐标系中的圆弧终点坐标	R	圆弧半径(半径指定)
备注	I = 圆心的 X 坐标 - 起点的 X 坐标。 K = 圆心的 Z 坐标 - 起点的 Z 坐标。		

三、G02、G03 程序实例

例 3.2　分别用绝对坐标和增量坐标方式,编制图 3.31 中圆弧的精加工程序。

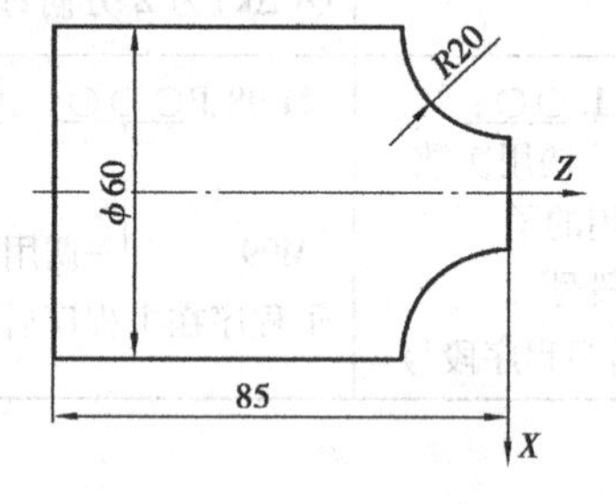

图 3.31　例 3.2 的图样

绝对方式:G02 X60 Z - 25 R20 F30;或　G02 X60 Z - 25 I25 F30

增量方式:G02 U20 W - 20 R20 F30;或　G02 U20　W - 20 I20 F30

提示:

●进给速度用 F 指定,为刀具沿着圆弧切线方向的速度。

【自己动手 3-10】　试编写图 3.32 中各工件的精加工程序。

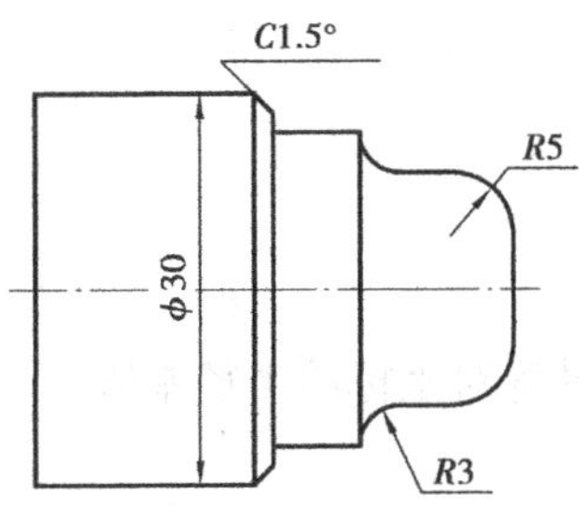

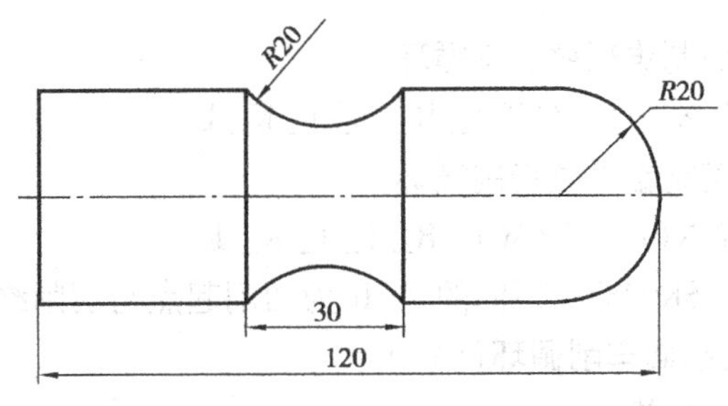

图 3.32 【自己动手 3-10】的图样

课题三 单一型固定循环(G90、G92、G94)

一、外圆,内圆车削循环(G90)

1. 指令格式

G90 X(U)_ Z(W)_ F_;(圆柱切削)

G90 X(U)_ Z(W)_ R_ F_;(圆锥切削)

与 GSK928TC 不同的是:R 为切削起点与切削终点 X 轴绝对坐标的半径差值。

2. 应用实例

例 3.3 编写如图 3.33 所示工件的加工程序,并输入仿真软件中进行加工。

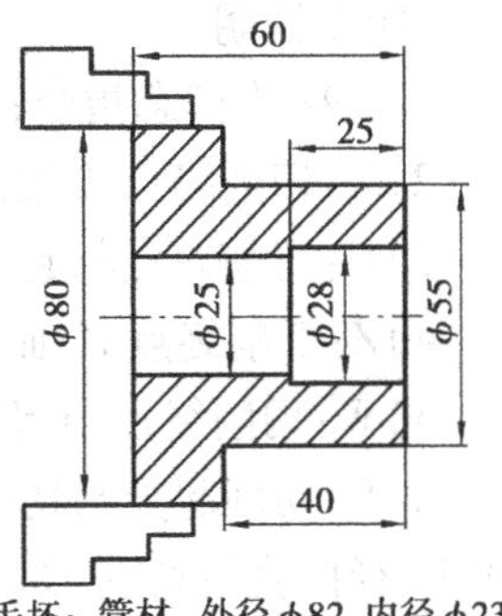

图 3.33 例 3.3 的图样

参考程序,见表 3.11。

表 3.11 例 3.3 的参考程序

N10 T0101M03S500 外圆刀	N140 G90 X22Z - 61F50
N20 G00X82 Z2	N150 X24.5
N30 G90X80Z - 40F60	N160 X26 Z - 25
N40 X76	N170 X27.5
N50 X72	N180S1000F30
N60 X68	N190G01X28
N70 X64	N200Z - 25
N80 X60	N210X25
N90 X56	N220Z - 61
N100X55 S1000F30	N230X23
N110 G00X100Z100	N240G00Z5
N120 T0202 换镗孔刀	N250 G00X100Z100
N130 G00X20Z5	N260 M30

二、螺纹切削循环

指令格式如下

1. 公制直螺纹切削循环

G92 X(U)_ Z(W)_ F_ J_ K_ L。

2. 英制直螺纹切削循环

G92 X(U)_ Z(W)_ I_ J_ K_ L。

3. 公制锥螺纹切削循环

G92 X(U)_ Z(W)_ R_ F_ J_ K_ L。

4. 英制锥螺纹切削循环

G92 X(U)_ Z(W)_ R_ I_ J_ K_ L。

与 GSK928TC 不同的是:R 为切削起点与切削终点 *X* 轴绝对坐标的半径差值。

三、端面车削循环(G94)

1. 指令格式

G94 X(U)_Z(W)_F_;(端面切削)

G94 X(U)_Z(W)_R_F_;(锥度端面切削)

2. 指令说明

(1)G94 为模态指令;

(2)X:切削终点 *X* 轴绝对坐标;

(3)U:切削终点与起点 *X* 轴绝对坐标的差值;

(4)Z:切削终点 *Z* 轴绝对坐标;

(5)W:切削终点与起点 *Z* 轴绝对坐标的差值;

(6)R:切削起点与切削终点 *Z* 轴绝对坐标的差值,当 R 与 U 的符号不同时,要求 $|R| \leqslant |W|$,径向直线切削,如图 3.33 所示。

3. 循环过程

(1)*Z* 轴从起点快速移动到切削起点。

(2)从切削起点,直线插补(切削进给)到切削终点。

(3)*Z* 轴以切削进给速度退刀(与(1)方向相反),返回到 *Z* 轴绝对坐标与起点相同处。

(4)*X* 轴快速移动返回到起点,循环结束。

4. 应用实例

例 3.4 编写如图 3.34 所示的工的加工程序,并输入仿真系统中进行加工。

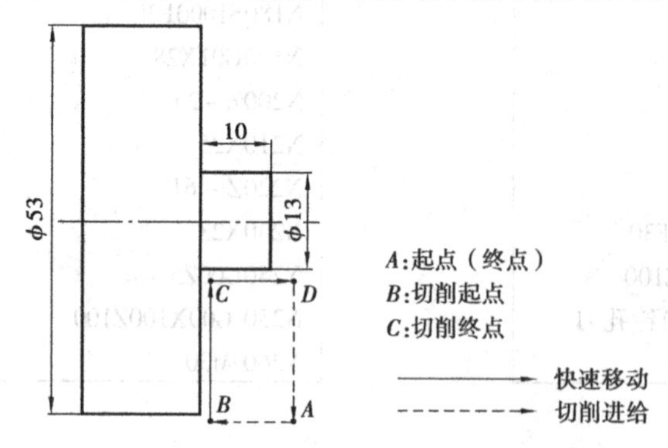

图 3.34 G94 含义图示

程序如下:

…

第五次 *Z* 向进刀 G00 X162 Z3;　　　快速定位到循环起点 *A* 点

G94 Z-2 X40 F100;　第一次 *Z* 向进刀

Z－4;　　　　　　第二次 Z 向进刀
Z－6;　　　　　　第三次 Z 向进刀
Z－8;　　　　　　第四次 Z 向进刀
Z－10;
…

【自己动手 3-11】 试分别用 G90、G94 指令，编写图 3.35 中零件的加工程序，并在仿真软件中进行加工。

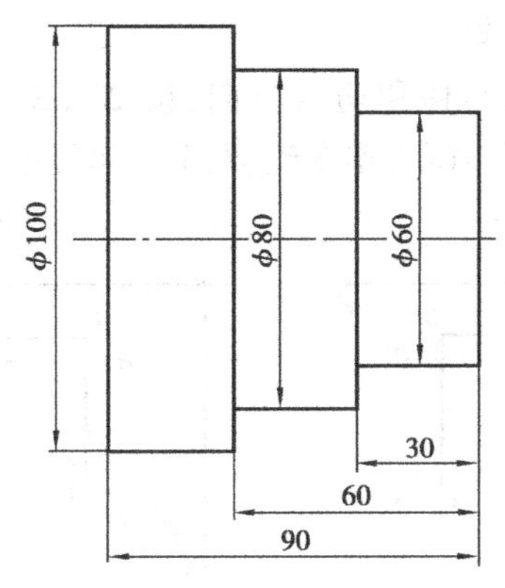

图 3.35 【自己动手 3-11】的图样

课题四 复合循环指令

GSK980TD 的多重循环指令包括：轴向粗车循环 G71、径向粗车循环 G72、封闭切削循环 G73、精加工循环 O、轴向切槽多重循环 G74、径向切槽多重循环 G75 及多重螺纹切削循环 G76。系统执行这些指令时，根据编程轨迹、进刀量、退刀量等数据，自动计算切削次数和切削轨迹，进行多次进刀→切削→退刀→再进刀的加工循环，自动完成工件毛坯的粗、精加工，指令的起点和终点相同。本书仅介绍其中的 G71、G73、G75、G70。

一、轴向粗车循环 G71

1. 指令格式

G71 U (Δd) R (e) F_ S_T_ ;
G71 P (ns) Q (nf) U (Δu) W (Δw) ;
N(ns)…;
…;
…F;
…S;
…
N(nf)…;

2. 参数含义

(1)Δd：粗车时 X 轴的吃刀量，半径值，无符号，进刀方向由 ns 程序段的移动方向决定；
(2)e：粗车时 X 轴的退刀量，半径值，无符号，退刀方向与进刀方向相反；

(3)ns:精车轨迹的第一个程序段的程序段号;

(4)nf:精车轨迹的最后一个程序段的程序段号;

(5)Δu:X 轴的精加工余量,有符号,粗车轮廓相对于精车轨迹的 X 轴坐标偏移。车削外圆时,取正值,车削内孔时取负值。

M,S,T,F:可在第一个 G71 指令或第二个 G71 指令中。G71 循环中,ns ~ nf 间程序段号的 M,S,T,F 功能都无效,仅在有 G70 精车循环的程序段中才有效。

指令执行过程,可参照"项目二"的"课题 3"。

3. 留精车余量时坐标偏移方向

Δu,Δw 反应了精车时,坐标偏移和切入方向,按 Δu、Δw 的符号有四种不同组合,见图 3.36,图中:$B \to C$ 为精车轨迹,$B' \to C'$ 为粗车轮廓,A 为起刀点。

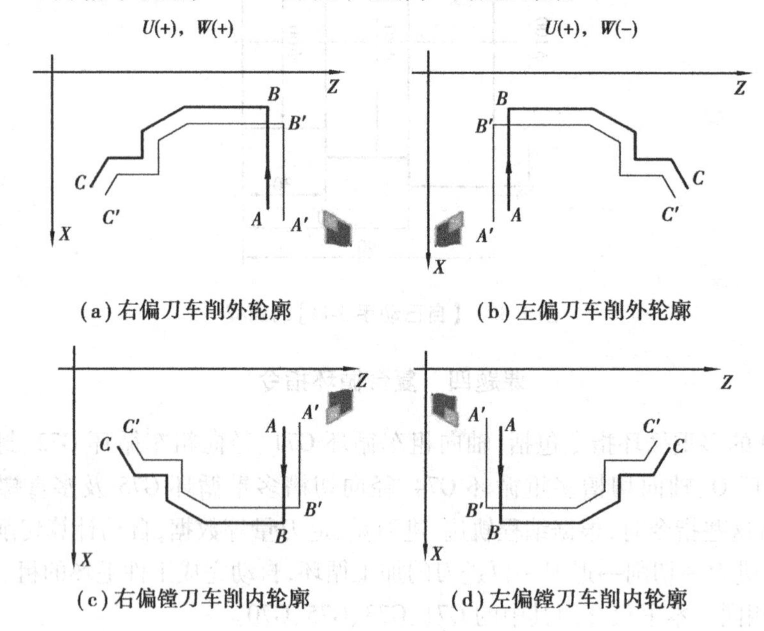

图 3.36　坐标偏移和切入方向

二、G71 编程举例

例 3.5　编写图 3.37 中工件的粗、精加工程序。

程序如下:

O0004;	
G00 X200 Z2 M3 S800;	(主轴正转,转速 800 转/分)
G71 U2 R1 F200;	(每次切深 2 mm,退刀 1 mm,半径值)
G71 P80 Q120 U0.5 W0.2;	(对外轮廓粗加工,余量 X 方向 0.5 mm,Z 方向 0.2 mm)
N80 G00 X0 S1200;	(定位)
G03 X12 Z-6 R6 F100 ;	车半球 $R6$
G01 W-5 ;	车外圆 $\phi12$
X16 W-6;	车圆锥
W-6;	车外圆 $\phi16$

G02 X24 W－4 R4;　　　　倒圆 $R4$
N120 Z－35;　　　　　车外圆 $\phi 24$
G70 P80 Q120;　　　　精车轮廓
M30;　　　　　　　　（程序结束）
…

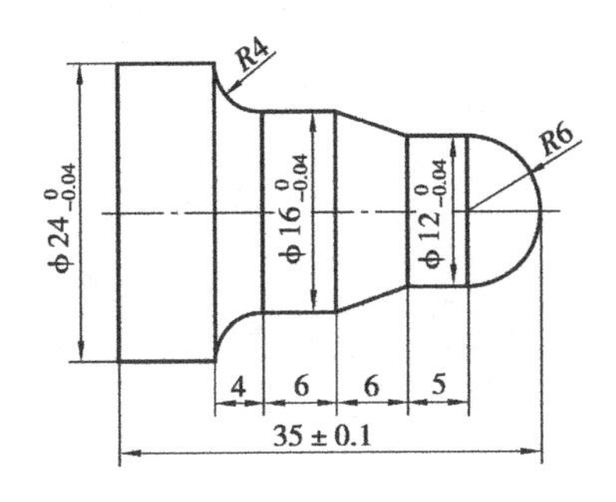

图 3.37　例 3.5 的图样

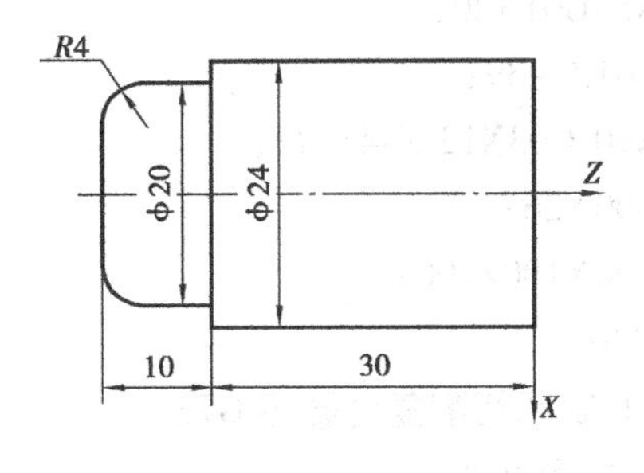

图 3.38　例 3.6 的图样

三、径向粗车循环 G72

1. 指令格式

G72 W (Δd) R (e) F S T ;
G72 P (ns) Q (nf) U (Δu) W (Δw);
N (ns)…;
…;
…F__;
…S__;
…;
N (nf)…;

2. 参数含义

(1)Δd:粗车时 Z 轴的吃刀量,半径值,无符号,进刀方向由 ns 程序段的移动方向决定。
(2)e:粗车时 Z 轴的退刀量,半径值,无符号,退刀方向与进刀方向相反。
其余参数与 G71 中的参数一致。

3. G72 应用举例

例 3.6　试用 G72 指令编写,如图 3.38 所示的工件中,$\phi 20$ 部分的加工程序。
提示:

●可用切槽刀加工该外圆。

程序如下:
…
O0072 ;
T0202M03S600;　　　　换切槽刀
G00X26Z－43;　　　　到达切槽起点

```
G01X12F60;                  切槽
G01X26;                     到达循环起点
G72 W2 R1;                  W2:Z 向进刀量 2 mm;Z 向退刀量 1 mm
G72 P80 Q90 U0.5W0F50;
N80 G00Z-30;
N85G01X20;
G01Z-39;
N90 G03X12 Z-43 R4;
G00X26;
G00X100Z100;
M30;
```

四、封闭切削复合循环 G73

1. 指令格式

```
G73 U(Δi) W(Δk) R(d) F S T;
G73 P(ns) Q(nf) U(Δu) W(Δw);
N (ns)…;
…;
…F;
…S;
…;
N (nf)…;
```

该指令在切削工件时刀具轨迹为,如图 3.38 所示的封闭回路,刀具逐渐进给,使封闭切削回路逐渐向零件最终轮廓靠近,最后切削成工件的形状。这种指令可以对铸造、锻造等粗加工中已初步成形的工件,进行高效率切削,也能用于有凹槽或凹弧的工件加工。

2. 参数含义

(1)U(Δi):粗车时 X 轴的总切削量,半径值,有符号,如图 3.39 所示;

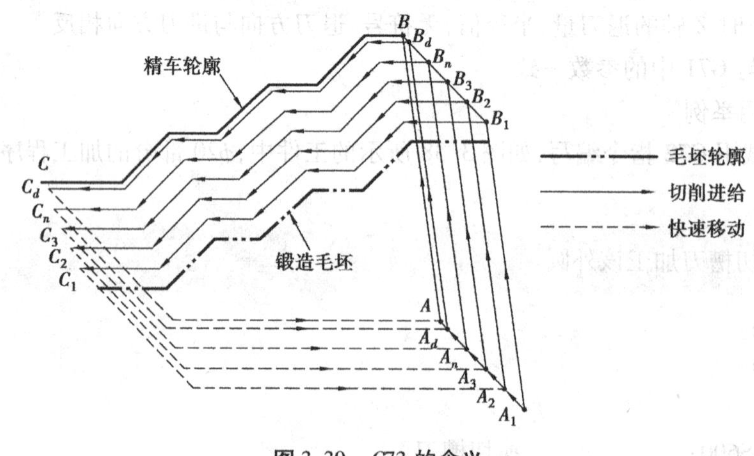

图 3.39　*G73* 的含义

(2)W(Δk):粗车时 Z 轴的总切削量,半径值,有符号;

(3)R(d):粗车时的切削次数;

其余参数,与 G71 中参数的含义相同。

3. 指令执行过程

如图 3.40 所示,A 点为执行 G73 前的循环起点和终点,$A_1 \sim A_d$ 各点为每次粗车的起点。$C_1 \sim C_d$ 各点为每次粗车的终点。

(1)$A \rightarrow A_1$:快速到第一次粗车起点;

(2)第一次粗车,$A_1 \rightarrow B_1$:进给到切削起点;

$B_1 \rightarrow C_1$:切削进给。

(3)快速退刀,$C_1 \rightarrow A_2$:快速移动;

…

第 n 次粗车,$A_n \rightarrow B_n \rightarrow C_n$;

(4)$B_n \rightarrow C_n$:切削进给;

(5)$C_n \rightarrow A_{n+1}$:快速移动;

(6)最后一次粗车,$A_d \rightarrow B_d \rightarrow C_d$。

4. G73 应用举例

例 3.7 G73 通常用于已经成型的锻件的车削,如图 3.39 所示。

…

```
T0101M03S700
G00X87 Z3
G73 U15 R3 F100
G73 P30 Q60 U2 W1
N30 G00X14
N40 G01Z0
N45 W -8
N48 X29 Z -15
N50 Z -27
N55 X44 Z -36
N60 Z -48
```

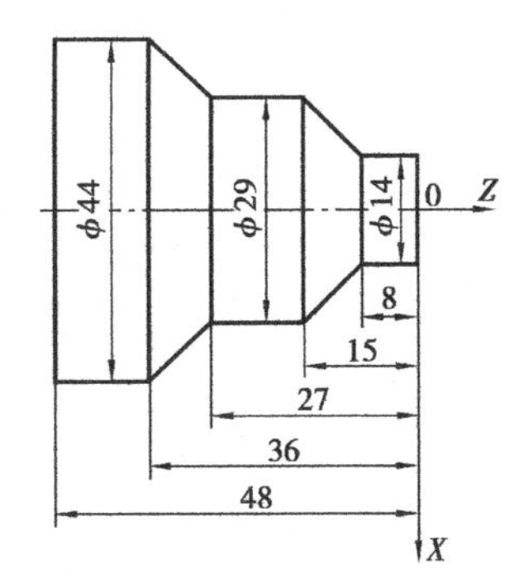

图 3.40

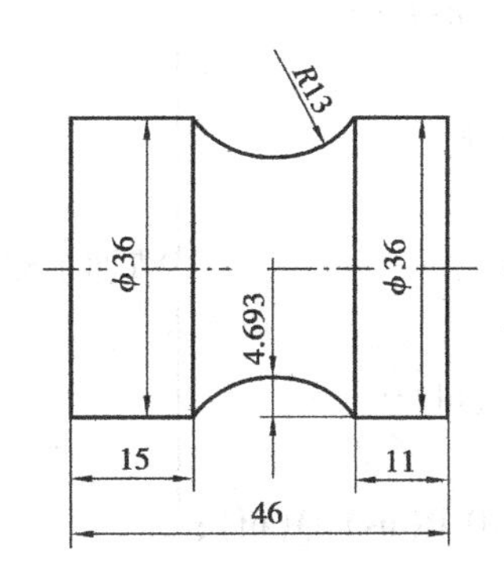

图 3.41

例 3.8　在实际应用中,G73 也可用于凹面的车削,如图 3.41 所示,试用 G73 编写凹圆弧部分的粗车程序。

```
…
N50 T0202
N60 G00 X40 Z-11 M03 S600
N70 G73 U4.693 R4 F100
N80 G73 P90 Q110 U0.5 W0.2
N90 G01 X44
N100 G02 W-20 R13
N110 G01 X38
…
```

提示:

●由于 G73 退刀时,是两轴同时以 G00 退回起始点,为避免退回时撞上工件,应在轮廓程序后面增加一个 *X* 轴退刀的语句。如上例中的 N110 语句。

五、精加工循环 G70

1. 指令格式

G70 P (ns) Q(nf) ____;

2. 指令功能

刀具从起点位置,沿着 ns ~ nf 程序段给出的工件精加工轨迹,进行精加工。在 G71,G72 或 G73 进行粗加工后,用 G70 指令进行精车,单次完成精加工余量的切削。G70 循环结束时,刀具返回到起点,并执行 G70 程序段后的下一个程序段。

3. 指令参数含义

(1)ns:精车轨迹的第一个程序段的程序段号;

(2)nf:精车轨迹的最后一个程序段的程序段号;

(3)G70 指令轨迹由 ns ~ nf 之间程序段的编程轨迹决定:ns,nf 在 G71,G72,G73 程序段中的相对位置关系如下:

```
…
G71/G72/G73 …;
N (ns) …          ┐
…                 │
• F               │
• S               │
•                 ├精加工路线程序段群
•                 │
N (nf)…           │
…                 │
G70 P(ns) Q(nf);  ┘
…
```

六、G75 切槽循环

1. 指令格式

G75 R(e)

G75 X(U)Z(W) P(Δi) Q(Δk) R(Δd) F_;

2. 参数含义

如图 3.42 所示：

(1)R(e)：每次 X 轴进刀后的径向退刀量；

(2)X(U)Z(W)：槽终点坐标，省略 Z 为切断循环；

(3)P(Δi)：每次 X 轴方向断续进刀的进刀量；

(4)Q(Δk)：每次 Z 轴方向的进刀量；

(5)R(Δd)：切削至 X 向切削终点后，轴向(Z 轴)的退刀量(省略 R(Δd)时，退刀量为 0)。

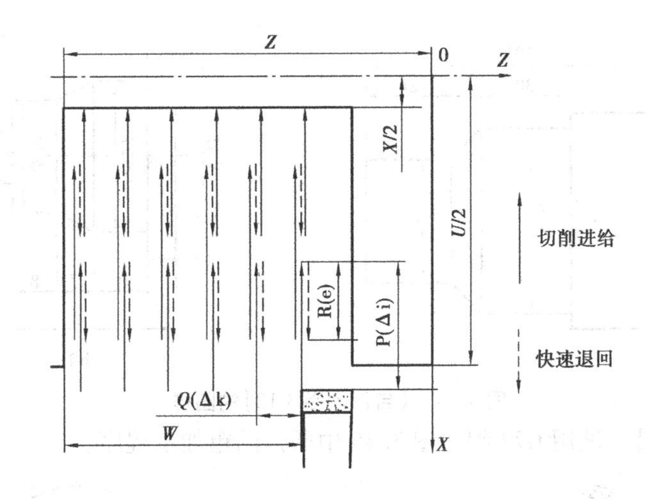

图 3.42 G75 切槽循环

3. G75 应用

例 3.9 用 G75 循环指令编写如图 3.43(a)所示槽的加工程序。刀具宽度 3 mm，每次进刀 6 mm，每次退刀 2 mm，每次偏移 4.5 mm，进刀速度 80 mm/min。

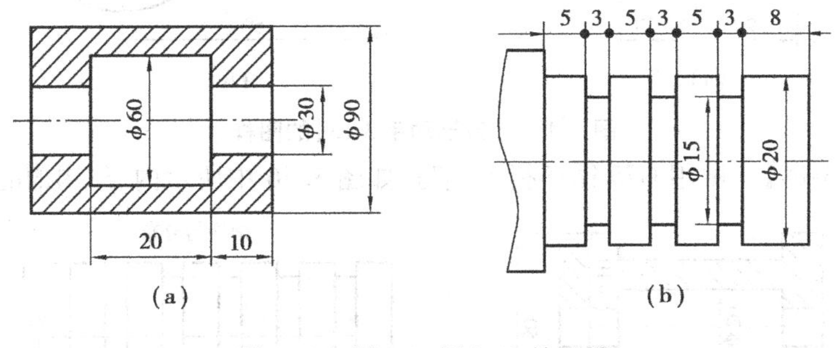

图 3.43 例 3.9、例 3.10 的图样

程序如下：

…

N0130 G0 X26 Z－13；定位到起始点 Z＝－(10＋刀宽)＝－13。

N0135 G75 R2；切槽循环，X 向退刀量为 2。

N0140 G75 X60 Z－45 P5 Q3.5 F30；切槽循环，终点坐标为(20，－45)。

例 3.10 用 G75 编写，如图 3.43(b)所示零件的加工程序(切槽刀用左刀尖对刀)。

程序如下：

…

N0130 G00 X22；

N0140 G00 Z－8；定位到循环起点 Z＝－(5＋刀宽)＝－8。

N0145 G75 R3

N0150 G75 X15 Z－27 P5 Q8 F20；两槽之间的间距为 8，所以 Q 取 8。

…

【自己动手 3-12】 试用 G71 指令编写图 3.44 中工件的加工程序，并输入到仿真系统中运行程序。

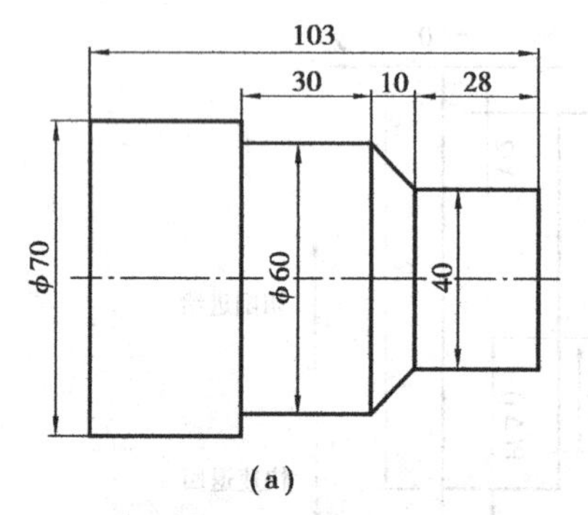

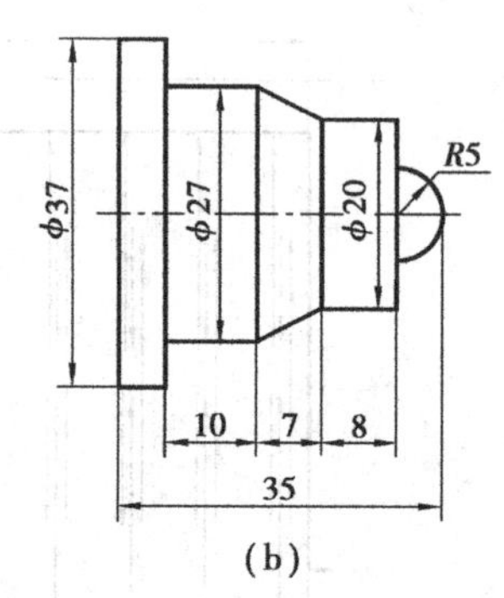

图 3.44 【自己动手 3-12】的图样

【自己动手 3-13】 试用 G73 编写图 3.45 中凹弧的粗加工程序。

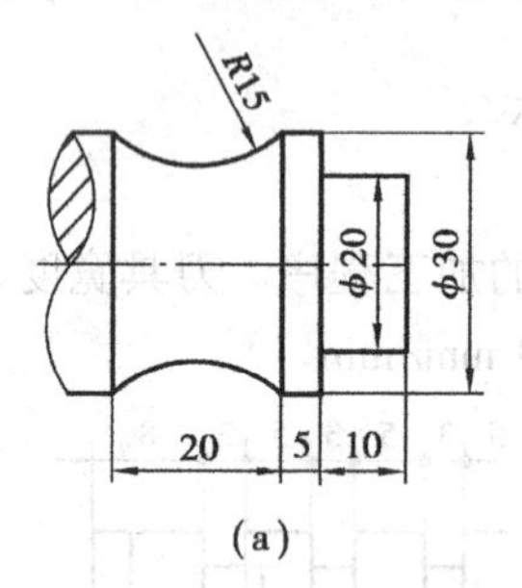

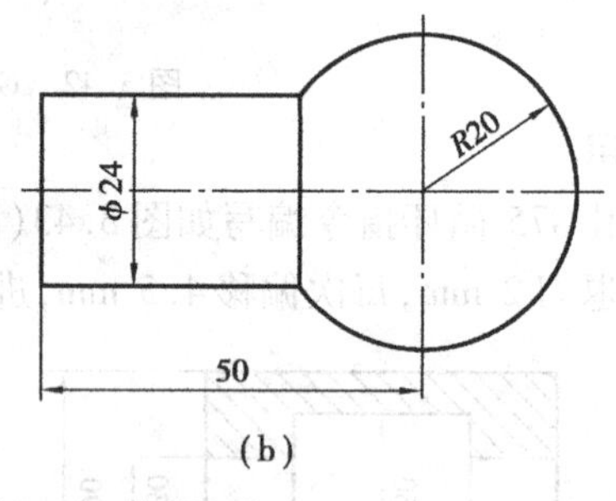

图 3.45 【自己动手 3-13】的图样

【自己动手 3-14】 试用 G75 循环指令编写，如图 3.46 中所示内、外沟槽的加工程序。

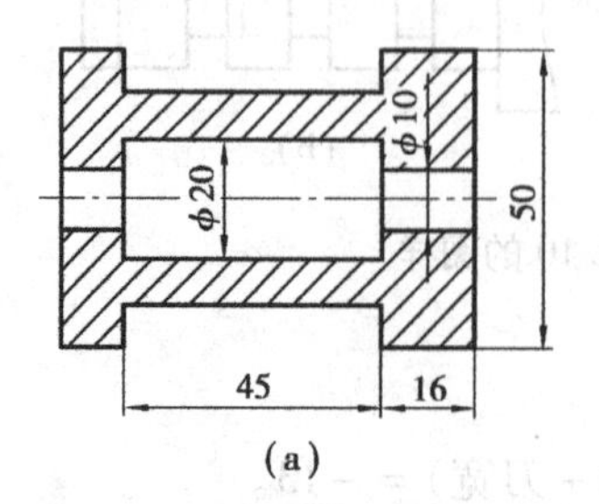

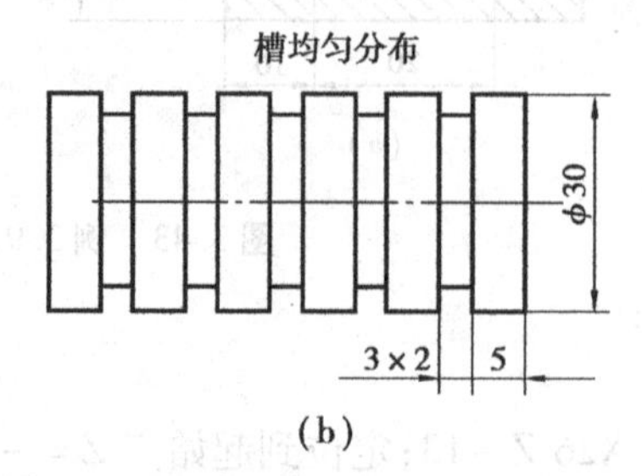

图 3.46 【自己动手 3-14】的图样

课题五　子程序

一、子程序调用 M98

1. 指令格式

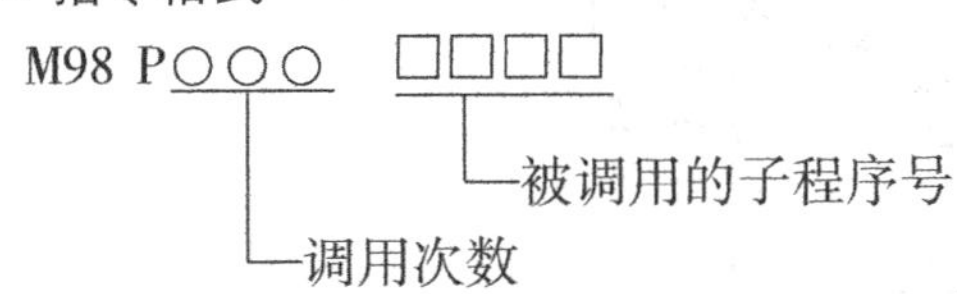

子程序在主程序后，用 O **** 表示，需写程序段号。

2. 指令功能

在自动方式下，执行 M98 指令时，当前程序段的其他指令执行完成后，CNC 去调用执行 P 指定的子程序，子程序最多可执行 9 999 次。M98 指令在 MDI 下运行无效。

提示：

- 当调用次数未输入时，子程序号的前导 O 可省略。
- 当输入调用次数时，子程序号必须为 4 位数；调用 1 次时，可不输入。

二、从子程序返回 M99

1. 指令格式

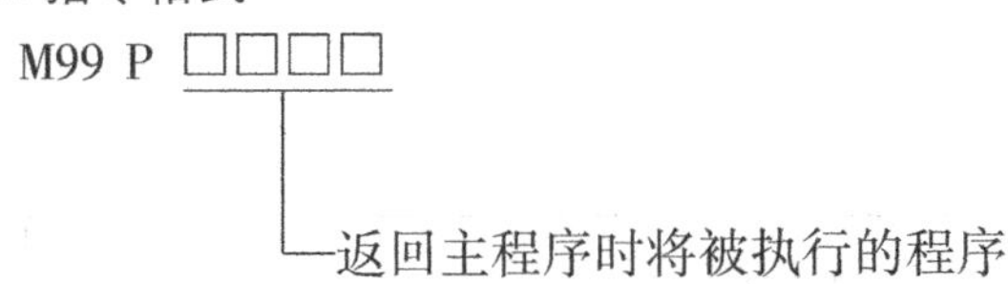

2. 指令功能

子程序中的指令，执行完成后，返回主程序中，由 P 指定的程序段继续执行。

提示：

- 当未输入 P 时，返回主程序中调用当前子程序的 M98 指令的后一程序段继续执行。
- 2M99 指令在 MDI 下运行无效。

如图 3.47 所示，表示调用子程序（M99 中无 P 指令字）的执行路径。如图 3.48 所示，表示调用子程序（M99 中有 P 指令字）的执行路径。

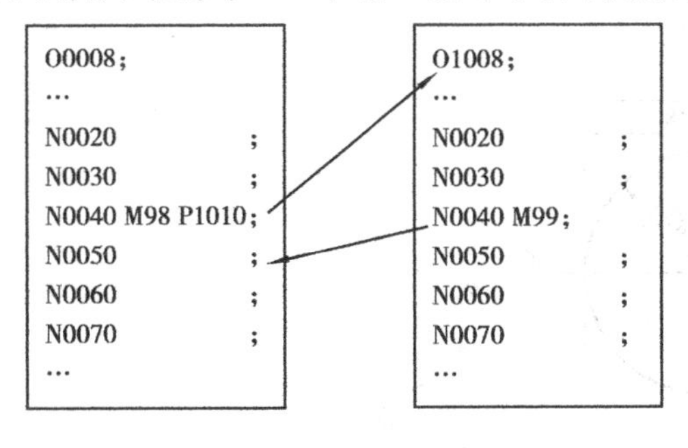

图 3.47　M99 中无 P 指令

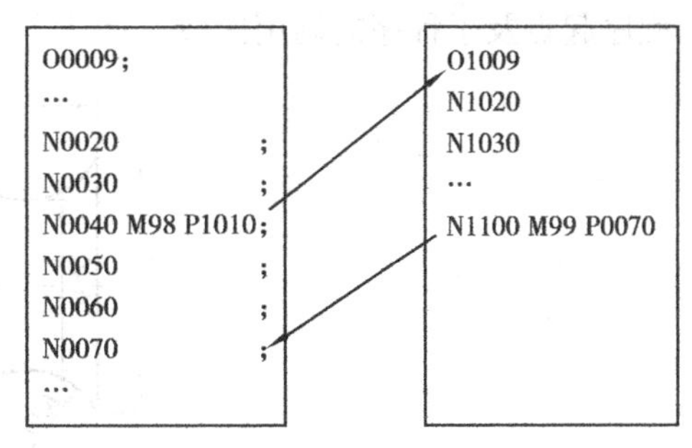

图 3.48　M99 中有 P 指令

三、子程序编程举例

例 3.11　用子程序编写如图 3.49 所示工件凹圆部分的加工程序。

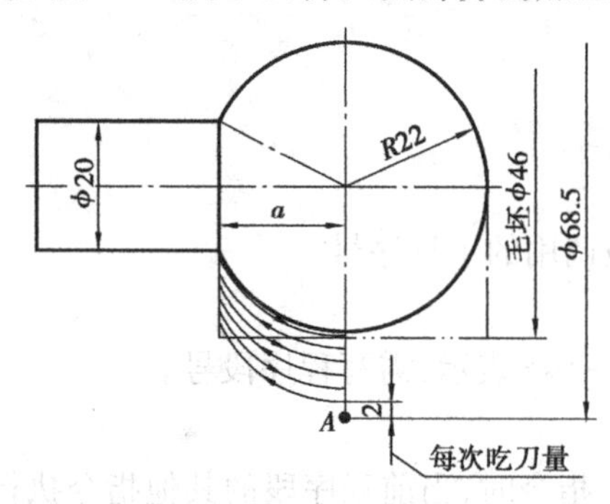

图 3.49　例 3.10 的图样

1. 子程序起点 A 点 X 坐标的计算

$X_A = 44 + (44 - 20) + 0.5 = 68.5$

2. 凹圆弧长度的计算

$a = \sqrt{22^2 - 10^2} = 19.596$

3. 切削次数计算

$L = (44 - 20)/4 = 6$

4. 编写程序

编写的程序如下：

主程序：	子程序：
O0005	O1005
…	N0010 U－4 F50
N0130 G00 X68.5 Z－22;到循环起点	N0020 G03 U－24 Z－41.596 R22
N0140 M98 P30005　来回切削，循环三次	N0030 U－4
…	N0040 G02 U24 Z－22 R22
M30	N0050 M99

【自己动手 3-15】　用子程序编写图 3.50 工件中凹圆弧处的粗、精加工程序。要求计算子程序起点及子程序的调用次数。

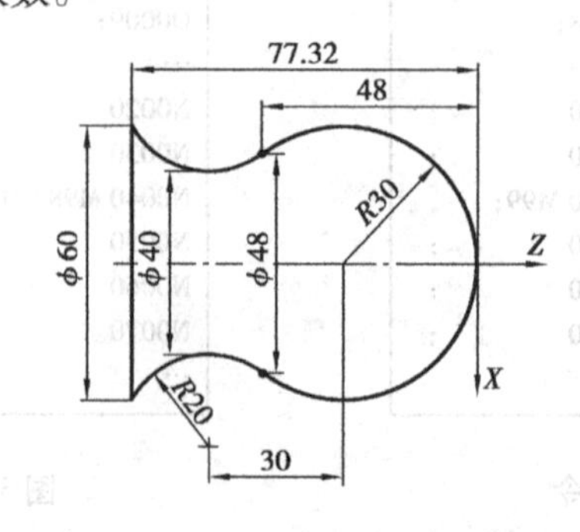

图 3.50　【自己动手 3-15】的图样

任务三　GSK980TD 加工实例

课题一　加工实例一

例 3.12　在超软仿真 GSK980TD 中，加工如图 3.51 所示的工件，计算节点、基点坐标，填写工序卡片，编制程序，并导入仿真软件中进行加工。工件毛坯为 $\phi 50 \times 110$。

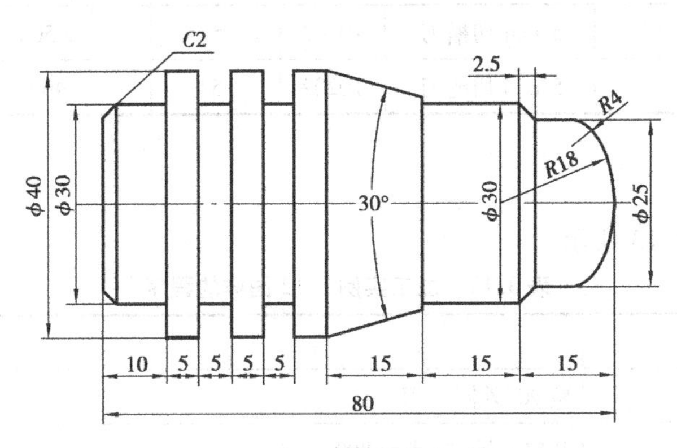

图 3.51　例 3.12 的图样

一、计算

1. 计算圆锥小端的直径 d

由图 3.52 可知：$d = 40 - 2 \times 15 \times \tan 15° = 31.962$

2. 计算圆弧切点 A，B 的坐标

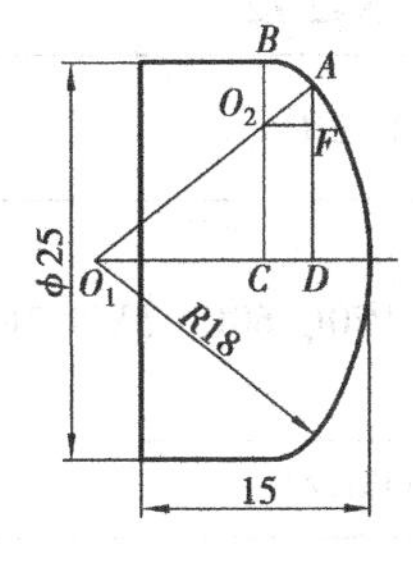

图 3.52　圆锥小端直径示意图

如图 3.51 所示：$O_2C = BC - O_2B = 12.5 - 4 = 8.5$

根据相似三角形原理：$O_2C / O_2O_1 = AD / AO_1$

$AD = O_2C \times AO_1 \div O_2O_1 = 8.5 \times 18 \div (18 - 4) = 10.928\ 5$

$O_1D = \sqrt{O_1A^2 - AD^2} = \sqrt{18^2 - 10.928\ 5^2} = 14.302\ 6$

$O_1C = \sqrt{O_1O_2^2 - O_2C^2} = \sqrt{14^2 - 8.5^2} = 11.124\ 3$

$CD = O_1D - O_1C = 14.302\ 6 - 11.124\ 3 = 3.178\ 3$

因此，A 点的坐标为：

$$X \text{ 坐标为 } X_A = 2AD = 2 \times 10.928\ 5 = 21.857$$

$$Z \text{ 坐标为 } Z_A = 18 - O_1D = 18 - 14.302\ 6 = 3.697$$

$$B \text{ 点的 } Z \text{ 坐标为 } Z_B = 18 - O_1C = 18 - 11.124\ 3 = 6.876$$

二、工序卡

工序卡，见表 3.12 所示。

表 3.12　加工实例 3.12 图样的工序卡

工步号	工步内容	刀具名称及规格	刀具号	背吃刀量 /mm	主轴转速 $/(r \cdot min^{-1})$	进给速度 $/(mm \cdot min^{-1})$
1	粗车右部外轮廓	90°外圆刀	T0101	3	800	100
2	精车外轮廓	90°外圆刀	T0101	0.2	1 500	
3	切 2 个槽	5 mm 切槽刀	T0202	5	600	50
7	左端粗加工	5 mm 切槽刀	T0202	5	600	30
8	左端精加工	5 mm 切槽刀	T0202	5	1 500	15
9	切断	5 mm 切槽刀	T0202	5	400	15

三、程序

加工程序,见表 3.13 所示。

表 3.13　加工实例 3.12 图样的程序

O0001		
N20 T0101	换 90°外圆车刀	切端面
N30 S800M03	开启主轴,转速为 800 r/min	
N33 G00X44Z0	定位于工件附近	
N37 G01X0F100	切端面,进给速度为 100 mm/min	
N40 G00X42 Z2	快速到达粗车循环起点	G71 循环粗车右部外轮廓
N50 G71U2R1	外圆复合循环,U2:每次吃刀量 2 mm,退刀量 1 mm,均为半径量	
N60G71P70Q160U0.5W0.2F30	P70:精车程序的第一段段号;Q160:精车程序的最后一段段号;U0.5:*X* 轴精车余量为 0.5 mm(直径量);W0.2:*Z* 轴精车余量	
N70 G00X0Z2	快速到达精车起点附近	
N80 G01Z0	进到精车起点	
N90 G03X21.857Z-3.697R18	车削球面 *R*18	
N100 G03X25Z-6.876R4	倒圆 *R*4	
N110 G01Z-15		
N120 X30Z-17.5	倒角	
N130 Z-30		
N140 X31.962	到圆锥小端	
N150 X40Z-45	车圆锥	
N160 Z-85		
N200 G70P70Q160F30S1000	精车循环	精车右部外轮廓

续表

N240 G00X50		换切槽刀
N250 Z50		
N260 T0202	换 2 号切槽刀,刀宽 5 mm	
N270 G00X42Z－55	到切槽循环起点	切两个 5 mm 槽
N285 0G75R2F60	切槽循环,*R*2:每次 *X* 轴回退量 2 mm;	
N286G75X30Z－65P3000Q10000	切槽循环,X30:槽底部直径;Z－65:槽终点 *Z* 坐标;P3000:每次 *X* 轴间歇进给量 3 mm;Q10000:每次 *Z* 轴进给量 10 mm	
N287 G01Z－75	到达槽循环起点	用切槽刀粗车左部外圆至 ϕ30. 5,留余量 0. 5 mm
N288 G75R2	切槽循环,每次 *X* 轴回退量 2 mm	
N290G75X30. 5Z－87P3000Q4500	切槽循环,X30. 5:槽底部直径;Z－65:槽终点 *Z* 坐标;P3000:每次 *X* 轴间歇进给量 3 mm;Q4500:每次 *Z* 轴进给量 4. 5 mm	
N295 G01X30S1000F50	到达槽底部	用切槽刀精车左部外圆 ϕ30
N300 Z－85	精车外圆 ϕ30	
N320 X26	切槽,为倒左部角作准备	工件左部倒角 *C*2
N330 X30	*X* 轴退回	
N332 W2	向右移动 2 mm	
N340 X26 W－2	倒 *C*2 角	
N350 X－1F5	切断	
N490 G00X50		
N500 Z50	到换刀点	
N510 T0100	转到 1 号刀位,并取消刀补	
N520 M30	加工结束	

加工的操作步骤参考本项目的“任务一”的“课题七”,毛坯设置为 $\phi26\times90$,加工结果,如图 3. 53 所示。

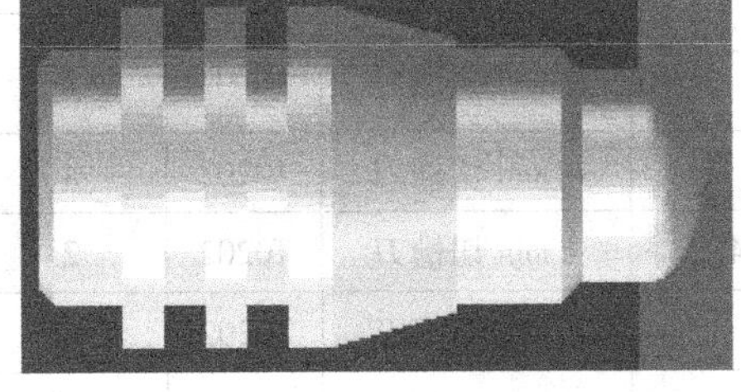

图 3. 53　例 3. 12 加工后的零件图形

课题二　加工实例二

例 3.13　在超软仿真 GSK980TD 中，加工如图 3.54 所示的工件，计算节点、基点坐标，填写工序卡片，编制程序，并导入仿真软件中进行加工，工件毛坯为 $\phi50\times110$。

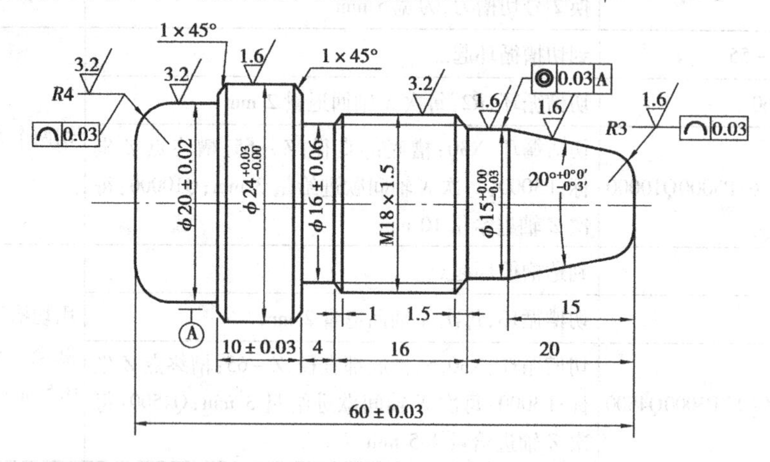

图 3.54

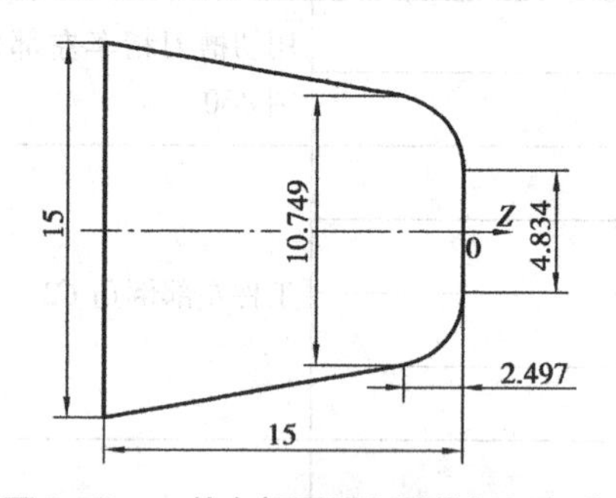

图 3.55　工件右部圆弧和圆锥相切部分

一、求切点坐标

将工件右部圆弧和圆锥相切部分，用 AUTOCAD 画出，并查询坐标，如图 3.55 所示。

二、工序卡

工序卡，见表 3.14 所示。

表 3.14　例 3.13 的工序卡

工步号	工步内容	刀具名称及规格	刀具号	背吃刀量 /mm	主轴转速 /($r\cdot min^{-1}$)	进给速度 /($mm\cdot min^{-1}$)
1	循环粗车右部外轮廓，长至 50	90°外圆刀	T0101	3	600	100
2	精车外圆轮廓，长至 50	90°外圆刀	T0101	0.25	1 000	30
3	切 4 mm 槽	4 mm 切槽刀	T0202	4	600	30
4	车削螺纹 M18×1.5	60°螺纹车刀	T0303		500	
5	切槽循环粗车左端外圆 $\phi20$（留 0.5 mm 余量）	4 mm 切槽刀	T0202	4	500	30
6	左端精加工	4 mm 切槽刀	T0202	4	1 000	15
7	粗车左端倒圆部分（$R4$）	4 mm 切槽刀	T0202	2		
8	精车左端倒圆部分	4 mm 切槽刀	T0202	0.25		
9	切断	4 mm 切槽刀	T0202	4	500	15

三、加工程序

加工程序，见表 3.15 所示。

表 3.15 例 3.13 的加工程序

O0002		
N10T0101	换第一把刀并执行刀补	切端面
N20M03S500	开启主轴	
N25G00X28Z0	到工件附近	
N30G01X－1F100	车端面	
N35G00X26Z2	到循环起点	
N40G71U2R1	G71 外轮廓循环，U2：每次吃刀量 1 mm，*R*1：退刀量 1 mm	G71 循环粗车右部外轮廓
N50G71P60Q160U0.5W0.2F50	P60：精车程序第一段段号；Q160：精车程序最后一段段号；*X* 轴精车余量 0.5，*Z* 轴精车余量 0.2	
N60G00X4.834Z2	快速到达精车起点附近	精车程序段 N60～N160
N70G01Z0	进给到精车起点	
N90G03X10.749W－2.497R3	倒圆 *R*3	
N100G01X15Z－15	车圆锥	
N110G01W－5	车外圆 ϕ15	
N120G01X18W－1	倒角	
N130G01W－19	车外圆 ϕ18	
N140G01X22		
N150G01X24 W－1	倒角	
N160G01Z－60	车外圆 ϕ24	
N165S1000F30	转速升至 1 000	精车右部外圆轮廓
N170G70P60Q160	精车循环	
N180G00X100Z100		切槽并倒角
N190T0202S600	换第二把切槽刀	
N200G00X20Z－40	到槽起点	
N210G01X16F30	切槽	
N230G01X18	退回	
N240G00W1	到倒角起点	
N250G01X16W－1	倒角	
N270G00X100Z100	快速退到换刀点	
N280T0303	换 3 号螺纹刀	

续表

N290G00X20Z－18	到螺纹起点	G92 循环车削螺纹
N300G92X17.2Z－37F1.5	第一次循环进给车削螺纹	
N310X16.6	第二次循环进给车削螺纹	
N320X16.2	第三次循环进给车削螺纹	
N330X16.05	第四次循环进给车削螺纹	
N370G00X100Z100		
N380T0202	换切槽刀	切槽，为车削左部轮廓作准备
N390G00X28Z－64	到切槽起点	
N400G01X10	切槽	
N410G00X28Z－64	到循环起点	
N420G72W2R1F30S600	G72 端面循环，W2：每次 Z 向进刀 2 mm；$R1$：每次 Z 向退刀 1 mm	
N430G72P440Q470U0.2W0	P440：精车程序第一段段号；Q470：精车程序最后一段段号；U2：X 向精车余量为 0.2 mm；Z 向精车余量为 0	用 G72 循环粗车左部轮廓
N440G00Z－54	到达精车起点	
N450G01X20	到达精车起点	
N460G01Z－60	车外圆 $\phi20$	
N470G03X12Z－64R4	车 $R4$	
N480G70P440Q470F30S1000	G70 精车循环	精车左部轮廓
N490G00X30	退回	工件左部倒角
N510G00X24Z－53	到倒角起点	
N530G01X22W－1	倒角	
N540G00X28 Z－64		切断
N550G01X－1	切断	
N560G00X100	退回	回换刀点，结束加工
N570G00Z100		
N590M30	程序结束	

加工的操作步骤，参考本项目“任务一”的“课题七”，毛坯设置为 $\phi26\times90$，加工结果，如图 3.56 所示。

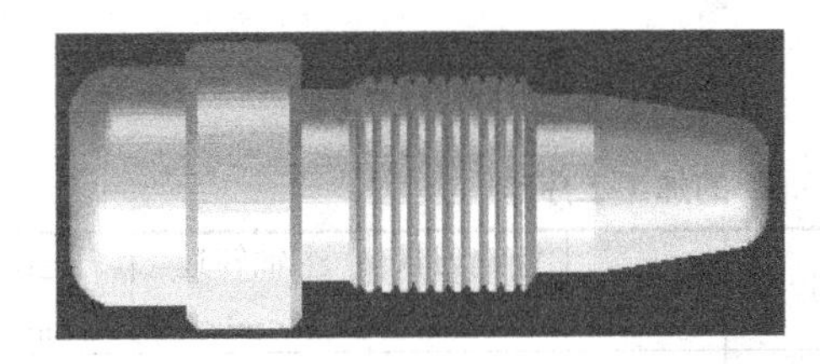
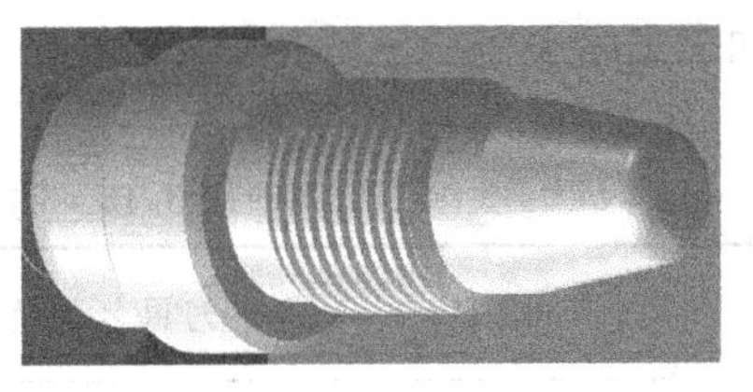

图 3.56 例 3.13 加工后的零件图形

课题三 加工实例三

例 3.14 在超软仿真 GSK980TD 中,加工如图 3.57 所示的工件,计算节点、基点坐标,填写工序卡片,编制程序,并导入仿真软件中进行加工。工件毛坯为 $\phi36 \times 130$。

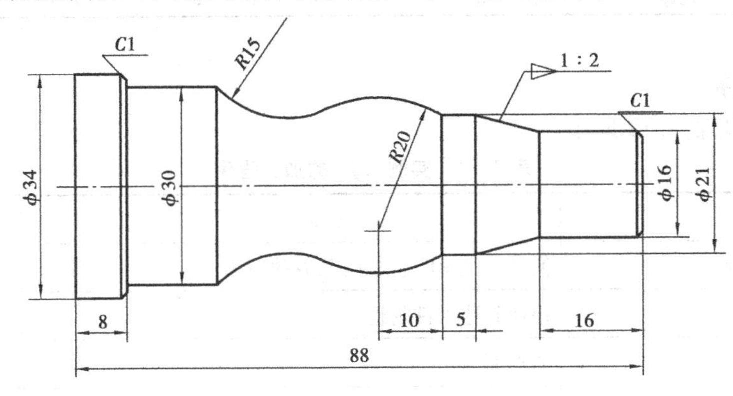

图 3.57 例 3.14 的图样

一、求节点坐标

1. 计算圆锥的长度 L

如图 3.55 所示,根据锥度的定义: $0.5=(21-16)/L$

得到: $L=(21-16)/0.5=10$

2. 标注出各节点的尺寸

在 CAD 中将图中圆弧部分画出,并标注出各节点的尺寸,如图 3.58 所示。

3. 确定圆弧部分切削总余量及切削次数

X 轴总切削余量可以在 CAD 中画图查询,如图 3.59 所示,为 4.76,切削次数取为 4。

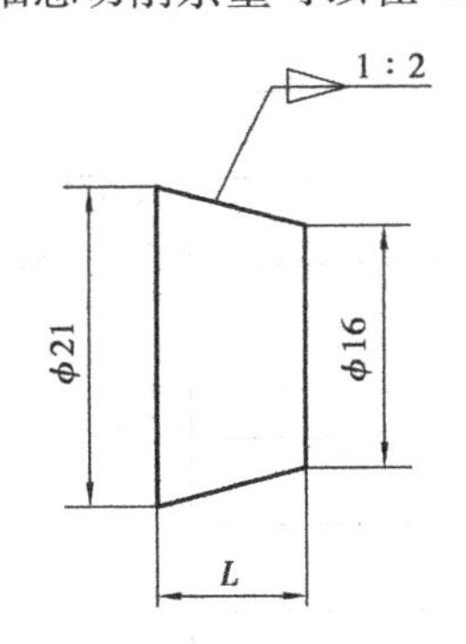

图 3.58 各节点的尺寸

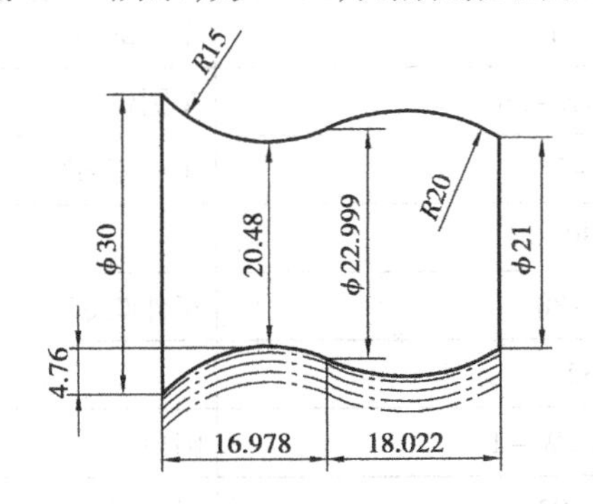

图 3.59 确定切削总余量及切削次数

二、加工工序卡

加工工序卡,见表 3.16 所示。

表 3.16 例 3.14 的加工工序卡

工步号	工步内容	刀具名称及规格	刀具号	背吃刀量 /mm	主轴转速 /$(r\cdot min^{-1})$	进给速度 /$(mm\cdot min^{-1})$
1	粗车外圆 ϕ34、ϕ30、ϕ21、圆锥、ϕ30	90°外圆刀	T0101	2	600	100
2	精车外轮廓	90°外圆刀	T0101	0.2	1 200	50
3	粗车凹圆弧	60°螺纹车刀	T0202	1	500	
4	精车凹圆弧	60°螺纹车刀	T0202	0.2	1 000	
5	切断	5 mm 切槽刀	T0303	5	500	15

三、加工程序

加工程序,见表 3.17 所示。

表 3.17 实例 3.14 的加工程序

O0003		
N5 T0101 M03S600	换第一把 90°外圆车刀,并执行刀补	
N10 G00X41Z0	快速到达工件附近	
N20 G01X0F100	切端面	
N30 G00X40Z1	返回到循环起点	
N40 G71U2R1	外圆复合循环,U2:每次吃刀量 2 mm,退刀量 1mm,均为半径量	
N50 G71P60Q150U0.6W0.2F100	P70:精车程序的第一段段号;Q160:精车程序的最后一段段号;U0.5:X 轴精车余量为 0.5mm(直径量);W0.2:Z 轴精车余量	
N60 G01X14	快速到达精车起点附近	用 G71 循环粗车外圆轮廓
N65 Z0		
N70 G01X16Z-1	进到精车起点	
N80 Z-16	车外圆 ϕ16	
N90 X21Z-26	车圆锥	
N100 Z-31	车外圆 ϕ21	
N110 X30		
N120 Z-80	车外圆 ϕ21	
N130 X32		
N140 X34W-1	倒角 C1	
N150 Z-93	车外圆 ϕ34	

续表

N155 S1000F30	增加转速	
N163 G70P60Q150	精车循环,精车外圆轮廓	
N165 G01X35Z－31	到达 G73 循环起点 *B*	
N167 G73 U4.76 R4	G73 封闭循环,U4.76:*X* 轴总切削量,*R*4:切削次数 4 次	
N168 G73 P170 Q173 U0.5 W0.2	P170:精车第一个程序段段号,Q173:精车最后一个程序段段号。U0.5:*X* 轴精车余量为 0.5,W0.2:*Z* 轴精车余量为 0.2	用 G73 循环粗车 *R*20 和 *R*15
N170 G01X21S1000F30	到达精车起点	
N172 G03X23W－18.022R20	车 *R*20	
N173 G02X30W－16.978R15	车 *R*15	
N174 G70 P170 Q173	循环精车凹弧处	
N175 G00X100Z50	快速退回换刀点	
N200 T0202	换切槽刀,准备切断工件	
N210 G00X35Z－93	到切断起点	
N220 G01X－1F60	切断	
N230 G00X100	退回	
N240 Z100		
N250 M05	主轴停	
N260 M30	程序结束	

加工结果,如图 3.60 所示。

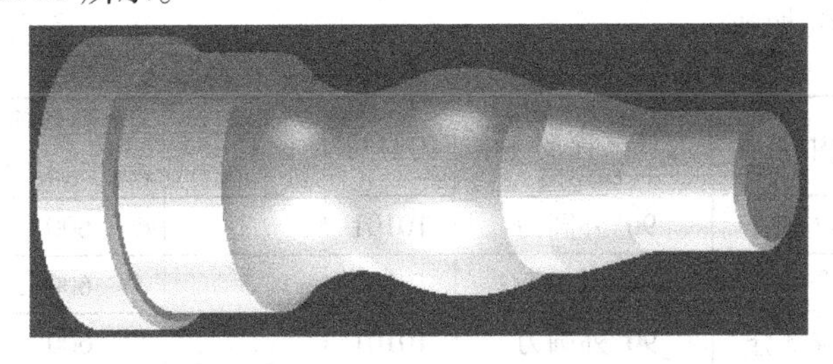

图 3.60 例 3.14 加工后的零件图形

课题四 加工实例四

例 3.15 在超软仿真 GSK980TD 中,加工如图 3.61 所示的工件,计算节点、基点坐标,填写工序卡片,编制程序,并导入仿真软件中进行加工。工件毛坯为 $\phi45 \times 150$。

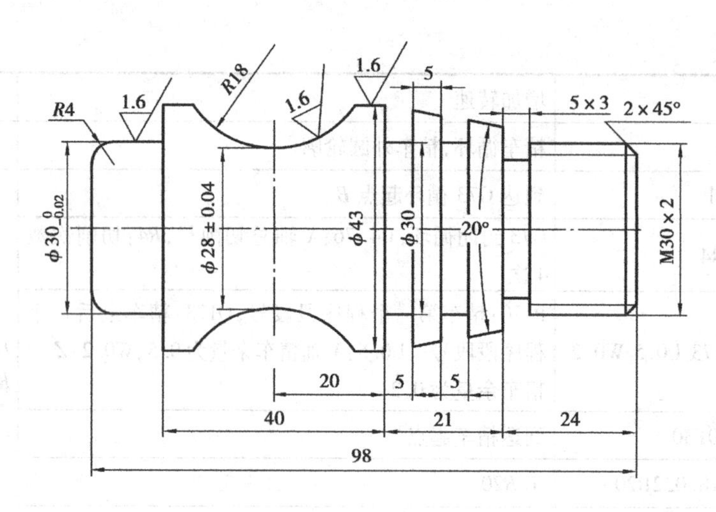

图 3.61　例 3.15 的图样

图 3.62　凹圆弧段长度

一、有关计算

1. 圆锥小端直径 d 的计算

$$d=43-2\times21\times\sin10°=13.594$$

2. 凹圆弧段长度的计算

如图 3.62 所示，$b=\sqrt{18^2-[18-(21.5-14)]^2}=14.621$

凹圆弧段长度为　　$2b=29.242$

则　　$C=(40-29.242)\div2=10.758$

3. 凹圆弧循环起点 A 点坐标计算

如图 3.56 所示，A 点的 X 坐标为：$X_A=43+(43-28)=58$

4. 循环起点 A 点的 Z 坐标计算

$$Z_A=-(24+21+20-14.621)=-50.379$$

二、工序卡

工序卡，见表 3.18 所示。

表 3.18　例 3.15 的工序卡

工步号	工步内容	刀具名称及规格	刀具号	背吃刀量 /mm	主轴转速 /(r·min⁻¹)	进给速度 /(mm·min⁻¹)
1	外圆、φ43 粗车	90°外圆刀	T0101	3	600	100
2	切 3 个槽	5 mm 切槽刀	T0202	5	600	50
3	粗车圆锥部分	90°外圆刀	T0101		600	
4	精车外轮廓	90°外圆刀	T0101	0.2	1 200	
5	粗车凹圆弧	60°螺纹车刀	T0303		500	
	精车凹圆弧	60°螺纹车刀	T0303		1 000	
5	左端 φ30 粗加工	5 mm 切槽刀	T0202	5	300	30
6	左端 φ30 精加工	5 mm 切槽刀	T0202	5	600	15
7	切断	5 mm 切槽刀	T0202	5	200	15

三、加工程序

加工程序,见表 3.19 所示。

表 3.19 例 3.15 的加工程序

O0004		
N10 T0101 M03 S500		程序头,切端面
N20 G00 X45 Z0		
N30 G01 X－1 F60		
N40 G00X44Z2	到达毛坯附近	用 G71 循环粗车外圆部分,不包括圆锥
N50 G71 U3 R1	循环进刀量 3 mm,退刀量 1 mm	
N60 G71 P70Q120 U0.5W0.2	*X* 向余量 0.5,*Z* 向余量 0.2	
N70 G01X26	到达精车起点	
N80 Z0		
N90 X30Z－2	倒角	
N100 Z－24	车外圆 $\phi30$	
N110 X43		
N120 Z－105	车外圆 $\phi43$	
N130 S1000F30	升转速至 1 000,进给量为 30	用 G70 循环精车外圆部分,不包括圆锥
N140 G70P70Q120	循环精车	
N150 G00X100Z60		换 2 号切槽刀,切槽螺纹退刀槽 $\phi24\times5$
N160 T0202		
N170 G00X44Z－24	到切槽起点	
N180 G01X24F30	切槽	
N190 G01X44F200	退回	
N200 G01W－10	至 $\phi30\times5$ 槽起点	G75 循环车 $\phi30\times5$ 两槽
N210 G75R3F30S600	退刀量 3 mm	
N220 G75X30Z－45P5000Q10000	进给量 5 mm,*Z* 向进给量 10 mm	
N221 G00X100Z50		G71 循环粗车圆锥部分
N222 T0101		
N223 G00X44Z－23	到达圆锥附近	
N224 G71U2R1	循环进刀量 2 mm,退刀量 1 mm	
N225 G71P226Q229U0.5W0.2F60	*X* 轴余量 0.5,*Z* 轴余量 0.2 mm	
N226 G01X35.947	圆锥小端直径 35.947	
N227 Z－24	到圆锥小端起点	
N228 X43W－21	车圆锥	

续表

N229 S1000F30	转速升至 1 000,进给量 30	G70 循环精车圆锥部分
N230 G70P226Q229	精车圆锥	
N233 G00X100Z100		
N240 T0303		车削螺纹
N250 G00X31Z2	到达螺纹起点	
N260 G92X28.94Z-20F2	第一次进刀车削螺纹	
N270 X28.34	第二次进刀车削螺纹	
N280 X27.94	第三次进刀车削螺纹	
N290 X27.74	第四次进刀车削螺纹	
N300 X24.5	第五次进刀车削螺纹	
N310 X27.402	第六次进刀车削螺纹	
N320 G00X58.5	到达子程序 *X* 向起点	用子程序车削凹圆弧
N330 Z-50.379	到达子程序 *Z* 向起点	
N340 M98P21004	调用子程序 O1004 两次	
N350 G00 X100 Z100		用 G75 循环粗车 $\phi30$
N360 T0202		
N370 G00 X44 Z-90	到切槽起点	
N380 G75 R3 F30	断续退刀量为 3 mm	
N390 G75X30.5Z-103P5000Q4500	进刀量 5 mm,*Z* 向偏移 4.5 mm	
N400 G01X30		精车 $\phi30$
N410 Z-103	轴向车削 $\phi30$	
N420 G01X22		切槽至 $\phi22$
N450 G01X30		
N460 Z-100	到倒圆起点	粗、精车左部倒圆部分
N470 G03X24W-3R3	倒 *R*3 圆	
N480 G01X30	退回	
N490 Z-99	到倒圆起点	
N500 G03X22W-4R4F30	倒 *R*4 圆	
N600 G01X-1	切断	切断,结束程序
N610 G00X100Z100		
T0100		
M30	程序结束	

续表

N10 G01U -3.75	每次进刀 3.75(直径量)	子程序
N20 G02W -29.242R18	从右至左车顺圆弧	
N30 G01U -3.75	再次进刀 3.75(直径量)	
N40 G03W29.242R18	从左至右车逆圆弧	
N50 M99	子程序结束	

加工结果,如图 3.63 所示。

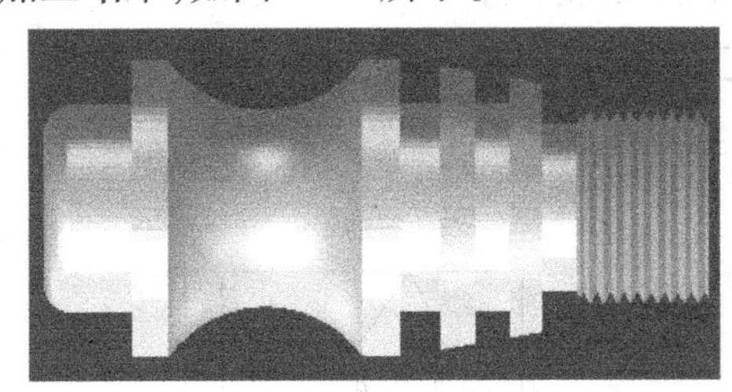

图 3.63　例 3.15 加工后的零件图形

课题五　加工实例五

例 3.16　在超软仿真 GSK980TD 中,加工如图 3.64 所示的工件,计算节点、基点坐标,填写工序卡片,编制程序,并导入仿真软件中进行加工。毛坯为 $\phi 50 \times 130$。

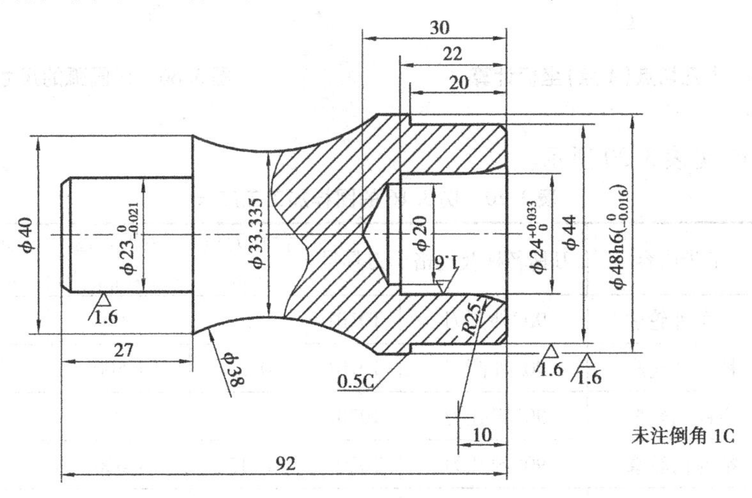

图 3.64　例 3.16 的图样

一、有关计算

1. 内孔切点(A 点)坐标计算

如图 3.65 所示,根据勾股定理:　$OB = \sqrt{OA^2 - AB^2} = \sqrt{25^2 - 10^2} = 22.913$

$$BC = OC - OB = 25 - 22.913 = 2.087$$

所以 A 点的 X 坐标为　$24+2\times BC=24+2\times 2.087=28.174$

2. G73 循环参数的计算

在 AUTOCAD 中，绘出凹圆弧部分图形，然后测量出凹圆弧最低点与最大点之间的差值，如图 3.66 所示，其差值为 7.332，则 $U(\Delta i)=7.332$。

取循环次数为 $R(d)$ 为 4(每次吃刀量为 1.833)。

3. 凹圆弧段长度计算

如 3.66 图所示：　$a=38-(20-16.668)=34.668$

$$c=\sqrt{38^2-a^2}=\sqrt{38^2-34.668^2}=15.562$$

$$b=38-(24-16.668)=30.668$$

$$d=\sqrt{38^2-b^2}=\sqrt{38^2-30.668^2}=22.438$$

因此凹圆弧段长度为　$c+d=38$

由此算出 B 点的 Z 轴坐标：$92-27-38=27$

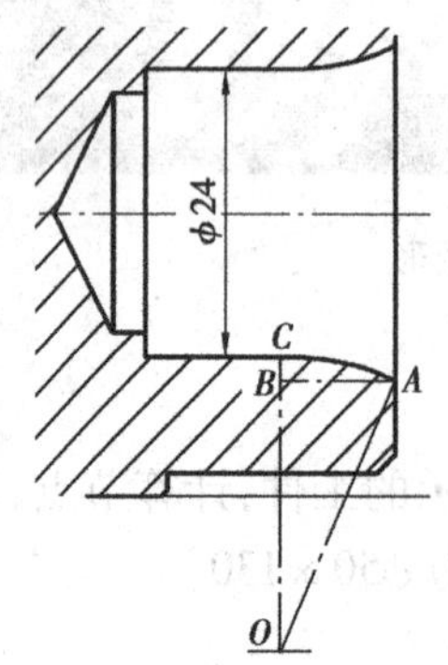

图 3.65　内孔切点(A 点)坐标计算

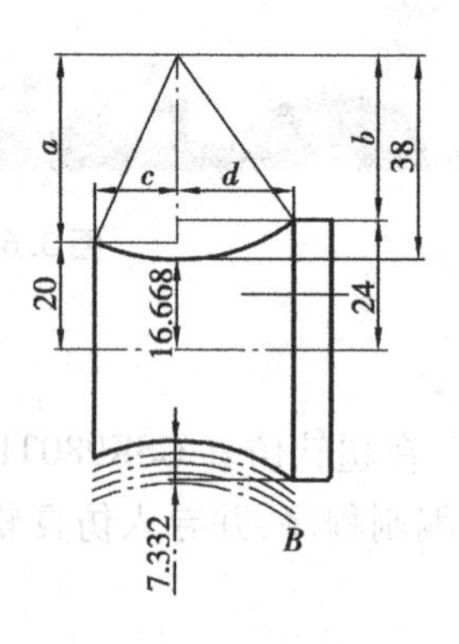

图 3.66　凹圆弧的尺寸

二、工序卡

加工工序卡，见表 3.20 所示。

表 3.20　例 3.16 的图样加工工序卡

工步号	工步内容	刀具名称及规格	刀具号	背吃刀量 /mm	主轴转速 /(r·min⁻¹)	进给速度 /(mm·min⁻¹)
1	粗车外轮廓	90°外圆刀	T0101	3	600	100
2	精车外轮廓	90°外圆刀	T0101	0.25	1 500	50
3	粗镗内轮廓	90°镗孔刀	T0202	2	400	80
4	精镗内轮廓	90°镗孔刀	T0202	0.15	1 000	40
5	左端粗加工	5 mm 切槽刀	T0303	5	300	40
6	左端精加工	5 mm 切槽刀	T0303	5	500	20
7	切断	5 mm 切槽刀	T0303	5	300	20

三、加工过程

1. 设置毛坯

按图 3.67 所示的参数设置毛坯，毛坯如图 3.68 所示。

图 3.67

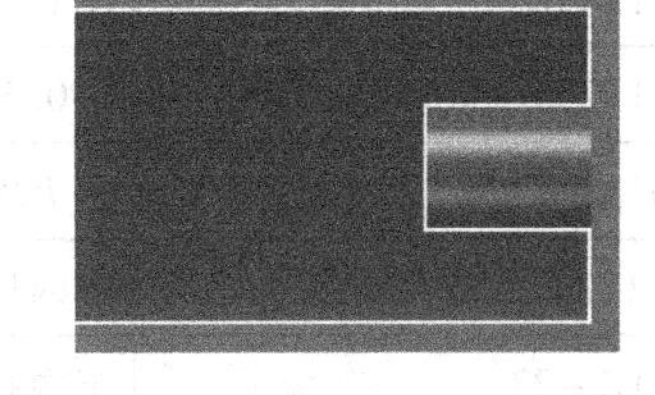

图 3.68

2. 输入程序

加工程序，见表 3.21 所示。

表 3.21　例 3.16 的图样加工程序

O0005		
N10 T0101M03S500		
N20 G00X52Z0		
N30 G01X－1F100	切端面	
N40 G00X52Z2	到达循环起点	粗车外轮廓
N50 G71U2R1	外圆粗车循环，U2：每次吃刀量 2 mm，退刀量 1 mm	
N60 G71P70Q100U0.5W0.2	P70：精车程序第一段段号；Q100：精车程序最后一段段号。U0.5：*X* 轴精车余量；W0.2：*Z* 轴粗车余量	
N70 G01X42		
N80 X44Z－1	倒角	
N90 Z－20	车外圆 ϕ44	
N95 X48		
N100 Z－97	车外圆 ϕ48	
N105 S1500	精车时转速为 1 500 r/min	精车外轮廓
N106 G70P70Q100	精车循环	
N110 G00Z－27S600	*Z* 轴到循环起点	G73 封闭循环粗车 *R*38
N120 G01X50F100	*X* 轴到循环起点	
N130 G73U7.332 R5	G73 封闭循环，U7.332：*X* 轴总切削量；7.332，R5：切削次数 5 次	
N135 G73P140Q145U0.6W0		
N140 G01X48		
N145 G02X40W－38R38	车圆弧 *R*38	

续表

N150 G00X100	快速到换刀点	换镗孔刀
N220 Z60		
N230 T0202	换 2 号镗刀	
N235 G00X20Z2	到内轮廓循环起点	循环粗车内轮廓
N240 G71U1R1	G71 内轮廓粗车循环	
N245 G71P250Q252U－0.5W0.2	U-0.5:车内孔时的精车余量取负值	
N250 G01X28.174	到 $R25$ 起点	
N251 G02X24Z－10R25	车内球面 $R25$	
N252 G01Z－22	车内孔 $\phi24$	
N253 S1000	提高转速	精车内轮廓
N254 G70P250Q252	G70 精车循环	
N260 Z5	从孔内退出	
N265 G00X100		换切槽刀
N270 Z100		
N280 T0303S300		
N290 G00X55Z－70	到切槽循环起点	用切槽循环粗车外圆 $\phi23$ 到 23.5
N300 G75R1	切槽循环,退刀量 1	
N310 G75X23.5Z－97P5000Q4500	切槽 X 轴终点 23.5(余量 0.5);Z 轴终点 －97(92＋刀宽)	
N320 G01X23S1000	到精车起点	精车 $\phi23$
N330 Z－97F30	精车外圆 $\phi23$	
N370 G01X21F30	切槽,为倒角作准备	倒角
N380 G01X23	到倒角 X 轴起点	
N390 W1	到倒角 Z 轴起点	
N400 X21W－1	倒左部角	
N410 X－1S500	切断	程序尾
N420 G00X100Z50		
N430 T0100		
N440 M05		
N450 M02		

加工后结果,如图 3.69 所示。

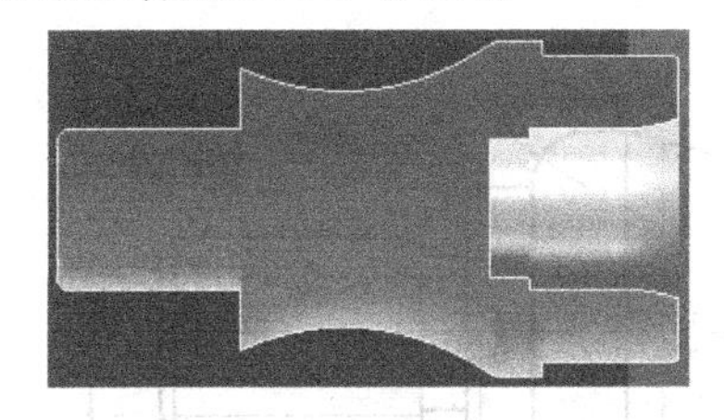
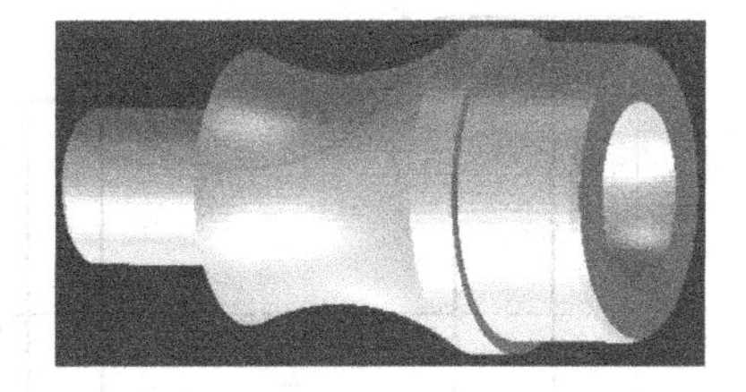

图 3.69 例 3.16 加工后的零件图形

【自己动手 3-16】 如图 3.70 所示,试编写其加工程序,并用 GSK980TD 系统进行仿真加工。

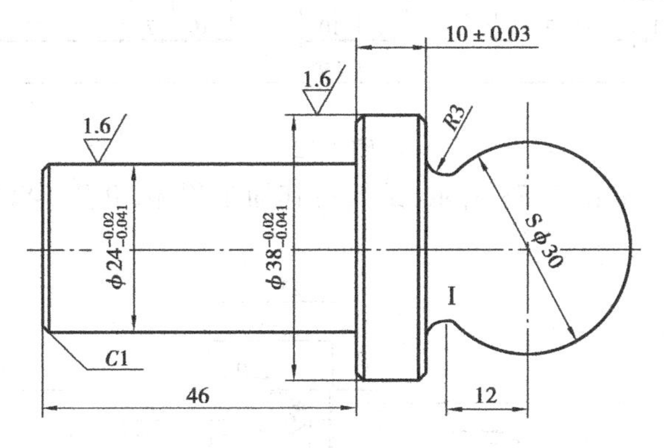

图 3.70

【自己动手 3-17】 如图 3.71 所示,试编写其加工程序,并用 GSK980TD 系统进行仿真加工。

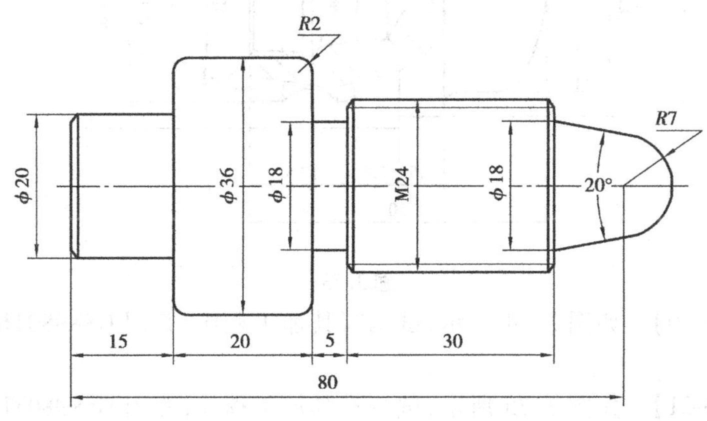

图 3.71

【自己动手 3-18】 如图 3.72 所示,试编写其加工程序,并用 GSK980TD 系统进行仿真加工。

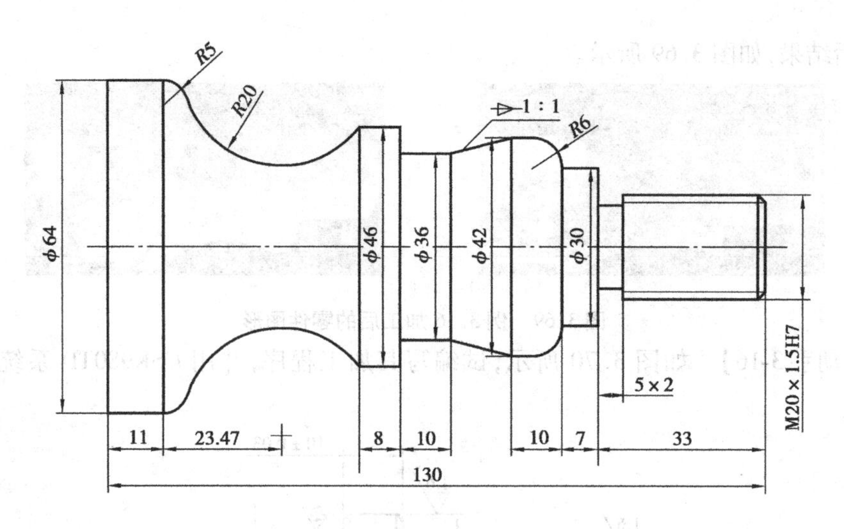

图 3.72

【自己动手 3-19】 如图 3.73 所示,试编写其加工程序,并用 GSK980TD 系统进行仿真加工。

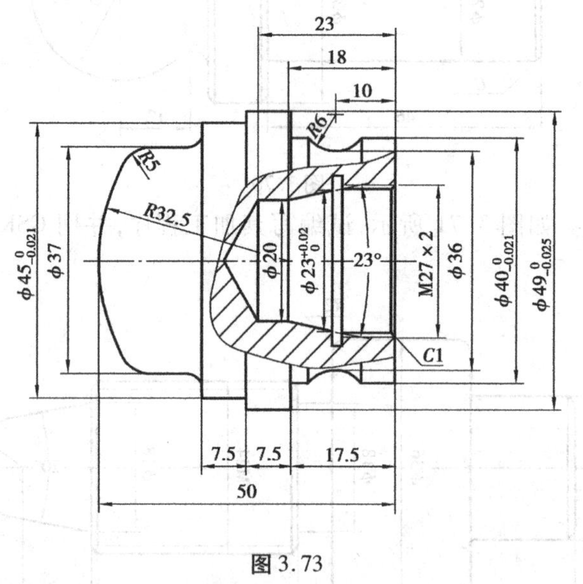

图 3.73

【自己动手 3-20】 如图 3.74 所示,试编写其加工程序,并用 GSK980TD 系统进行仿真加工。

【自己动手 3-21】 如图 3.75 所示,试编写其加工程序,并用 GSK980TD 系统进行仿真加工。

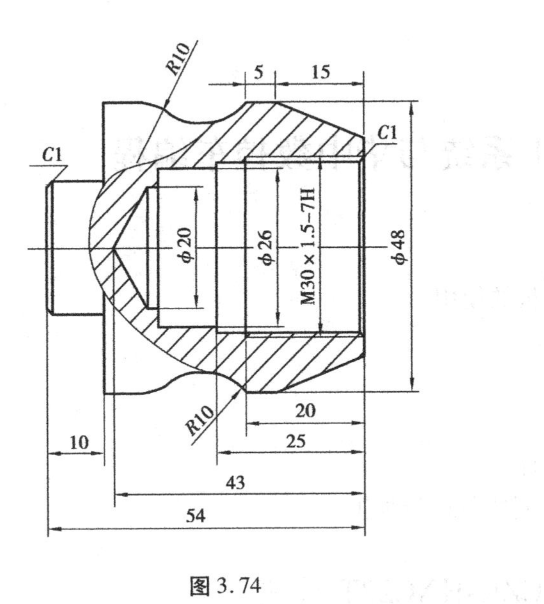

图 3.74

图 3.75

项目四　CZK-HNC22T 系统与华中数控车编程

项目内容　1. CZK-HNC22T 系统操作面板的使用。
2. HNC22T 系统的编程指令。
3. HNC22T 系统的编程。
4. CZK-HNC22T 系统的加工。

项目目的　1. 能编制 HNC22T 系统的程序。
2. 能在 CZK-HNC22T 系统中对零件进行加工。

任务一　认识 CZK-HNC22T 系统

课题一　CZK-HNC22T 系统面板的操作

CZK-HNC22T 系统的操作面板,如图 4.1 所示。它分为菜单工具栏部分、标准工具栏部

图 4.1　CZK-HNC22T 系统的操作面板

分、LCD 显示器部分、键盘操作部分、控制面板部分、数控车床部分、主菜单功能键部分、子菜单功能键部分。

一、菜单工具栏

见“项目一”中的“任务二”的“课题四”。

二、标准工具栏

见“项目一”中的“任务二”的“课题四”。

三、LCD 显示器

LCD 显示器，如图 4.2 所示。它是数控系统的人-机对话界面，用于汉字菜单、系统状态、故障报警等的显示。

图 4.2　HNC-22TL 的 LCD 显示器

图 4.3　HNC-22T 的 MDI 键盘

四、键盘部分

键盘部分，如图 4.3 所示。包括 40 个按键：标准化的字母按键、数字按键、编辑操作按键等。键盘用于零件程序的编制、参数的输入及系统管理操作等。部分按键的功能如下：

1. PgUp

【上翻页】按键，单击它，向前翻页。

2. PgDn

【下翻页】按键，单击它，向后翻页。

3. Upper

【上挡】按键，单击它，输入上挡字符。

4. Del

【删除键】按键，运用它，可删除当前字符（删除光标后面的字符）。

5. SP

【光标后移】按键，运用它，光标向后移动，并空一格。

6. BS

【光标前移】按键,运用它,光标向前移,并删除光标前面的字符。

7. ▲ ▼ ◀ ▶

【光标移动】按键。

(1)▲:单击它,光标向前移动。

(2)▼:单击它,光标向后移动。

(3)◀:单击它,光标向左移动。

(4)▶:单击它,光标向右移动。

8. Enter

【回车】按键,确认当前的操作。

提示:

●NC 键盘:精简型键盘和 F1-F10 个功能键,就构成了 NC 键盘。

●仿真系统为"单击"按键,机床为"按下"按键,以下同。如为"按下"就为实际车床术语,如为"单击"(还有双击、右键单击等)就为仿真术语。

9. 数字与符号类按键

数字与符号按键,如图 4.4 所示,用于数字及符号的输入。

10. 字母类按键

字母类按键,如图 4.5 所示,用于字母的输入。

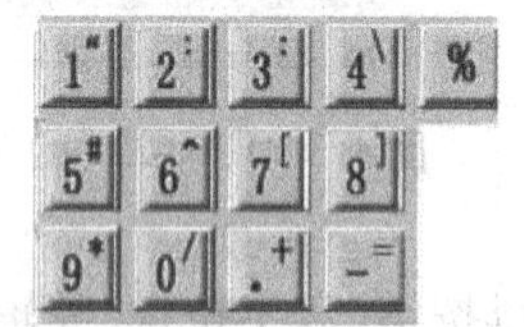

图 4.4 数字与符号类按键

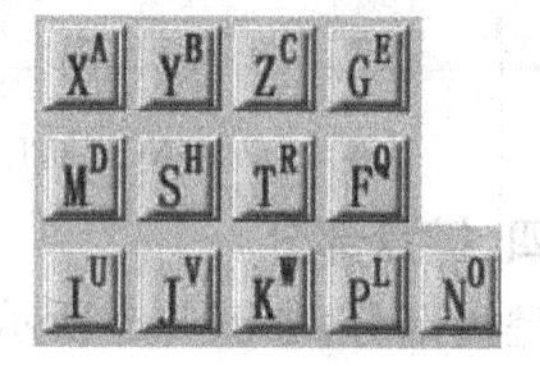

图 4.5 字母类按键

五、控制面板部分

机床控制面板部分用于直接控制机床的动作或加工过程。控制面板的按键,如图 4.6 所示。控制面板上各按键的作用和使用方法如下:

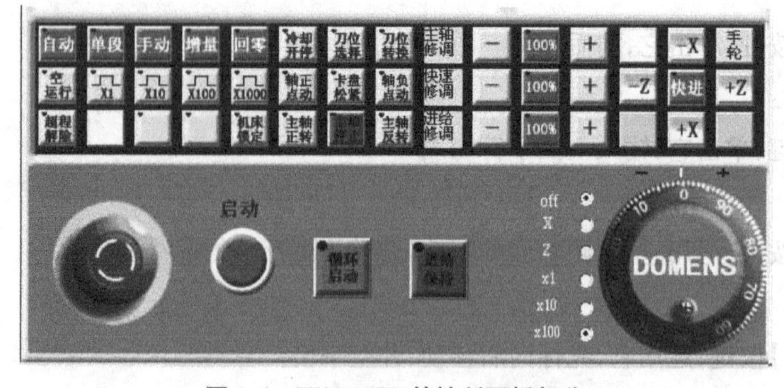

图 4.6 HNC-22TL 的控制面板部分

1.【急停】按键

为【急停】按键:用于机车的紧急停止。在危险或紧急情况下,单击【急停】按键,CNC(即数控系统)立即进入急停状态,伺服进给及主轴运转立即停止工作,控制柜内的进给驱动电源被切断;再单击【急停】按键,"急停"按键将自动跳起,CNC进入复位状态。

解除紧急停止前,先确认故障原因是否排除,且紧急停止解除后,应重新执行回参考点操作,以确保坐标位置的正确性。

提示:

●机床在启动和退出系统前,都应按下"急停"按键,以确保人身、财产安全。

2. 自动 单段 手动 增量 回零

方式选择类按键。其作用如下:

(1)自动:【自动运行】按键。在该种方式下,自动连续加工工件,或模拟校验工件程序,或在MDI模式下运行指令。

(2)单段:【单程序段运行】按键。在该种方式下,单击循环启动按键,程序走一个程序段就停下来,再单击循环启动按键,可控制程序再走一个程序段。

(3)手动:【手动连续进给】按键。在该种方式下,通过机床按键,可移动X,Z轴,启动主轴正转,停止、反转、手动换刀等。

(4)增量:【增量进给】按键。在该种方式下,按选定的增量值,移动X,Z轴。

(5)回零:【回参考点】按键。单击它,再选定坐标轴,刀架自动回到参考点,建立机床坐标系。

3. X1 X10 X100 X1000

增量值选择按键。增量进给的增量值由X1、X10、X100、X1000四个增量倍率按键控制,它们的增量值分别为0.001 mm,0.01 mm,0.1 mm,1 mm。

单击哪个,就选中哪个,增量进给的增量值就是它,如单击X1按键,增量进给的增量值就是0.001 mm。

提示:

●方式选择类按键互锁,即选择(单击)一个(其指示灯亮),其余几个会自动失效(其指示灯不亮)。

●单击哪个按键,即选中哪个按键,其指示灯就亮,如指示灯不亮,就没有选中。

●当某一方式有效时,相应按键内指示灯亮。

●机床开机后,应首先进行回参考点操作。

●增量值选择按键相互之间互锁,即选择(单击)一个,其余几个会自动失效(其指示灯不亮)。

4. 轴手动类按键

轴手动类按键，如图4.7所示。轴手动按键是确定机床移动的轴和方向，只在"手动"、"增量"、"回零"工作方式下有效。

图4.7 轴手动类按键

(1)-X:【X 轴负方向移动】按键。单击它，向 X 轴负方向移动。

(2)+X:【X 轴正方向移动】按键。单击它，向 X 轴正方向移动。

(3)-Z:【Z 轴负方向移动】按键。单击它，向 Z 轴负方向移动。

(4)+Z:【Z 轴正方向移动】按键。单击它，向 Z 轴正方向移动。

(5)在"增量"工作方式时，通过该类按键，确定机床定量移动的轴和方向，定量值由"倍率选择"按键确定。

(6)在"手动"工作方式时，通过该类按键，确定机床移动的轴和方向，可手动控制刀架或工作台的移动，移动速度由系统最大加工速度和进给速度修调按键确定。

(7)快进:【快速移动】按键。单击快进按键，再单击轴方向键，机床以设定的最大移动速度移动。在手动连续进给时，单击快进按键，则产生相应轴的正向或负向快速移动，快速移动的速度为系统参数"最高快移速度"乘以快速修调选择的进给倍率(见"6. 修调按键")。

(8)手轮。【手轮进给】按键。单击手轮按键，机床的进给由手轮控制。

提示：

●手动方式移动 X 轴的方法。

(1)单击手动按键。

(2)单击+X按键，刀架向 X 轴正方向移动。

(3)单击-X按键，刀架向 X 轴正方向移动。

●手动方式移动 Z 轴的方法。

(1)单击手动键。

(2)单击+Z按键，工作台向 Z 轴正方向移动。

(3)单击-Z按键，工作台向 Z 轴负方向移动。

●增量方式移动 Z 轴的方法。

(1)单击增量按键。

(2)选择一个增量倍率，如选择 1 mm，就单击X1000按键。

(3)单击+Z按键一下，工作台向 Z 轴正方向移动 1 mm。

(4)单击-Z按键一下，工作台连续向 Z 轴负方向移动 1 mm。

●增量方式移动 X 轴的方法。

(1)单击增量按键。

(2)选择一个增量倍率，如选择 1 mm，就单击X1000按键。

(3)单击+X按键一下，刀架向 X 轴正方向移动 1 mm。

(4)单击-X按键一下，刀架台连续向 X 轴负方向移动 1 mm。

【自己动手 4-1】　*X* 轴正向、负向移动工作台。

【自己动手 4-2】　*Z* 轴正向、负向移动工作台。

【自己动手 4-3】　选择“增量”进给方式,*Z* 轴正向、负向移动工作台。

【自己动手 4-4】　选择“增量”进给方式,*X* 轴正向、负向移动工作台。

5.【手轮进给控制】按键

【手轮进给控制】按键,如图 4.8 所示。以 *X* 轴方向移动为例,讲述其操作方法。

(1)单击手轮按键,选择手轮进给。

(2)单击 *X* 右边的圆圈,出现黑点,选中 *X* 轴移动。

(3)单击倍率选择右边的圆圈,出现黑点,选择移动倍率(图 4.9 中的倍率为 0.1 mm)。

(4)如需向正向移动,就在正向移动区单击;如需向负向移动,就在负向移动区单击。

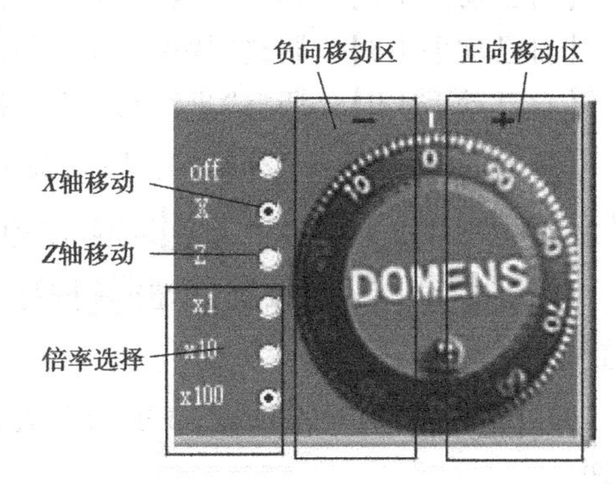

图 4.8　手轮进给控制键

【自己动手 4-5】　运用“手轮”进给的方式,*X* 轴正向、负向移动刀架。

【自己动手 4-6】　运用“手轮”进给的方式,*Z* 轴正向、负向移动工作台。

6. 修调按键

修调按键,如图 4.9 所示。分为“主轴修调”按键、“快速修调”按键、“进给修调”按键。

(1)【主轴修调】按键:主轴修调 − 100% +。在自动方式下或 MDI 方式下,当 S 代码的主轴速度偏高或偏低时,可用主轴修调按键右边的 − 100% + 按键,修调程序中编制的主轴速度。

单击 100% 按键,主轴修调倍率被置为 100%,单击 − 按键一下,主轴修调倍率递减 5%;单击 + 按键一下,主轴修调倍率递增 5%。

(2)【快速修调】按键:快速修调 − 100%。在自动方式下或 MDI 方式下,可用快速修调按键右边的 − 100% + 按键,修调 G00 快速移动时,系统参数“最高快移速度”设置的速度,单击 100% 按键,快速修调倍率被置为 100%,单击 − 一下,快速修调倍率递减 5%;单击 + 按键一下,快速修调倍率递增 5%。

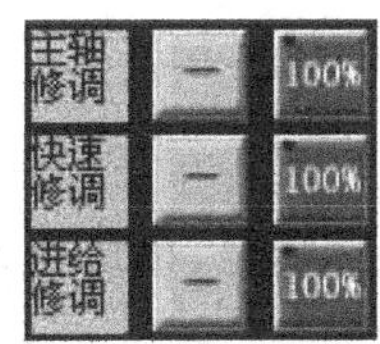

图 4.9　修调类按键

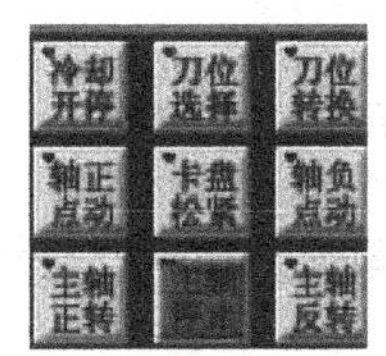

图 4.10　手动机床动作控制类按键

(3)【进给修调】按键:快速修调 − 100% +。在自动方式下或 MDI 方式下,当 F 代码的进给速度偏高或偏低时,可用进给修调右边的 − 100% + 按键,修调程序中编制的进给速度。

单击按键，进给速度倍率被置为100%，单击按键一下，进给修调倍率递减5%；单击按键一下，进给修调倍率递增5%。

7. 手动机床动作控制类按键

手动机床动作控制类按键，如图4.10所示。

【自己动手4-7】 调整"主轴修调"倍率。

【自己动手4-8】 调整"快速修调"倍率。

【自己动手4-9】 调整"进给修调"倍率。

(1)：【冷却液开停】按键：开启、关闭冷却液。在手动方式下，单击按键，冷却液开(默认值为冷却液关)，再单击按键，冷却液关，如此循环。

(2)：【刀位】按键：单击按键，再单击按键，刀架转动，转到需要刀具的所在位置。

(3)：【主轴正转】按键：在手动方式下，单击按键，主电动机以机床参数设定的转速正转。

(4)：【主轴反转】按键：在手动方式下，单击按键，主电动机以机床参数设定的转速反转。

(5)：【主轴停止】按键：在手动方式下，单击按键，主电动机停止运转。

(6)：【主轴正点动】按键：在手动方式下，单击按键，主轴将产生正向连续转动。

(7)：【主轴负点动】按键：在手动方式下，单击按键，主轴将产生负向连续转动。

(8)：【卡盘松紧】按键：在手动方式下，单击按键，松开卡盘(默认值为夹紧)，可以进行更换工件操作，再单击按键，又为夹紧工件，可以进行加工工件操作，如此循环。

提示：

- 手动机床动作控制按键要在手动方式下才有效。
- 主轴从正转到反转或由反转到正转必须停止。

【自己动手4-10】 分别使主轴正转、反转、停止。

【自己动手4-11】 使刀架转动。

8. 其他按键

(1)：【循环启动】按键。

(2)：【自动运行暂停】按键：单击按键，程序执行暂停，机床运动轴减速停止，暂停期间，辅助功能M、主轴功能S、刀具功能T保持不变。如要再启动，单击按键，系统将重新启动，从暂停前的状态继续运行。

提示：

●自动运行操作方法。

(1)选择要运行的程序。

(2)单击自动按键，系统处于自动运行方式，机床坐标轴的控制由 CNC 自动完成。

(3)单击循环启动按键，自动加工开始。

●单段运行操作方法。

(1)选择要运行的程序。

(2)单击单段按键，系统处于单段自动运行方式，程序控制将逐段运行。

(3)单击循环启动按键，运行一段程序，程序执行暂停，机床运动轴减速停止，主轴电动机、刀具停止运行。

(4)再单击循环启动按键，又执行下一段程序，执行完以后，有再次停止。

●在单段运行方式下，适用于自动运行方式的按键依然有效。

●自动运行、单段运行的具体操作方法见本项目的“课题五”。

(3)空运行：【空运行】按键。在自动运行方式下，单击自动按键，单击空运行按键，CNC 处于空运行状态，程序中编制的进给速率被忽略，坐标轴以最大快移速度移动。

空运行不做实际运行，其目的在于确认程序及切削路径。在实际切削时，应关闭此功能，否则，可能造成危险。

空运行对于螺纹切削无效。

(4)机床锁住：【机床锁住】按键：在自动运行开始前，单击机床锁住按键，再单击循环启动按键，系统执行程序，显示屏上的坐标轴位置发生变化，但不输出伺服轴的移动指令，机床停止不动，该功能用于校验程序。

(5)超程解除：【超程解除】按键：在伺服行程的两端各有一个极限开关，作用是防止伺服机构碰撞而损坏。每当伺服机构碰到行程极限开关时，就会出现超程。当某轴出现超程时(超程解除按键的指示灯亮)，系统根据其状况为紧急停止。要退出超程状态，请单击超程解除按键。

若显示屏上运行状态栏为“运行正常”取代了“出错”，表示恢复正常，可以继续操作。

提示：

●在移回伺服机构时，请注意移动方向及移动速率，以免发生碰机。

●实际车床，若出现超程，要退出超程状态，必须：

(1)松开“急停”按键，置工作方式为“手动”方式。

(2)一直按压着超程解除按键(控制器会暂时忽略超程的紧急状况)。

(3)在“手动”方式下，使该轴向相反方向退除超程状态。

(4)松开超程解除按键。

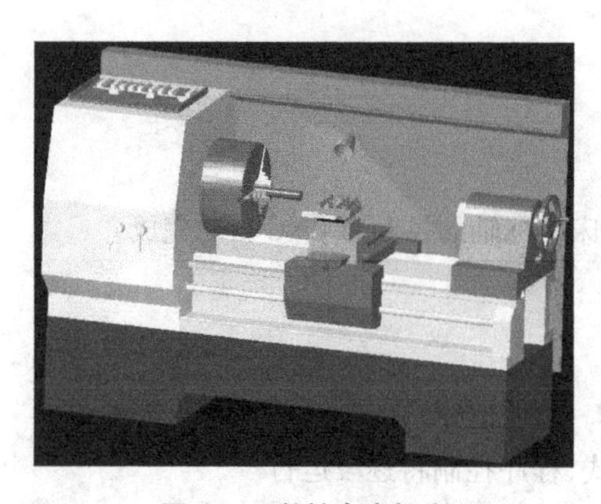

图 4.11　数控车床部分

(6)　:【电源开启】按键:单击　按键,电源接通,LCD 画面上有内容显示。

六、主菜单功能键、子菜单功能键部分

在本项目以后的内容中讲解。

七、数控车床部分

数控车床部分,如图 4.11 所示。

【自己动手 4-12】　想一想以下问题:

(1)程序的自动运行方式。

(2)程序的单段运行方式。

(3)程序的空运行方式。

课题二　CZK-HNC22T 系统加工初步

一、加工零件示例

例 4.1　在 CZK-HNC22T 系统中,加工零件外圆。零件材料为 Q235A 钢,零件图样,如图 4.12 所示。零件的毛坯尺寸为:长度是 160 mm、直径是 44 mm。

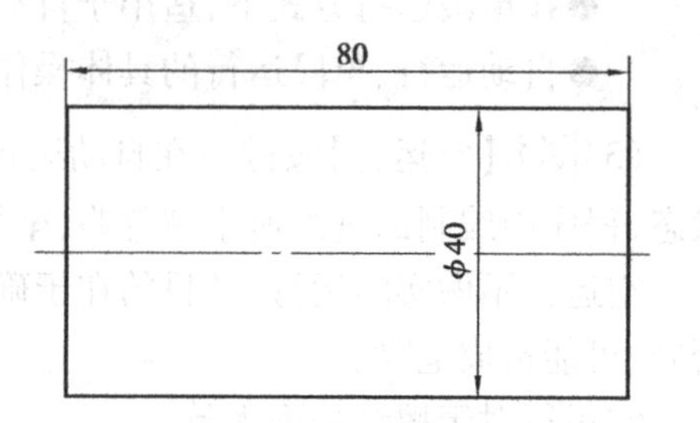

图 4.12　零件图样

二、编制程序

1. 编程原点

以零件图右端面中心为编程原点。

2. 参考程序

参考程序见表 4.1。

表 4.1　车削加工图 4.12 外圆的参考程序

程序段	含　义	备　注
O1000	程序名	
N10 T0101	第一把刀	选外圆刀
N20 M03 S600	主轴正转,主轴转速为 600 r/min	
N30 G00 X40Z2	快速定位到 φ40、离右端面 2 mm 处	到点 *A*,如图 4.13 所示
N40 G01 Z－80F100	直线插补到 φ40,工件左端面。进给量为 100 mm/min	到点 *B*,如图 4.13 所示,车削掉外圆 4 mm
N50 G00 X42	快速退刀到 φ42	到点 *C*,如图 4.13 所示
N60 G00 Z2	再快速退刀到离右端面 2 mm 处	到点 *D*,如图 4.13 所示
N70　M02 M30	主轴停,主程序结束并复位	

三、操作加工

1. 进入 CZK-HNC22T 操作界面

(1)按"项目一"讲述的方法,打开 CZK-HNC22T 系统的操作界面。

(2)单击按键,使车床处于俯向视图。

(3)运用右键功能,隐藏车门。

(4)运用调整图形大小部分的按键、调整图形位置部分的按键,调整车床,使之处于合适位置。

2. 操作前的准备

(1)单击按键,启动数控机床。

(2)单击按键,使急停按钮旋起,让机床处于非急停状态。

(3)机床回参考点,其操作方法是:

①单击按键,使系统处于回零方式。

②单击按键(回参考点方向为"+"),或按键(回参考点方向为"-"),X 轴回到参考点。显示屏上有关 X 的坐标都为零,如图 4.13 所示。

③单击按键(回参考点方向为"+"),或按键(回参考点方向为"-"),Z 轴回到参考点。显示屏上有关 Z 的坐标都为零,如图 4.14 所示。机床回到参考点后的位置,如图 4.15 所示。

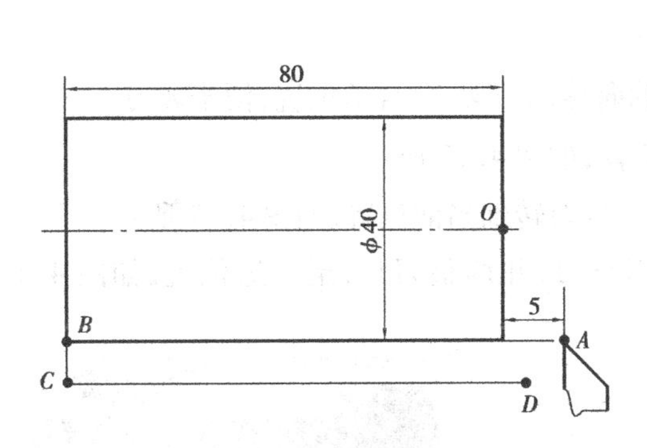

图 4.13　刀路轨迹

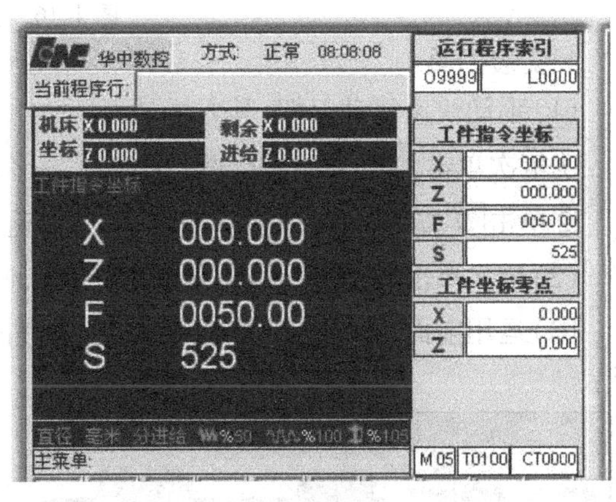

图 4.14　机床回参考点后的坐标显示

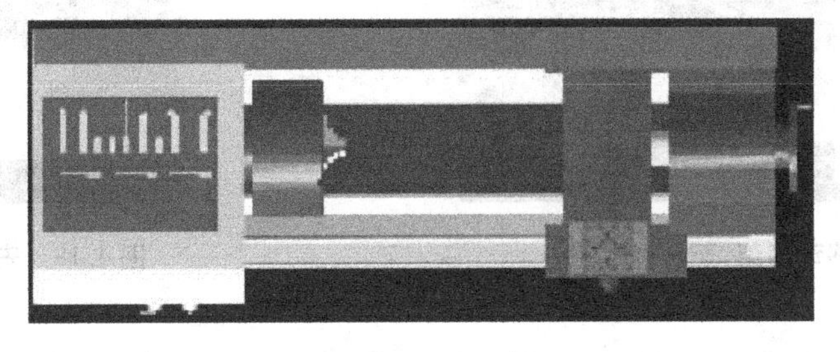

图 4.15　回参考点后的车床位置

提示：

●在操作之前，我们要养成首先将刀架“回零”的习惯。

●实际车床，可同时按下 X 轴、Z 轴轴向按键，使 X 轴、Z 轴同时返回参考点。

●实际车床，在回参考点前，应确保回零轴位于参考点的“回参考点方向的相反侧”（如 X 轴的回参考点方向为负，则回参考点前，应保证 X 轴当前位置在参考点的正向侧），否则，应手动移动该轴，直到满足条件。

●在回参考点过程中，若出现超程，请单击超程解除按键，使其退出超程状态。

●实际车床，若出现超程，请按住控制面板上的“超程解除”按键，向相反方向，手动移动该轴，使其退出超程状态。

3. 安装毛坯

运用前面所学的知识，安装毛坯，毛坯尺寸为 $\phi44\times160$。调整毛坯长度方向的尺寸，留足加工余量，如图 4.16 所示。

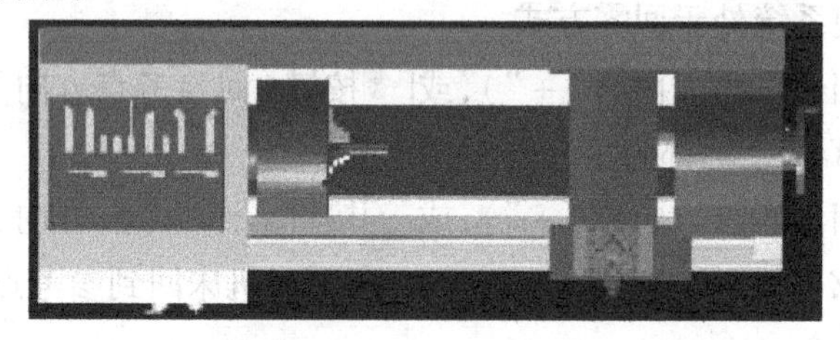

图 4.16　安装毛坯

4. 安装刀具

（1）手动快速移动刀架，其方法是：

①依次单击手动按键、快进按键、-Z按键，$-Z$ 轴向移动刀架，至合适位置，便于装刀。

②单击-X按键，$-X$ 轴向移动刀架，至合适位置，如图 4.17 所示。

（2）依次单击刀位选择按键、刀位转换按键，转动刀架，使 1 号刀转到当前位置，如图 4.17 所示。

（3）运用前面所学的知识，安装一把 90°外圆车刀，并调整刀具，至合适位置，如图 4.18 所示。

图 4.17　移动刀架，至合适位置

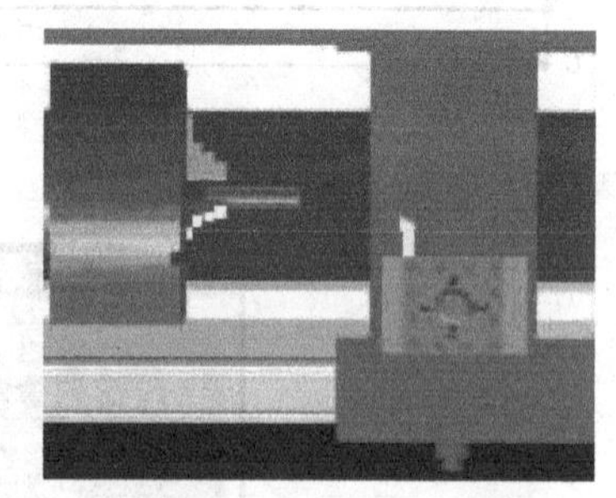

图 4.18　安装 90°外圆车刀

5. 录入程序

（1）单击F10按键，出现如图 4.19 所示的“主菜单”界面（如是“主菜单”界面，可不需要该步骤）。

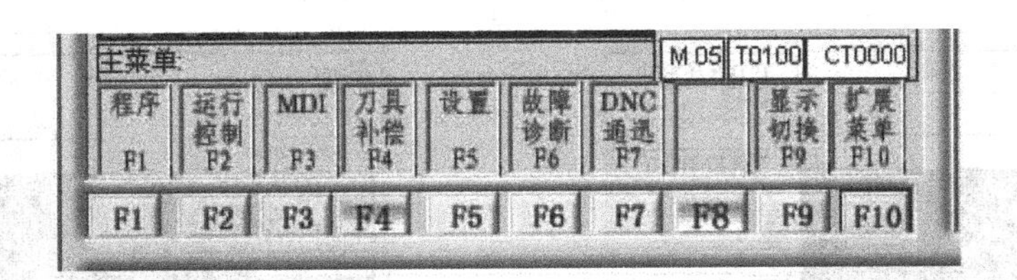

图 4.19 “主菜单”界面

(2)单击 F1 按键(程序 F1 按键),出现如图 4.20 所示的“程序”界面。

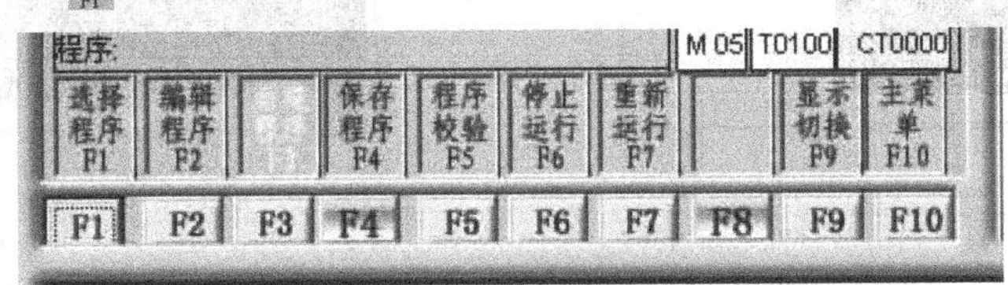

图 4.20 “程序”界面

(3)单击 F2 按键(编辑程序 F2 按键),出现如图 4.21 所示的“编辑程序”界面。

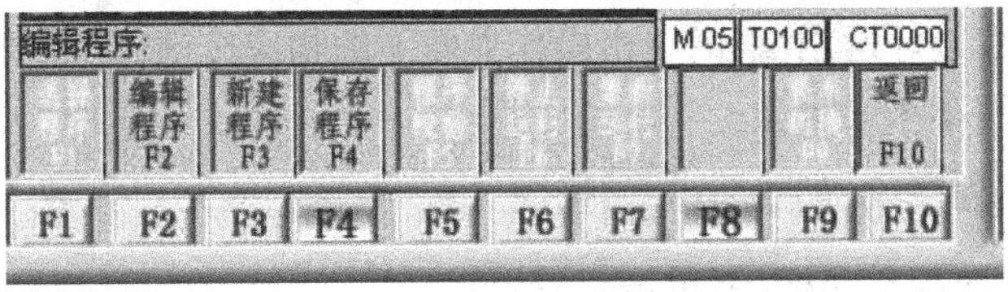

图 4.21 “编辑程序”界面

(4)单击 F3 按键(新建程序 F3),出现如图 4.22 所示的界面。

图 4.22 是“保存”还是“不保存”上一个程序界面

(5)前程序需要保存,就输入“Y”;不需要保存,就输入“N”,出现如图 4.23 所示的界面。

图 4.23 “输入新文件名”界面

(6)输入新程序的文件名:“O1000”,单击 Enter 按键,出现如图 4.24 所示的界面。

(7)运用鼠标,录入程序,如图 4.25 所示。

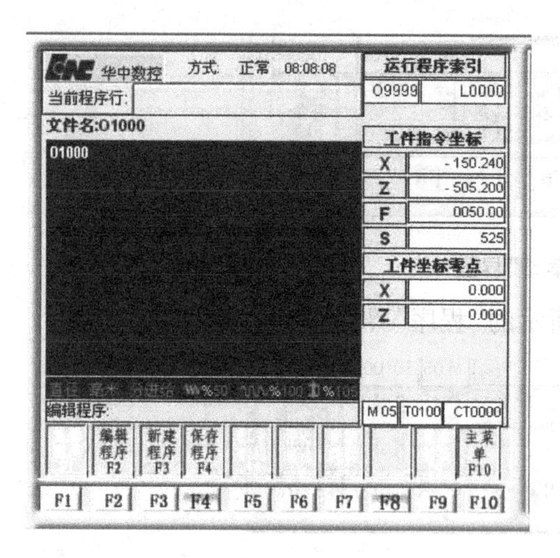

图 4.24 输入程序名为“O1000”的程序界面

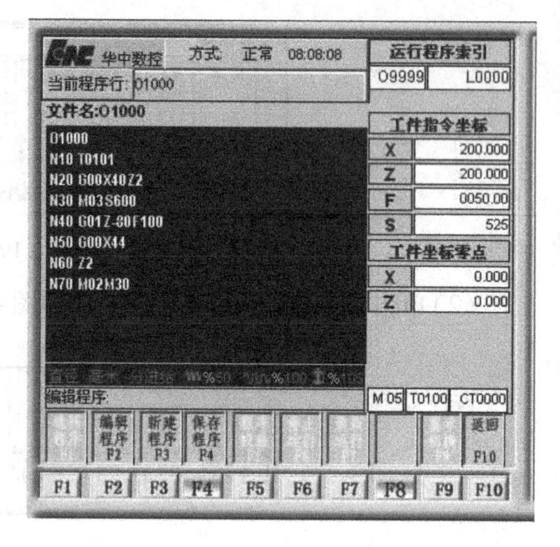

图 4.25 录入程序

提示：

●录入程序时，最好运用鼠标，单击操作界面上的相应按键，进行录入，不要使用键盘录入程序，因为数控车床无键盘。

●每输完一个程序段，都要单击Enter按键。

●程序中需要向后空一格，就单击SP按键。

●程序中需要向前一格，并删除前面一个字符，就单击BS按键。

●单击▲按键、▼按键、◀按键、▶按键，光标可向前、后、左、右移动。

(8)检查程序，确保输入无误。

(9)单击F4按键(保存程序F4按键)，出现如图 4.26 所示的“程序保存”界面。

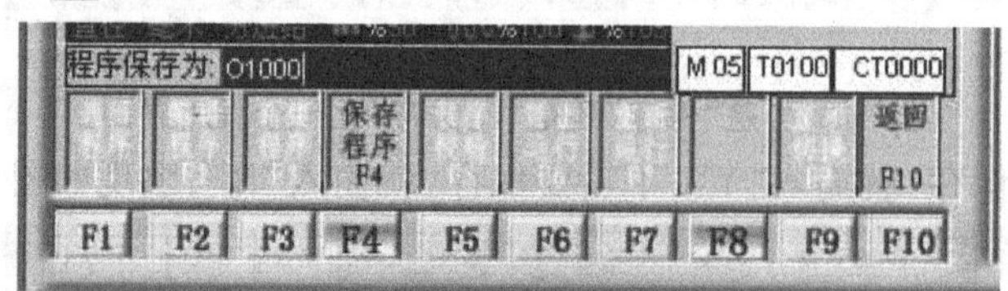

图 4.26 “程序保存”界面

(10)输入该程序文件的名称。本程序文件的名称为“O1000”，当然也可取其他名称，但必须是“O”加四位数字或字母。

(11)单击Enter按键。出现如图 4.27 所示的“保存成功”界面。

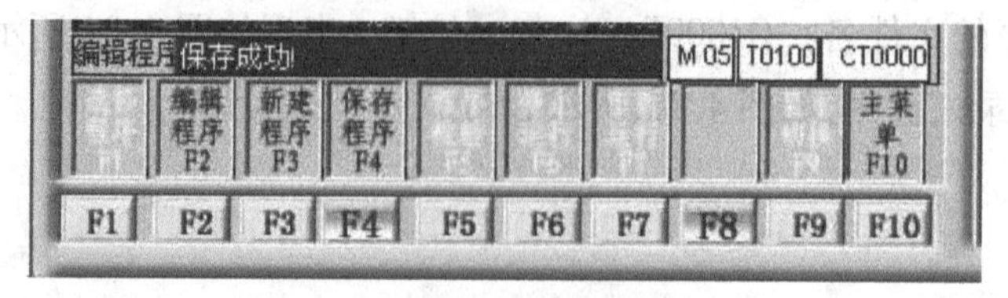

图 4.27 程序“保存成功”界面

(12)单击F10按键,返回图4.19所示的"主菜单"界面。

6. 对刀(输入刀偏值)

在"刀偏表"中输入"试切直径"和"试切长度"。

(1)进入"刀偏表"。其方法是:

①单击F10按键,进入图4.19所示的"主菜单"界面。

②单击F4按键(刀具补偿F4按键),出现如图4.28所示的"刀具补偿"界面。

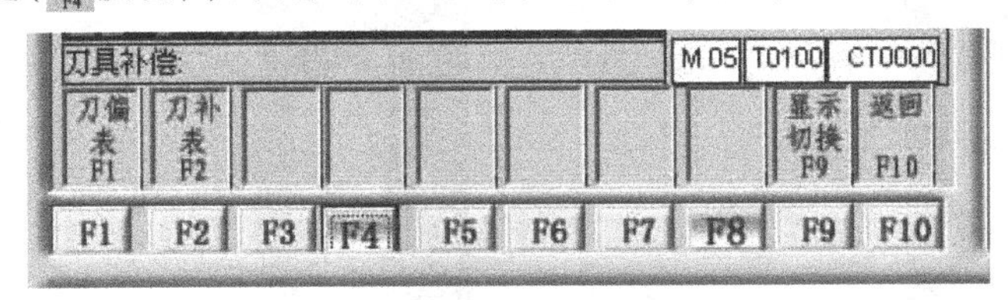

图4.28 "刀具补偿"界面

③单击F1按键(刀偏表F1按键),出现如图4.29所示的"绝对刀偏表"界面。

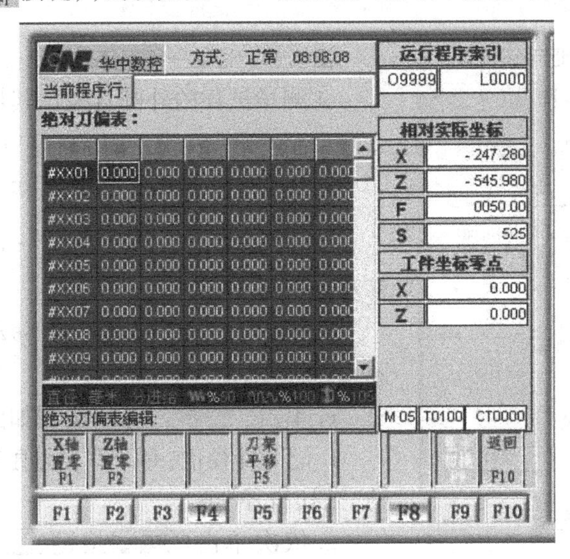

图4.29 "绝对刀偏表"界面

(2)在"刀偏表"中输入"试切直径",其方法是:

①单击▶按键,移到"直径"栏输入框,如图4.30所示。

②手动进给刀架。单击手动按键,单击-X按键、或+X按键、或-Z按键、或+Z按键,移动刀架,至刀尖将要靠近毛坯位置,如图4.31所示。

③增量进给车刀架,试切毛坯外圆。其步骤是:

a. 单击主轴正转按键,使主轴正向转动起来。

b. 单击增量按键,选择一个增量倍率,如选择0.1 mm,单击X100按键。

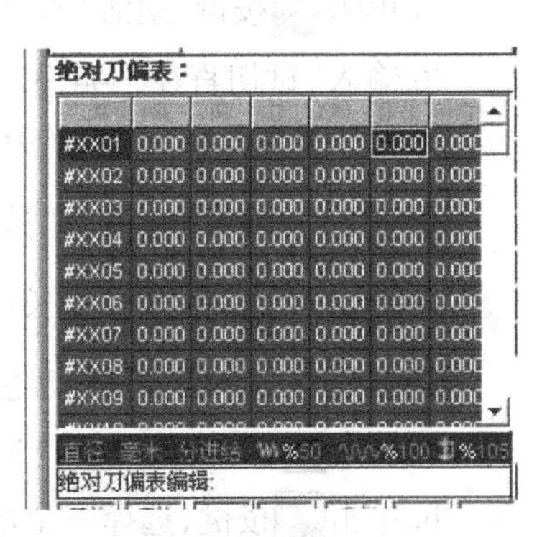

图4.30 移到"直径"栏

c. 单击-X按键、-Z按键，试切一段毛坯外圆，如图4.32所示。

d. 确保X轴不动，单击+Z按键，退出车刀，如图4.33所示。

e. 单击增量按键，使车床停止转动。

图4.31　刀尖至将要靠近毛坯位置

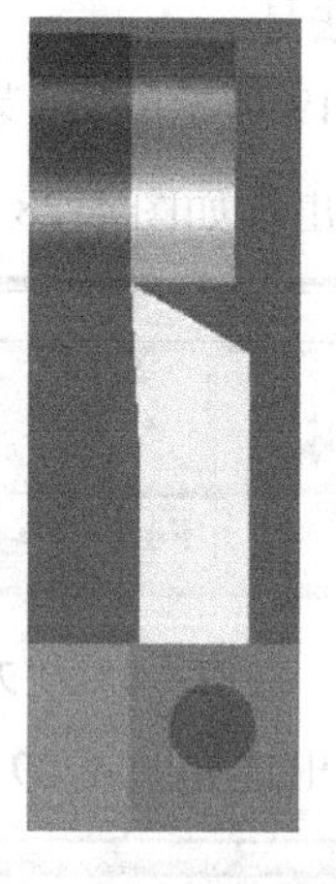

图4.32　试切一段毛坯外圆

图4.33　退出车刀

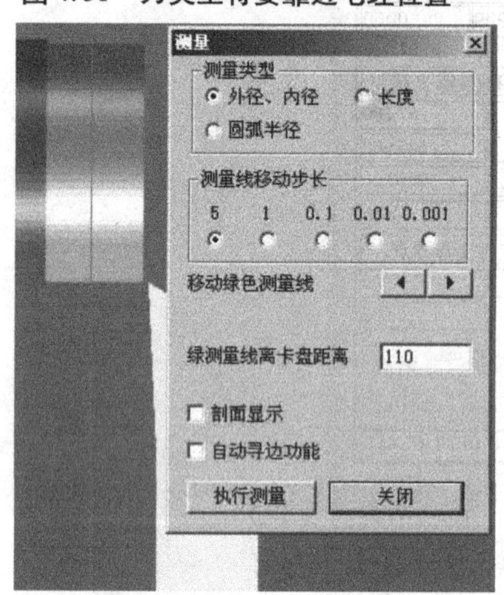

图4.34　"测量"对话框

④测量试切的外圆直径。其步骤是：

a. 单击按键，出现"测量"对话框。

b. 选择"测量类型"：外径、内径。

c. 选择"测量线移动步长"：5（当然也可选择其他移动步长）。

d. 单击▸按键或◂按键，移动测量线至试切处，如图4.34所示。

e. 单击执行测量按键，出现如图4.35所示的界面。

f. 记下外径值：44.32。此值为"刀偏表"中1号刀的"试切直径"值。

g. 依次单击确定按键、关闭按键，关闭"测量"对话框。

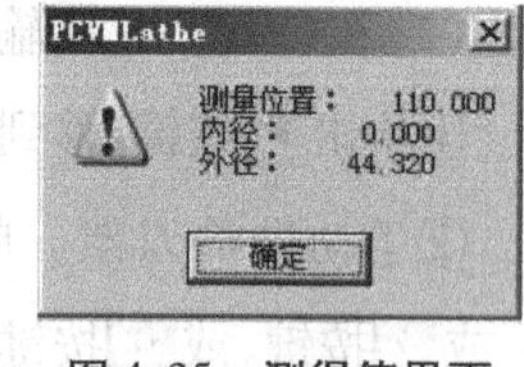

图4.35　测得值界面

⑤单击Enter按键，激活"直径"栏输入框，如图4.36所示。

⑥输入"试切直径"：44.32。

⑦单击Enter按键，"试切直径"输入完毕，如图4.37所示。

(3)在"刀偏表"中输入"试切长度"。其方法是：

①单击▶按键，移到"长度"栏输入框，如图4.38所示。

②增量进给车刀架，试切毛坯端面。其步骤是：

a. 单击主轴正转按键，使主轴正向转动起来。

b. 单击增量按键，选择一个增量倍率，如选择0.1 mm，单击X100按键。

c. 单击-X按键或-Z按键或+X按键、+Z按键，移动刀架，至车刀刀尖能够切削一小段端

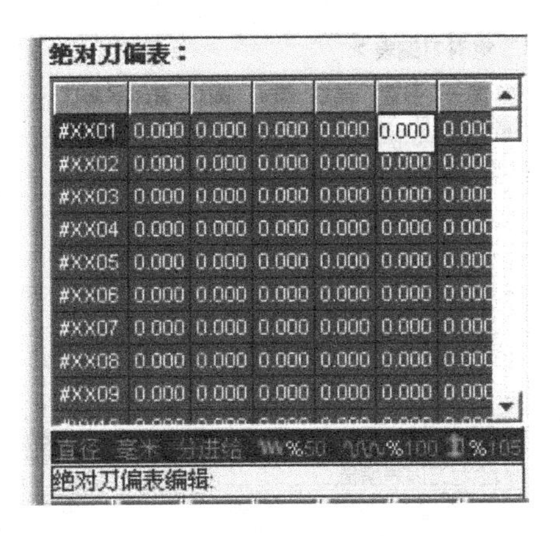

图 4.36 激活输入框

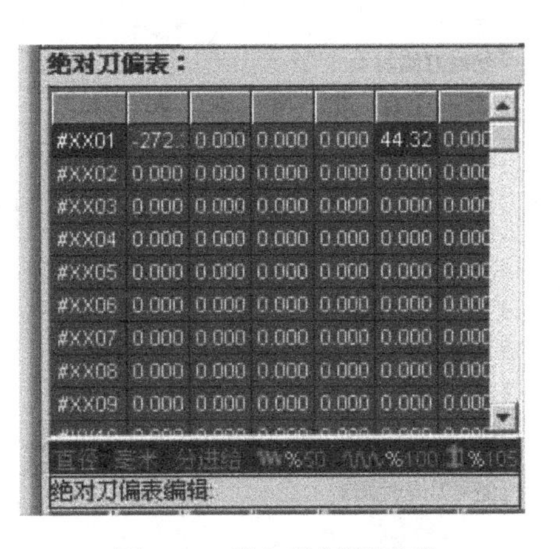

图 4.37 输入“试切直径”

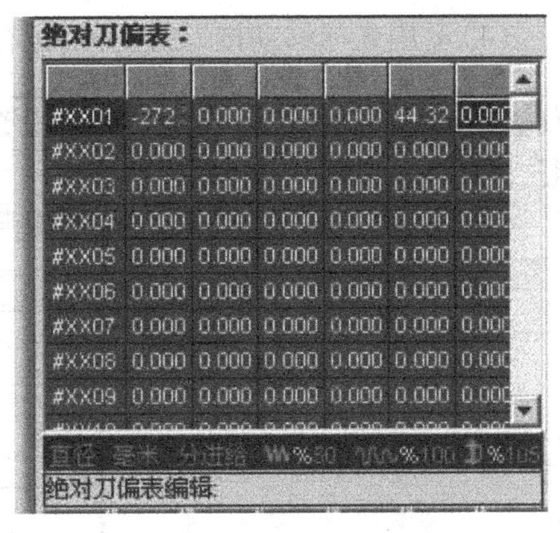

图 4.38 移到“长度”栏

面，如图 4.39 所示。

d. 单击 -X 按键，试切端面，如图 4.40 所示。

e. 确保 Z 轴不动，单击 +X 按键，退出车刀，如图 4.41 所示，试切长度为零。

f. 单击[illegible]按键，使车床停止转动。

③单击 Enter 按键，激活“长度”栏输入框，如图 4.42所示。

④输入“试切长度”:0。

⑤单击 Enter 按键，“试切长度”输入完毕，如图 4.43所示。

图 4.39 刀尖能够切削一小段端面

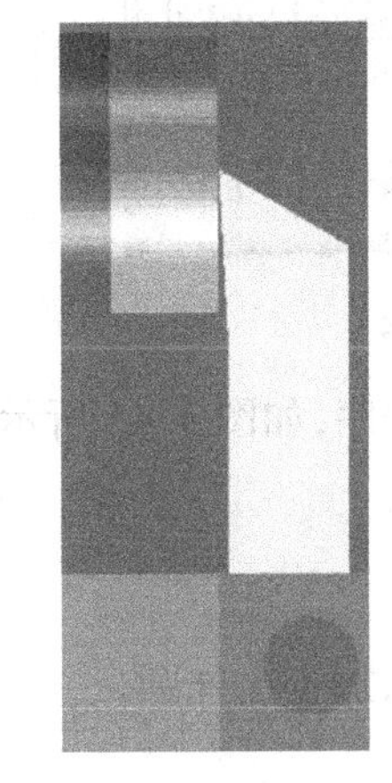

图 4.40 试切端面

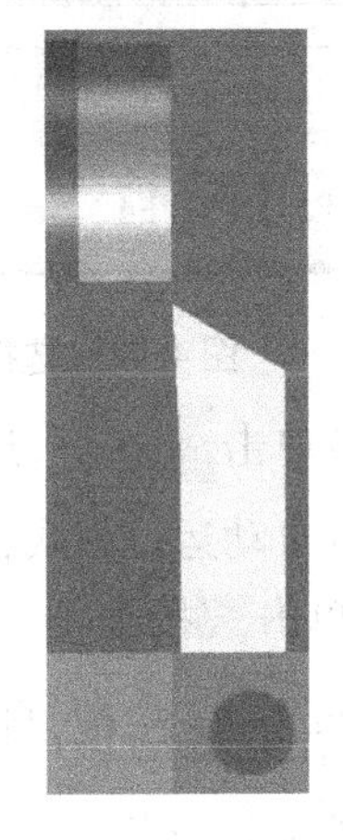

图 4.41 退出车刀

7. 运行程序，加工零件

(1)单击 F10 按键，回到如图 4.19 所示的“主菜单”界面。

(2)单击 F1 按键，出现如图 4.20 所示的“程序”界面。

(3)单击 F1 按键，出现如图 4.44 所示的界面。

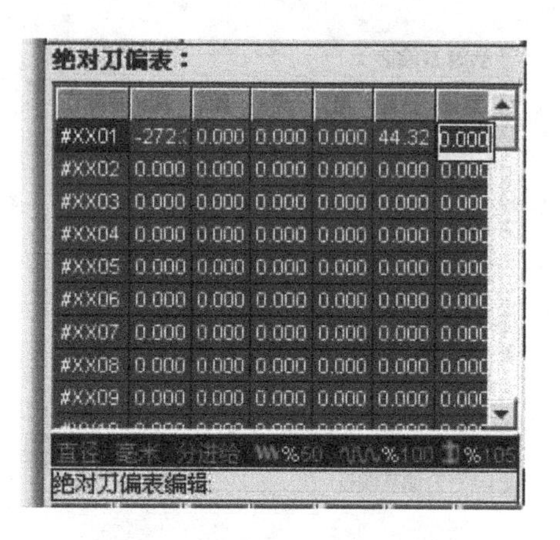

图 4.42　激活“长度”栏输入框

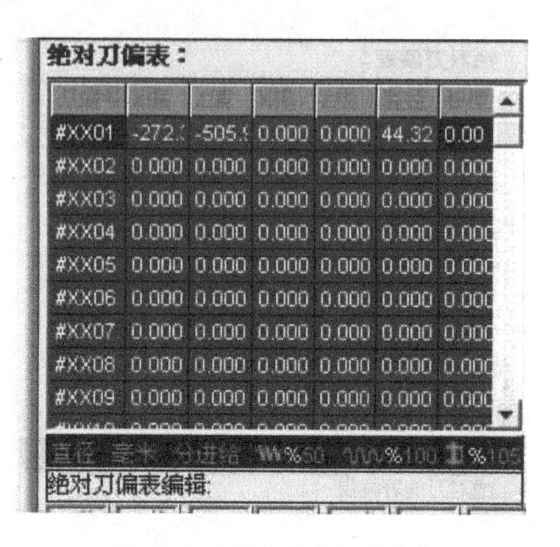

图 4.43　输入“试切长度”

(4)运用光标移动按键,选择要运行的程序(白色为要选中的程序)。

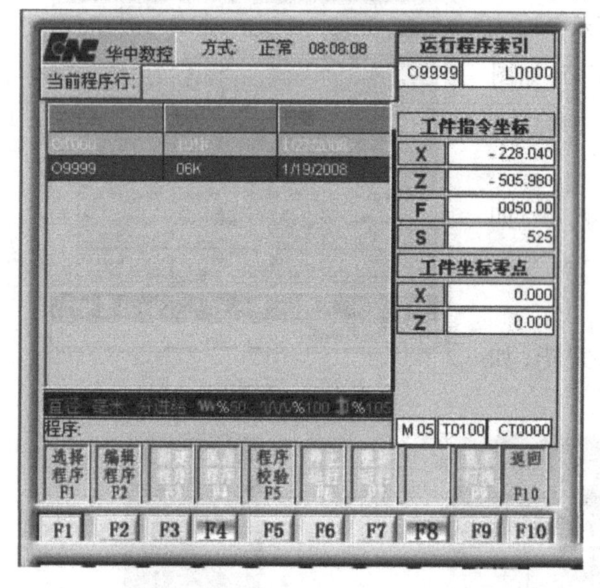

图 4.44　选择要运行的程序

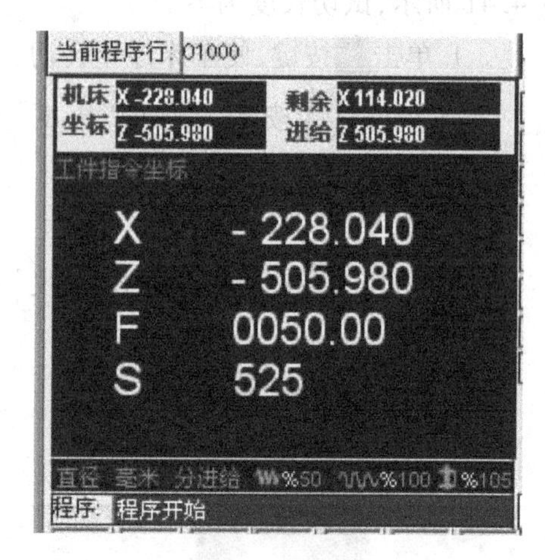

图 4.45　选中运行的程序

(5)单击 Enter 按键,选中运行的程序,如图 4.45 所示。

(6)自动运行方式,其步骤如下:

①单击 自动 按键。

②单击 循环启动 按键,自动运行程序,加工出外圆。

提示:

●在“主菜单”界面中,单击 F9 按键(显示切换 F9 按键),可在如图 4.46、图 4.47、图 4.48 所示的界面之间切换。

(7)单段运行方式,其步骤如下:

①在“主菜单”界面中,单击 F9 按键(显示切换 F9 按键),切换到运行的程序界面,如图 4.48 所示。

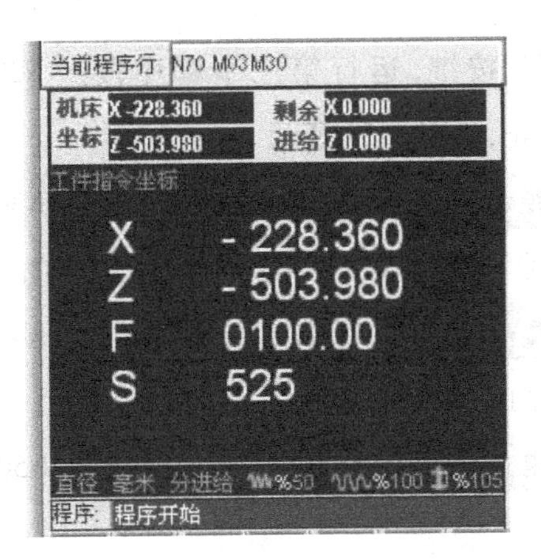

图 4.46　"当前坐标系"界面

图 4.47　"坐标系"界面

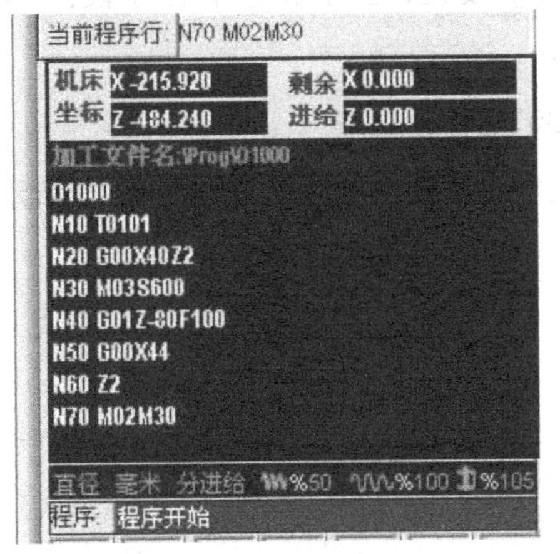

图 4.48　"运行程序"界面

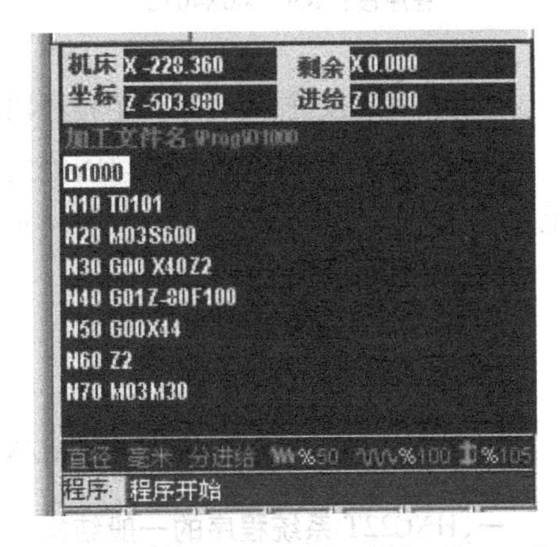

图 4.49　单段运行第一个程序段:"O1000"

②单击单段按键。

③单击循环启动按键,运行第一个程序段:"O1000"后停止,如图 4.49 所示。

④单击循环启动按键,运行第二个程序段:"N10 T0101"后停止,如图 4.50 所示。

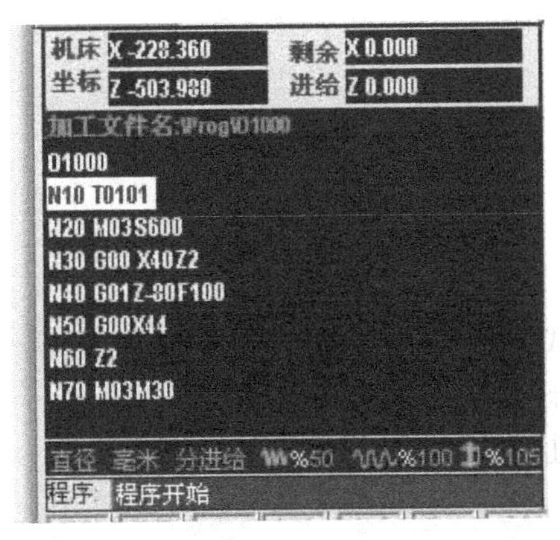

图 4.50　单段运行第二个程序段:"N10 T0101"

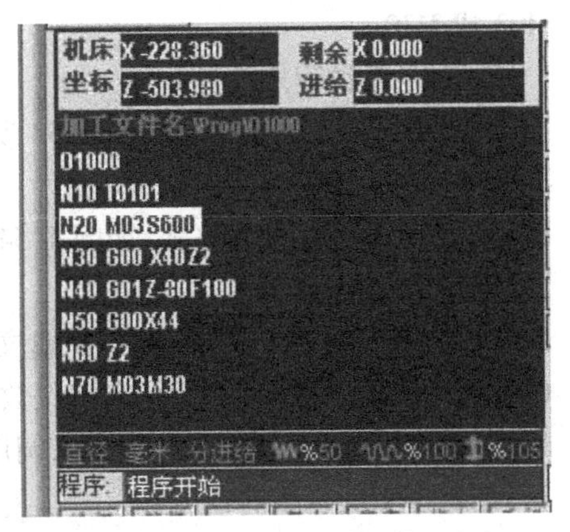

图 4.51　单段运行第三个程序段:"N20 M03S600"

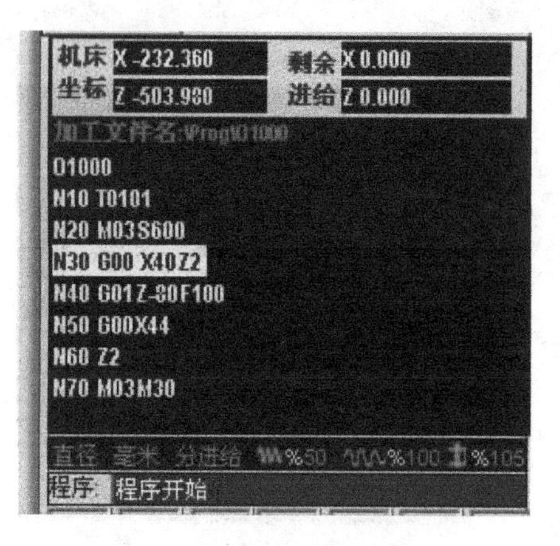

图4.52 单段运行第四个程序段:"N30 G00X40Z2"

⑤单击 按键,运行第三个程序段:"N20 M03S600"后停止,如图4.51所示。

⑥单击 按键,运行第四个程序段:"N30 G00X40Z2"后停止,如图4.52所示。

⑦单击 按键,运行第五个程序段:"N40 G01Z-80"后停止。

⑧单击 按键,运行第六个程序段:"N50 G00X44"后停止。

⑨单击 按键,运行第七个程序段:"N60 G00Z2"后停止。

⑩单击 按键,运行第八个程序段:"N70 M03M30"后停止。

【自己动手4-13】 在CZK-HNC22T系统中,加工零件外圆。零件图样如图4.12所示。毛坯尺寸为长度是160 mm直径是44 mm,参考程序见表4.1。要求分别:

(1)空运行该程序。

(2)自动运行该程序。

(3)单段运行该程序。

课题三 CZK-HNC22T系统程序的处理

一、HNC22T系统程序的一般结构

HNC22T系统的零件程序必须包括起始符和结束符。

1. HNC22T系统程序的起始符

"%"或"O"符,"%"或"O"符后跟程序号,如:O1000,前面的"O"为程序起始符,后面的为程序号"1000"。

2. HNC22T系统程序程序的结束符

M03或M30

3. HNC22T系统程序的结构

HNC22T系统程序的结构,如图4.53所示。

4. HNC22T系统程序段的格式

HNC22T系统程序段的格式,如图4.54所示。

二、程序的文件名

CNC装置可以装入许多文件,以磁盘文件的方式读写,文件名格式为:

O××××(地址O后面必须有四位数字或字母)。

华中系统通过调用程序的文件名来调用程序,进行加工或编辑。

三、新建程序及程序的输入

见本项目的"课题二"。

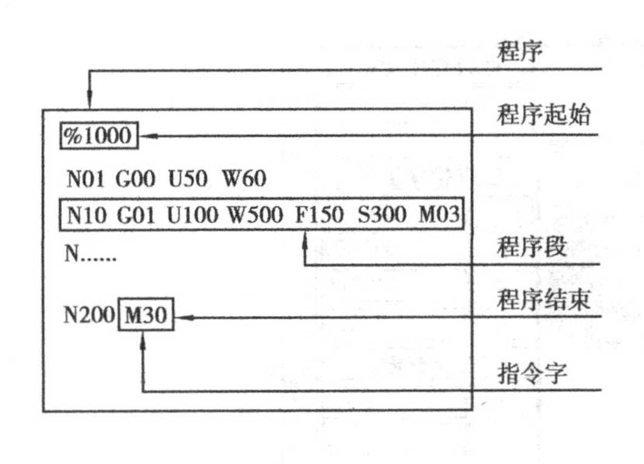

图 4.53　HNC22T 系统程序的结构

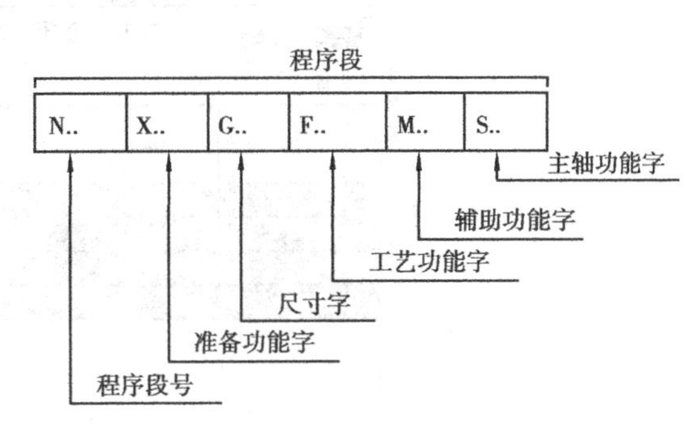

图 4.54　HNC22T 系统程序段的格式

四、程序的调用、修改

调用一个程序，进行修改，以本项目"课题二"中的程序"O1000"为例进行讲解。

1. 程序的调用

调用名为"O1000"的程序。

(1) 单击 F10 按键，进入图 4.19 所示的"主菜单"界面。

(2) 在"主菜单"界面中，单击 F1 按键（选择程序 F1 按键），出现如图 4.55 所示的"程序选择"界面。界面中有五个程序，可供选择，选择程序：O1000。

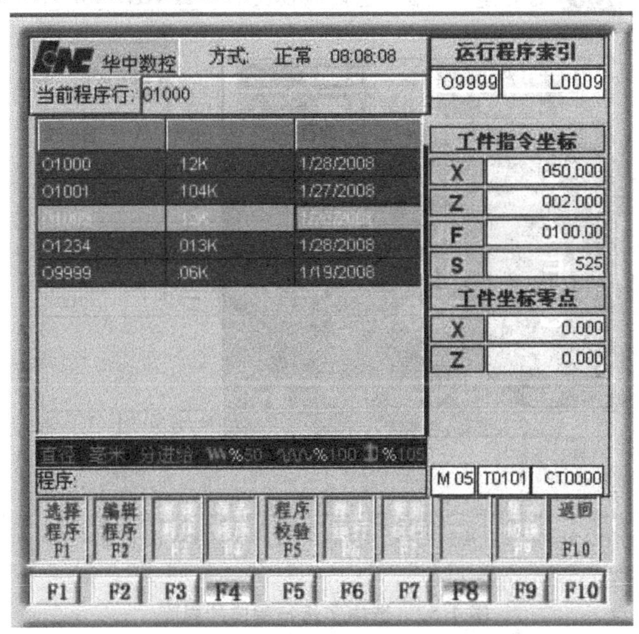

图 4.55　"程序选择"界面

(3) 运用光标移动按键，移动光标至选择要运行的程序：O1000（白色为选中的程序），如图 4.56 所示。

(4) 单击 Enter 按键，选中运行的程序，如图 4.57 所示。

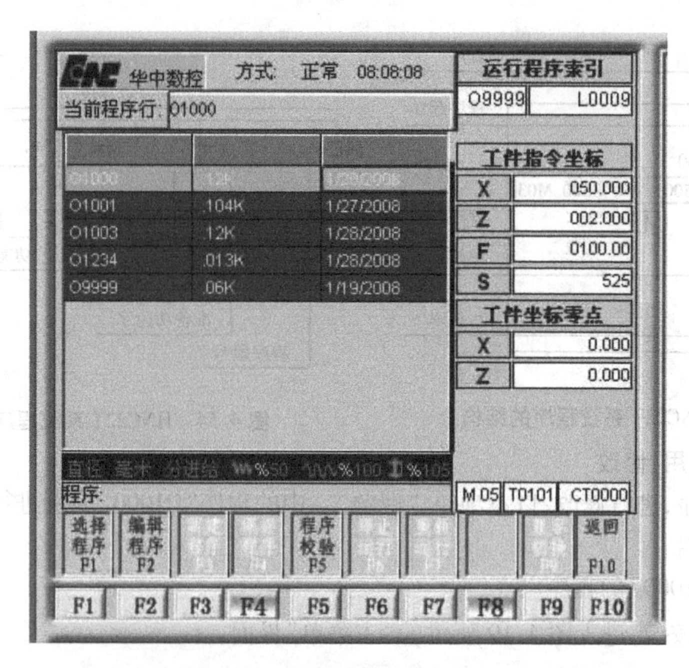

图 4.56 选择要运行的程序:O1000(白色为选中的程序)

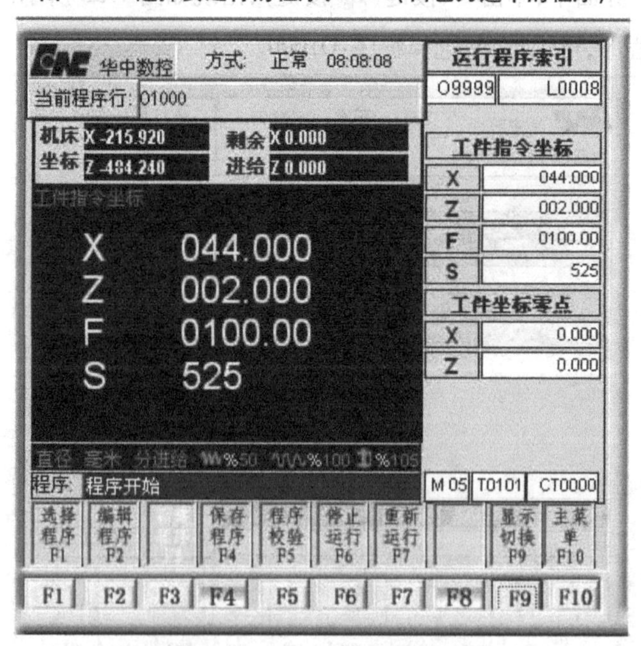

图 4.57 选中了运行程序的界面

(5)单击F9按键(显示切换F9按键),切换到运行的程序界面,如图 4.58 所示。

(6)单击F2按键(编辑程序F2按键),如图 4.59 所示。

2. 程序的修改

名为"O1000"的程序调入后,就可对该程序进行修改。

(1)如要把程序段"N20 G00X40Z2"改为"N20 M03S500",其方法为:

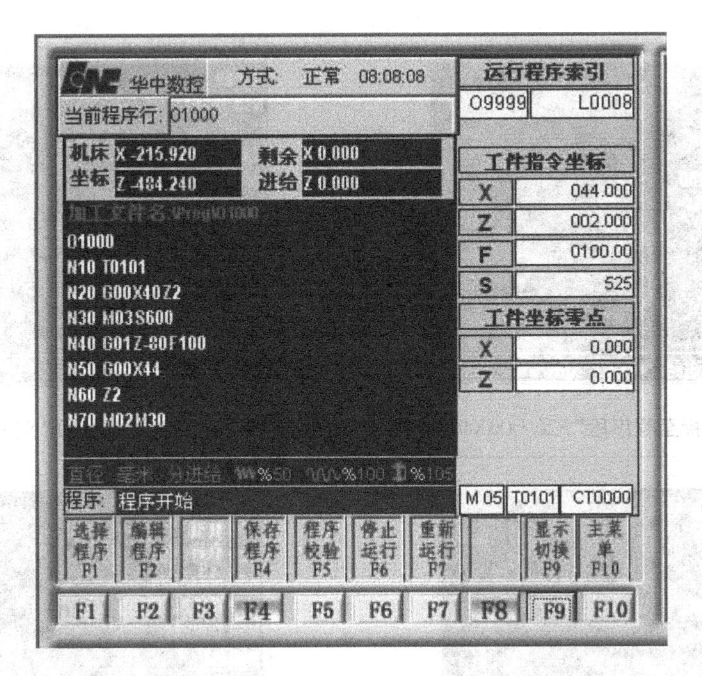

图 4.58　切换到运行的程序界面(O1000)

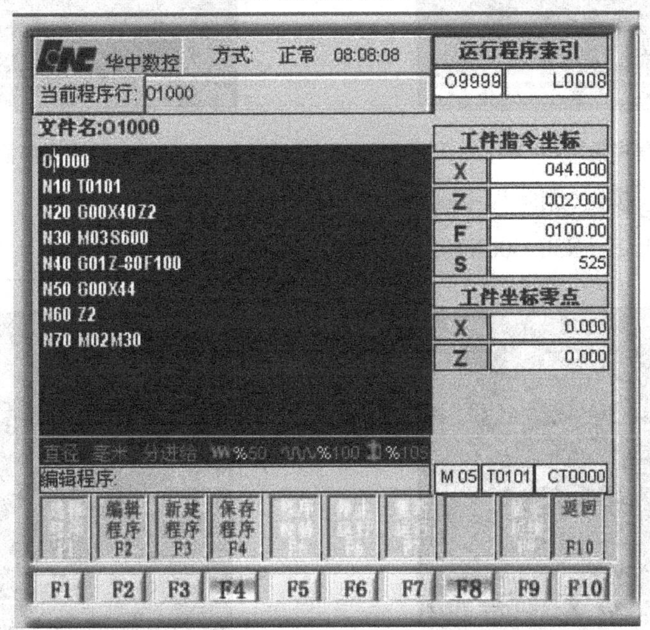

图 4.59　修改程序的界面(注意:与图 4.58 相比,有光标)

①运用光标移动按键,移动光标至程序段“N20 G00X40Z2”尾,如图 4.60 所示。

②连续单击 BS 按键,删除程序段“N20 G00X40Z2”,如图 4.61 所示。

③直接输入程序段“N20 M03S500”,如图 4.62 所示。

(2)如要把程序段“N30 M03S600”改为“N30 G00X40Z2”,其方法为:

①运用光标移动按键,移动光标至程序段“N30 M03S600”首,如图 4.63 所示。

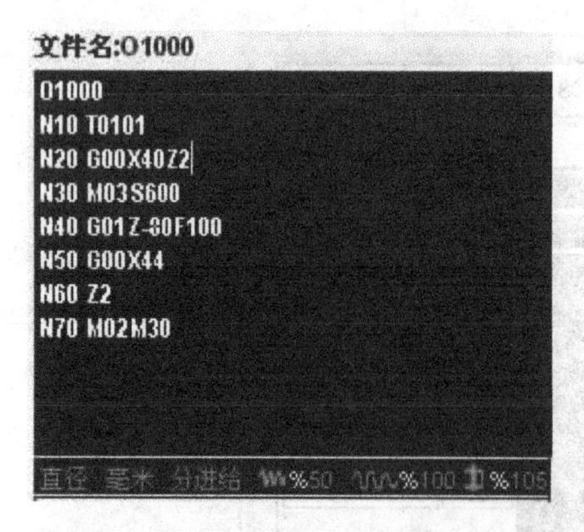

图 4.60　移动光标至程序段“N20 G00X40Z2”尾

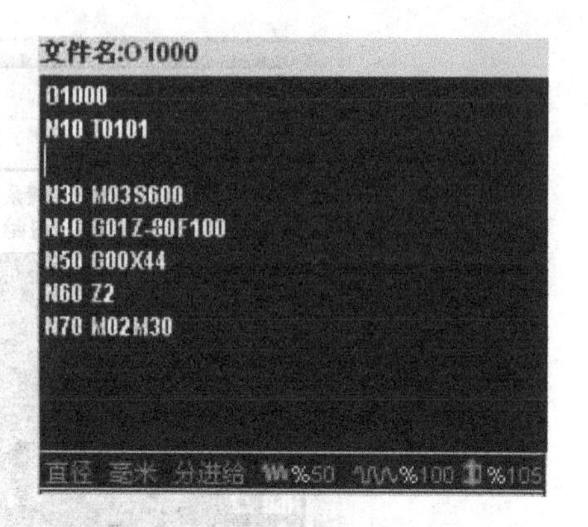

图 4.61　删除程序段“N20 G00X40Z2”

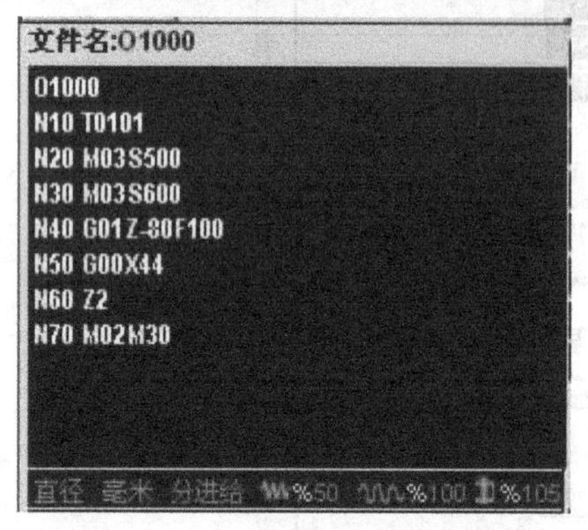

图 4.62　输入程序段“N20 M03S500”

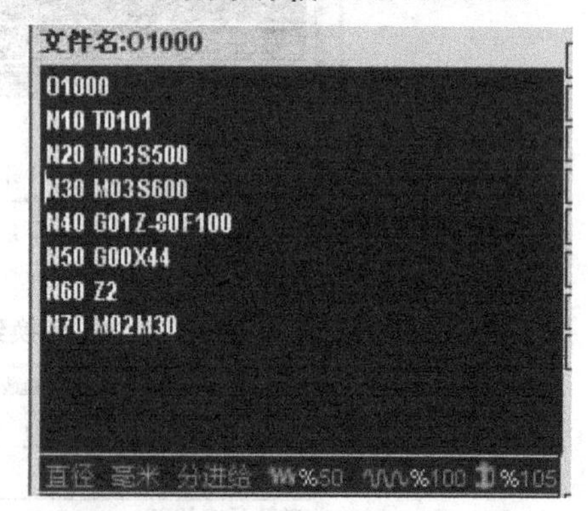

图 4.63　移动光标至程序段“N30 M03S600”首

②连续单击 Del 按键，删除程序段“N30 M03S600”，如图 4.64 所示。

③直接输入程序段“N30 G00X40Z2”，如图 4.65 所示。

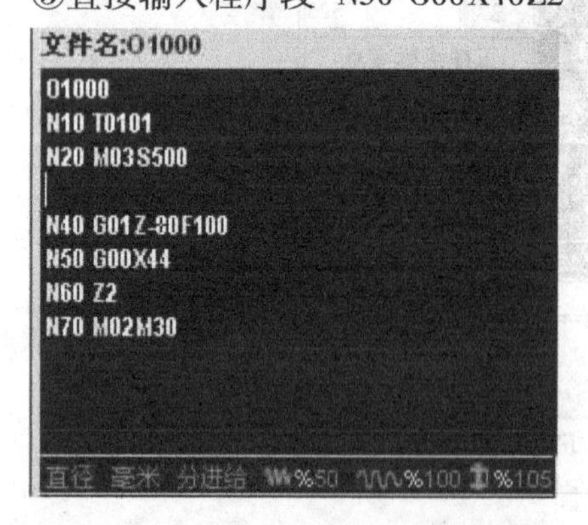

图 4.64　删除程序段“N30 M03S600”

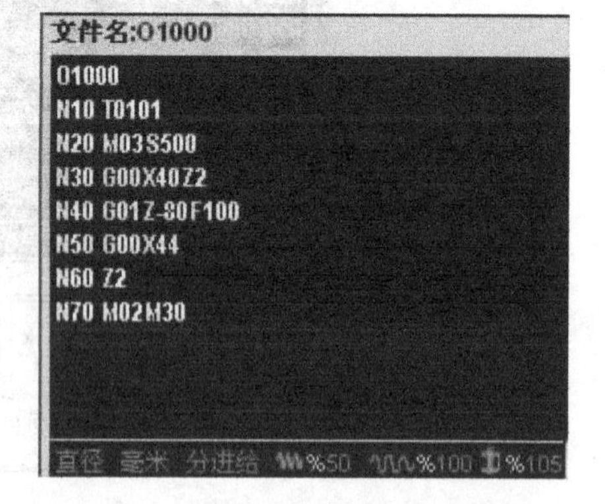

图 4.65　输入程序段“N30 G00X40Z2”

(3)插入程序段。如要在程序段“N50”与程序段“N60”之间插入程序段“N55 X50 ” 其方法为:

①运用光标移动按键，移动光标至程序段“N50 G00X44”尾。

②单击 Enter 按键。程序段“N50”与程序段“N60”之间，就空出一行，如图 4.66 所示。

③直接输入程序段“N55 X50”，如图 4.67 所示。

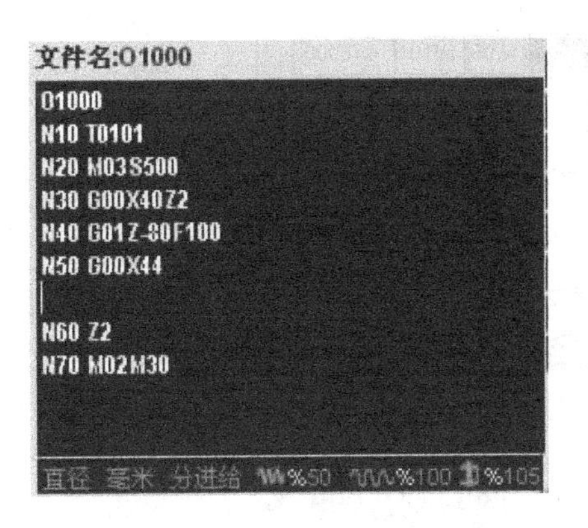

图 4.66 “N50”与“N60”之间,空出一行

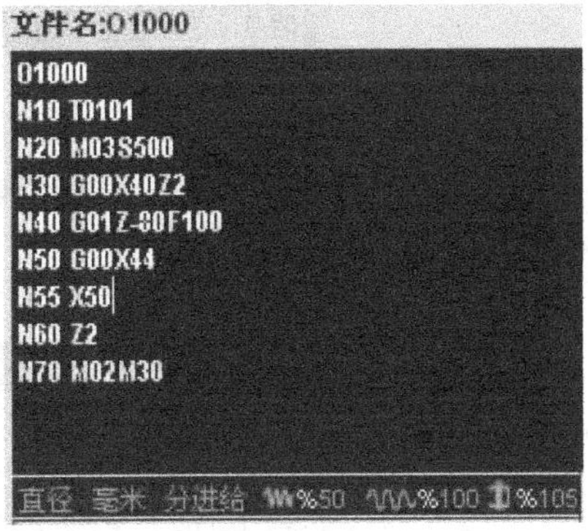

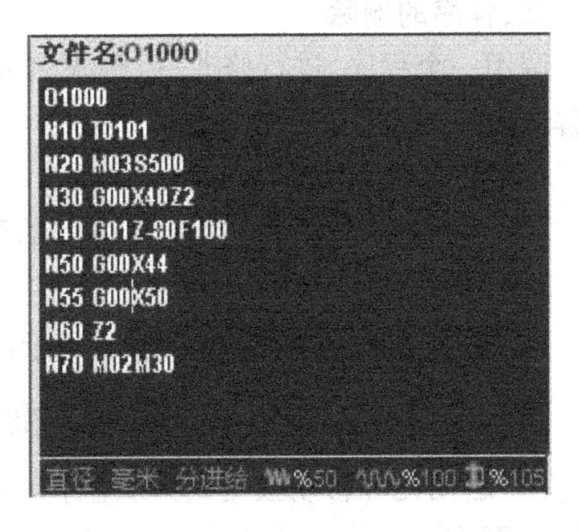

图 4.67 输入程序段“N55 X50”

(4)插入程序字。如要在程序段“ N55 X50”中的“N55”与“X50” 之间插入程序字“G00”,其方法为:

①运用光标移动按键,移动光标至“N55”与“X50” 之间,如图 4.68 所示。

②直接输入程序字“G00”,如图 4.69 所示。

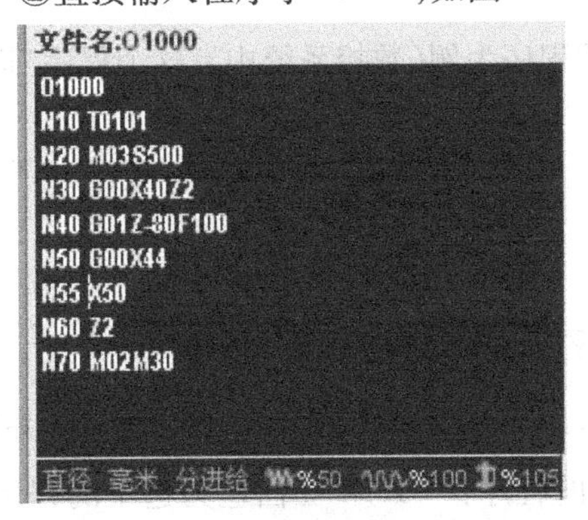

图 4.68 移动光标至“N55”与“X50” 之间

图 4.69 输入程序字“G00”

3. 保存程序

程序修改完后(或输入完程序后)检查程序,确保程序无误后(如有错,按上述方法修改),就要保存程序。其方法为:

(1)单击F4按键(保存程序F4按键),出现如图 4.70 所示的界面。

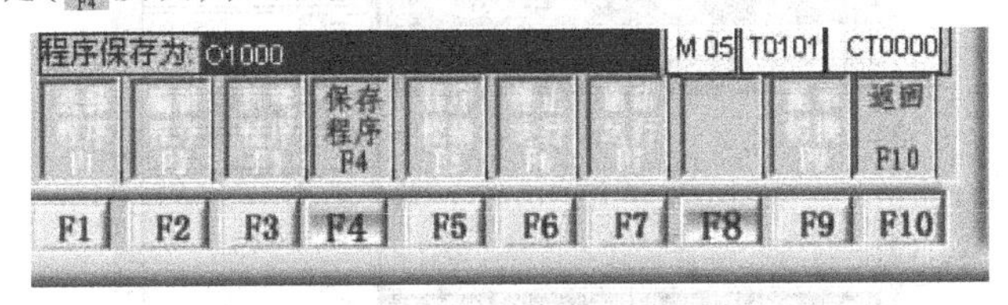

图 4.70 “保存程序”界面

(2)如果需要改动程序文件名,就:

①连续单击BS按键,删除原程序文件名,如图 4.71 所示。

②输入新的程序文件名,如 O1003(不要与已有的程序文件名相同)。

③单击Enter按键,出现如图 4.72 所示的界面。

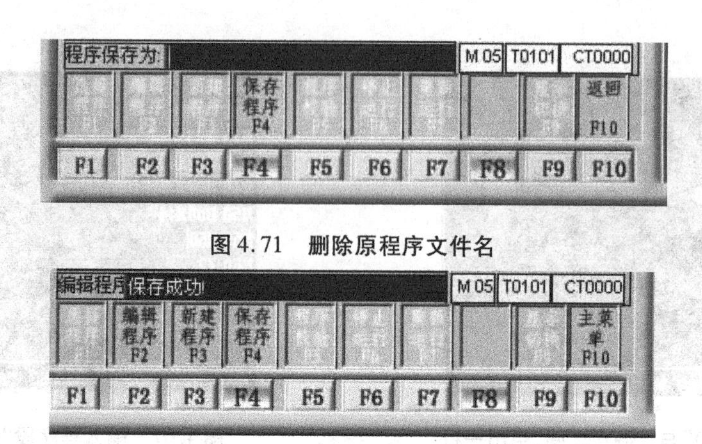

图 4.71　删除原程序文件名

图 4.72　程序“保存成功”界面

(3)如果不需要改动程序文件名,直接用原程序文件名,就直接单击Enter按键,出现如图4.72所示的界面。

五、程序的删除

调用一个程序,进行修改,以删除名为“O1234”的程序为例(数控系统中有这个程序)进行讲解。如图4.55所示。

1. 程序的调用

运用所学知识,调用名为“O1234”的程序。

2. 程序的删除

(1)单击F10按键,进入图4.19所示的“主菜单”界面。

(2)在“主菜单”界面中,单击F1按键(选择程序F1按键),出现如图4.55所示的“程序选择”界面。

(3)运用光标移动按键,移动光标至选择要删除的程序:“O1234”(白色为选中的程序),如图4.73所示。

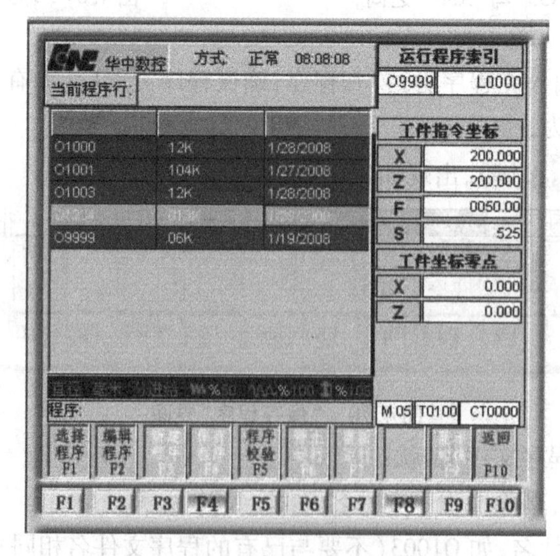

图 4.73　选择要删除的程序:“O1234”

(4)单击 Del 按键,出现如图 4.74 所示删除文件界面。

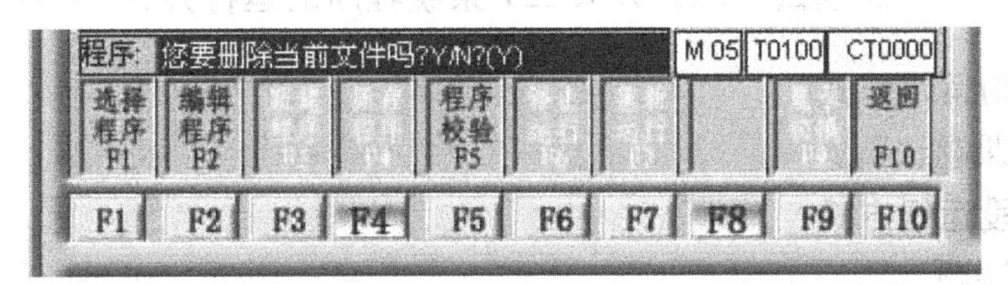

图 4.74 删除文件界面

(5)确认是否需要删除,如果确实要删除,输入“Y”,(没有“回车”步骤),删除了文件“O1234”,如图 4.75 所示。当然如果不需要删除,就输入“N”(没有“回车”步骤)。

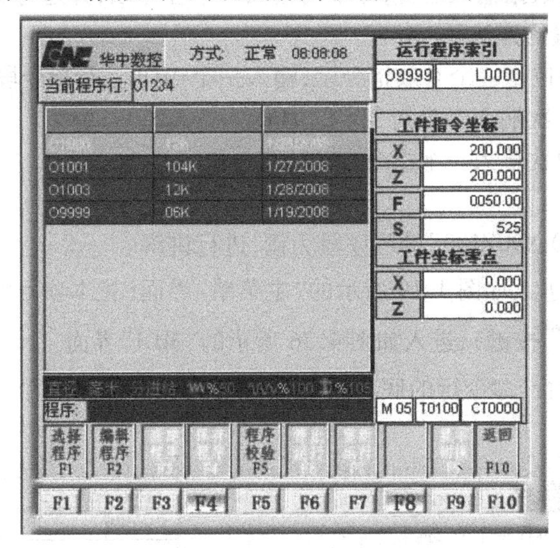

图 4.75 删除了文件“O1234”

【自己动手 4-14】 在 CZK-HNC22T 系统中,新建一个名为“O5000”的程序,并输入程序内容:

%0006

N10 G92X180Z44

N20 G36 G01 X20Z0

N30 X50Z-160

N40 G00 X180Z44

N50 M30

【自己动手 4-15】 在上例中的程序段“N10”和程序段“N20”之间,插入程序段“N15 T0101”,并以新文件名“O5001”保存修改后的文件。

【自己动手 4-16】 在上例中的程序段“N30”中,间插入程序字“G01”,并以新文件名“O5002”保存修改后的文件。

【自己动手 4-17】 新建一个名为“O5003”的程序文件,并删除该文件。

课题四　CZK-HNC22T 系统程序的运行方式

一、程序的自动运行方式

见本项目的“课题二”。

二、程序的单段运行方式

见本项目的“课题二”。

三、MDI 运行方式

1. MDI 的含义

MDI 的含义是手动数据输入运行,即手动输入一个程序段,并运行。

2. 输入 MDI 指令段的方法

MDI 输入的最小单位是一个有效指令字,输入一个 MDI 运行指令段的方法有两种:

(1)一次输入:即一次输入多个指令字的信息。

(2)多次输入:即每次输入一个指令字的信息。

3. MDI 的操作

以输入并执行“G00 X90Z100”的程序段为例,进行讲解。

(1)单击 F10 按键,进入如图 4.19 所示的“主菜单”界面(见本项目的“课题二”)。

(2)单击 F3 按键(MDI F3 按键),进入如图 4.76 所示的“MDI”界面。

MDI 的右边为命令行,命令行的底色为绿色。可输入并执行一个 G 代码指令段,即 MDI 运行。

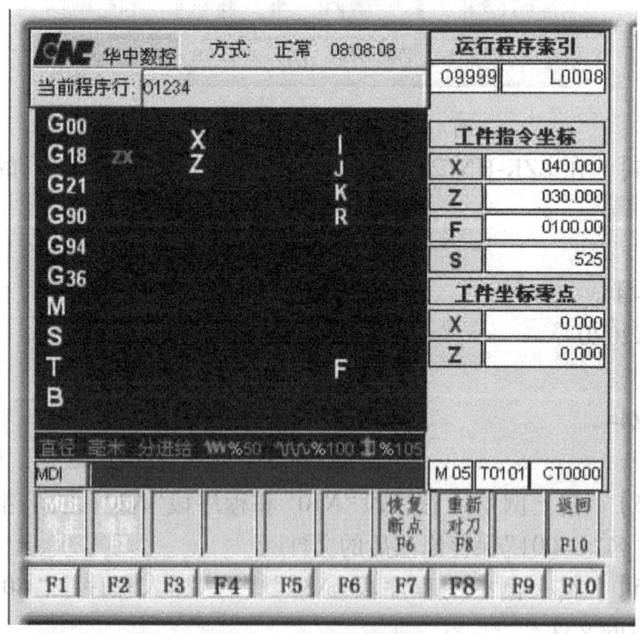

图 4.76 “MDI”界面

提示：

●自动运行过程中，不能进入 MDI 运行方式，可在“进给保持”后进入。

(3)一次输入。其方法是：

①直接输入“G00 X90Z100”程序段，如图 4.77 所示。

②单击Enter按键，出现如图 4.78 所示的界面。界面显示窗口内的关键字 G，X，Z 的值分别变为 00，90，100。

(4)多次输入，其方法是：

①输入“G00”，单击Enter按键，如图 4.79 所示。

②输入“X90”，单击Enter按键，如图 4.80 所示。

③输入“Z100”，单击Enter按键，如图 4.81 所示。

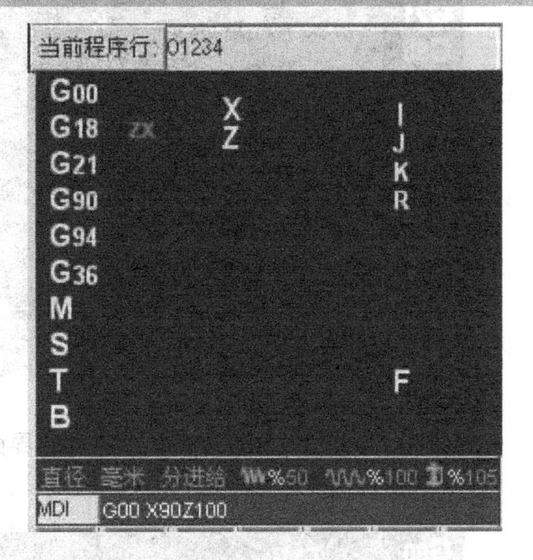

图 4.77　直接输入“G00 X90Z100”

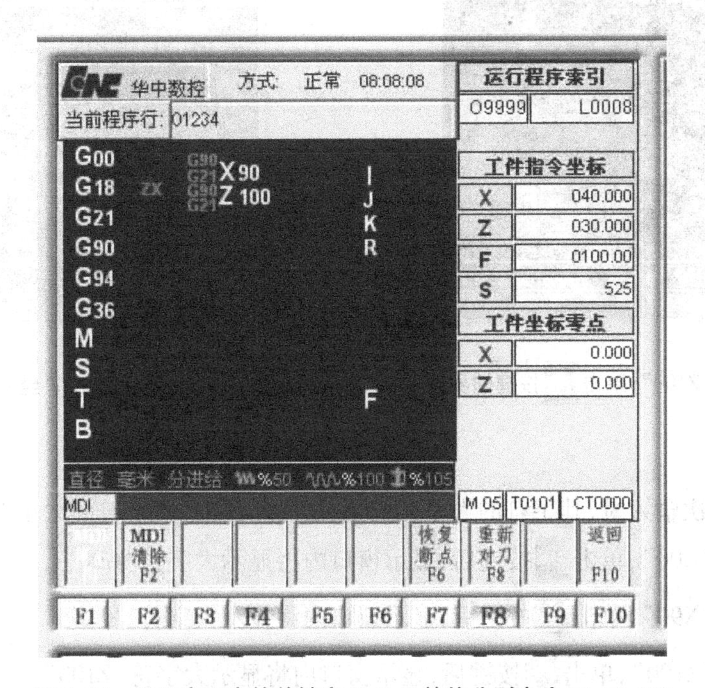

图 4.78　显示窗口内的关键字 G，X，Z 的值分别变为 00，90，100

(5)运行 MDI 程序段。输完 MDI 指令：“G00 X90Z100”后，依次单击自动按键、循环启动按键，系统开始运行所输入的 MDI 指令：“G00 X90Z100”。显示屏上的 X，Z 坐标分别变为 90，100，如图 4.82 所示(注意观看车刀的运动)。

(6)如果输入的 MDI 指令信息不完整或存在语法错误，系统会提示相应的错误信息，此时系统不能运行 MDI 指令。

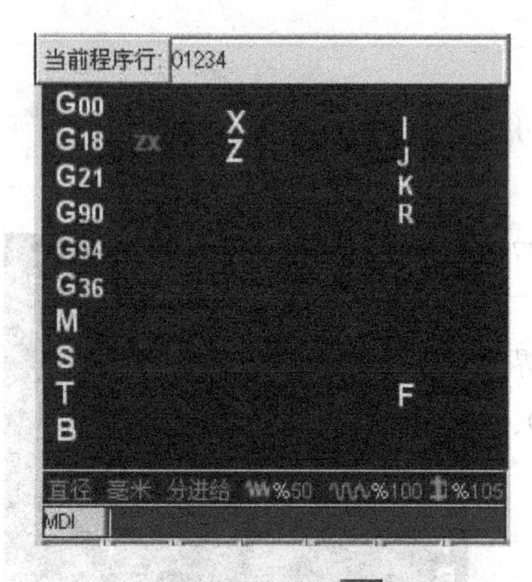

图 4.79　输入“G00”,单击Enter按键的界面

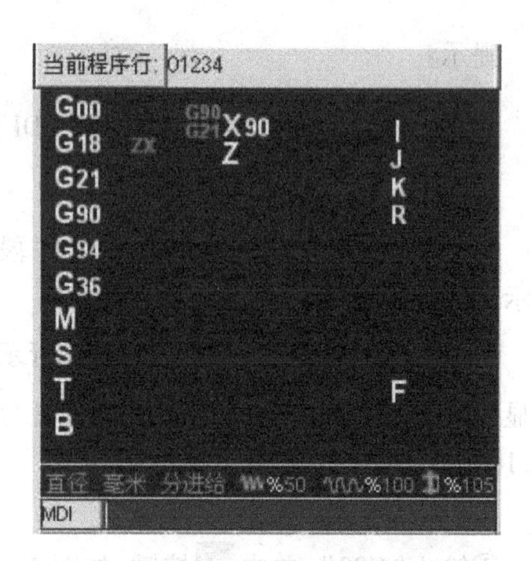

图 4.80　输入“X90”,单击Enter按键的界面

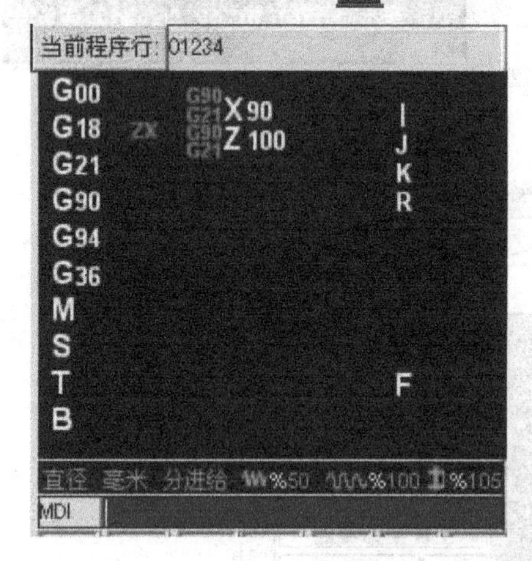

图 4.81　输入“Z100”,单击Enter按键的界面

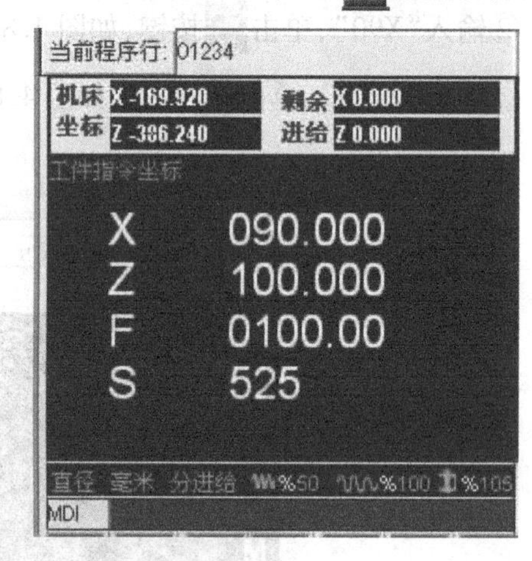

图 4.82　显示屏上的 X,Z 坐标分别变为 90,100

提示:

●仿真多次输入时,其字符的大小无变化,实际车床上,其字符的大小有变化:

(1)输入“G00”,单击Enter按键后,显示窗口内将显示大字符“G00”。

(2)输入“X90”,单击Enter按键后,显示窗口内将显示大字符“X90”。

(3)输入“Z100”,单击Enter按键后,显示窗口内将显示大字符“Z100”。

四、MDI 指令字的修改、删除

1. MDI 指令字的修改

(1)在输入时的修改。在输入指令时,可直接在命令行中观看输入的内容,在单击Enter按键之前,如发现输入错误,可运用BS按键、◀按键、▶按键,进行编辑。在单击Enter按键之后,系统发现输入错误,会提示相应的信息。

(2)在运行 MDI 指令段前的修改。在运行 MDI 指令段前,如果要修改已输入的某一指令字,可直接在命令行中输入相应的指令字符及数字。如要把已输入的“X90”改为“X120”,可直接在命令行中输入“X120”后,单击Enter按键就行。

2. MDI 指令字的清除

输完 MDI 数据并单击Enter按键后,会出现如图 4.78 所示的界面。单击F2按键(MDI清除F2),可清除当前输入的所有指令字数据。

【自己动手 4-18】 采用 MDI 方式,输入并运行程序段“G01X100Z120”。

任务二 HNC22T 系统编程指令及其编程

课题一 HNC22T 系统编程初步

一、HNC22T 系统指令字符

HNC22T 系统数控程序段中包含的主要指令字符,见表 4.2 所示。

表 4.2 HNC22T 系统的主要指令字符的含义

机 能	地 址	含 义
零件程序号	%(或 O)	程序编号:%1-4294967295
程序段号	N	程序段号:N0-4294967295
准备机能	G	指令动作方式(直线、圆弧):G00-G99
尺寸字	X、Y、Z A、B、C U、V、W	坐标轴的移动命令 ±99999.999
	R	圆弧半径,固定循环的参数
	I、J、K	圆心相对于起点的坐标,固定循环的参数
进给速度	F	进给速度的指定:F0-F24000
主轴机能	S	主轴旋转速度的指定:S0-9999
刀具机能	T	刀具编号的指定:T0-99
辅助机能	M	机床开/关控制的指定:M0-99
补偿号	D	刀具半径补偿号的指定:00-99
暂停	P、X	暂停时间的指定:秒
程序号的指定	P	子程序的指定:P1-4294967295
重复次数	L	子程序的重建次数,固定循环的重复次数
参数	P、Q、R、U、W、I、K、C、A	车削复合训环参数
倒角控制	C、R	

二、几个常用指令含义简述

每个完整的数控程序,都要使用表4.1参考程序中的指令(见任务一),所以先来看看他们的含义。

1. T0101

"T"是刀具功能地址字,其中:

(1)"T"后面的第一个"01"代表刀具号码,即第一把车刀。

(2)"T"后面的第二个"01"代表第一把车刀的补偿号码。

(3)当程序执行到"T0101"时,选择第一把车刀和第一把车刀的补偿值。

2. M03、M02、M30

"M"是辅助功能地址字,其中:

(1)"M03"表示主轴正转,即当程序执行到"M03"时,主轴正转起来。

(2)"M02"表示主轴停,即当程序执行到"M02"时,主轴停止转动。

(3)"M30"表示主程序结束并复位,即当程序执行到"M30"时,结束主程序的运行,并返回到主程序首行。

3. S600

"S"是主轴功能地址字,"S600"表示主轴的转速为600 r/min,即当程序执行到"S600"时,主轴的转速是600 r/min(当主轴修调为100%时)。

4. G00、G01

"G"是准备功能地址字,其中:

(1)"G00"是快速点定位指令,即当程序执行到"G00"时,车刀按快速进给速度运行。

(2)"G01"是直线插补指令,即当程序执行到"G01"时,车刀直线和斜线运动。

理解了以上指令的初步含义,就可已编一些简单的程序,至于这些指令的详细含义及用法将在本项目任务二中逐步讲解。

【想一想4-1】 T0101、M02、M03、M30、S600、G00、G01的含义

课题二 HNC22T系统准备功能G代码

一、准备功能G代码概述

HNC22T系统准备功能G代码各指令及其含义,见表4.3所示。

1. 准备功能G代码的作用

准备功能G代码由G后一位或两位数字组成,它用来规定刀具和工件的相对运动轨迹、机床坐标系、坐标平面、刀具补偿、坐标偏置等多种加工操作。

2. 准备功能G代码的几个术语

G功能根据功能的不同,分成若干组,见表4.3所示。其中00组的G功能称为非模态G功能,其余组称为模态G功能。

(1)非模态G功能。只在所规定的程序段中有效,程序段结束时被注销。

(2)模态G功能。又称续效指令,是一组可相互注销的G功能,是指一经程序段中指定,就一直有效,直至被程序中出现同组的另一指令或被其他指令取消才失效的指令。

表 4.3　G 功能一览表

G 代码	组	功　能	参数（后续地址字）	G 代码	组	功　能	参数（后续地址字）
G00	01	快速定位	X,Z	G65		宏指令简单调用	P,A-Z
G01 ▼		直线切削	X,Z	G71	06	外径/内径车削复合循环	X,Z,U,W,Z,P
G02		顺时针圆弧插补	X,Z,I,K,R	G72		端面车削复合循环	Q,R,E
G03		逆时针圆弧插补	X,Z,I,K,R	G73		闭环车削复合循环	
G04	00	暂停	P	G76		螺纹切削复合循环	
G20	08	英寸输入	X,Z	G80		外径/内径车削固定循环	X,Z,I,K,C,P
G21 ▼		米制输入	X,Z	G81		端面车削固定循环	R,E
G28	00	返回参考点		G82		螺纹切削固定循环	
G29		由参考点返回		G90 ▼	13	绝对编程	
G32	00	螺纹切削	X,Z,R,E,P,F	G91		相对编程	
G36 ▼	17	直径编程		G92	00	工件坐标系设定	X,Z
G37		半径编程		G94 ▼	14	每分钟进给	
G40 ▼	09	刀尖半径补偿取消		G95		每转进给	
G41		左刀补		G96		恒线速度切削	S
G42		右刀补		G97 ▼			
G54 ▼	11	坐标系选择					
G55							
G56							
G57							
G58							
G59							

(3)缺省值。模态 G 功能组中包含一个缺省 G 功能，它上电时将被初始化为该功能，即上电时默认的指令。表 4.3 中带有"▼"的指令，都为缺省值。

提示：

●没有共同地址符的不同组 G 代码可以放在同一程序段中，而且与顺序无关，如 G90,G17,G01 可以放在同一程序段中。

【想一想 4-2】　非模态 G 功能、模态 G 功能、缺省值的含义。

二、G20、G21

1. 含义

G20、G21 为尺寸单位选择指令，其中：

(1) G20 为英制输入制式。

(2) G21 为公制输入制式。

G20、G21 的线性轴、旋转轴的尺寸单位，见表 4.4 所示。

表 4.4　两种制式下的单位

	制　式	线性轴	旋转轴
G20	英制	英寸	度
G21	公制	毫米	度

2. 格式

G20

G21

3. 说明

(1) G20、G21 是模态功能，可相互注销。

(2) G21 为缺省值，即上电时，系统的尺寸单位为公制输入制式。

【想一想 4-3】　G20、G21 的含义，有哪些说明？

三、G94、G95

1. 含义

G94、G95 为进给速度单位的设定指令，其中：

(1) G94 为每分钟进给：即主轴旋转一分钟时，车刀的进给量。

(2) G95 为每转进给：即主轴旋转一圈时，车刀的进给量。

2. 格式

G94[F__]

G95[F__]

3. 说明

(1) G94、G95 是模态功能，可相互注销。

(2) G94 为缺省值，即上电时，系统的进给速度为每分钟进给。

(3) G94 为每分钟进给，对于线性轴，F 的单位依 G20/G21 的设定而为 mm/min 或 in/min；对于旋转轴，F 的单位是度/分钟。

(4) G95 每转进给，即主轴转一周时刀具的进给量，*F* 的单位依 G20/G21 的设定而为 mm/r 或 in/r，这个功能只在主轴装有编码器时才能使用。

(5) 当工作在 G01、G02 或 G03 方式下，编程的 F 一直有效，直到被新的 *F* 值所取代，而工作在 G00 方式下，快速定位的速度是各轴的最高速度，与所编的 *F* 无关。

(6) 借助控制面板上的倍率按键：- 或 100% 或 +，可在一定范围内，对 *F* 进行倍率修调。当执行攻丝循环 G76、G82、螺纹切削 G82 时，进给倍率固定在 100%。

【想一想 4-4】　G94、G95 的含义，有哪些说明？

四、G90、G91

1. 含义

G90、G91 为坐标的 G 功能指令,其中:

(1)G90 为绝对值编程,每个编程坐标轴上的编程值是相对于程序原点的。

(2)G91 为相对值编程,每个编程坐标轴上的编程值是相对于前一位置而言的,该值等于沿各坐标轴移动的距离。

2. 格式

G90

G91

3. 说明

(1)G90、G91 是模态功能,可相互注销。

(2)G90 为缺省值,即上电时,系统为绝对值编程。

(3)绝对值编程时,G90 指令后面的 X、Z,表示 X 轴、Z 轴的坐标值。

(4)增量编程时,用 U、W 或 G91 指令后面的 X、Z,表示 X 轴、Z 轴的增量值。

(5)表示增量的字符 U、W 不能用于循环指令 G80、G81、G82、G71、G72、G73、G76 的程序段,但可用于精加工轮廓的程序中。

提示:

●选择合适的编程方式可使编程简化。当图纸尺寸由一个固定基准给定时,采用绝对方式编程较为方便;当图纸尺寸是以轮廓顶点之间的间距给出时,采用相对方式编程较为方便。

●G90、G91 可用于同一程序段中,但要注意其顺序所造成的差异。

4. 例

例 4.2　如图 4.83 所示,使用 G90、G91 编程,要求车刀由原点按点 1 →2 →3 的顺序移动,然后回到原点。

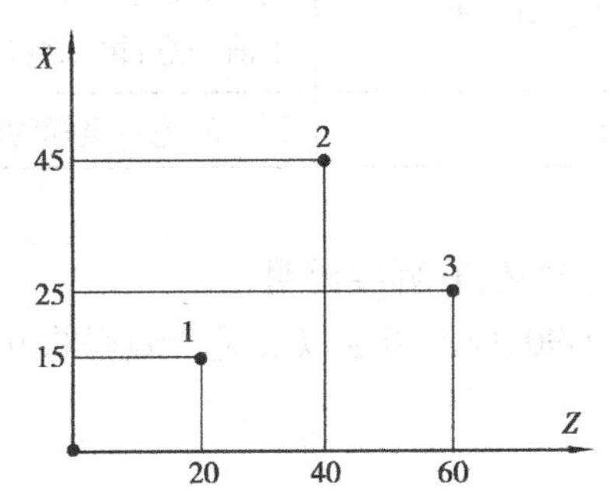

图 4.83　G90、G91 编程

解　用 G90、G91 以及混合编程,见表 4.5 所示。

表 4.5 G90、G91 以及混合编程示例

类型	程序段	含 义	备 注
G90 编程	%0002	程序名	
	N10 G92X0Z0	设定坐标系	设定坐标原点(0,0),(G92 的含义见后)
	N20 G01X15Z20	直线插补到第一点	第一点的绝对坐标为(15,20)
	N30 X45Z40	直线插补到第二点	第二点的绝对坐标为(45,40)
	N40 X25Z60	直线插补到第三点	第三点的绝对坐标为(25,60)
	N50 X0Z0	回到原点	
	N60 M30	主程序结束并复位	
G91 编程	%0003	程序名	
	N10 G91	设定增量编程	
	N20 G01X15Z20	直线插补到第一点	
	N30 X30Z20	直线插补到第二点	2 点与前一点(第一点)的相对坐标是(30,20)
	N40 X－20Z20	直线插补到第三点	3 点与前一点(第二点)的相对坐标是(－20,20)
	N50 X－25Z－60	回到原点	原点与前一点(第三点)的相对坐标是(－25,－60)
	N60 M30	主程序结束并复位	
混合编程	%0004	程序名	
	N10 G92X0Z0	设定坐标系	
	N20 G01X15Z20	直线插补到第一点	第一点的绝对坐标为(15,20)
	N30 U30Z40	直线插补到第二点	2 点 X 相对于前一点(第一点)的坐标为 30,Z 的绝对坐标为 40
	N40 X25W20	直线插补到第三点	3 点 X 的绝对坐标为 25,Z 的相对坐标为 40(相对于前一点:第二点)
	N50 X0Z0	回到原点	原点的绝对坐标为(0,0)

【想一想 4-5】 G90,G91 的含义,有哪些说明?

【自己动手 4-19】 分别用 G90、G91 指令以及混合编程的方式,编制例 4.2 所示的程序。

五、G92

1. 含义

对刀点到工件坐标系原点的有向距离。

2. 格式

G92 X__Z__

3. 说明

(1)当执行 G92 $X\alpha$ $Z\beta$ 指令后,系统内部立即对(α,β)进行记忆,并建立一个使刀具当前

点坐标值为(α,β)的坐标系,系统控制刀具在此坐标系中按程序进行加工。执行该指令只建立一个坐标系,刀具并不产生运动。

(2)G92 为非模态指令。

(3)执行 G92 指令时,若刀具当前点恰好在工件坐标系的 α 和 β 坐标值上,即刀具当前点在对刀点位置上,此时建立的坐标系即为工件坐标系,若刀具当前点不在工件坐标系的 α 和 β 坐标值上,则加工原点与程序原点不一致,加工出的产品就有误差或报废,甚至出现危险。因此执行该指令时,刀具当前点必须恰好在对刀点上,即工件坐标系的 α 和 β 坐标值上。

(4)要正确加工,加工原点与程序原点必须一致,故编程时加工原点与程序原点要考虑为同一点,实际操作时是采用对刀的方式来使两点一致,即在执行 G92 指令时,必须先对刀。

(5)G92 *X*、*Z* 值选择原则。确定 G92 的 *X*、*Z* 值,即确定对刀点在工件坐标系下的坐标值,其选择的一般原则有:

①方便数学计算和简化编程。

②容易找正对刀。

③便于加工检查。

④引起的加工误差小。

⑤不要与机床、工件发生碰撞。

⑥方便拆卸工件。

⑦空行程不要太长。

4. 例

例 4.3 如图 4.84 所示,用 G92 设定坐标系。

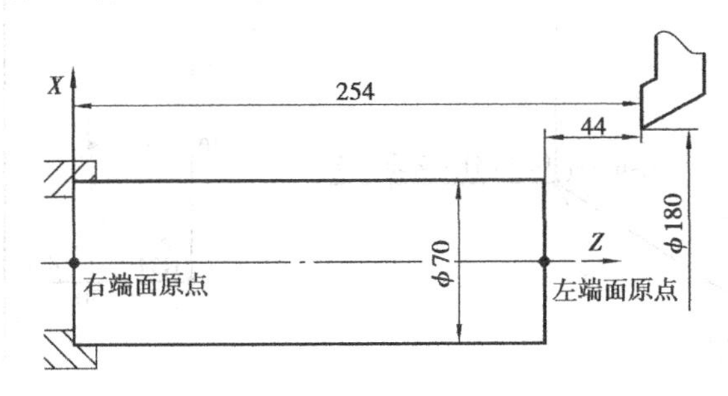

图 4.84 G92 设定坐标系

解 (1)当以工件左端面为工件原点时,则建立工件坐标系的程序段为:

G92 X180Z254 (对刀点的坐标为(180,254))

(2)当以工件右端面为工件原点时,则建立工件坐标系的程序段为:

G92 X180Z44 (对刀点的坐标为(180,44))

【想一想 4-6】 G92 的含义,有哪些说明?

【自己动手 4-20】 用 G92 指令,编制例 4.3 所示的程序段。

六、G54 ~ G59

1. 含义

选择坐标系。

2. 格式

$$\begin{Bmatrix} G54 \\ G55 \\ G56 \\ G57 \\ G58 \\ G59 \end{Bmatrix}$$

3. 说明

(1)G54～G59是系统预定的6个坐标系,如图4.85所示,可根据需要任意选用。

(2)加工时,其坐标系的原点必须设为工件坐标系的原点在机床坐标系中的坐标值,否则加工出的产品就有误差或报废,甚至出现危险。

(3)这6个预定工件坐标系的原点在机床坐标系中的值(工件零点偏置值)可用MDI方式输入,系统自动记忆。

(4)工件坐标系一旦选定,后续程序段中绝对值编程时的指令值均为相对此工件坐标系原点的值。

(5)G54～G59为模态功能,可相互注销,G54为缺省值。

4. 例

例4.4 如图4.86所示,使用工件坐标系编程:要求刀具从当前点移动到A点,再从A点移动到B点。

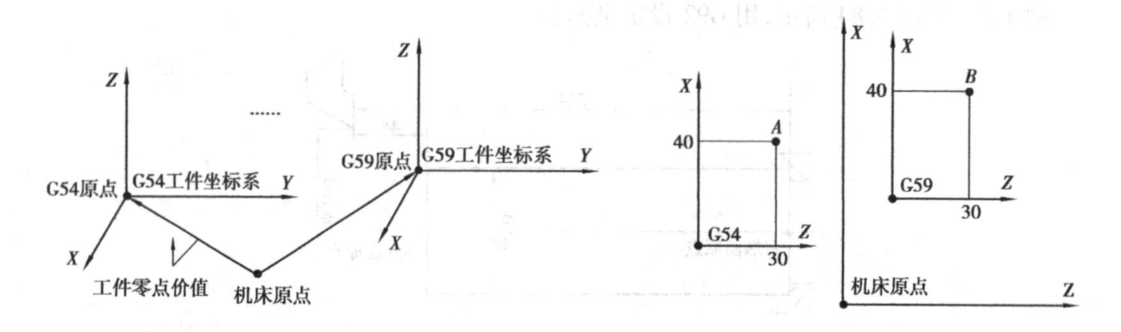

图4.85 工件坐标系选择(G54～G59)　　图4.86 使用工件坐标系编程

解 用G54～G59编程示例,见表4.6所示。

表4.6 用G54～G59编程示例

程序段	含 义	备 注
%0005	程序名	
N10 G54 G00 G90 X40Z30	用G54设定工件坐标系	从当前点快速插补到A点,绝对值编程
N20 G59	用G59设定工件坐标系	"G00 G90 X40Z30"省略
N30 G00X30Z30	快速插补到B点	
N40 M30	主程序结束并复位	

【想一想 4-7】 G54 ~ G59 的含义,有哪些说明?

【自己动手 4-21】 用 G54 ~ G59 指令,编制例 4.4 所示的程序。

提示:

- 使用该组指令前,先用 MDI 方式输入各坐标系的坐标原点在机床坐标系中的坐标值。
- 使用该组指令前,必须先回参考点。

七、G53

1. 含义

直接机床坐标系编程。

2. 格式

G53

3. 说明

(1)G53 是机床坐标系编程,在含有 G53 的程序段中,绝对值编程时的指令值是在机床坐标系中的坐标值。

(2)G53 为非模态指令。

【想一想 4-8】 G53 的含义有哪些说明?

八、G36、G37

1. 含义

直径方式和半径方式编程。

2. 格式

G36

G37

3. 说明

(1)G36 为直径编程,G37 为半径编程。

(2)数控车床的工件外形通常是旋转体,其 X 轴尺寸可以用两种方式加以指定:直径方式和半径方式。

(3)G36 为缺省值,机床出厂一般设为直径编程。

4. 例

例 4.5 如图 4.87 所示,按同样的轨迹分别用直径、半径编程,加工该零件。

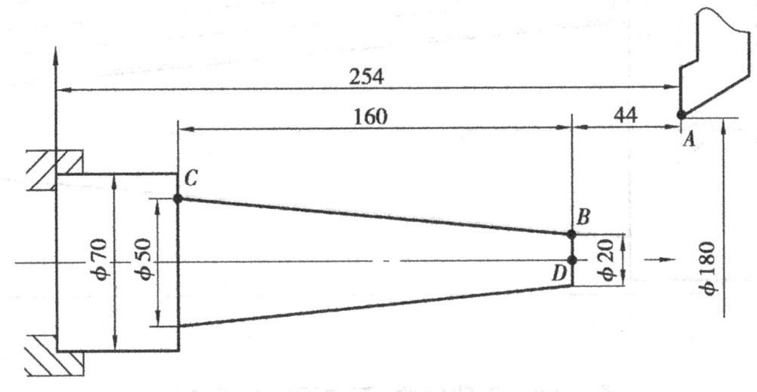

图 4.87 直径、半径编程示例

解 用直径、半径编制的参考程序,见表4.7所示。

表4.7 直径、半径编程示例(该程序只考虑车刀的进给路线,没有考虑毛坯尺寸及切削量)

类型	程序段	含 义	备 注
直径编程	%0006	程序名	
	N10 G00X180Z44	快速移到点 *A*	点 *A* 坐标为(180,44)
	N20 G36 G01 X20Z0	直径编程,从对刀点直线插补到点 *A*	点 *A* 的直径坐标为(20,0)
	N30 X50Z-160	从点 A 直线插补到点 *B*	点 *B* 的直径坐标为(50,-160)
	N40 G00 X180Z44	从点 *B* 快速回到对刀点	
	N50 M30	主程序结束并复位	
半径编程	%0007	程序名	
	N10 G00X180Z44	快速移到点 *A*	点 *A* 坐标为(180,44)
	N20 G37 G01 X10Z0	半径编程,从对刀点直线插补到点 *A*	点 *A* 的半径坐标为(10,0)
	N30 X25Z-160	从点 *A* 直线插补到点 *B*	点 *B* 的半径坐标为(25,-160)
	N40 G00 X180Z44	从点 *B* 快速回到对刀点	
	N50 M30	主程序结束并复位	

5.例4.5的仿真加工

(1)题意:仿真加工例4.5零件的 *AB* 段,锥度方向留1 mm、ϕ70右面留2 mm,作为精加工量。

(2)零件材料:零件材料为45号钢,零件图样,如图4.87所示。

(3)毛坯尺寸:毛坯尺寸是长度为300 mm、直径为76 mm的圆棒。

(4)刀具选用:两把刀:1号外圆粗车刀、2号外圆精车刀。

(5)仿真加工程序:考虑到刀具、毛坯尺寸、切削三要素等因素,其直径编程的仿真加工参考程序,如表4.8所示。该程序的刀路轨迹如图4.88所示。

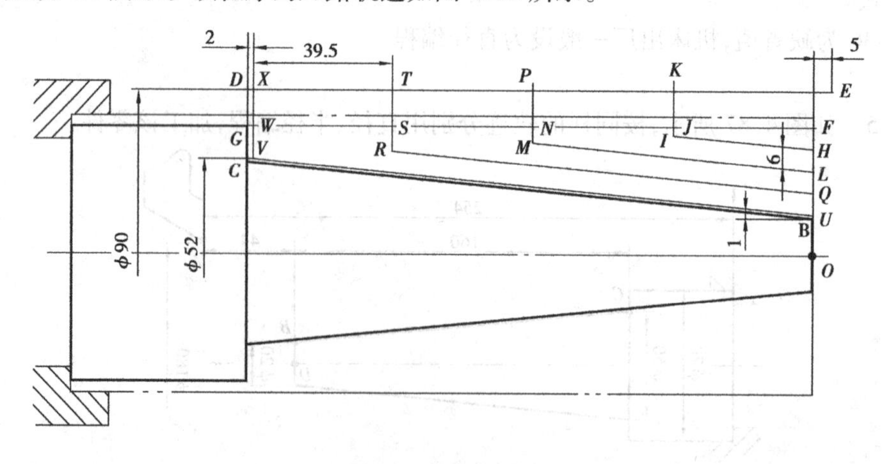

图4.88 刀路轨迹(双点画线为毛坯)

表 4.8　例 4.5 直径编程的仿真加工参考程序

程序段	含　义
%0006	程序名
N10 G00 X120Z80	到换刀点(120,80)
N20 T0101	换第一把刀
N30 M03 S400	主轴正转,转速是 400
N40 G00 X90Z5	快速移到点 E(90,5)
N50 G01 X70Z0 F100	直线插补到点 F(70,0)　(F、G、D、E)
N60 Z－160	直线插补到点 G(70,－160),被切后,圆棒的直径为 ϕ70
N70 G00 X90	退刀到点 D(90,－160)
N80 Z5	再退刀到点 E(90,5)
N90 G01 X58Z0 F100	直线插补到点 H(58,0)
N100 X65.4Z－39.5	直线插补到坐标 I(65.4,－39.5)　(H、I、J、K、E)
N110 X70	直线插补到坐标 J(70,－39.5)
N120 G00 X90	退刀到点 K(90,－39.5)
N130 Z5	再退刀到点 E(90,5)
N140 G01 X46Z0 F100	直线插补到点 L(46,0)　(L、M、N、P、E)
N150 X60.82Z－79	直线插补到点 M(60.82,－79)
N160 X70	直线插补到点 N(70,－79)
N170 G00 X90	退刀到点 P(90,－79)
N180 Z5	再退刀到点 E(90,5)
N190 G01 X34Z0 F100	直线插补到点 Q(34,0)　(Q、R、S、T、E)
N200　X56.22Z－118.5	直线插补到点 R(56.22,－118.5)
N210　X70	直线插补到点 S(70,－118.5)
N220 G00 X90	退刀到点 T(90,－118.5)
N230 Z5	再退刀到点 E(90,5)
N240 G01 X22Z0F100	直线插补到点 U(22,0)　(U、V、W、X、E)
N250 X51.62Z－158	直线插补到点 V(51.6,－158)
N260 X70	直线插补到点 W(70,－158)
N270 G00 X90	退刀到点 X(90,－158)
N280 Z5	再退刀到点 E(90,5)
N290 G00 X120Z80	快速移到换刀点(120,80)
N300 M00	程序暂停

续表

程序段	含　义
N310 T0202 M03 S700	换第二把刀
N320 G00X90Z5	快速移到点 $E(90,5)$
N330 G01 X20Z0 S600 F80	直线插补到点 $B(20,0)$　(B、C、G、D、E)
N340 X50Z-160	直线插补到点 $C(50,-160)$
N350 X70Z-160	直线插补到点 $G(70,-160)$
N360 G00X90	退刀到点 $D(90,-160)$
N370 Z5	再退刀到点 $E(90,5)$
N380 M30	主程序结束并复位

6. 仿真加工过程。仿真加工过程如下:

①进入 CZK-HNC22T 操作界面。打开 CZK-HNC22T 系统的操作界面,并调整车床,使之处于合适位置。其具体方法参见"项目四"中的"任务一"中的"课题二"。

②单击按键,启动数控机床。

③单击按键,使急停按钮旋起,让机床处于非急停状态。

④操作机床回参考点。其具体方法参见"项目四"中的"任务一"中的"课题二"。

⑤安装毛坯。安装尺寸为 $\phi76\times300$ 的毛坯,调整毛坯长度方向的尺寸,留足加工余量,其具体方法参见"项目四"中的"任务一"中的"课题二"。

⑥安装刀具。安装两把 90°外圆车刀,1 号外圆粗车刀,粗车;2 号外圆精车刀,精车。调整刀具,至合适位置,其具体方法参见"项目四"中的"任务一"中的"课题二"。

⑦录入程序。录入表 4.8 的仿真加工参考程序,确保输入无误,并保存。其具体方法参见"项目四"中的"任务一"中的"课题二"。

⑧对刀。用试切法对刀,其具体方法参见"项目四"中的"任务一"中的"课题二"。

提示:

●两把刀分别试切外圆和端面,并在"刀偏表"中分别输入各自的"试切直径"和"试切长度"。

⑨运行程序,加工零件。自动运行或单段运行,加工该零件,其具体方法参见"项目四"中的"任务一"中的"课题二"。各主要程序段后的零件图形,如图 4.89 所示,

提示:

●本书例题,未经说明均为直径编程。

●在直径编程下应注意的条件,见表 4.9。

●使用直径编程、半径编程时,系统参数设置要求与之对应。

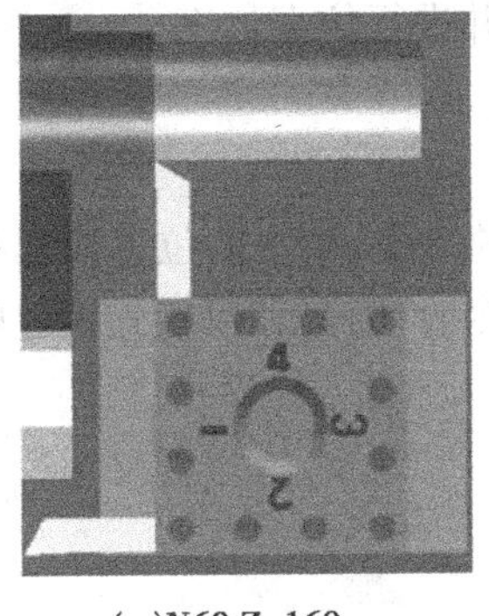

(a)N60 Z-160

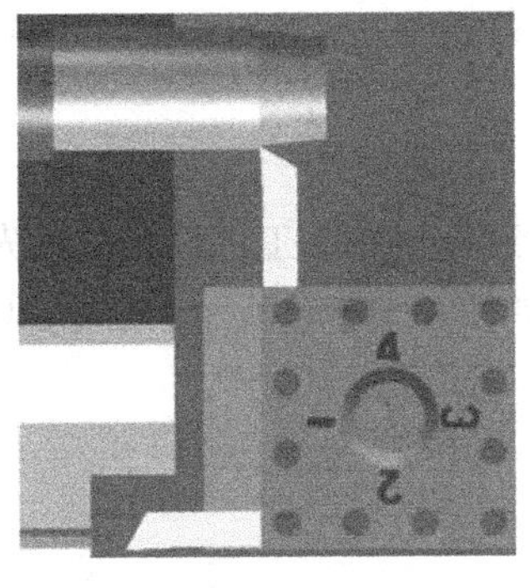

(b)N90 X65.4Z-39.5

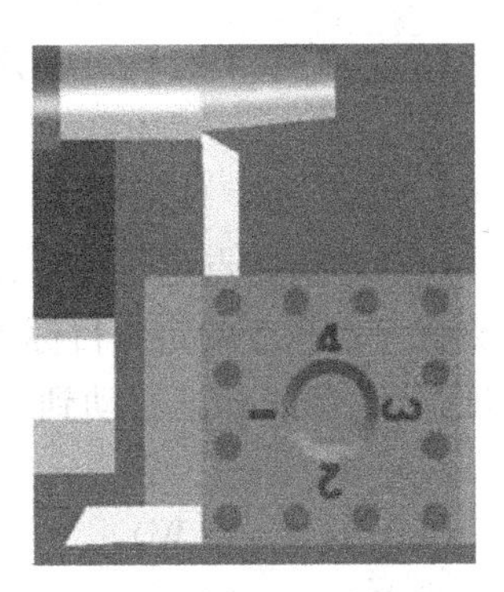

(c)N140 X60.82Z-79

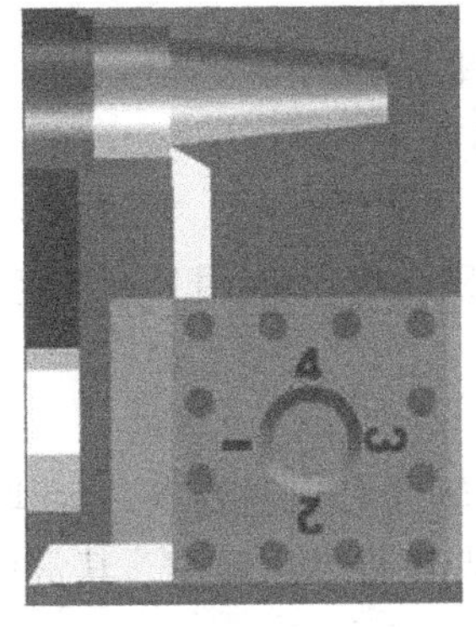

(d)N190 X56.22Z-118.5

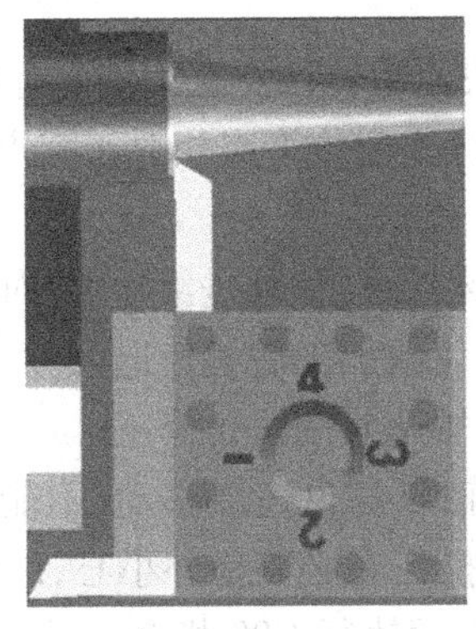

(e)N240 X51.62Z-158

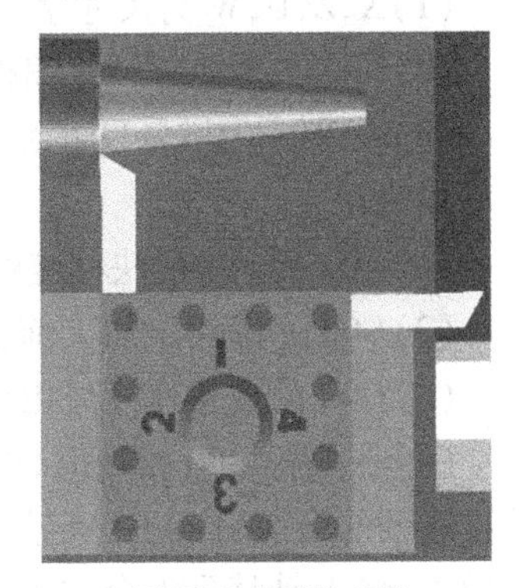

(f)N310 X50Z-160

(g)N330 Z5

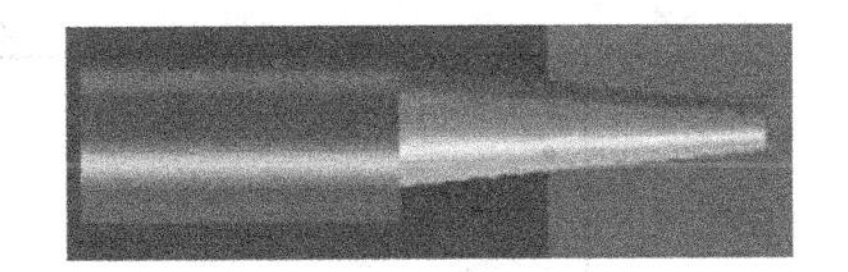

(h)零件图形

图 4.89　例 4.5 各主要程序段后的零件图形

表 4.9　直径编程的注意事项

项　目	注意事项	项　目	注意事项
Z 轴指令	与直径、半径无关	圆弧插补的半径指令(R,I,K)	用半径值指令
X 轴指令	用直径值指令	*X* 轴方向的进给速度	半径的变化/r, 半径的变化/min
坐标系的设定	用直径值指令	*X* 轴的位置显示	用直径值指令

【想一想 4-9】　G36,G37 的含义,有哪些说明?

【自己动手4-22】 用G36,G37指令,编制例4.5所示的程序,并进行仿真加工。

九、G00

1. 含义

G00是快速点定位指令,表示刀具相对于工件以各轴预先设定的速度,从当前位置快速移动到程序段指令的定位目标点。如图4.90(a)所示,当执行G00指令时,刀具就以预先设定的速度,从起点A快速移动到终点C。

2. 格式

G00 X(U)_Z(W)_

式中:

(1)X,Z,U,W为尺寸字。

(2)X,Z。为绝对尺寸编程时,快速定位终点在工件坐标系中的坐标。

(3)U,W。为增量尺寸编程时,快速定位终点相对于起点的位移量。

3. 说明

(1)G00指令中的快移速度由机床参数"快移进给速度"对各轴分别设定,不能用F __规定。

(2)G00一般用于加工前快速定位或加工后快速退刀。

(3)G00的快移速度可由面板上快速修调按钮修正。

(4)在执行G00指令时,由于各轴以各自速度移动,不能保证各轴同时到达终点,因而联动直线轴的合成轨迹不一定是直线,操作者必需格外小心,以免刀具与工件发生碰撞。其常见的做法,将X轴移到安全位置,再放心地执行G00指令。

(5)G00为模态功能,可由G01,G02,G03,G32功能注销。

4. 例

例4.6 如图4.90(b)所示,车刀从起点A需快速移到点C(10,0)(直径坐标),则可编以下程序段来实现。

G00 X15Z0 (直径编程)

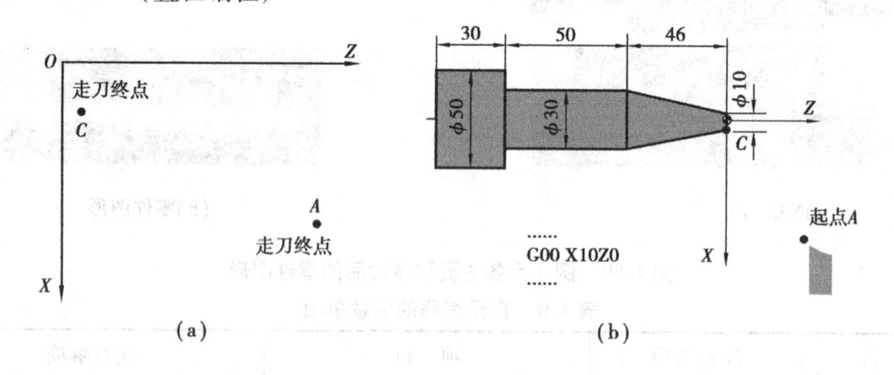

图4.90 G00示例

【想一想4-10】 G00的含义,有哪些说明?

【自己动手4-23】 用G00指令,编制例4.6(b)所示的程序段。

十、G01

1. 含义

G01 是线行进给指令(或叫直线插补指令),用于产生直线和斜线运动。

2. 格式

G01X(U)_Z(W)_ F_

式中:

(1)X,Z,U,W 为尺寸字。

(2)X,Z:为绝对编程时快速定位终点在工件坐标系中的坐标。

(3)U,W:为增量编程时快速定位终点相对于起点的位移量。

(4)F_合成进给速度。

3. 说明

(1)G01 指令刀具以联动的方式,按 F 规定的合成进给速度,从当前位置按线性路线(联动直线轴的合成轨迹为直线)移动到程序段指令的终点。

(2)G01 是模态代码,可由 G00,G02,G03 或 G32 功能注销。

4. 例

例 4.7　如图 4.91 所示,车刀需从起点 $A(10,0)$,经点 $B(30,-46)$、点 $C(30,-96)$,运行到点 $D(50,-96)$,请编程序段来实现。

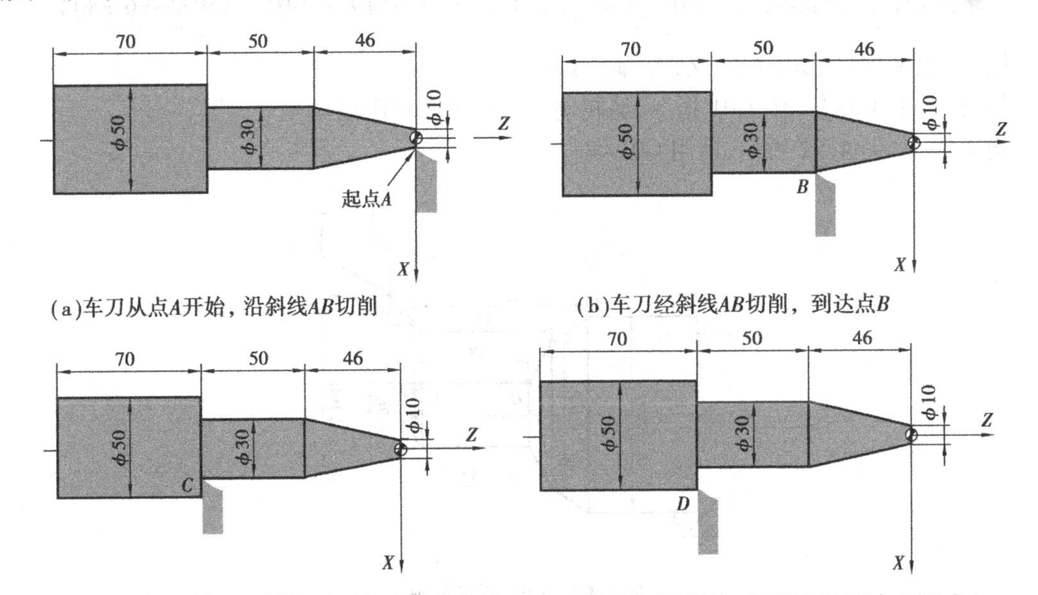

(a)车刀从点A开始,沿斜线AB切削

(b)车刀经斜线AB切削,到达点B

(c)车刀从点B开始,经直线BC切削,到达点C

(d)车刀从点C开始,经直线CD切削,到达点D

图 4.91　G01 刀路示例

解　①实现从点 $A(10,0)$ 到点 $B(30,-46)$ 的程序段是:

G01　X30Z－46 F80　该程序段的解释如下:

当系统执行程序段"G01　X30Z－46 F80"时,车刀从点 A 以给定的进给速度 F,沿斜线 AB 运行到点 B,如图 4.91(a)所示。当执行完该程序段时车刀就到了点 B,如图 4.91(b)

所示。

②实现从点 $B(30,-46)$ 到点 $C(30,-96)$ 的程序段是：

G01　Z－96　（紧接程序段“G01　X30Z－46 F80”之后编写）　该程序段的解释如下：

因紧接程序段“G01　X30Z－46 F80”之后编写，X 及 F 的尺寸字与前面程序段的尺寸字是一样的，所以省略了 X30 和 F80。

当系统执行程序段“G01　Z－96”时，车刀从点 B 以给定的进给速度 F，沿直线 BC 运行到点 C，当执行完该程序段时，车刀就运行到了点 C，如图 4.91(c) 所示。

③实现从点 $C(30,-96)$ 到点 $D(50,-966)$ 的程序段是：

G01　X－50　（紧接程序段“G01　Z－96”之后编写）　该程序段的解释如下：

因紧接程序段“G01　Z－96”之后编写，所以省略了 Z－96。

当系统执行程序段“G01　X50”时，车刀从点 C，以给定的进给速度 F，沿直线 CD，运行到点 D，当执行完该程序段时，车刀就运行到了点 D，如图 4.91(d) 所示。

提示：

●因程序段“G01　Z－96”紧接程序段“G01　X30Z－46 F80”之后，所以该程序段可省略与上个程序段相同的指令：X30 和 F80，甚至 G01 都可省略，当然，也可不省略。如单独编则必须为：“G01　X30Z－96 F80”。

●同理，可说明程序段“G01　X50”，如单独编则必须为：“G01　X50Z－96 F80”。

【想一想 4-11】　G01 的含义，有哪些说明？

【自己动手 4-24】　用 G01 指令，编制例 4.7 所示的程序段。

例 4.8　如图 4.92 所示，请用 G01 编程。

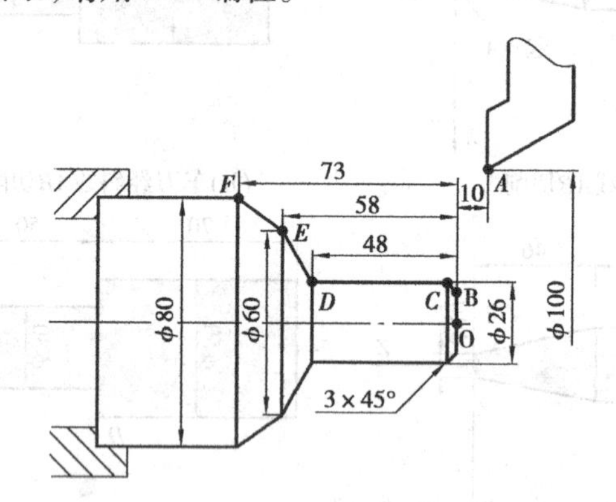

图 4.92　G01 编程示例

解　参考程序见表 4.10 所示。

表 4.10 例 4.9 的参考程序
（该程序只考虑车刀的进给路线，没有考虑毛坯尺寸及切削量）

程序段	含 义	备 注
%0007	程序名	
N10 M03S500	主轴正转	主轴转速是 500 r/min
N20 G00X100Z10	快速移到点 *A*	*A* 坐标为(100,10)
N30 X32Z2	快速移到 *X* 为 32,*Z* 为 2 处	
N40 G01 X20Z0 F300	直线进给到点 *A*,进给速度为 300	点 *B* 的坐标为(20,0)
N50 X26Z－3	直线进给到点 *C*	倒角,点 *C* 的坐标为(26,－3)
N60 Z－48	直线进给到点 *D*	加工 ϕ26 外圆,点 *D* 的坐标为(26,－48)
N70 X60Z－58	直线进给到点 *E*	加工 *DE* 段外圆,点 *E* 的坐标为(60,－58)
N80 X80Z－73	直线进给到点 *F*	加工 *EF* 段外圆,点 *F* 的坐标为(80,－73)
N90 G00 X100	退刀到直径为 100 mm 处	
N100 Z10	再退刀到 *Z* 轴 10 mm 处	
N110 M02M30	主轴停止转动,回到程序首	

5. 例题的仿真加工

(1)题意:仿真加工例 4.8 零件,留 2 mm(半径值)作为精加工量。

(2)零件材料:零件材料为 45 号钢,零件图样,如图 4.92 所示。

(3)毛坯尺寸:毛坯尺寸为长度为 300 mm、直径为 84 mm。

(4)刀具选用:两把刀: 1 号外圆粗车刀、2 号外圆精车刀。

(5)仿真加工程序:考虑到刀具、毛坯尺寸、切削三要素等因素,其直径编程的仿真加工参考程序见表 4.11，该程序的刀路轨迹如图 4.93 所示。

表 4.11 例 4.8 直径编程的仿真加工参考程序

程序段	含 义
%0008	程序名
N10 G00X100Z10	快速移到点换刀点 *A*(100,10)
N20 T0101	换第一把刀
N30 M03 S400	主轴正转,转速是 400
N40 X81Z2	快速移到点 *H*(84,2)
N50 G01 X80Z0 F100	直线插补到点 *I*(80,0)
N60 Z－73	直线插补到点 *F*(80,－73)
N70 G00 X90	退刀到点 *G*(90,－73)
N80 Z2	再退刀到点 *H*(90,2)
N90 G01 X70Z0 F100	直线插补到点 *L*(70,0) (*L*、*M*、*N*、*P*、*H*)

续表

程序段	含 义
N100 Z-28	直线插补到点 $M(70,-28)$
N110 X80Z-35.5	直线插补到点 $N(80,-35.5)$
N120 G00 X90	退刀到点 $P(90,-35.5)$
N130 Z2	再退刀到点 $H(90,2)$
N140 G01 X60Z0	直线插补到点 $Q(60,0)$ （Q、R、S、I、H）
N150 Z-56	直线插补到点 $R(60,-56)$
N160 X80Z-71	直线插补到点 $S(80,-71)$
N170 G00 X90	退刀到点 $I(90,-71)$
N180 Z2	再退刀到点 $H(90,2)$
N190 G01 X50Z0F100	直线插补到点 $U(50,0)$ （U、V、W、X、H）
N200 Z-11.06	直线插补到点 $V(50,-11.06)$
N210 X60Z-14	直线插补到点 $W(60,-14)$
N220 G00 X90	退刀到点 $X(90,-14)$
N230 Z2	再退刀到点 $H(90,2)$
N240 G01 X40Z0F100	直线插补到点 $Y(40,0)$ （Y、Z、a、b、H）
N250 Z-22.12	直线插补到点 $Z(40,-22.12)$
N260 X50 Z-28	直线插补到点 $a(60,-28)$
N270 G00 X90	退刀到点 $b(90,-28)$
N280 Z2	再退刀到点 $H(90,2)$
N290 G01X30Z0F100	直线插补到点 $c(30,0)$ （c、d、e、f、H）
N300 Z-33.18	直线插补到点 $d(30,-33.18)$
N310 X50Z-42	直线插补到点 $e(50,-42)$
N320 X90	退刀到点 $f(90,-42)$
N330 Z2	再退刀到点 $H(90,2)$
N340 G00X100Z10	快速移到点换刀点 $A(100,10)$
N350 M00	程序暂停
N360 T0202 M03 S700	换第二把刀
N370 G00X90Z2	快速移到点 $H(90,2)$
N380 G01 X20Z0 S600 F80	直线插补到点 $B(20,0)$ （B、C、D、E、F、G、H）
N390 X26Z-3	直线插补到点 $C(26,-3)$（倒角）
N400 Z-48	直线插补到点 $D(26,-48)$

续表

程序段	含　义
N410 X60Z -58	直线插补到点 $E(60, -58)$
N420 X80Z -73	直线插补到点 $F(80, -73)$
N430 G00X90	退刀到点 $G(90, -73)$
N440 Z2	再退刀到点 $H(90,2)$
N450 M30	主程序结束并复位

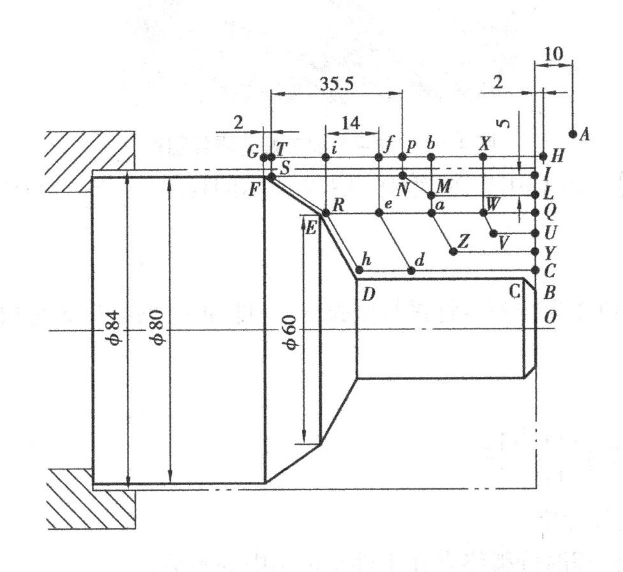

图4.93　刀路轨迹(双点画线为毛坯)

(6)仿真加工过程。仿真加工过程如下:

①进入CZK-HNC22T操作界面。打开CZK-HNC22T系统的操作界面,并调整车床,使之处于合适位置。其具体方法参见“项目四”中的“任务一”中的“课题二”。

②单击启动按键,启动数控机床。

③单击按键,使急停按钮旋起,让机床处于非急停状态。

④操作机床回参考点。其具体方法参见“项目四”中的“任务一”中的“课题二”。

⑤安装毛坯。安装尺寸为 $\phi84\times300$ 的毛坯,调整毛坯长度方向的尺寸,留足加工余量。其具体方法参见“项目四”中的“任务一”中的“课题二”。

⑥安装刀具。安装两把90°外圆车刀,1号外圆粗车刀,粗车;2号外圆精车刀,精车。调整刀具,至合适位置。其具体方法参见“项目四”中的“任务一”中的“课题二”。

⑦录入程序。录入表4.11的仿真加工参考程序,确保输入无误,并保存。其具体方法参见“项目四”中的“任务一”中的“课题二”。

⑧对刀。用试切法对刀。其具体方法参见“项目四”中的“任务一”中的“课题二”。

⑨运行程序,加工零件。自动运行,加工该零件,其具体方法参见“项目四”中的“任务一”

中的“课题二”。加工好的零件图形如图 4.94 所示。

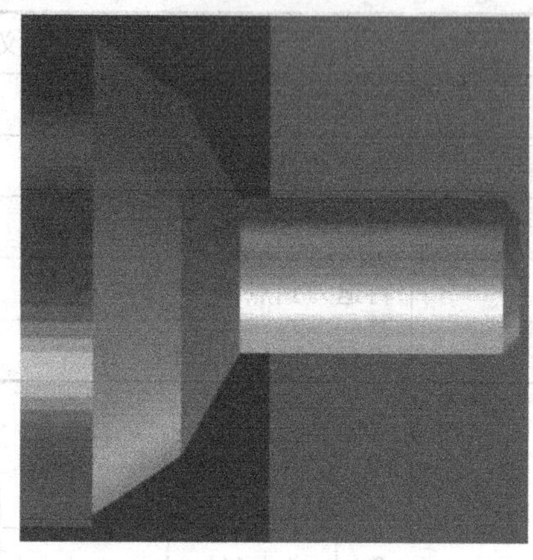

图 4.94　例 4.8 加工好的零件图形

【自己动手 4-25】　用 G01 指令，编制例 4.9 所示的程序，并进行仿真加工。

十一、G02/G03

1. 含义

圆弧进给指令。G02 为按顺时针进行圆弧加工，即加工凹弧；G03 为按逆时针进行圆弧加工，即加工凸弧。

2. 格式

$$\begin{Bmatrix} G02 \\ G03 \end{Bmatrix} X(U)\_Z(W)\_ \begin{Bmatrix} I\_K \\ R\_ \end{Bmatrix} F\_$$

(1) X, Z, U, W 为尺寸字。

(2) X, Z：为绝对编程时圆弧终点在工件坐标系中的坐标。

(3) U, W：为增量编程时圆弧终点相对于圆弧起点的坐标。

(4) I, K：圆心相对于圆弧起点的增加量，等于圆心的坐标减去圆弧起点的坐标，如图 4.95 所示。在绝对、增量编程时，都是以增量方式指定，在直径、半径编程时，I 都是半径值。

(5) R：圆弧半径。

(6) F_：被编程的两个轴的合成进给速度。

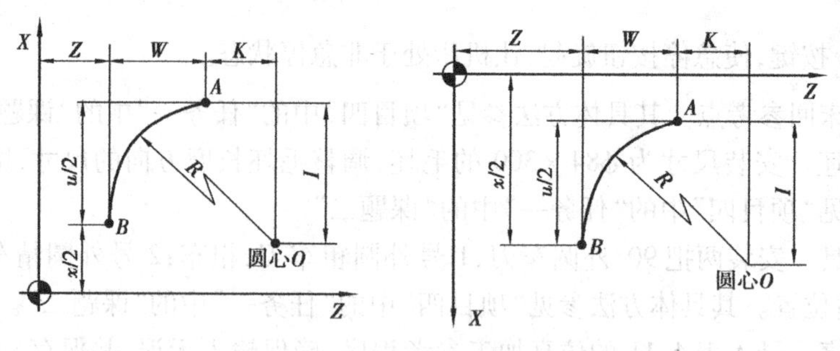

图 4.95　G02/G03 参数说明

3. 说明

(1) 圆弧插补 G02/G03 的判断。在加工平面内，根据其插补时的旋转方向为顺时针或逆时针来区分的,加工平面内为观察者迎着 Y 轴的指向,所面对的平面如图 4.96 所示。

(2)顺时针或逆时针是从垂直于圆弧所在平面的坐标轴的正方向看到的回转方向。

(3)同时编入 R 与 I,K 时,R 有效。

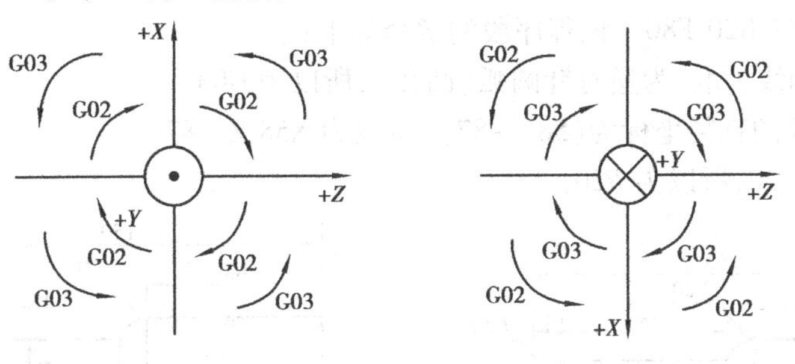

图 4.96 G02/G03 插补方向的判断

4. 例

例 4.9 如图 4.97 所示,加工 AB 圆弧,可编程序段:

G02 X58 Z−20 R20 F80 该程序段的解释如下:

①以工件的轴线为准,为顺时针圆弧(凹弧),所以用 G02。

②圆弧终点 B 的直径坐标为(58, −20),所以为 X58 Z−20。

③圆弧半径为 20,所以为 $R20$。

例 4.10 如图 4.98 所示,加工 CD 圆弧,可编程序段:

G02 X58 Z−93 R20 F80 该程序段的解释如下:

①以工件的轴线为准,为顺时针圆弧(凹弧),所以用 G02。

②圆弧终点 D 的直径坐标为(58, −93),所以为 X58 Z−93。

③圆弧半径为 25,所以为 $R25$。

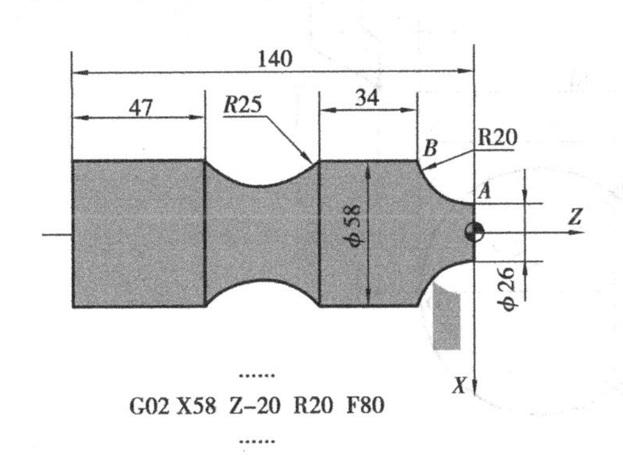

图 4.97 加工 AB 圆弧的程序段

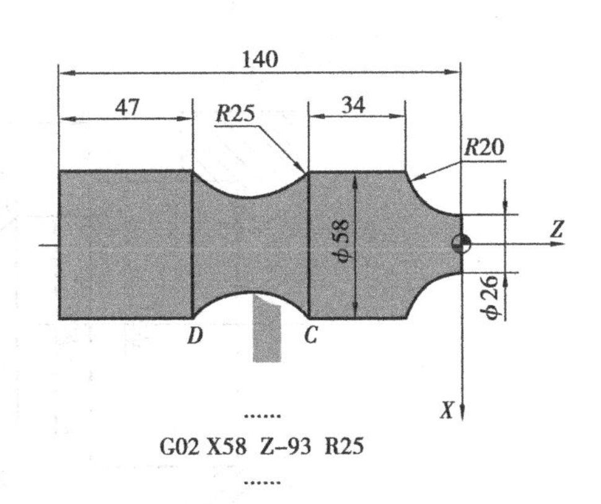

图 4.98 加工 CD 圆弧的程序段

【想一想 4-12】 G02、G03 的含义,有哪些内容?

【自己动手 4-26】 用 G02 指令,编制例 4.9、例 4.10 所示的程序段。

例 4.11 如图 4.99 所示,加工 OE 圆弧,可编程序段:

G02 X40 Z−14 R20 F80 该程序段的解释如下:

①以工件的轴线为准,为逆时针圆弧(凸弧),所以用 G03。

②圆弧终点 E 的直径坐标为(40，-14)，所以为 X40 Z-14。

③圆弧半径为 20，所以为 *R*20。

例 4.12 如图 4.100 所示，加工 *FG* 圆弧，可编程序段：

G02 X58 Z-87 R20 F80 该程序段的解释如下：

①以工件的轴线为准，为逆时针圆弧(凸弧)，所以用 G03。

②圆弧终点 *G* 的直径坐标为(58，-87)，所以为 X58 Z-87。

③圆弧半径为 20，所以为 *R*20。

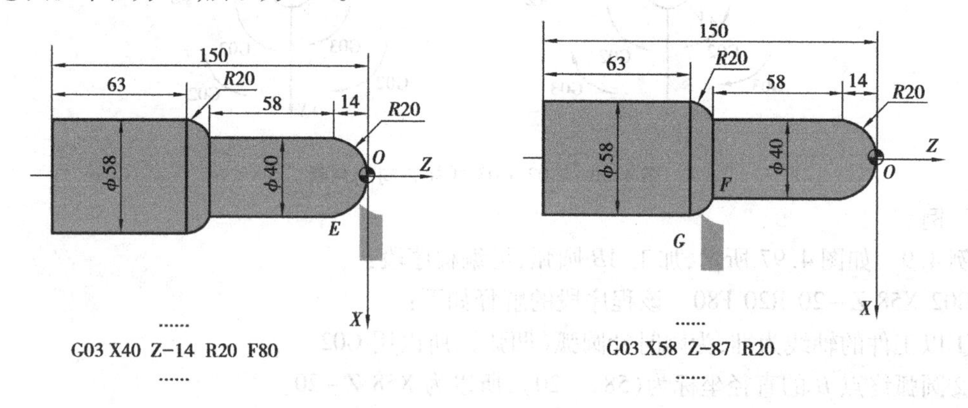

图 4.99 加工 *OE* 圆弧的程序段 图 4.100 加工 *FG* 圆弧的程序段

【想一想 4-13】 结合例 4.9、例 4.10、例 4.11、例 4.12，如何判断顺时针圆弧(凹弧)，逆时针圆弧(凸弧)?

【自己动手 4-27】 用 G03 指令，编制例 4.11、例 4.12 所示的程序段。

例 4.13 如图 4.101 所示，用圆弧插补指令编程。

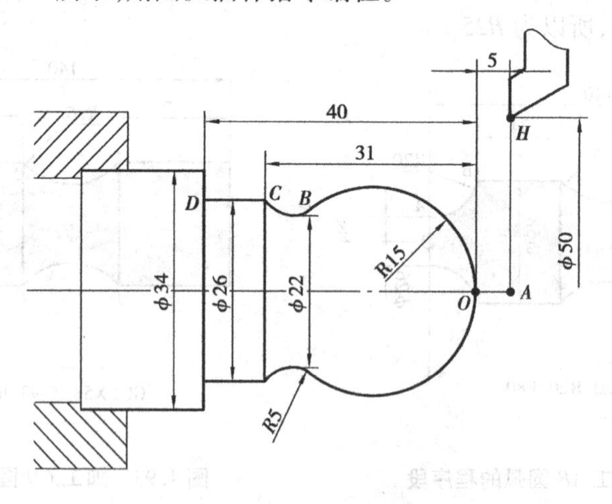

图 4.101 圆弧插补指令编程示例

解 其参考程序，如表 4.12 所示(计算点 *B* 的坐标)。

表 4.12　例 4.13 的参考程序
（该程序只考虑车刀的进给路线，没有考虑毛坯尺寸及切削量）

程序段	含　义	备　注
%0009	程序名	
N10 M03S500	主轴正转	主轴转速是 500 r/min
N20 G00X50Z5	快速移到点 *H*	点 *H* 的坐标为(50,5)
N30 G00 X0	快速移到点 *A*	点 *A* 的坐标为(0,5)
N40 G01 Z0 F60	直线进给到原点 *O*	工件接触毛坯，进给速度为 60
N50 G03 U24W－24R15	凸弧，圆弧插补到点 *B*，加工 *R*15 圆弧段	节点 *B* 的坐标为(24,－24)
N60 G02 X26Z－31R5	凹弧，圆弧插补到点 *C*，加工 *R*5 圆弧段	节点 *C* 的坐标为(26,－31)
N70 G01 Z－40	直线进给到点 *D*，加工 ϕ26 外圆	点 *D* 的坐标为(26,－40)
N80 G00 X50	退刀到直径为 50 mm 处	
N90 Z5	再退刀到 *Z* 轴 5 mm 处	回到对刀点位置 *H*
N100 M02M30	主轴停止转动，回到程序首	

例题的仿真加工。仿真加工例 4.13 所示零件。留 1 mm(半径值)，作为精加工量。

①零件材料：零件材料为 45 号钢，零件图样，如图 4.101 所示。

②毛坯尺寸：毛坯尺寸为长度为 150 mm、直径为 40 mm。

③刀具选用：两把刀：1 号外圆粗车刀、2 号外圆精车刀。

④仿真加工程序：考虑到刀具、毛坯尺寸、切削三要素等因素，其直径编程的仿真加工参考程序，见表 4.13，该程序的刀路轨迹如图 4.102 所示。

表 4.13　例 4.13 的仿真加工参考程序

程序段	含　义
%0009	程序名
N10 G00 X70Z20	到换刀点
N20 T0101	换第一把刀
N30 X50Z5	快速移到点 *H*(50,5)
N40 M03S500	
N50 G00 X0	快速移到点 *A*(0,5)
N60 G01 Z1 F60	直线进给到点 *E*(0,1)　(*E*、*F*、*G*、*I*、*J*、*K*、*M*)
N70 G03 X25.6Z－24.6R16	凸弧，圆弧插补到点 *F*(25.6,－24.6)
N80 G02 X28Z－30.46R4	凹弧，圆弧插补到点 *G*(28,－30.46)
N90 G01 Z－39	直线进给到点 *I*(28,－39)
N100 X40	直线进给到点 *J*(40,－39)
N110 G00 X50	退刀到点 *K*(50,－39)

续表

程序段	含 义
N120 Z5	再退刀到点 $H(50,5)$
N130 G00 X70Z20	到换刀点
N140 M00	程序暂停
N150 T0202 M03S700	换精加工刀
N160 G00X50Z5	快速移到点 $H(50,5)$
N170 X0	快移到点 $A(0,5)$
N180 G01 Z0 F50 S600	直线进给到点 $O(0,0)$ （O、B、C、D、L、M、H）
N190 G03 X24Z－24R15	凸弧，圆弧插补到点 $B(24,-24)$
N200 G02 X26Z31R5	凹弧，圆弧插补到点 $C(26,-31)$
N210 G01 Z－40	直线进给到点 $D(40,-40)$
N220 G00 X50	退刀到点 $L(50,-40)$
N230 Z5	再退刀到点 $H(50,5)$
N240 M02M30	主轴停止转动，回到程序首

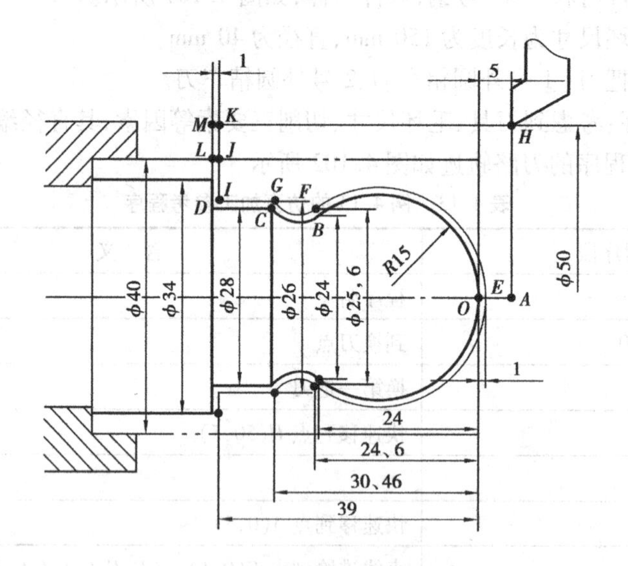

图 4.102 刀路轨迹(双点画线为毛坯)

⑤仿真加工过程。仿真加工过程如下：

a. 进入 CZK-HNC22T 操作界面，打开 CZK-HNC22T 系统的操作界面，并调整车床，使之处于合适位置。其具体方法参见“项目四”中的“任务一”中的“课题二”。

b. 单击按键，启动数控机床。

c. 单击按键，使急停按钮旋起，让机床处于非急停状态。

d. 操作机床回参考点。其具体方法参见“项目四”中的“任务一”中的“课题二”。

e. 安装毛坯。安装尺寸为 $\phi40\times150$ 的毛坯，调整毛坯长度方向的尺寸，留足加工余量。其具体方法参见“项目四”中的“任务一”中的“课题二”。1 号外圆粗车刀、2 号外圆精车刀。

f. 安装刀具。安装两把 90°外圆车刀，1 号外圆粗车刀，粗车；2 号外圆精车刀，精车。调整刀具，至合适位置。其具体方法参见“项目四”中的“任务一”中的“课题二”。

g. 录入程序。录入表 4.13 的仿真加工参考程序，确保输入无误，并保存。其具体方法参见“项目四”中的“任务一”中的“课题二”。

h. 对刀。用试切法对刀。其具体方法参见“项目四”中的“任务一”中的“课题二”。

i. 运行程序，加工零件。自动运行，加工该零件。其具体方法参见“项目四”中的“任务一”中的“课题二”。

加工好的零件图形，如图 4.103 所示。

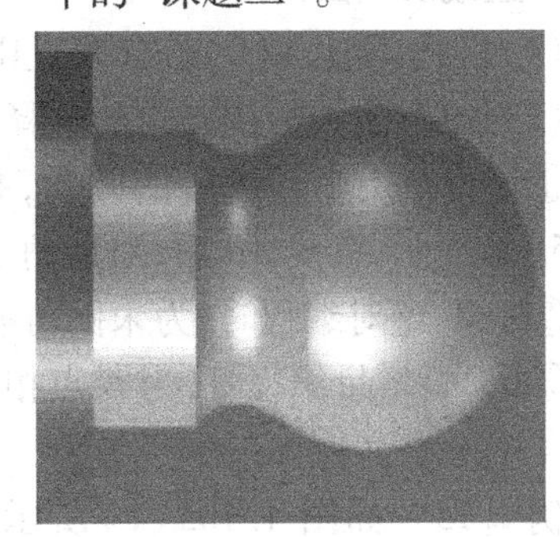

图 4.103　例 4.13 仿真加工好的零件图形

【自己动手 4-28】　用 G02、G03 指令，编制例 4.13 所示的程序，并进行仿真加工。

十二、倒角加工

1. 直线后倒直角

(1)格式：G01 X(U)_ Z(W)_ C_

(2)说明：直线后倒直角的解释如下：

①该指令用于直线后倒直角，指令刀具从 A 点到 B 点，然后到 C 点，如图 4.104(a)、104(b)所示，直线 AB 后对直角 $\angle BGC$ 进行倒角。

②X、Z：绝对编程时，为未倒角前两相邻程序段轨迹的交点 G 的坐标值（BC 两端点直线的交点坐标）。

③U、W：增量编程时，为 G 点相对于起始直线轨迹的始点 A 点的移动距离。

④C：倒角终点 C，相对于相邻两直线的交点 G 的距离。

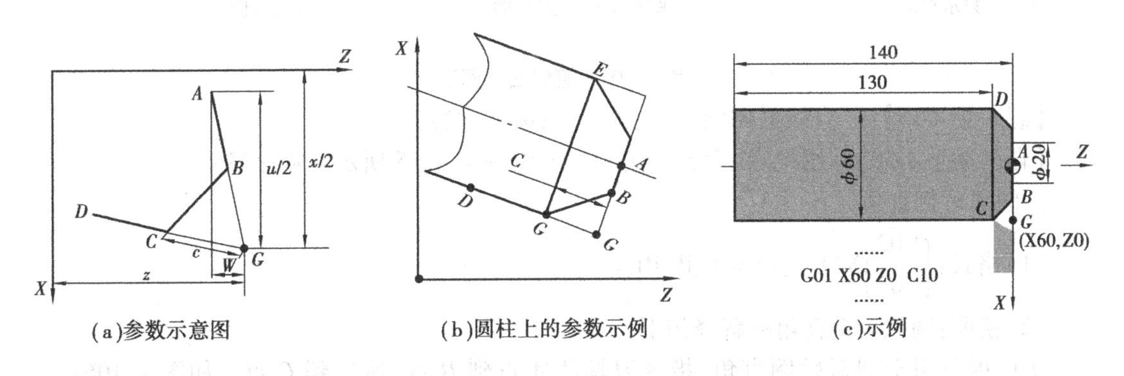

(a)参数示意图　(b)圆柱上的参数示例　(c)示例

图 4.104　直线后倒直角

例 4.14　如图 4.104(c)所示，刀具 A 点到 B 点，然后到 C 点，即直线 AB 后，对直角 $\angle BGC$ 进行倒角，其程序段为：

G01 X60 Z0 C10　该程序段的解释如下：

①*G* 点的坐标为(60,0),所以为 X60 Z0。

②倒角两条线 *AB* 和 *CD* 的距离为 10,所以为 C10。

【想一想 4-14】 "直线后倒直角"的含义,其内容有哪些?

【自己动手 4-29】 用"直线后倒直角"指令,编制例 4.14 所示的程序段。

2. 直线后倒圆角

(1)格式:G01 X(U)_ Z(W)_R_

(2)说明:直线后倒圆角的解释如下:

①该指令用于直线后倒圆角,指令刀具从 *A* 点到 *B* 点,然后到 *C* 点,如图 4.105(a)、4.105(b)所示,直线 *AB* 后,对直角∠*BGC* 进行倒圆角。

②X、Z:绝对编程时,为未倒角前两相邻程序段轨迹的交点 *G* 的坐标值。

③U、W:增量编程时,为 *G* 点相对于起始直线轨迹的始点 *A* 点的移动距离。

④R:是倒角圆弧的半径值。

例 4.15 如图 4.105(c)所示,刀具 *A* 点到 *B* 点,然后到 *C* 点,即直线 *AB* 后,对直角∠*BGC* 进行倒圆角。其程序段为:

G01 X60 Z0 R20 该程序段的解释如下:

①*G* 点的坐标为(60,0),所以为 X60 Z0。

②圆弧半径为 20,所以为 *R*20。

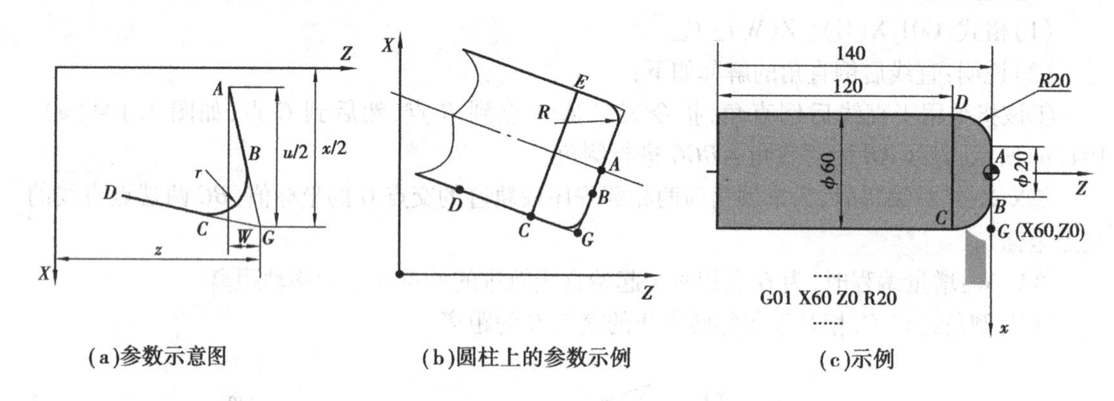

(a)参数示意图 (b)圆柱上的参数示例 (c)示例

图 4.105 直线后倒圆弧

【想一想 4-15】 "直线后倒圆角"的含义,有哪些内容?

【自己动手 4-30】 用"直线后倒圆角"指令,编制例 4.15 所示的程序段。

3. 圆弧后倒直角

(1)格式:$\begin{Bmatrix}\text{G02}\\ \text{G03}\end{Bmatrix}$X(U)_Z(W)_R_RL=

(2)说明:圆弧后倒直角的解释如下:

①该指令用于圆弧后倒直角,指令刀具从 *A* 点到 *B* 点,然后到 *C* 点。如图 4.106(a)、4.106(b)所示,圆弧 *AB* 后,对直角∠*BGC* 进行倒角。

②X、Z:绝对编程时,为未倒角前圆弧终点 *G* 的坐标值。

③U、W:增量编程时,为 *G* 点相对于圆弧始点 *A* 点的移动距离。

④R:是圆弧的半径值。

⑤RL =：是倒角终点 C,相对于未倒角前圆弧终点 G 的距离。

例 4.16　如图 4.106(c)所示,刀具 A 点到 B 点,然后到 C 点,即圆弧 AB 后,对直角∠BGC 进行倒角。其程序段为:

G01 X80 Z－20 R25 RL＝10　该程序段的解释如下:

①G 点的坐标为(80,－20),所以为 X80 Z－20。

②圆弧半径为 25,所以为 $R25$。

③倒角两条线 BE 和 CD 的距离为 10,所以为 RL＝10。

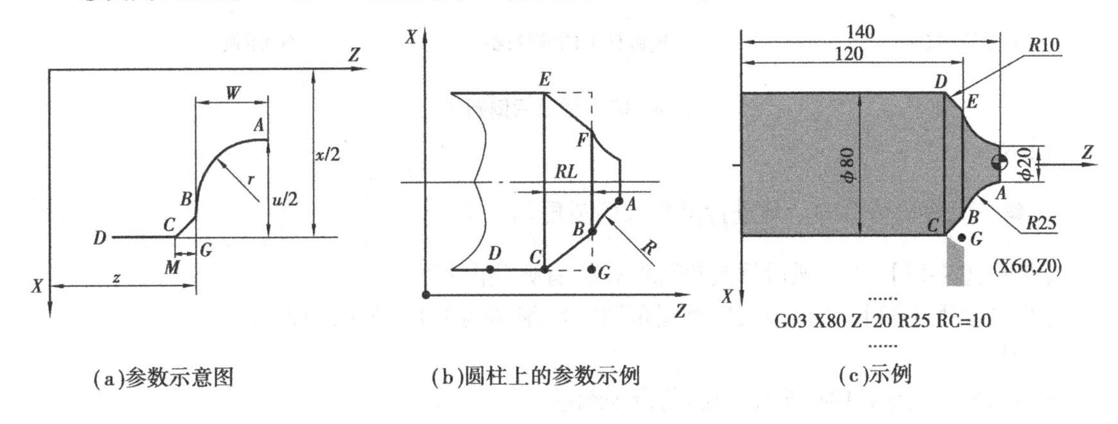

(a)参数示意图　　(b)圆柱上的参数示例　　(c)示例

图 4.106　圆弧后倒直角

【想一想 4-16】　“圆弧后倒直角”的含义,其内容有哪些?

【自己动手 4-31】　用“圆弧后倒直角”指令,编制例 4.16 所示的程序段。

4. 圆弧后倒圆角

(1)格式:$\begin{Bmatrix} G02 \\ G03 \end{Bmatrix}$X(U)_Z(W)_R_RC＝

(2)说明:圆弧后倒直角的解释如下:

①该指令用于圆弧后倒圆角,指令刀具从 A 点到 B 点,然后到 C 点。如图 4.107(a)、4.107(b)所示,圆弧 AB 后,对直角∠BGC 进行倒圆角。

②X、Z:绝对编程时,为未倒角前圆弧终点 G 的坐标值。

③U、W:增量编程时,为 G 点相对于圆弧始点 A 点的移动距离。

④R:是圆弧的半径值。

⑤RC＝:倒角圆弧的半径值。

例 4.17　如图 4.107(c)所示,刀具 A 点到 B 点,然后到 C 点,即圆弧 AB 后,对直角∠BGC 进行倒圆角。其程序段为:

G01 X80 Z－20 R25 RL＝10　该程序段的解释如下:

①G 点的坐标为(80,－20),所以为 X80 Z－20。

②圆弧半径为 25,所以为 $R25$。

③倒圆弧的半径为 10,所以为 RC＝10。

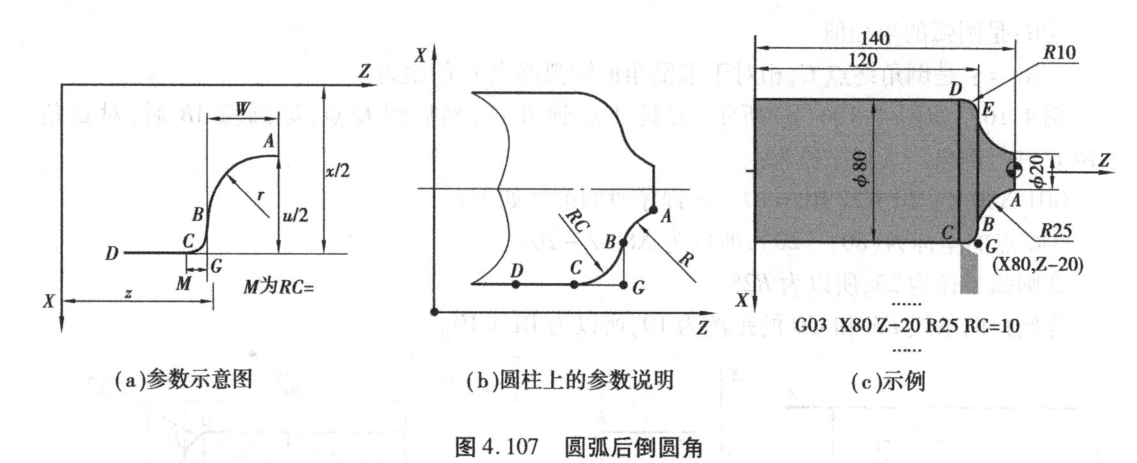

(a)参数示意图　　(b)圆柱上的参数说明　　(c)示例

图 4.107　圆弧后倒圆角

提示：

●一定要搞清对哪个角进行倒角或倒圆角。

【想一想 4-17】 “圆弧后倒圆角”的含义，有哪些内容？

【自己动手 4-32】 用“圆弧后倒圆角”指令，编制例 4.17 所示的程序段。

5. 例

例 4.18　如图 4.108 所示，用倒角指令编程。

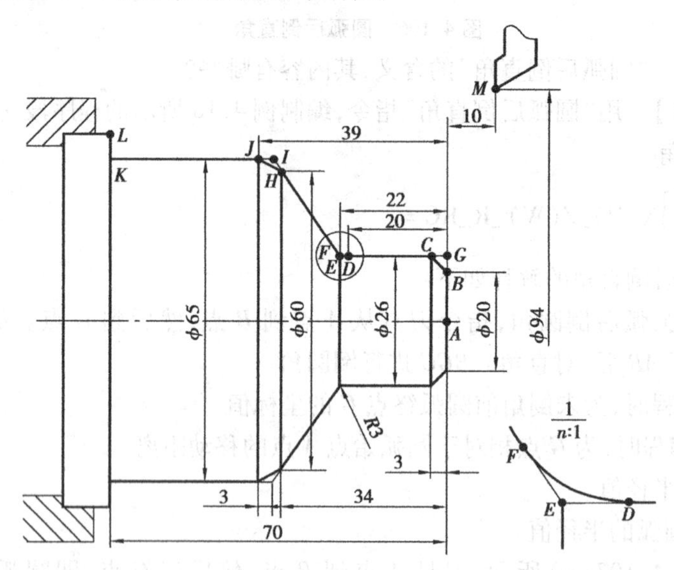

图 4.108　例 4.18 的图样(为了编程的需要，没有严格按制图标准标注尺寸)

解　其参考程序，如表 4.14 所示。

表 4.14　例 4.18 的参考程序
（该程序只考虑车刀的进给路线，没有考虑毛坯尺寸及切削量）

程序段	含　义	备　注
%00010	程序名	
N10 G00X944Z10	快速移到点 *M*	点 *M* 的坐标为(94,10)
N20 M03S500	主轴正转	主轴转速是 500 r/min
N30 G00 X0Z0	快速移到原点 *A*	点 *A* 的坐标为(0,0)
N40 G01 X26 C3 F60	倒 3×45° 的直角	*G* 点坐标为(26,0)，倒角两条线的距离为 3，进给速度为 60，完成后到点 *C*
N50 Z－22R3	倒 *R*3 的圆弧	直线后倒圆弧，*E* 点坐标为(26，－22)，圆弧半径为 3，完成后车刀到节点 *F*
N60 X65Z－36C3	倒边长为 3 的直角	直线后倒直角，点 *I* 坐标为(65，－36)，倒角两条线的距离 3，完成后到节点 *J*
N70 Z－70	加工 ϕ56 外圆	到点 *K*(56，－70)
N80 G00 X70	退刀到直径为 70 mm 处	
N100 Z10	再退刀到 *Z* 轴 10 mm 处	回到对刀点 *M*(94,10)
N110 M02M30	主轴停止转动，回到程序首	

(1)仿真加工例 4.18 的零件，其方法如下：

①题意：仿真加工例 4.18 零件。

②零件材料：零件材料为 45 号钢，零件图样，如图 4.108 所示。

③刀具选用：两把刀：1 号外圆粗车刀、2 号外圆精车刀。

④毛坯尺寸：毛坯尺寸为长度为 200 mm、直径为 75 mm，留 2 mm(半径值)，作为精加工量。

⑤仿真加工程序：考虑到刀具、毛坯尺寸、切削三要素等因素，其仿真加工参考程序见表 4.15，该程序的刀路轨迹如图 4.109 所示。

表 4.15　例 4.18 的仿真加工参考程序

程序段	含　义
%00010	程序名
N10 G00X94Z10	快速移到换刀点 *M*(94,10)
N20 T0101	换第一把刀
N30 M03S500	主轴正转
N40 X83Z3	快速移到点 *N*(94,10)　(*N*、*O*、*P*、*Q*、*N*)
N50 G01 X69Z0F100	直线插补到点 *O*(69,0)
N60 Z－68	直线插补到点 *P*(69，－68)
N70 X83	直线插补到点 *Q*(83，－68)

续表

程序段	含 义
N80 G00Z3	退刀到点 $N(83,3)$
N90 G01X62Z0F100	直线插补到点 $R(62,0)$ （R、S、T、U、N）
N100 Z－4	直线插补到点 $S(62,-4)$
N110 X69Z－7	直线插补到点 $T(69,-7)$
N120 G00X83	退刀到点 $U(83,-7)$
N130 Z3	再退刀到点 $N(83,3)$
N140 G01X54Z0F100	直线插补到点 $V(54,0)$ （V、W、X、Y、N）
N150 Z－8	直线插补到点 $W(54,-8)$
N160 X69Z－14	直线插补到点 $X(69,-14)$
N170 G00X83	退刀到点 $M(83,-14)$
N180Z3	再退刀到点 $N(83,3)$
N190 G01X46Z0F100	直线插补到点 $Z(46,0)$ （Z、a、b、c、N）
N200 Z－12	直线插补到点 $a(46,-12)$
N210 X69Z－21	直线插补到点 $b(69,-21)$
N220 G00 X83	退刀到 $c(83,-21)$
N230 Z3	再退刀到点 $N(83,3)$
N240 G01X38Z0F100	直线插补到点 $d(38,0)$ （d、e、f、g、N）
N250 Z－16	直线插补到点 $e(38,-16)$
N260 X69Z－28	直线插补到点 $f(69,-16)$
N270 G00X83	退刀到 $g(83,-28)$
N280 Z3	再退刀到点 $N(83,3)$
N290 G01X30Z0F100	直线插补到点 $h(30,0)$ （h、i、j、k、N）
N300 Z－20	直线插补到点 $i(30,-20)$
N310 X69Z－35	直线插补到点 $j(69,-35)$
N320 G00X83	退刀到 $k(83,-35)$
N330 Z3	再退刀到点 $N(83,3)$
N332 G00X94Z10	快速移到换刀点 $M(94,10)$
N334 M00	程序暂停
N340 T0202 M03 S700	换第二把精车刀
N345 G00X83Z3	
N350 G01X0Z0F100	直线插补到点 $A(0,0)$ （A、C、F、J、K、L、m、N）

续表

程序段	含 义
N360 X26C3	直线 *AB* 后,倒角∠*BGC*,点 *G* 的坐标为(26,0),倒角两条线的距离 3,完成后车刀到点 *C*(26,-3)
N370 Z-22R3	直线 *CD* 后,对角∠*DEF* 倒圆弧,*E* 点坐标为(26,-22),圆弧半径为 3,完成后车刀到节点 *F*
N380 X65Z-36C3	直线 *FH* 后,对角∠*HIJ* 倒角,点 *I* 坐标为(65,-36),倒角两条线的距离 3,完成后到节点 *J*
N390 Z-70	直线插补到点 *K*(65,-70)
N400 X75	直线插补到点 *L*(75,-70)
N410 G00X83	退刀到点 *m*(83,-70)
N420 Z3	再退刀到点 *N*(83,3)
N430 M02M30	主轴停止转动,回到程序首

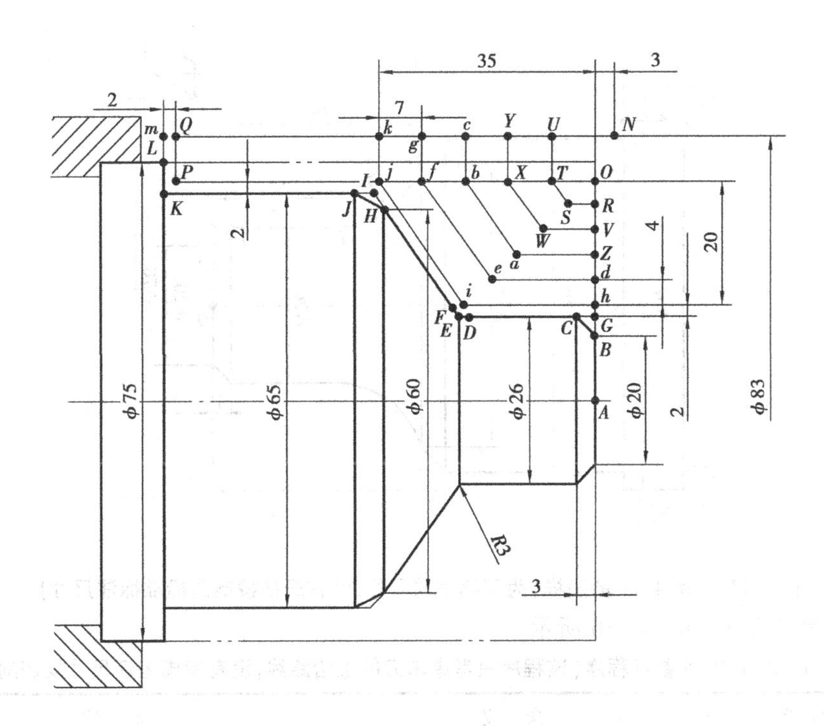

图 4.109 程序的刀路轨迹(为了编程的需要,没有严格按制图标准标注尺寸)

⑥仿真加工过程。仿真加工过程如下:

a. 进入 CZK-HNC22T 操作界面:打开 CZK-HNC22T 系统的操作界面,并调整车床,使之处于合适位置。其具体方法参见“项目四”中的“任务一”中的“课题二”。

b. 单击 启动 按键,启动数控机床。

c. 单击按键，使急停按钮旋起，让机床处于非急停状态。

d. 操作机床回参考点：其具体方法参见“项目四”中的“任务一”中的“课题二”。

e. 安装毛坯：安装尺寸为 $\phi75\times200$ 的毛坯，调整毛坯长度方向的尺寸，留足加工余量。其具体方法参见“项目四”中的“任务一”中的“课题二”。

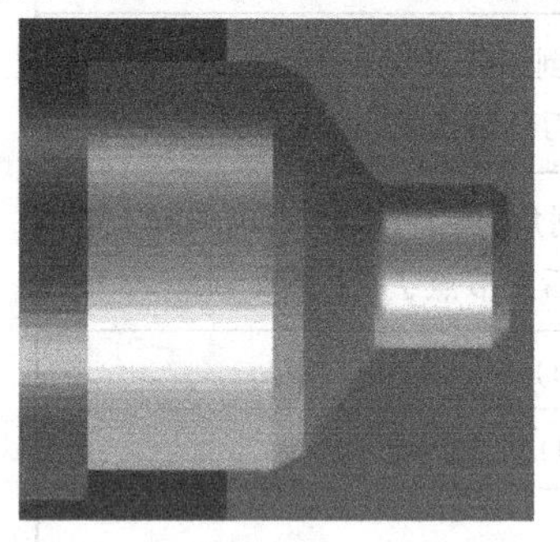

图 4.110 例 4.18 加工好的零件图形

f. 安装刀具：安装两把 90° 外圆车刀，1 号外圆粗车刀，粗车；2 号外圆精车刀，精车。调整刀具至合适位置。其具体方法参见“项目四”中的“任务一”中的“课题二”。

g. 录入程序：录入表 4.11 的仿真加工参考程序，确保输入无误，并保存。其具体方法参见“项目四”中的“任务一”中的“课题二”。

h. 对刀：用试切法对刀。其具体方法参见“项目四”中的“任务一”中的“课题二”。

i. 运行程序，加工零件。自动运行，加工该零件。加工好的零件图形，如图 4.111 所示，其具体方法参见“项目四”中的“任务一”中的“课题二”。

例 4.19 如图 4.111 所示，用倒角指令编程。

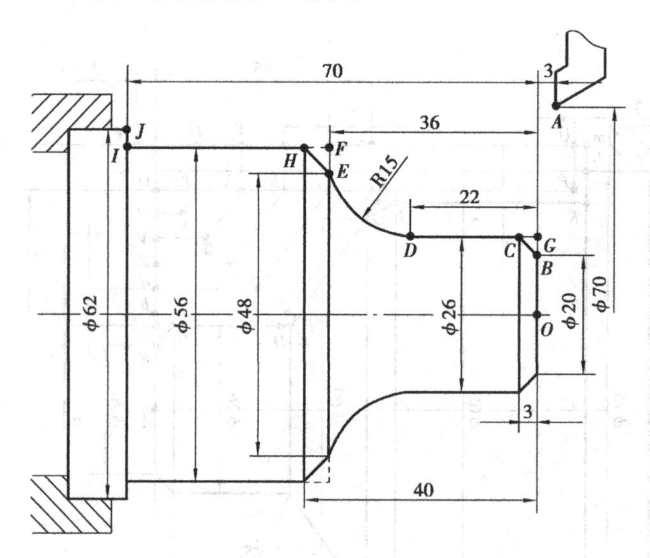

图 4.111 例 4.19 的图样（为了编程的需要，没有严格按制图标准标注尺寸）

解 其参考程序，如表 4.16 所示。

表 4.16 例 4.19 的参考程序（该程序只考虑车刀的进给路线，没有考虑毛坯尺寸及切削量）

程序段	含 义	备 注
%0011	程序名	
N10 G00X70Z3	快速移到点 A	点 A 的坐标为(70,3)
N20 M03S500	主轴正转	主轴转速是 500 r/min
N30 G01 X0Z0 F100	直线插补到原点	移到原点 O，进给速度为 100

续表

程序段	含 义	备 注
N40 X26 C3	倒 3×45° 的直角	G 点坐标为(26,0),倒角两条线的距离为 3,完成后车刀到点 C
N50 Z-22	直线插补到点 D,加工 ϕ26 外圆	D 点坐标为(26,-22)
N60 G02 X56Z-37 R15 RL=3	圆弧后倒角。加工 R15 圆弧后,倒直角∠EFH	F 点坐标为(56,-37),圆弧半径为 15,倒角两条线的距离 3,完成后车刀到点 H
N80 G01 Z-70	加工 ϕ56 外圆	到点 I(56,-70)
N90 G00 X70	退刀到直径为 70 mm 处	
N100 Z10	再退刀到 Z 轴 3 mm 处	回到对刀点位置 A(70,3)
N110 M02M30	主轴停止转动,回到程序首	

(2)仿真加工例 4.19 的零件。其方法如下:

①题意:仿真加工例 4.19 零件。

②零件材料:零件材料为 45 号钢,零件图样,如图 4.111 所示。

③刀具选用:两把刀:1 号外圆粗车刀、2 号外圆精车刀。

④毛坯尺寸:毛坯尺寸为长度为 200 mm、直径为 75 mm,留 2 mm(半径值),作为精加工量。

⑤仿真加工程序:考虑到刀具、毛坯尺寸、切削三要素等因素,其仿真加工参考程序,如表 4.17,该程序的刀路轨迹如图 4.112 所示。

表 4.17 例 4.18 的仿真加工参考程序

程序段	含 义
%0011	程序名
N10 G00X100Z40	到换刀点位置(100,40)
N10 T0101	换第一把刀
N20 M03S500	主轴正转
N30 G00X70Z3	快速移到点 A(70,3) (A、L、M、N、A)
N40 G01X58Z40	直线插补到点 L(58,0)
N50 Z-69	直线插补到点 M(58,-69)
N60 X70	直线插补到点 N(58,-69)
N70 G00 Z3	退刀到点 A(70,3)
N80 G01X52Z0F100	直线插补到点 P(52,0) (P、Q、R、S、A)
N90 Z-5	直线插补到点 Q(52,0)

续表

程序段	含 义
N100 X58Z－8	直线插补到点 $R(58,-8)$
N110 G00X70	退刀到点 $S(70,-8)$
N120 Z3	再退刀到点 $A(70,3)$
N130 G01X46Z0	直线插补到点 $T(46,-8)$ （T、U、V、W、A）
N140 Z－10	直线插补到点 $U(46,-10)$
N150 X58Z－16	直线插补到点 $V(58,-16)$
N160 G00X70	退刀到点 $W(70,-16)$
N170 Z3	再退刀到点 $A(70,3)$
N180 G01X42Z0F100	直线插补到点 $X(42,0)$ （X、Y、Z、a、A）
N190 Z－15	直线插补到点 $Y(42,-15)$
N200 X58Z－24	直线插补到点 $Z(58,-24)$
N210 G00X70	退刀到点 $a(70,-24)$
N220Z3	再退刀到点 $A(70,3)$
N230 G01X34Z0F100	直线插补到点 $b(34,0)$ （b、c、d、e、A）
N240 Z－20	直线插补到点 $c(34,-20)$
N250 X58Z－32	直线插补到点 $d(58,-32)$
N260 G00X70	退刀到点 $e(70,-32)$
N270 Z3	再退刀到点 $A(70,3)$
N280 G01X28Z0F100	直线插补到点 $f(28,0)$ （f、g、h、i、A）
N290 Z－23	直线插补到点 $g(28,-23)$
N300 X58Z－39	直线插补到点 $h(58,-39)$
N320 G00 X70	退刀到点 $i(70,-39)$
N330 Z3	再退刀到点 $A(70,3)$
N340 X100Z40	到换刀点位置(100、40)
N350 M00	程序暂停
N360 T0202 M03S700	换第二把刀
N370 G00X70Z3	
N380 G01Z0 F100	直线插补到原点 O （O、C、D、H、I、J、K、A）
N390 X26 C3	倒角∠BGC(倒 $3\times45°$ 的直角)，点 G 的坐标为(26,0)，倒角两条线的距离 3，完成后车刀到点 C
N400 Z－21	直线插补到点 $D(26,-21)$，加工 $\phi26$ 外圆

续表

程序段	含 义
N410 G02 X56Z－36 R15 RL＝3	加工 *R*15 圆弧后，倒直角∠*EFH*（圆弧后倒直角），*F* 点坐标为（56，－36），圆弧半径为 15，倒角两条线的距离 3，完成后车刀到点 *H*
N420 G01 Z－70	加工 ϕ56 外圆，到点 *I*（56，－70）
N430 X62	到点 *J*（62，－70）
N440 G00 X70	退刀到点 *K*（70，－70）
N450 Z3	再退刀到点 *A*（70，3）
N110　M02M30	主轴停止转动，回到程序首

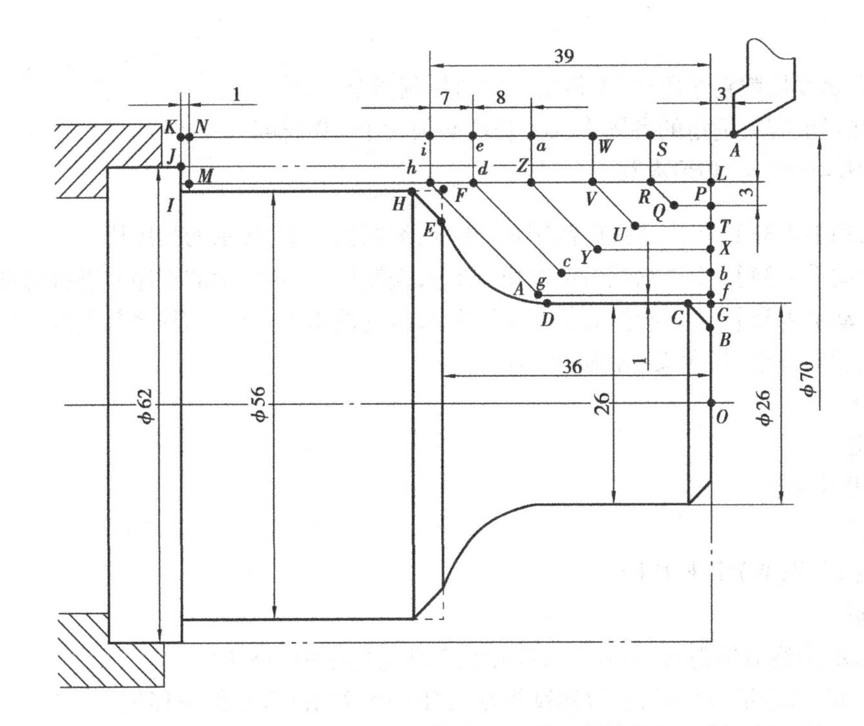

图 4.112　程序的刀路轨迹（为了编程的需要，没有严格按制图标准标注尺寸）

⑥仿真加工过程。仿真加工过程如下：

a. 进入 CZK-HNC22T 操作界面。打开 CZK-HNC22T 系统的操作界面，并调整车床，使之处于合适位置。其具体方法参见“项目四”中的“任务一”中的“课题二”。

b. 单击按键，启动数控机床。

c. 单击按键，使急停按钮旋起，让机床处于非急停状态。

d. 操作机床回参考点，其具体方法参见“项目四”中的“任务一”中的“课题二”。

e. 安装毛坯，安装尺寸为 ϕ75×200 的毛坯，调整毛坯长度方向的尺寸，留足加工余量。其具体方法参见“项目四”中的“任务一”中的“课题二”。

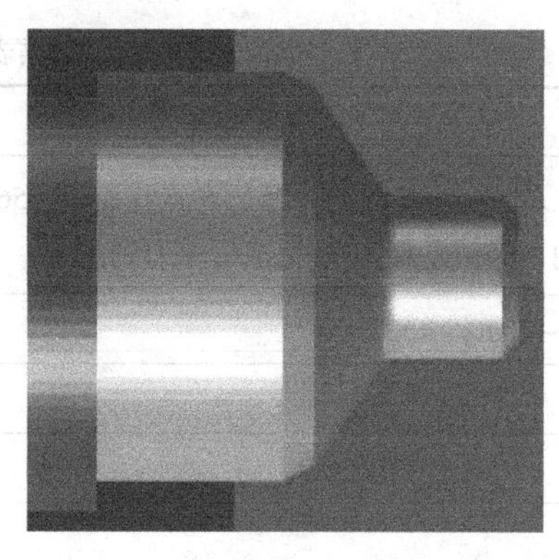

图 4.113　例 4.19 加工好的零件图形

f. 安装刀具,安装两把 90°外圆车刀,1 号外圆粗车刀,粗车;2 号外圆精车刀,精车。调整刀具,至合适位置。其具体方法参见“项目四”中的“任务一”中的“课题二”。

g. 录入程序,录入表 4.11 的仿真加工参考程序,确保输入无误,并保存。其具体方法参见“项目四”中的“任务一”中的“课题二”。

h. 对刀,用试切法对刀。其具体方法参见“项目四”中的“任务一”中的“课题二”。

i. 运行程序,加工零件,自动运行,加工该零件。加工好的零件图形,如图 4.113 所示,其具体方法参见“项目四”中的“任务一”中的“课题二”。

提示:

- 在螺纹切削程序段中,不得出现倒角控制指令。
- 在以上有关倒角的各图中,GA 长度必须大于 GB 长度。
- RL = 、RC = ,必须大写。

【自己动手 4-33】 用“圆弧后倒圆角”指令,编制例 4.17 所示的程序段。

【自己动手 4-34】 用“圆弧后倒圆角”指令,编制例 4.18 所示的程序并进行仿真加工。

【自己动手 4-35】 用“圆弧后倒圆角”指令,编制例 4.19 所示的程序并进行仿真加工。

“圆弧后倒圆角”的含义,有哪些内容?

十三、G32

1. 含义

螺纹切削指令。

2. 格式

G32X(U) Z(W) R E P F

3. 说明

(1)X、Z:为绝对编程时,有效螺纹终点在工件坐标系中的坐标。

(2)U、W:为增量编程时,有效螺纹终点相对于螺纹切削起点的位移量。

(3)F:螺纹导程,即主轴每转一圈,刀具相对于工件的进给值。

(4)R、E:螺纹切削的退尾量,R 表示 Z 向退尾量;E 为 X 向退尾量,R、E 在绝对或增量编程时都是以增量方式指定,其为正,表示沿 Z、X 正向回退;为负,表示沿 Z、X 负向回退。使用 R、E 可免去退刀槽。R、E 可以省略,表示不用回退功能。根据螺纹标准,R 一般取 2 倍的螺距,E 取螺纹的牙型高。

(5)P:主轴基准脉冲处距离螺纹切削起始点的主轴转角。

(6)使用 G32 指令能加工圆柱螺纹、锥螺纹和端面螺纹。如图 4.114(a)所示,为锥螺纹切削时各参数的含义。

(7)在螺纹加工轨迹中,应有足够的升速进刀段 $\delta 1$ 和降速退刀段 $\delta 2$,以消除伺服后造成的螺距误差,如图 4.114(b)所示。

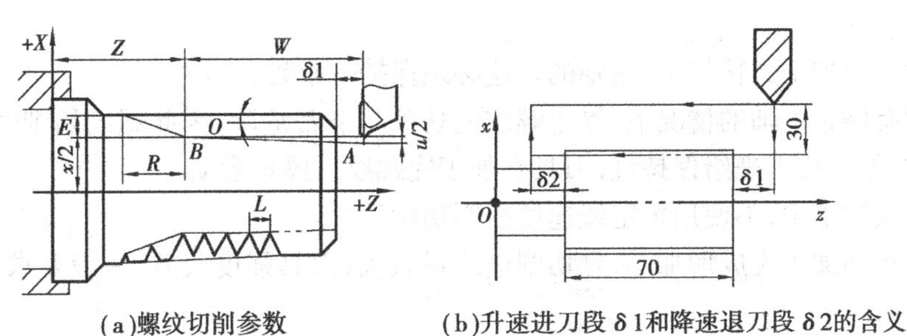

(a)螺纹切削参数　　(b)升速进刀段 δ1 和降速退刀段 δ2 的含义

图 4.114　螺纹切削参数

(8)螺纹车削加工为成型车削,且切削进给量较大,刀具强度较差,一般要求分数次进给加工。常用螺纹切削的进给次数与吃刀量的选择,见表 4.18。

表 4.18　常用螺纹切削的进给次数与吃刀量的选择

米制螺纹								
螺　距		1.0	1.5	2	2.5	3	3.5	4
牙深(半径量)		0.649	0.974	1.299	1.624	1.949	2.273	2.598
切削次数及直径吃刀量	1 次	0.7	0.8	0.9	1.0	1.2	1.5	1.5
	2 次	0.4	0.6	0.6	0.7	0.7	0.7	0.8
	3 次	0.2	0.4	0.6	0.6	0.6	0.6	0.6
	4 次		0.16	0.4	0.4	0.4	0.6	0.6
	5 次			0.1	0.4	0.4	0.4	0.4
	6 次				0.1	0.4	0.4	0.4
	7 次					0.2	0.2	0.4
	8 次						0.15	0.3
	9 次							0.2
英制螺纹								
牙/in		24	18	16	14	12	10	8
牙深(半径量)		0.678	0.904	1.016	1.162	1.355	1.626	2.033
切削次数及直径吃刀量	1 次	0.8	0.8	0.8	0.8	0.9	1.0	1.2
	2 次	0.4	0.6	0.6	0.6	0.6	0.7	0.7
	3 次	0.16	0.3	0.5	0.5	0.6	0.6	0.6
	4 次		0.11	0.14	0.14	0.4	0.4	0.5
	5 次					0.21	0.4	0.5
	6 次						0.16	0.4
	7 次							0.17

提示：

●从螺纹粗加工到精加工，主轴的转速必须保持一常数。

●在没有停止主轴的情况下，停止螺纹的切削将非常危险，因此螺纹切削时，进给保持功能无效，如果按下进给保持键，刀具在加工完螺纹后停止运动。

●在螺纹加工中，不使用恒定线速度控制功能。

●螺纹车削加工为成形加工，且切削进给量较大，刀具强度较差，一般要求分数次进给。

4. 例

例 4.20 如图 4.115 所示，螺纹导程为 1.5 mm，升速进刀段 $\delta 1$ 为 1.5 mm，降速退刀段为 $\delta 2$ 为 1 mm，用 G32 编程。

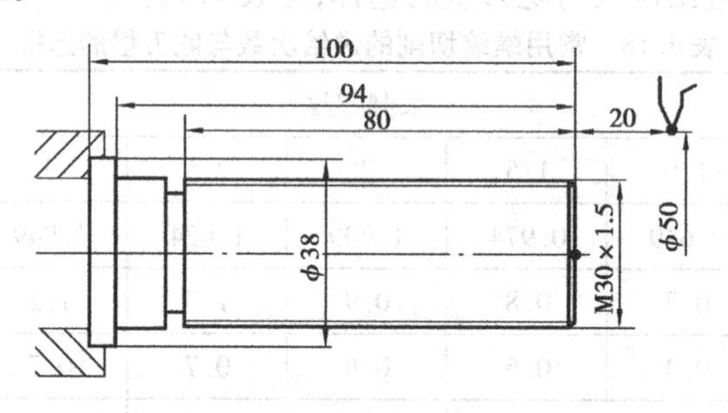

图 4.115 螺纹编程示例

解 螺距为 1.5 mm，查表得其 4 次吃刀量（直径值），分别为 0.8 mm，0.6 mm，0.4 mm，0.16 mm。其参考程序，如表 4.19 所示。

表 4.19 例 4.20 的参考程序

（该程序只考虑车刀的进给路线，没有考虑毛坯尺寸及切削量）

程序段	含 义	备 注
%0012	程序名	
N10 G00X50Z20	快速移到点(50,20)	
N20 M03S300	主轴正转	主轴转速是 300 r/min
N30 G00X40Z1.5		
N40 X29.2 Z1.5	快速移到螺纹第一次的起点处(29.2,1.5)	升速段 1.5 mm，第一次吃刀深 0.8：30 − 0.8 = 29.2，螺纹第一次起点处的坐标为(29.2,1.5)
N50 G32Z−81 F1.5	切削螺纹到螺纹第一次终点(29.2，−81)	降速段 1 mm，*Z* 再加降速段 1 mm，所以 *Z* 为 −81，第一次螺纹终点坐标为(29.2，−81)
N60 G00X40	*X* 轴方向快退	
N70 Z1.5	*Z* 轴方向快退	退到点(40,1.5)
N80 X28.6	*X* 轴方向快进，进到螺纹的第二次起点处(28.6,1.5)	升速段 1.5 mm，第二次吃刀深 0.6：29.2 − 0.6 = 28.6，螺纹第二次起点处的坐标为(28.6,1.5)

续表

程序段	含 义	备 注
N90 G32 Z－81 F1.5	切削螺纹到螺纹第二次终点(28.6，－81)	降速段1 mm，Z再加降速段1 mm，所以Z为－81，第二次螺纹终点坐标为(29.2，－81)
N100 G00 X40	X轴方向快退	升速段1.5 mm
N110 Z1.5	Z轴方向快退	退到点(40，1.5)
N120 X28.2	X轴方向快进，进到螺纹的第三次起点处(28.2，1.5)	升速段1.5 mm，第三次吃刀深0.4:28.6－0.4＝28.2，螺纹第三次起点处的坐标为(28.2，1.5)
N130 G32 Z－81 F1.5	切削螺纹到螺纹第三次终点(28.2，－81)	降速段1 mm，Z再加降速段1 mm，所以Z为－81，第三次螺纹终点坐标为(28.2，－81)
N140 G00 X40	X轴方向快退	
N150 Z1.5	Z轴方向快退	退到点(40，1.5)
N160 X28.04	X轴方向快进，进到螺纹的第四次起点处(28.04，1.5)	升速段1.5 mm，第四次吃刀深0.16:28.2－0.16＝28.04，螺纹第四次起点处的坐标为(28.04，1.5)
N170 G32 X－81 F1.5	切削螺纹到螺纹第四次终点(28.04，－81)	降速段1 mm，Z再加降速段1 mm，所以Z为－81，第四次螺纹终点坐标为(28.04，－81)
N180 G00 X40	X轴方向快退	
N190 X50 Z20	回对刀点	
N200 M02M30	主轴停止转动，回到程序首	

5. 仿真加工

(1)题意：仿真加工例4.20零件。

(2)零件材料：零件材料为45号钢，零件图样，如图4.115所示。

(3)毛坯尺寸：毛坯尺寸为长度为200 mm、直径为38 mm。

(4)刀具选用：三把刀：一把90°外圆车刀，一把切槽刀(切刀宽4 mm)，一把螺纹车刀。

(5)仿真加工程序：考虑到刀具、毛坯尺寸、切削三要素等因素，其仿真加工参考程序，见表4.20，该程序的刀路轨迹，如图4.116所示。

表4.20 例4.20的仿真加工参考程序

程序段	含 义
%0012	程序名
N10 G00X50Z20	快速移到换刀点(50，20)
N20 T0101	换第一把刀
N30 M03S300	主轴正转
N40 X34Z1.5	快速移到点B(34，1.5)　(B、C、D、E)

续表

程序段	含 义
N30 G01Z－94 F100	直线插补到点 $C(34,-94)$
N40 X38	直线插补到点 $D(38,-94)$
N50 G00Z1.5	退刀到点 $E(38,1.5)$
N60 X30 F100	快速移到点 $F(30,1.5)$ （F、G、D、E）
N70 G01 Z－94	直线插补到点 $G(30,-94)$
N80 X38	直线插补到点 $D(38,-94)$
N90 G00Z1.5	退刀到点 $E(38,1.5)$
N100 G00 X50Z20	快速移到换刀点(50,20)
N110 M00	程序暂停
N120 T0202	选第二把刀:切槽刀(切刀宽4 mm),切退刀槽
N130 X38Z－84	快速移到点 $R(38,-84)$ （R、S、T、R、E）
N140 G01X30	直线插补到点 $S(30,-84)$
N150 X24	直线插补到点 $T(24,-84)$切3 mm深的槽
N160 X38	退刀到点 $R(38,1.5)$
N170 Z1.5	再退刀到点 $E(38,1.5)$
N180 X50Z20	快速移到换刀点(50,20)
N190 M00	程序暂停
N200 T0303	选第三把刀:螺纹刀,切螺纹
N210 G00X38Z1.5	快速移点 $E(38,1.5)$ （E、H、I、J、E）
N220 X29.2	快速移到螺纹第一次的起点 $H(29.2,1.5)$
N230 G32Z－81F1.5	切削螺纹到螺纹第一次的终点 $I(29.2,-81)$
N240 G00X38	退刀到点 $J(38,-81)$
N250 Z1.5	再退刀到点 $E(38,1.5)$
N260 X28.6	快速移到螺纹的第二次起点处 $K(28.6,1.5)$ （K、L、J、E）
N270 G32Z－81F1.5	切削螺纹到螺纹第二次的终点 $L(28.6,-81)$
N280 G00X38	退刀到点 $J(38,-81)$
N290 Z1.5	再退刀到点 $E(38,1.5)$
N300 X28.2	快速移到螺纹的第三次起点处 $M(28.2,1.5)$ （M、N、J、E）
N310 G32Z－81F1.5	切削螺纹到螺纹第三次的终点 $N(28.2,-81)$
N320 G00X38	退刀到点 $J(38,-81)$
N330 Z1.5	再退刀到点 $E(38,1.5)$

续表

程序段	含 义
N340 X28.04	快速移到螺纹的第四次起点 O(28.04,1.5) （O、P、J、E）
N350 G32Z-81F1.5	切削螺纹到螺纹第四次的终点 P(28.04,-81)
N360 G00X38	退刀到点 J(38,-81)
N370 Z1.5	再退刀到点 E(38,1.5)
N380 G00 X50Z20	快速移到换刀点(50,20)
N390 M00	程序暂停
N400 T0101	换第一把刀,倒角
N410 G00 X38 Z1.5	
N420 G01X28Z0	倒角 1×45°
N430 X30Z-1	
N440 G00X38	退刀到点(38,-1)
N450 Z1.5	退刀到点 E(38,1.5)
N460 M02M30	主轴停止转动,回到程序首

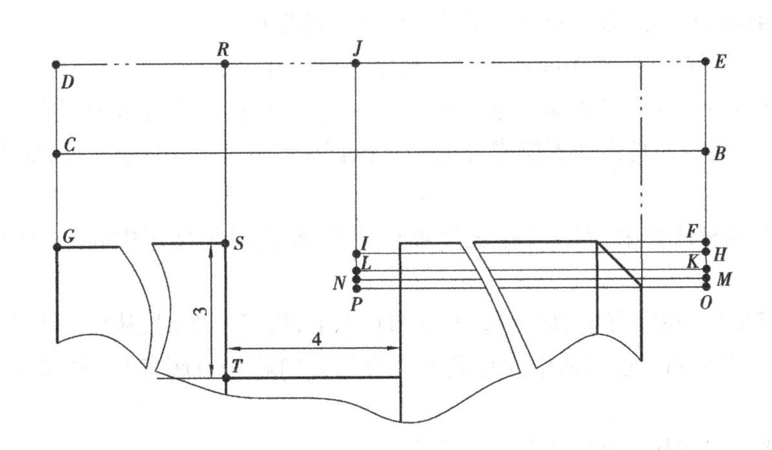

图 4.116 程序的刀路轨迹

(6)仿真加工过程,仿真加工过程如下:

①进入 CZK-HNC22T 操作界面。

②启动数控机床,并让机床处于非急停状态。

③机床回参考点。

④安装毛坯。

⑤安装刀具。安装三把车刀,一把 90°外圆车刀,一把切断刀(切刀宽 4 mm),一把螺纹车刀。

⑥录入程序。

⑦对刀。用试切法对刀。

⑧运行程序。加工出来的零件图形,如图 4.117 所示。

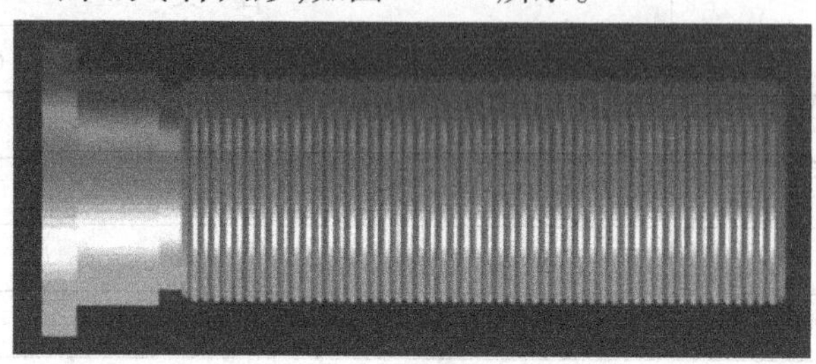

图 4.117　加工出来的零件图形

【想一想 4-18】　G32 的含义,有哪些内容?

【自己动手 4-36】　用 G32 指令,编制例 4.20 所示的程序,并进行仿真加工。

十四、G28

1. 含义

自动返回参考点。

2. 格式

G28X_Z_

3. 说明

(1)X、Z:绝对编程时,为中间点在工件坐标系中的坐标。

(2)U、W:增量编程时,为中间点相对于起点的位移量。

(3)G28 指令首先使所有的编程轴都快速定位到中间点,然后再从中间点返回到参考点。一般地,G28 指令用于刀具自动更换或者消除机械误差,在执行该指令之前,应取消刀尖半径补偿。

(4)在 G28 的程序段中,不仅产生坐标轴移动指令,而且记忆了中间点坐标值,以供 G29 使用。

(5)电源接通后,在没有手动返回参考点的状态下,指定 G28 时,从中间点自动返回考点,与手动返回参考点相同。这时从中间点到参考点的方向就是机床参数“回参考点方向”设定的方向。

(6)G28 指令仅在其被规定的程序段中有效。

4. 例

例 4.21　如图 4.118 所示,车刀由当前点 *A* 快速定位到坐标为(80,-96)的中间点,然后再回到参考点,其程序段为:

G28 X80 Z-96

【想一想 4-19】　G28 的含义有哪些内容?

【自己动手 4-37】　用 G28 指令编制例 4.21 所示的程序段。

十五、G29

1. 含义

自动从参考点返回。

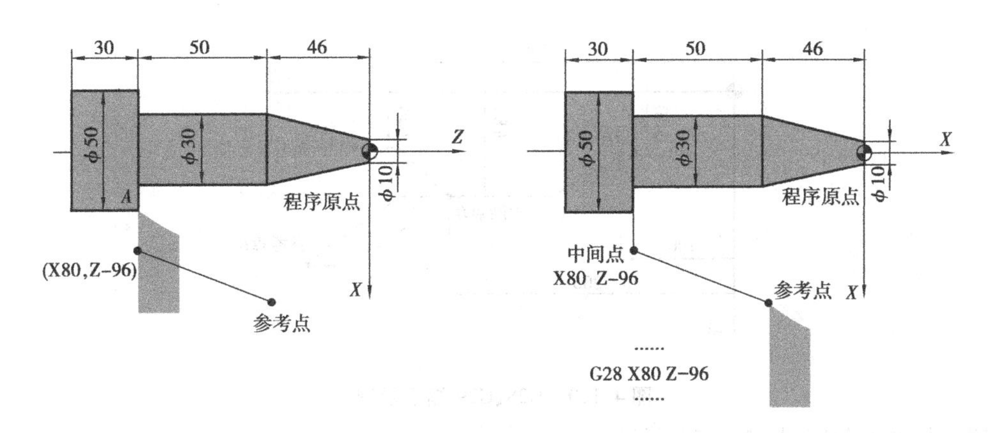

图 4.118　自动返回参考点 G28 示例

2. 格式

G29X_Z

3. 说明

(1)X,Z:绝对编程时为定位终点在工件坐标系中的坐标。

(2)U,W:增量编程时为定位终点相对于 G28 中间点的位移量。

(3)G29 可使所有编程轴以快速进给,经过由 G28 指令定义的中间点,然后再到达指定点,通常该指令紧跟在 G28 指令之后。

(4)G29 指令仅在其被规定的程序段中有效。

4. 例

例 4.22　如图 4.119 所示,车刀由当前点 *A* 快速定位到坐标为(80, -96)的中间点,然后再到参考点;再由参考点经中间点,回到坐标为(10,0)的指定点。其程序段为:

G28 X80 Z -96　(由当前点 *A* 到中间点,再由中间点到参考点)

G29 X10 Z0　　　(由参考点经中间点,到指定点(10,0))

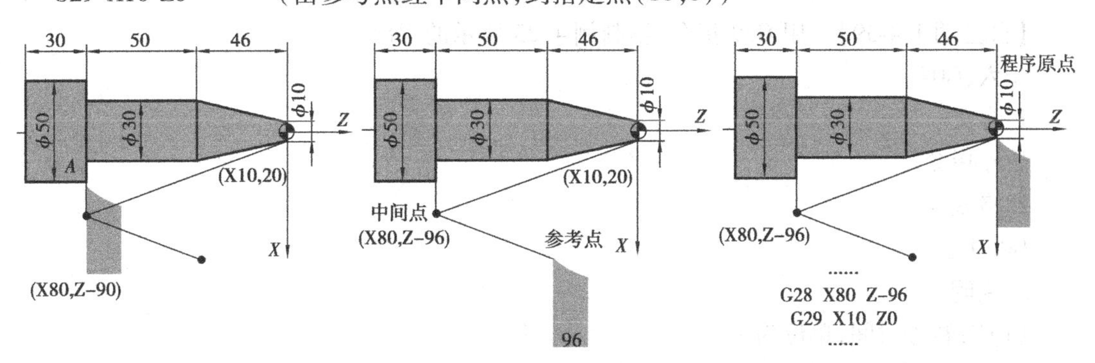

图 4.119　自动从参考点返回 G29 示例

【想一想 4-20】　G29 的含义有哪些内容?

【自己动手 4-38】　用 G29 指令编制例 4.22 所示的程序段。

例 4.23　如图 4.120 所示,用 G28,G29 编程,要求由当前点 *A*,经过中间点 *B*,并返回参考点 *R*,然后由参考点 *R*,经由中间点 *B* 返回到目标点 *C*。

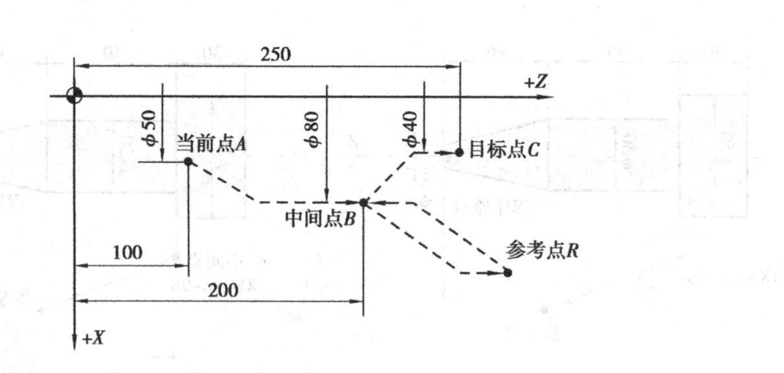

图 4.120　G28、G29 编程示例

解　其参考程序,如表 4.21 所示。

表 4.21　例 4.23 的参考程序

程序段	含　义	备　注
%0013	程序名	
N10 G92X50Z100	设立坐标系,定义对刀点位置点 A	对刀点位置(50,100)(当前点)
N20 G28 X80Z200	从当前点 A 到达中间点 B,再快速移到参考点 R	中间点的坐标为(80,200)
N30 G29 X40 Z250	从参考点 R 经中间点 B,到达目标点 C	目标点 C 的坐标为(40,250)
N40 G00 X50Z100	回对刀点 A	
N50 M02M30	主轴停止转动,回到程序首	

提示:

●编程人员不必计算从中间点到参考点的实际距离。

【自己动手 4-39】　用 G29 指令,编制例 4.23 所示的程序。

十六、G04

1. 含义

暂停指令。

2. 格式

G04 P_

3. 说明

(1)P:暂停时间,单位为 s。

(2)G04 在前一程序段的进给速度降到零之后,才开始暂停动作。

(3)在执行含 G04 的程序段时,先执行暂停动作。

(4)G04 为非模态指令,仅在其被规定的程序段中有效。

(5)G04 可使刀具作短暂停留,以获得圆整而光滑的表面。该指令除用于切槽、钻镗孔外,还可用于拐角轨迹控制。

【想一想 4-21】　G04 的含义有哪些内容?

十七、G96、G97

1. 含义

恒线速度指令。

2. 格式

G96 S_

G97 S_

3. 说明

(1)G96:恒线速度有效。

(2)G97:取消恒线速度功能。

(3)S:G96 后面的 S 值为切削的恒定线速度,单位为 m/min。

(4)G97 后面的 S 值为取消恒线速度后,指定的主轴转速,单位为 r/min;如缺省,则为执行 G96 指令前的主轴转速度。

提示:

●使用恒线速度功能,主轴必须能自动变速(如:伺服主轴、变频主轴)。

●在系统参数中要设定主轴最高限速。

4. 例

例 4.24　如图 4.121 所示,用恒线速度指令编程。

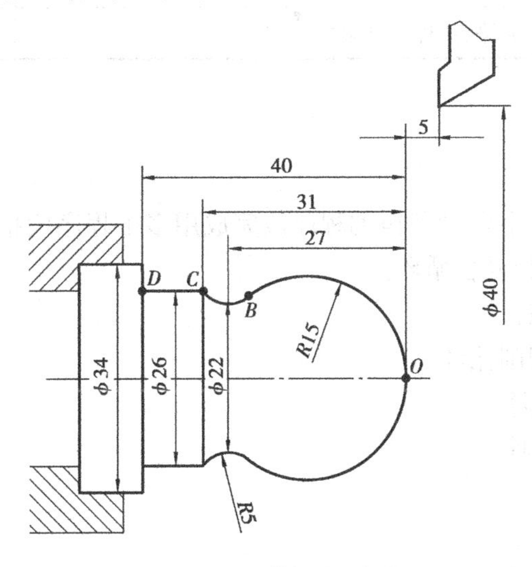

图 4.121　恒线速度指令编程实例

解　其参考程序如表 4.22 所示。

5. 仿真加工

仿真加工例 4.24 零件。

请读者参照例 4.13 的仿真加工,自己练习。

【想一想 4-22】　G96、G97 的含义有哪些内容?

【自己动手 4-40】　用 G96、G97 指令编制例 4.24 所示的程序,并进行仿真加工。

表 4.22　例 4.24 的参考程序
（该程序只考虑车刀的进给路线，没有考虑毛坯尺寸及切削量）

程序段	含　义	备　注
%0014	程序名	
N10 T0101	选第一把刀	
N20 G92 X40Z5	设立坐标系，定义对刀点位置	对刀点位置(40,5)
N30 M03 S400	主轴正转	主轴转速是 400 r/min
N40 G96 S80	恒线速度有效	恒线速度为 80 m/min
N50 G00 X0	刀到中心，转速升高，直到主轴到最大限速	
N60 G01 Z0F60	接触工件，到点 O	
N70 G03 U24W－24R15	加工 $R15$ 圆弧段，到点 B	节点 B 的坐标为(24，－24)
N80 G02 X26Z－31R5	加工 $R5$ 圆弧段，到点 C	点 C 的坐标为(26，－31)
N90 G01Z－40	加工 $\phi26$ 外圆，到点 D	点 D 的坐标为(26，－40)
N100　G00X40	退刀到(40，－40)	
N120　Z5	再退刀到(40,5)，回对刀点。	
N130 G97 S300	取消恒线速度功能，设定主轴按 300 r/min 旋转	
N140 M30	主轴停、主程序结束并复位	

十八、简单循环概述

1. 简单循环的类型

切削循环通常是用一个含 G 代码的程序段完成用多个程序段指令的加工操作，使程序得以简化，它分为简单循环和复合循环。

简单循环有三种类型：

(1)G80：内(外)径切削循环。

(2)G81：端面切削循环。

(3)G82：螺纹切削循环。

2. 说明

在切削循环的图形中：

(1)U,W 表示程序段中 X、Z 字符的相对值。

(2)X,Z 表示绝对坐标值。

(3)R 表示快速移动。

(4)F 表示以指定速度 F 移动。

3. 含义

简单循环又叫单一固定循环，简单循环可以将一系列连续加工动作，如“切入—切削—退刀—返回”，用一个循环指令完成，从而简化程序。

十九、G80

1. 含义

内(外)径切削循环,先到端面(径向),再向轴向方向切削。

2. 类型

(1)圆柱面内(外)径切削循环。

(2)圆锥面内(外)径切削循环。

3. G80 切削常见图形

G80 切削常见图形,如图 4.122 所示。

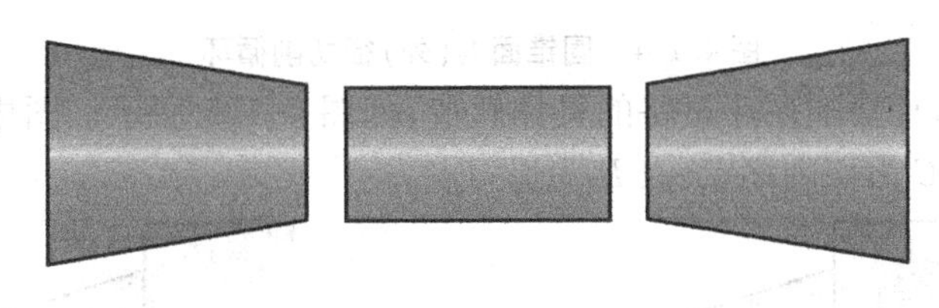

图 4.122　G80 切削常见图形

4. 圆柱面内(外)径切削循环

(1)格式:G80 X_Z_F_。

(2)说明:如图 4.123 所示

①X、Z:绝对值编程时,为切削终点 C 在工件坐标系下的坐标;增量值编程时,为切削终点 C 相对于循环起点 A 的有向距离,图形中用 U,W 表示,其符号由轨迹 1 和 2 的方向确定。

②该指令执行 $A \to B \to C \to D \to A$ 的轨迹动作。

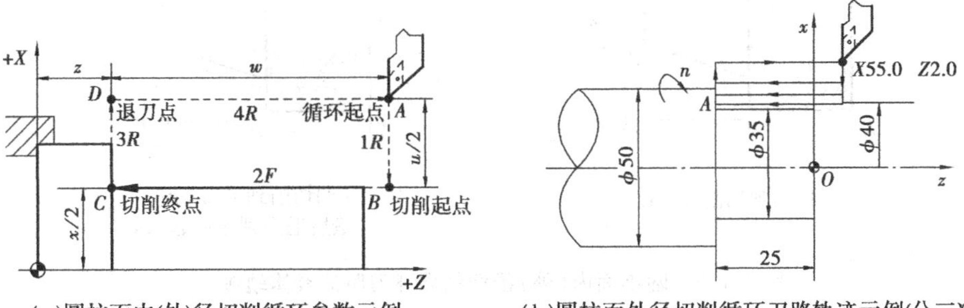

(a)圆柱面内(外)径切削循环参数示例　(b)圆柱面外径切削循环刀路轨迹示例(分三次)

图 4.123　圆柱面内(外)径切削循环

【想一想 4-23】　圆柱面内(外)径切削循环的含义有哪些内容?

5. 圆锥面内(外)径切削循环

(1)格式:G80 X_Z_I_F_。

(2)说明:如图 4.124 所示。

①X、Z:绝对值编程时,为切削终点 C 在工件坐标系下的坐标;增量值编程时,为切削终点 C 相对于循环起点 A 的有向距离。

②I:为切削起点 B 与切削终点 C 的半径差,其符号为差的符号(无论是绝对值编程还是增量值编程)。

③该指令执行 $A \to B \to C \to D \to A$ 的轨迹动作。

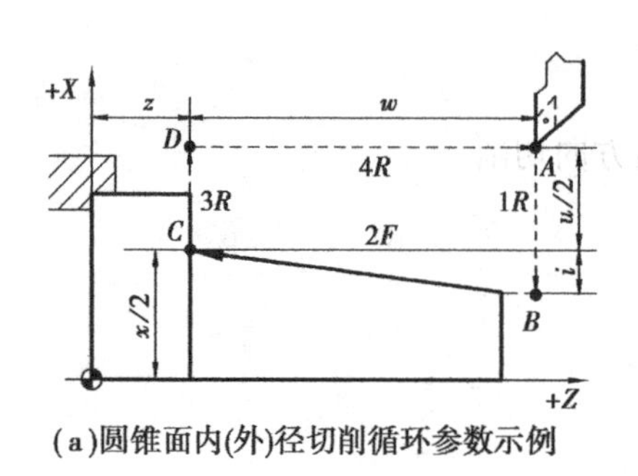

(a)圆锥面内(外)径切削循环参数示例

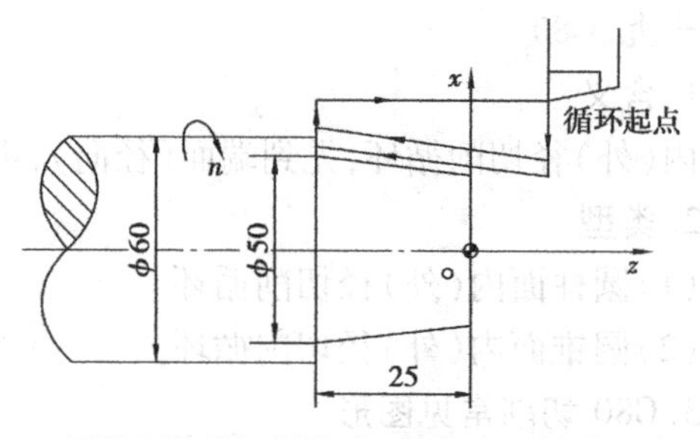

(b)圆锥面外径切削循环刀路轨迹示例(分两次)

图 4.124　圆锥面内(外)径切削循环

④圆锥面内(外)径切削循环刀路的具体轨迹,如图 4.125 所示。图中点 A 为循环起点,点 B 为切削起点,点 C 为切削终点,点 D 为退刀点。

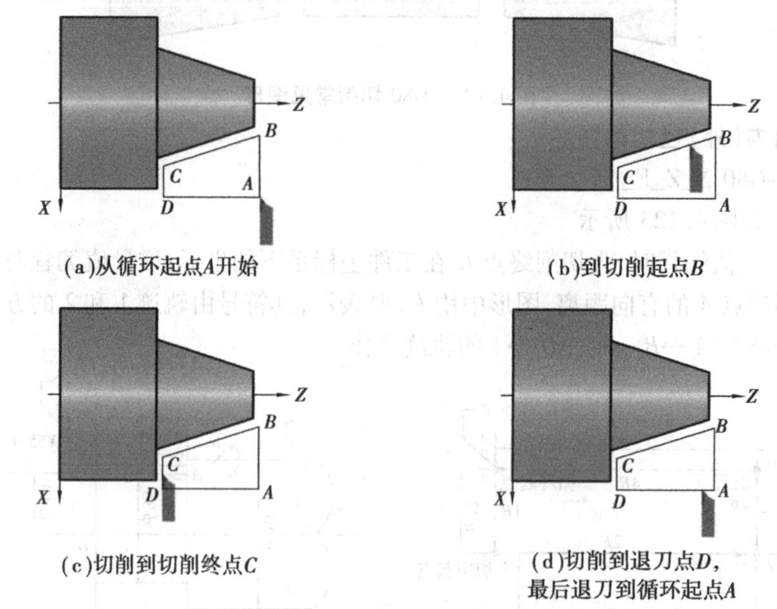

(a)从循环起点A开始　(b)到切削起点B

(c)切削到切削终点C　(d)切削到退刀点D,最后退刀到循环起点A

图 4.125　圆锥面内(外)径切削循环刀路的具体轨迹

【想一想 4-24】　圆锥面内(外)径切削循环的含义有哪些内容?

例 4.25　如图 4.126 所示,用 G80 指令编程,双点画线代表毛坯。

解　切削起点 P 与切削终点 Q 的半径差 $=(13-24)/2=-5.5$,分三次切削。其参考程序,如表 4.23 所示。

表 4.23　例 4.25 的参考程序

(该程序只考虑车刀的进给路线,没有考虑毛坯尺寸及切削量)

程序段	含　义	备　注
%0015	程序名	
N10 G00 X40Z5	快速移到循环起点 A	点 A 坐标为(40,3)
N20 M03 S400	主轴正转	主轴转速是 400 r/min

续表

程序段	含　义	备　注
N30 G80 X30Z-30I-5.5F100	加工第一次循环,吃刀深 1.5 mm	车刀从循环起点 *A* 开始第一次循环,到第一次的切削起点 *E*,切削到切削终点 *F*,再切削到退刀点 *D*,退刀到循环起点 *A*。第一次循环终点 *F* 的坐标为(30,-30)
N50 X27Z-30I-5.5	加工第二次循环,吃刀深 1.5 mm	车刀从循环起点 *A* 开始第二次循环,到第二次的切削起点 *G*,切削到切削终点 *H*,再切削到退刀点 *D*,退刀到循环起点 *A*。第二次循环终点 *H* 的坐标为(27,-30)
N60 X24Z-30I-5.5	加工第三次循环,吃刀深 1.5 mm	车刀从循环起点 *A* 开始第三次循环,到第三次的切削起点 *P*,切削到切削终点 *Q*,再切削到退刀点 *D*,退刀到循环起点 *A*。第三次循环终点 *Q* 的坐标为(24,-30)
N90 M30	主轴停、主程序结束并复位	

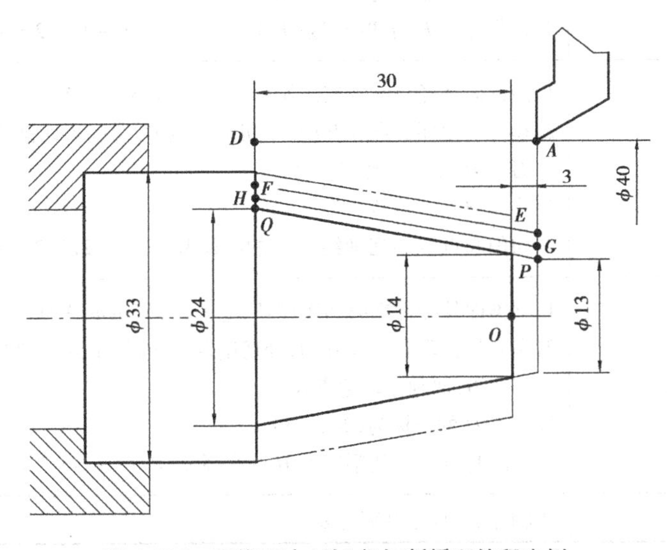

图 4.126　圆锥面内(外)径切削循环编程实例

(3)仿真加工例 4.25 的零件,其方法如下:

①题意:仿真加工例 4.25 零件。

②零件材料:零件材料为 45 号钢,零件图样如图 4.122 所示。

③毛坯尺寸:毛坯尺寸为长度为 100 mm、直径为 33 mm。

④刀具选用:1 号外圆车刀。

⑤仿真加工程序:考虑到刀具、毛坯尺寸、切削三要素等因素,其仿真加工参考程序见表 4.24,该程序的刀路轨迹,如图 4.127 所示。

表 4.24　例 4.25 的仿真加工参考程序

程序段	含 义
%0015	程序名
N10 T0101	
N10 M03 S400	主轴正转
N20 G00 X40Z5	快速移到点 $A(40,3)$
N40 X33Z - 30F I - 5.5100	1. 圆锥面外径切削第一次循环,吃刀深 1.5 mm(X 向) 2. 车刀从循环起点 A 开始,到切削起点 T,切削到切削终点 S,再切削到退刀点 D,退刀到循环起点 A 3. 切削终点 S 的坐标为(33, -30) 4. 切削起点 T 与切削终点 S 的半径差 = (22 - 33)/2 = -5.5
N50 G80 X30Z - 30I - 5.5 F100	1. 圆锥面外径切削第二次循环,吃刀深 1.5 mm(X 向) 2. 车刀从循环起点 A 开始,经切削起点 E,切削到切削终点 F,再切削到退刀点 D,退刀到循环起点 A 3. 终点 F 的坐标为(30, -30) 4. 切削起点 E 与切削终点 F 的半径差 = (19 - 30)/2 = -5.5
N50 X27Z - 30I - 5.5	1. 圆锥面外径切削第三次循环,吃刀深 1.5 mm(X 向) 2. 车刀从循环起点 A 开始,经切削起点 G,切削到切削终点 H,再切削到退刀点 D,回到循环起点 A 3. 终点 H 的坐标为(27, -30) 4. 切削起点 G 与切削终点 H 的半径差 = (16 - 27)/2 = -5.5
N60 X24Z - 30I - 5.5	1. 圆锥面外径切削第四次循环,吃刀深 1.5 mm(X 向)。 2. 车刀从循环起点 A 开始,经切削起点 P,切削到切削终点 Q,再切削到退刀点 D,回到循环起点 A。 3. 终点 Q 的坐标为(24, -30)。 4. 切削起点 G 与切削终点 H 的半径差 = (13 - 24)/2 = -5.5
N90 M30	主轴停、主程序结束并复位。

⑥仿真加工过程,其步骤如下:

a. 进入 CZK-HNC22T 操作界面。

b. 启动数控机床,并让机床处于非急停状态。

c. 操作机床回参考点。

d. 安装毛坯:安装尺寸为 $\phi33 \times 100$ 的毛坯,调整毛坯长度方向的尺寸,留足加工余量。

e. 安装刀具:安装一把 90°外圆车刀。

f. 录入程序。

g. 对刀。

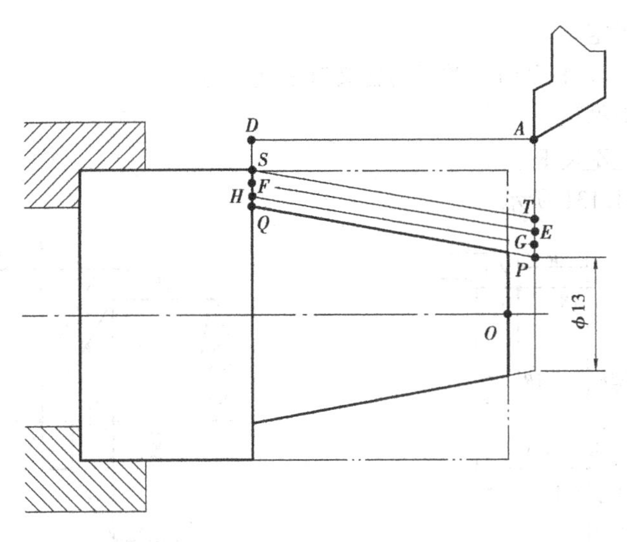

图 4.127　刀路轨迹

h. 运行程序,加工零件。加工出来的零件图形如图 4.128 所示。

【自己动手 4-41】　用 G80 指令编制例 4.25 所示的程序,并进行仿真加工。

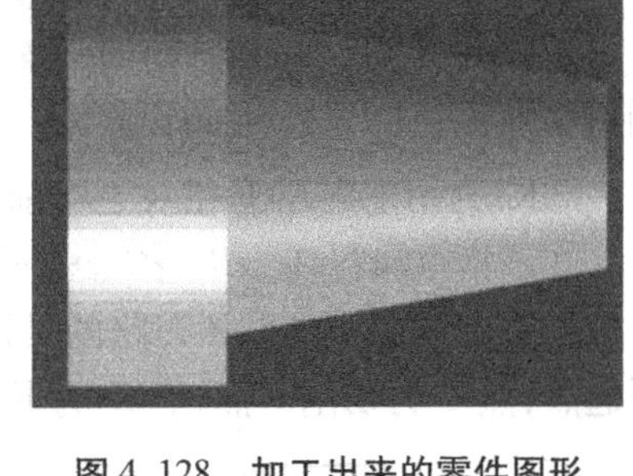

图 4.128　加工出来的零件图形

二十、G81

1. 含义

端面切削循环,先到轴向,然后向直径方向切削。

2. 类型

(1)端平面切削循环。

(2)圆锥端面切削循环。

3. G80 切削常见图形

G81 切削常见图形如图 4.129 所示。

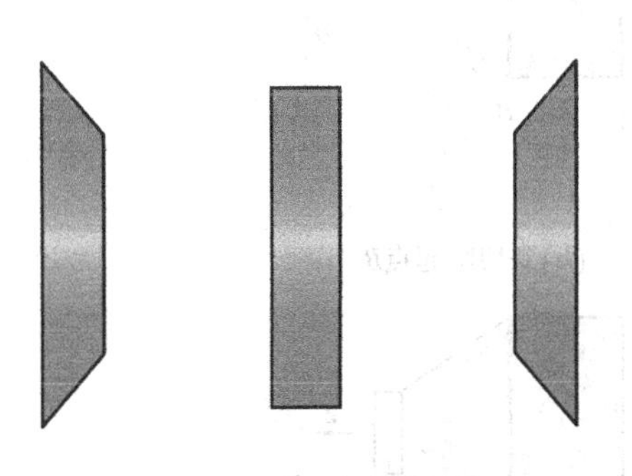

图 4.129　G81 切削常见图形

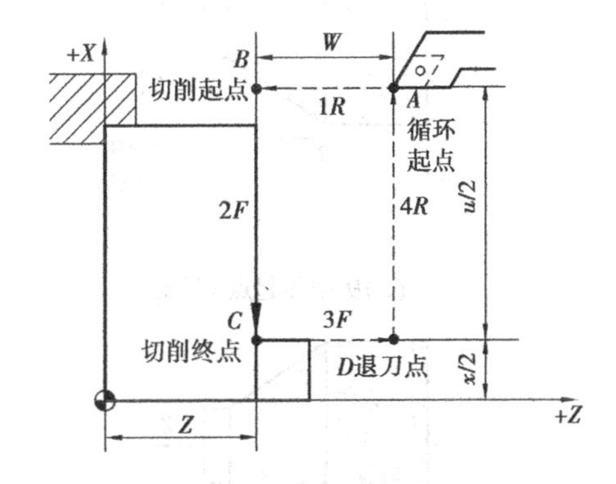

图 4.130　端平面切削循环

4. 端平面切削循环

(1)格式:G81 X_Z_F_。

(2)说明:如图 4.130 所示,X、Z 在绝对值编程时为切削终点 C 在工件坐标系下的坐标,在增量值编程时为切削终点 C 相对于循环起点 A 的有向距离,图形中用 U,W 表示,其符号由轨迹 1 和 2 的方向确定。

【想一想 4-25】 端平面切削循环的含义有哪些内容?

5. 圆锥端面切削循环

(1)格式:G81X_Z_K_F。

(2)说明:如图 4. 131 所示。

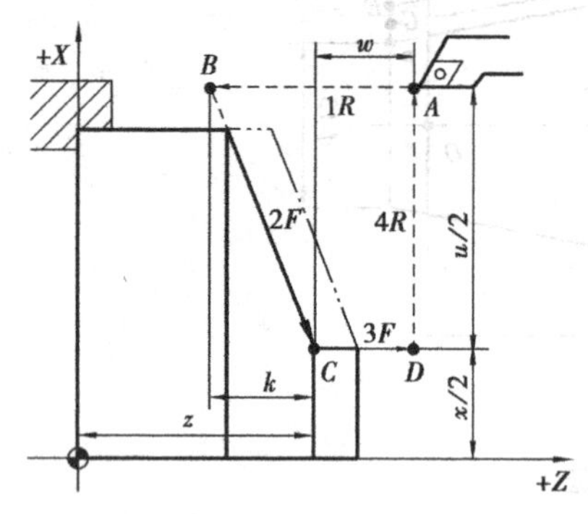

(a)圆锥端面切削循环参数示例

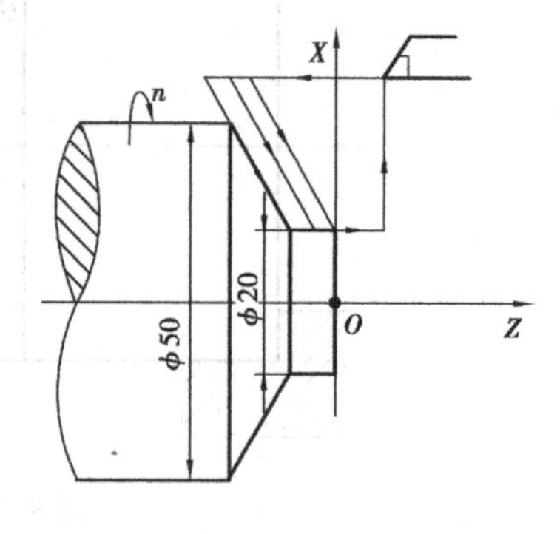

(b)圆锥端面切削循环刀路轨迹示例(分三次)

图 4. 131 圆锥端面切削循环

①X、Z:绝对值编程时为切削终点 C 在工件坐标系下的坐标;增量值编程时为切削终点 C 相对于循环起点 A 的有向距离。

②K:为切削起点 B 相对于切削终点 C 的 Z 向有向距离。

③该指令执行 $A \rightarrow B \rightarrow C \rightarrow D \rightarrow A$ 的轨迹动作。

④圆锥面端切削循环刀路的具体轨迹如图 4. 132 所示。图中点 A 为循环起点,点 B 为切削起点,点 C 为切削终点,点 D 为退刀点。

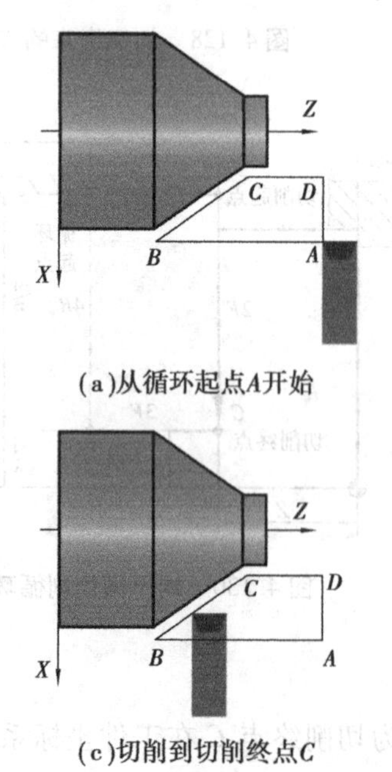

(a)从循环起点A开始

(c)切削到切削终点C

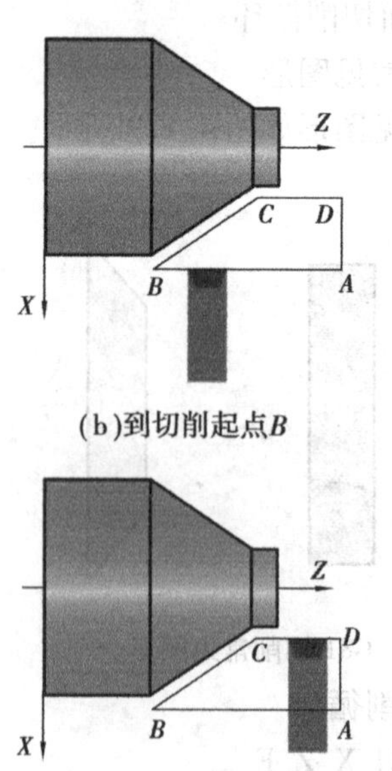

(b)到切削起点B

(d)再切削到退刀点D,最后回到循环起点A

图 4. 132 圆锥端面切削循环刀路的具体轨迹

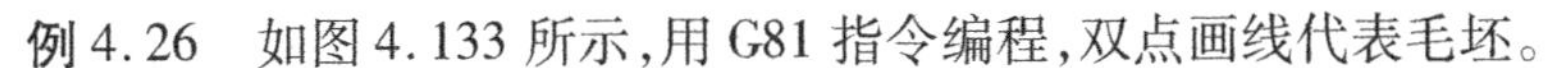

例 4.26　如图 4.133 所示，用 G81 指令编程，双点画线代表毛坯。

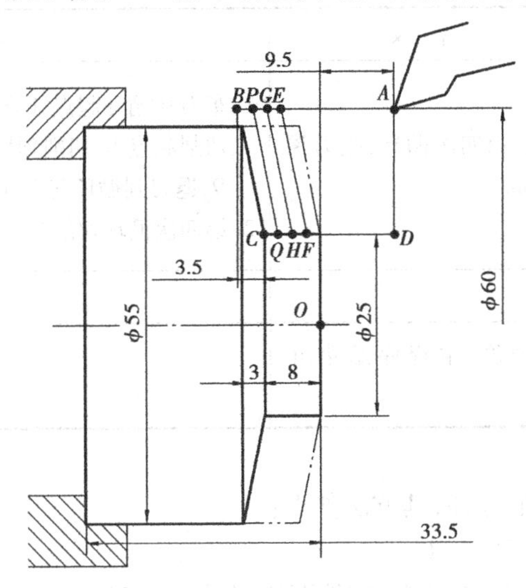

图 4.133　圆锥端面切削循环编程实例

解　其参考程序，如表 4.25 所示。

表 4.25　例 4.26 的参考程序
（该程序只考虑车刀的进给路线，没有考虑毛坯尺寸及切削量）

程序段	含　义	备　注
%0017	程序名	
N10 T0101	选第一把刀	
N20 G54 G90G00X60Z9.5 M03	选定坐标系，主轴正转，到循环起点 A	循环起点 A 的坐标为(60,9.5)
N30 G81 X25 Z－2 K－3.5 F100	1. 加工第一次循环，吃刀深 2 mm 2. 切削起点 B 相对于切削终点 C 的 Z 向有向距离为－3.5	1. 车刀从循环起点 A 开始第一次循环，到第一次的切削起点 E，切削到经切削终点 F，再切削到退刀点 D，退刀到循环起点 A 2. 第一次循环切削终点 F 的坐标为(25，－2)
N40 X25Z－4 K－3.5	加工第二次循环，吃刀深 2 mm	1. 车刀从循环起点 A 开始第二次循环，到第二次的切削起点 G，切削到切削终点 H，再切削到退刀点 D，退刀到循环起点 A 2. 第二次循环切削终点 H 的坐标为(25，－4)
N50 X25 Z－6K－3.5	加工第三次循环，吃刀深 2 mm	1. 车刀从循环起点 A 开始第三次循环，到第三次的切削起点 P，切削到切削终点 Q，再切削到退刀点 D，退刀到循环起点 A 2. 第三次循环切削终点 Q 的坐标为(25，－6)

续表

程序段	含 义	备 注
N60 X25Z -8 K -3.5	加工第四次循环,吃刀深 2 mm	1. 车刀从循环起点 A 开始第四次循环,到第四次的切削起点 B,切削到切削终点 C,再切削到退刀点 D,退刀到循环起点 A。 2. 第四次循环切削终点 H 的坐标为(25, -8)
N70 M05		
N80 M30	主轴停、主程序结束并复位	

(3)仿真加工例 4.26 的零件,其方法如下:

①题意:仿真加工例 4.26 零件。

②零件材料:零件材料为 45 号钢,零件图样,如图 4.133 所示。

③刀具选用:1 号外圆车刀。

④毛坯尺寸:毛坯尺寸为长度为 100 mm、直径为 55 mm 的棒料。

⑤仿真加工程序:考虑到刀具、毛坯尺寸、切削三要素等因素,其仿真加工参考程序,见表 4.26,该程序的刀路轨迹,如图 4.134 所示。

表 4.26 例 4.26 的仿真加工参考程序

程序段	含 义
%0017	程序名
N10 T0101	选第一把刀
N20 G00 X60Z9.5 M03	快速到循环起点 A(60,9.5)
N30 G81 X25 Z0 K -3.5 F100	1. 圆锥端面切削第一次循环,吃刀深 2 mm(Z 向) 2. 车刀从循环起点 A 开始第一次循环,到第一次的切削起点 T,切削到切削终点 S,再切削到退刀点 D,退刀到循环起点 A 3. 第一次循环切削终点 S 的坐标为(25,0) 4. 切削起点 T 相对于切削终点 S 的 Z 向有向距离为 -3.5
N30 G81 X25 Z -2 K -3.5 F100	1. 圆锥端面切削第二次循环,吃刀深 2 mm(Z 向) 2. 车刀从循环起点 A 开始第二次循环,到第二次的切削起点 E,切削到切削终点 F,再切削到退刀点 D,退刀到循环起点 A 3. 第二次循环切削终点 F 的坐标为(25, -2) 4. 切削起点 E 相对于切削终点 F 的 Z 向有向距离为 -3.5

续表

程序段	含　义
N40 X25Z－4 K－3.5	1. 圆锥端面切削第三次循环,吃刀深 2 mm(*Z* 向) 2. 车刀从循环起点 *A* 开始第三次循环,到第三次的切削起点 *G*,切削到切削终点 *H*,再切削到退刀点 *D*,退刀到循环起点 *A* 3. 第三次循环切削终点 *H* 的坐标为(25,－4) 4. 切削起点 *G* 相对于切削终点 *H* 的 *Z* 向有向距离为－3.5
N50 X25 Z－6K－3.5	1. 圆锥端面切削第四次循环,吃刀深 2 mm(*Z* 向) 2. 车刀从循环起点 *A* 开始第四次循环,到第四次的切削起点 *P*,切削到切削终点 *Q*,再切削到退刀点 *D*,退刀到循环起点 *A* 3. 第四次循环切削终点 *Q* 的坐标为(25,－6) 4. 切削起点 *P* 相对于切削终点 *Q* 的 *Z* 向有向距离为－3.5
N70 M05	
N80 M30	主轴停、主程序结束并复位

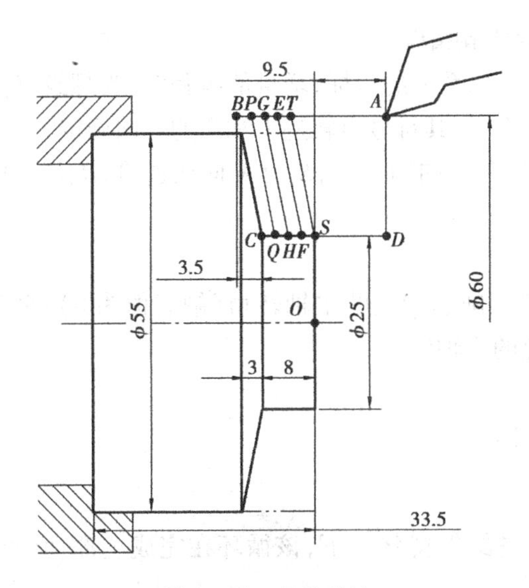

图 4.134　刀路轨迹

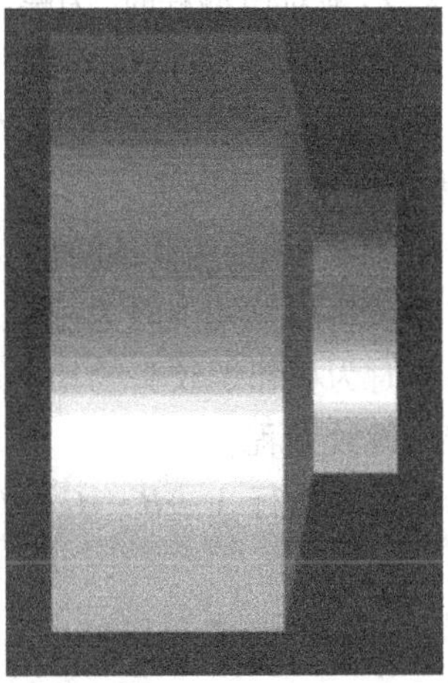

图 4.135　例 4.26 加工出来的零件图形

⑥仿真加工过程,请读者自己练习。

加工出来的零件图形如图 4.135 所示。

【想一想 4-26】　圆锥端面切削循环的含义有哪些内容?

【自己动手 4-42】　用 G81 指令编制例 4.27 所示的程序。

二十一、G82

1. 含义

螺纹切削循环。

2. 类型

(1)直螺纹切削循环。

(2)锥螺纹切削循环。

3. 直螺纹切削循环

(1)格式:G82X(U)_Z(W)_ R_ E_ C_ P_ F_。

(2)说明:如图 4.136 所示。

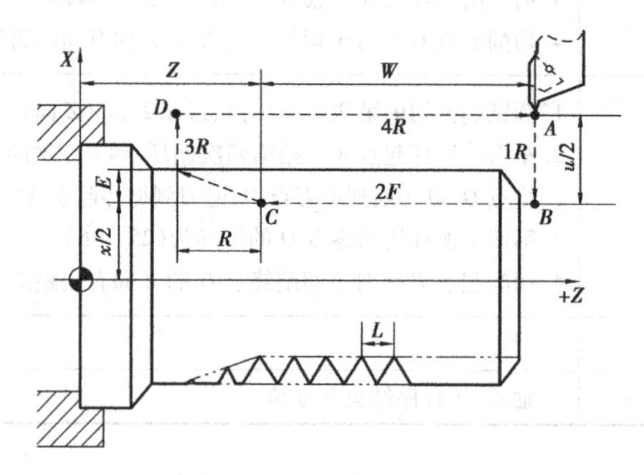

图 4.136　直螺纹切削循环

①X,Z:绝对值编程时,为螺纹终点 C 在工件坐标系下的坐标;增量值编程时,为螺纹终点 C 相对于循环起点 A 的有向距离,图形中用 U,W 表示,其符号由轨迹 1 和 2 的方向确定。

②R,E:螺纹切削的退尾量,R,E 均为向量,R 为 Z 向回退量;E 为 X 向回退量,R、E 可以省略,表示不用回退功能。

③C:螺纹头数,为 0 或 1 时切削单头螺纹。

④P:单头螺纹切削时为主轴基准脉冲处距离切削起始点的主轴转角(缺省值为 0);多头螺纹切削时为相邻螺纹头的切削起始点之间对应的主轴转角。

⑤F:螺纹导程。

⑥该指令执行 $A \to B \to C \to D \to A$ 的轨迹动作。

提示:

●螺纹切削循环同 G32 螺纹切削一样,在进给保持状态下,该循环在完成全部动作之后才停止运动。

【想一想 4-27】　直螺纹切削循环的含义,其内容有哪些?

4. 锥螺纹切削循环

(1)格式:G82 X_ Z_ I_ R_ E_ C_ P_ F_。

(2)说明:如图 4.137 所示。

①X、Z:绝对值编程时,为螺纹终点 C 在工件坐标系下的坐标;增量值编程时,为螺纹终点 C 相对于循环起点 A 的有向距离,图形中用 U,W 表示。

②I:螺纹起点 B 与螺纹终点 C 的半径差,其符号为差的符号(无论是绝对值编程还是增量值编程)。

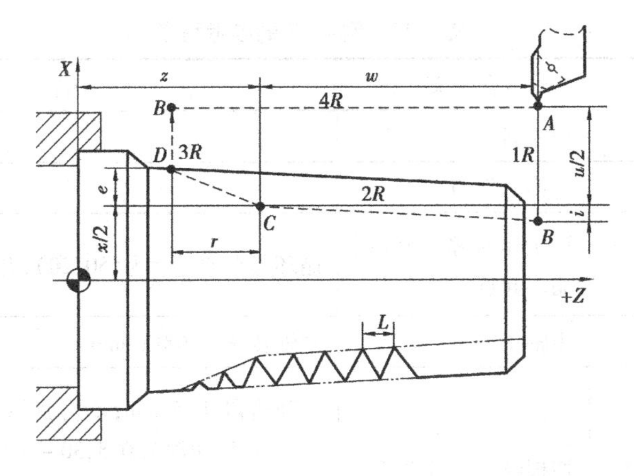

图 4.137 锥螺纹切削循环

③R,E:螺纹切削的退尾量,*R*,*E* 均为向量,*R* 为 *Z* 向回退量;*E* 为 *X* 向回退量,*R*,*E* 可以省略,表示不用回退功能。

④C:螺纹头数,为 0 或 1 时切削单头螺纹。

⑤P:单头螺纹切削时为主轴基准脉冲处距离切削起始点的主轴转角(缺省值为 0);多头螺纹切削时为相邻螺纹头的切削起始点之间对应的主轴转角。

⑥F:螺纹导程。

⑦该指令执行 *A*→*B*→*C*→*D*→*A* 的轨迹动作。

5. 例

例 4.27 如图 4.138 所示,用恒线速度指令编程。用 G82 指令编程,毛坯外形已加工完成。

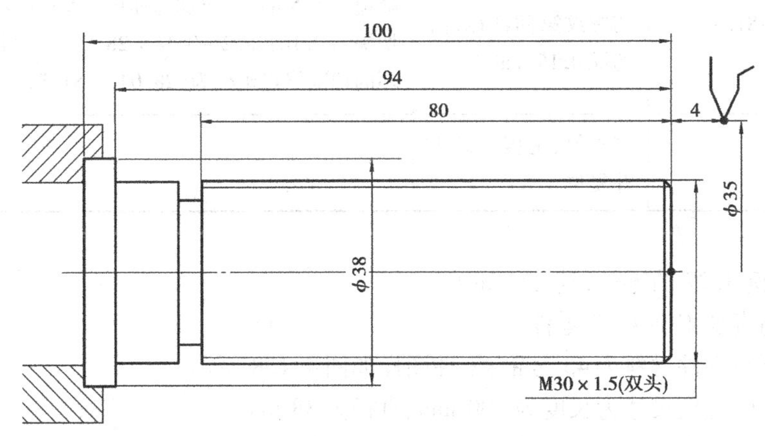

图 4.138 G82 螺纹切削循环编程实例

解 其参考程序,如表 4.27 所示。

表4.27　例4.27的参考程序

程序段	含　义	备　注
%0018	程序名	
N10 T0101	选第一把刀	
N20 G55 G00 X35Z4	选定坐标系G55,到循环起点	循环起点的坐标为(50,20),升速段4 mm
N30 M03S300	主轴正转	主轴转速是300 r/min
N40 G82 X29.2 Z-81.5 C2P180F3	切螺纹第一次循环,切深0.8 mm	1. 降速段1.5 mm,*Z*再加降速段1.5 mm,*Z*就为-81.5,切深为0.8,30-0.8=29.2,所以螺纹第一次循环的切削终点坐标为(29.2,-81.5) 2. 双头螺纹,*C*为2,*P*为180 3. 导程为3
N50 X28.6 Z-81.5 C2P180F3	切螺纹第二次循环,切深0.6 mm	降速段1.5 mm*Z*再加降速段1.5 mm,*Z*就为-81.5,切深为0.6:29.2-0.6=28.6,所以螺纹第二次循环切削终点的坐标为(28.6,-81.5)
N60 X28.2 Z-81.5 C2P180F3	切螺纹第三次循环,切深0.4 mm	降速段1.5 mm*Z*再加降速段1.5 mm,*Z*就为-81.5,切深为0.4:28.2-0.4=28.2,所以螺纹第三次循环切削终点的坐标为(28.2,-81.5)
N70 X28.04 Z-81.5 C2P180F3	切螺纹第四次循环,切深0.16 mm	降速段1.5 mm *Z*再加降速段1.5 mm,*Z*就为-81.5,切深为0.16:28.2-0.16=28.04,所以螺纹第四次循环的切削终点坐标为(28.04,-81.5)
N80 M30	主轴停、主程序结束并复位	

仿真加工例4.27的零件,其方法如下:

①题意:仿真加工例4.27零件。

②零件材料:零件材料为45号钢,零件图样如图4.138所示。

③毛坯尺寸:毛坯尺寸为长度为200 mm、直径为38 mm。

④刀具:1号外圆车刀、2号切断刀(切刀宽4 mm)、3号螺纹刀。

⑤仿真加工程序:考虑到刀具、毛坯尺寸、切削三要素等因素,其仿真加工参考程序见表4.28,该程序的刀路轨迹,如图4.139所示。

表 4.28 仿真加工参考程序

程序段	含 义
%0018	程序名
N10 G00X50Z30	换刀点坐标(50,30)
N20 T0101	换第一把刀
N30 M03S300	主轴正转
N40 G00X38Z1.5	快速移到循环起点 *E*(38,1.5)
N50 G80X34Z-94 F100	1. 圆柱面外径切削第一次循环,切削深 2 mm(*X* 向)(*E*、*B*、*C*、*D*、*E*) 2. 从循环起点 *E* 开始,经第一次切削起点 *B*,切削到第一次切削终点 *C*,再切削到退刀点 *D*,退刀到循环起点 *E*
N60 X30Z-94	1. 圆柱面外径切削第二次循环,切削深 2 mm(*X* 向)(*E*、*F*、*G*、*D*、*E*) 2. 从循环起点 *E* 开始,经第二次切削起点 *F*,切削到第二次切削终点 *G*,再切削到退刀点 *D*,退刀到循环起点 *E*
N70 G00 X50Z30	退刀到换刀点(50,30)
N80 M00	
N90 T0202	换第二把刀:切断刀
N100 G00X38Z1.5	快速到点 *E*(38,1.5) (*E*、*R*、*S*、*T*)
N110 Z-84	快速到点 *R*(38,-84)
N120 G01X30 F100	直线插补到点 *S*(30,-84)
N130 X24	直线插补到点 *T*(24,-84)(切槽深 3 mm)
N140 G00X38	退刀到点 *R*
N150 Z1.5	再退刀到点 *E*
N160 X50Z30	到换刀点
N170 M00	
N180 T0303	换第二把刀:螺纹刀
N190 G00X38Z1.5	快速移到循环起点 *E*(38,1.5)(升速段为 1.5 mm)
N200 G82X29.2Z-81.5 C2P180F3	1. 直螺纹第一次切削循环,切深 0.4 mm 2. 从循环起点 *E* 开始,经第一次切削起点 *H*,切削到第一次切削终点 *I*,再切削到退刀点 *J*,退刀到循环起点 *E* 3. 第一次切削终点 *I* 的坐标为(29.2,-81.5)

续表

程序段	含　义
N210 X28.6Z－81.5 C2P180F3	1. 直螺纹第二次切削循环,切深0.3 mm 2. 从循环起点 E 开始,经第二次切削起点 K,切削到第二次切削终点 L,再切削到退刀点 J,退刀到循环起点 E 3. 第二次切削终点 L 的坐标为(28.6,－81.5)
N220 X28.2Z－81.5 C2P180F3	1. 直螺纹第三次切削循环,切深0.2 mm 2. 从循环起点 E 开始,经第三次切削起点 M,切削到第三次切削终点 N,再切削到退刀点 J,退刀到循环起点 E 3. 第三次切削终点 L 的坐标为(28.2,－81.5)
N230 X28.04Z－81.5 C2P180F3	1. 直螺纹第四次切削循环,切深0.08 mm 2. 从循环起点 E 开始,经第四次切削起点 O,切削到第四次切削终点 P,再切削到退刀点 J,退刀到循环起点 E 3. 第四次切削终点 L 的坐标为(28.04,－81.5)
N240 G00 X50Z30	
N240 M30	主轴停、主程序结束并复位

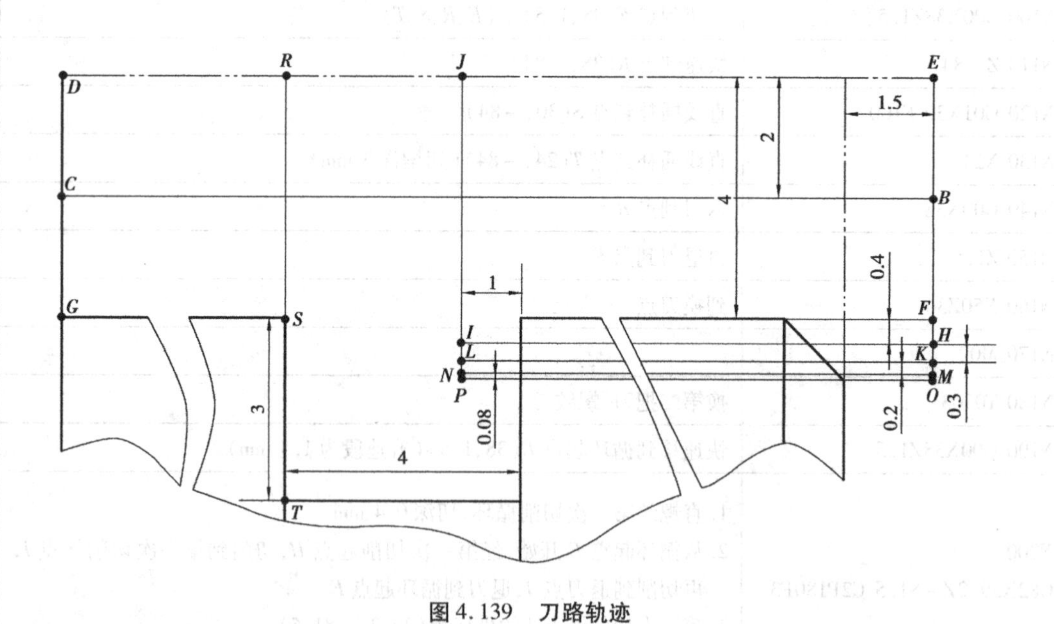

图4.139　刀路轨迹

⑥仿真加工过程,其步骤如下:

a. 进入 CZK-HNC22T 操作界面。

b. 启动数控机床,并让机床处于非急停状态。

c. 操作机床回参考点。

d. 安装毛坯。安装尺寸为 $\phi38\times200$ 的毛坯,调整毛坯长度方向的尺寸,留足加工余量。

e. 安装刀具。

f. 录入程序。

g. 对刀。

h. 运行程序,加工零件。加工出来的零件图形,如图 4.140 所示。

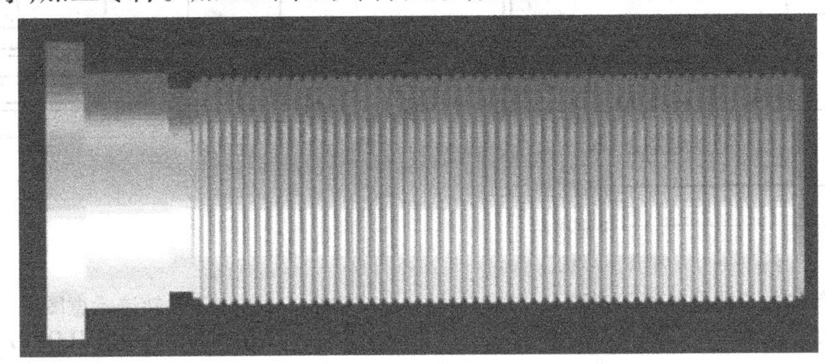

图 4.140 例 4.27 仿真加工出来的零件图形

【想一想 4-28】 锥螺纹切削循环的含义,其内容有哪些?

【自己动手 4-43】 用 G82 指令编制例 4.27 所示的程序,并进行仿真加工。

二十二、复合循环概述

1. 含义

在复合固定循环中对零件的轮廓定义之后,即可完成从粗加工到精加工的全过程,使程序得到进一步简化。运用复合循环指令,只需指定精加工路线和粗加工的吃刀量,系统会自动计算粗加工路线和走刀次数。

2. 类型

复合循环有四类,分别是:

(1)G71:内(外)径粗车复合循环。

(2)G72:端面粗车复合循环。

(3)G73:封闭轮廓复合循环。

(4)G76:螺纹切削复合循环。

【想一想 4-29】 复合循环的含义,其类型有哪些?

二十三、G71

1. 含义

G71 是内(外)径粗车复合循环,内(外)径粗车复合循环又叫外圆粗切循环,是一种复合固定循环,适用于外圆柱面需多次走刀才能完成的粗加工。

2. 类型

(1)无凹槽加工时的内(外)径粗车复合循环。

(2)有凹槽加工时的内(外)径粗车复合循环。

3. 无凹槽加工时的内(外)径粗车复合循环

(1)格式:G71(Δd)R(r)P(nf)X(Δx)Z(Δz)F(f)S(s)T(t)。

(2)说明:如图 4.141 所示,粗加工循环五次,加工成“EDHLQPU”大致形状。粗加工后,

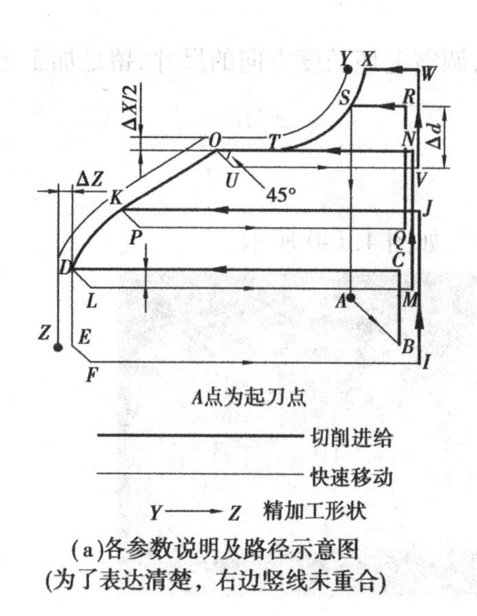

(a)各参数说明及路径示意图
(为了表达清楚，右边竖线未重合)

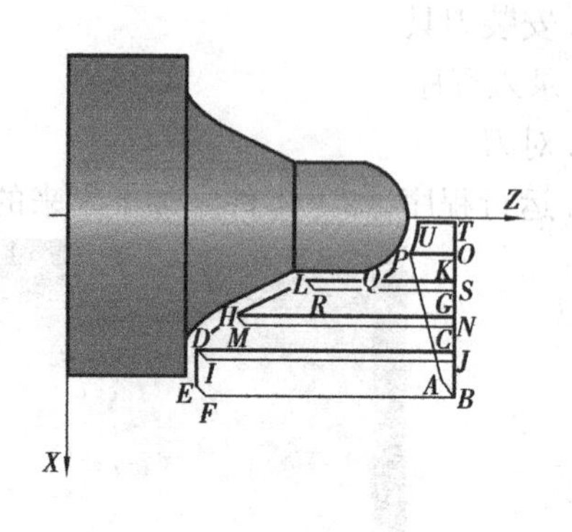

(b)刀路轨迹示意图
(精加工形状：EDHLQPU)

图 4.141 无凹槽加工时的内(外)径粗车复合循环

留有精加工余量,按精加工余量,精加工成“EDHLQPU”形状。

①Δd:切削深度(每次切削量),指定时不加符号,切入方向由矢量 YA 决定,是模态量,如图 4.123(a)所示。

②r:每次退刀量,是模态量,如图 4.123(a)所示。

③ns:精加工路径第一程序段的顺序号(见例 4.28 和例 4.29)。

④nf:精加工路径最后程序段的顺序号(见例 4.28 和例 4.29)。

⑤Δx:*X* 方向精加工余量,如图 4.123(a)所示。

⑥Δz:*Z* 方向精加工余量,如图 4.123(a)所示。

⑦f,s,t:粗加工时 G71 中编程的 *F*,*S*,*T* 有效,而精加工时处于 *ns* 到 *nf* 程序段之间的 *F*,*S*,*T* 有效。

⑧G71 切削循环下,切削进给方向平行于 *Z* 轴,*X*(Δ*U*)和 *Z*(Δ*W*)的符号,如图 4.142 所示,其中,(+)表示沿轴正方向移动,(−)表示沿轴负方向移动。

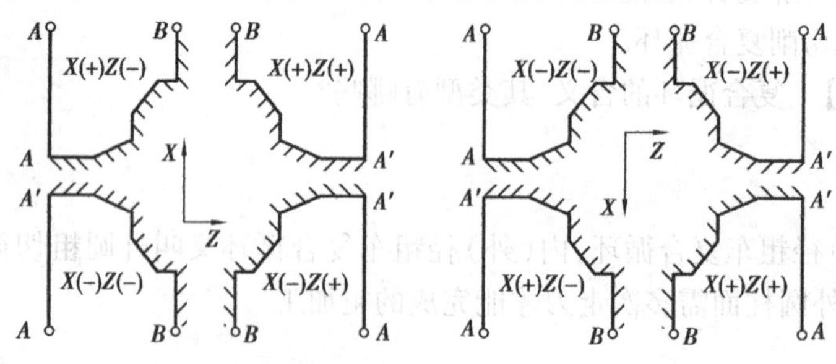

图 4.142 G71 切削循环下 *X*(Δ*U*)和 *Z*(Δ*W*)的符号

提示：

●ns→nf 程序段中的 F,S,T 功能，即使被指定也对粗车循环无效。

●零件轮廓必须符合 X 轴、Z 轴方向同时单调增大或单调减少；X 轴、Z 轴方向非单调时，ns→nf 程序段中第一条指令必须在 X 轴、Z 轴向同时有运动。

(3)刀路的具体轨迹。以加工图 4.123(b)的"EDHLQPU"形状为例，说明无凹槽加工时的内(外)径粗车复合循环刀路的具体轨迹。

①粗加工形状 DE，车刀从起点 A 开始，其刀路轨迹为 A→B→C→D→E→F→B，如图 4.143 所示。

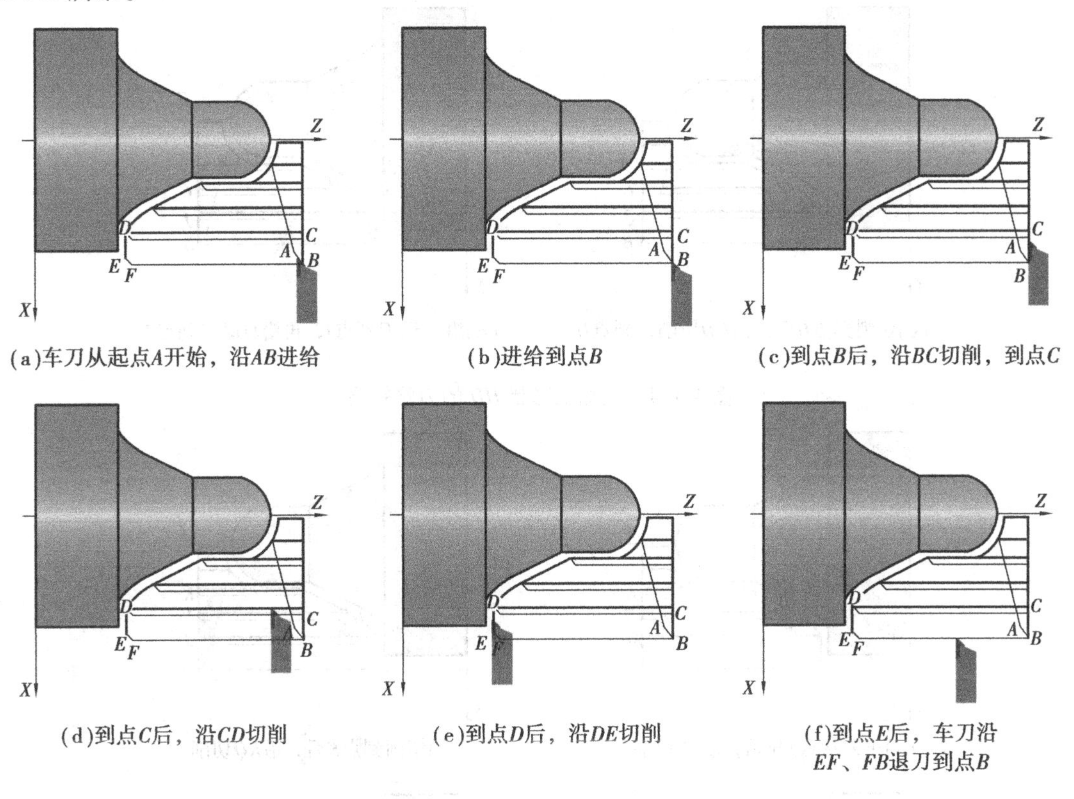

图 4.143　精加工形状 DE 的刀路轨迹

②粗加工形状 HD。车刀从点 B 开始，其刀路轨迹为 B→G→H→D→I→J，如图 4.144 所示。

③粗加工形状 QL，LH。车刀从点 J 开始，其刀路轨迹为 J→K→L→H→M→N，如图 4.145所示。

④粗加工 PQ，QL 段。车刀从点 N 开始，其刀路轨迹为 N→O→P→Q→L→R→S，如图 4.146 所示。

⑤粗加工 UP 段。车刀从点 S 开始，其刀路轨迹为 S→T→U→P→A，回到点 A，如图 4.147所示。

粗加工完后，进入精加工。

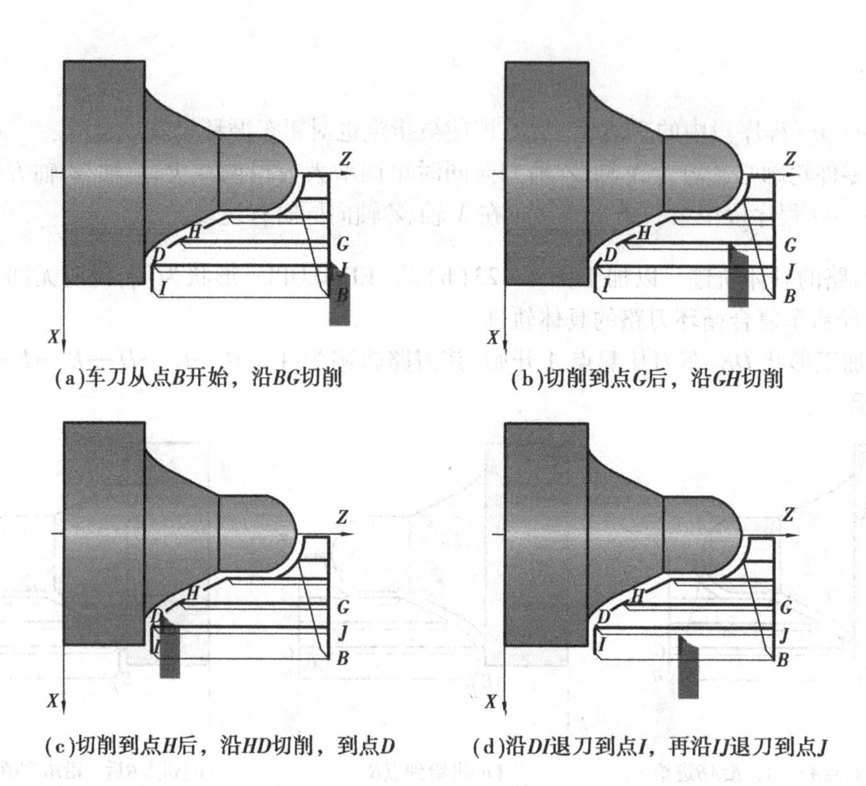

(a)车刀从点B开始，沿BG切削　　(b)切削到点G后，沿GH切削

(c)切削到点H后，沿HD切削，到点D　　(d)沿DI退刀到点I，再沿IJ退刀到点J

图 4.144　精加工形状 HD 的刀路轨迹

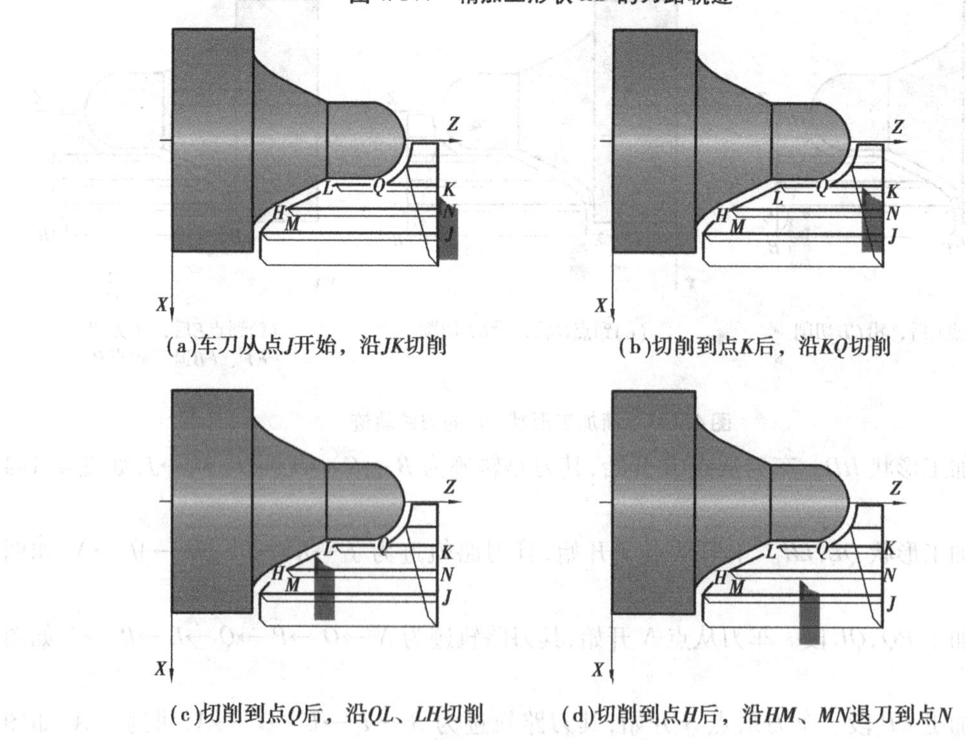

(a)车刀从点J开始，沿JK切削　　(b)切削到点K后，沿KQ切削

(c)切削到点Q后，沿QL、LH切削　　(d)切削到点H后，沿HM、MN退刀到点N

图 4.145　精加工形状 QL、LH 的刀路轨迹

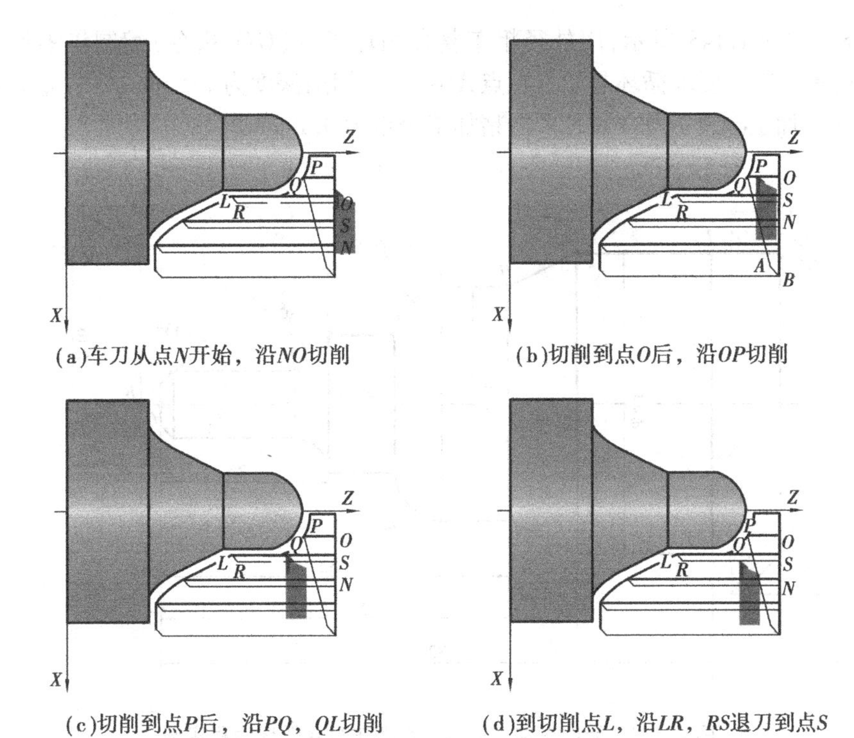

(a)车刀从点*N*开始，沿*NO*切削　　(b)切削到点*O*后，沿*OP*切削

(c)切削到点*P*后，沿*PQ*，*QL*切削　　(d)到切削点*L*，沿*LR*，*RS*退刀到点*S*

图 4.146　精加工形状 *PQ*、*QL* 的刀路轨迹

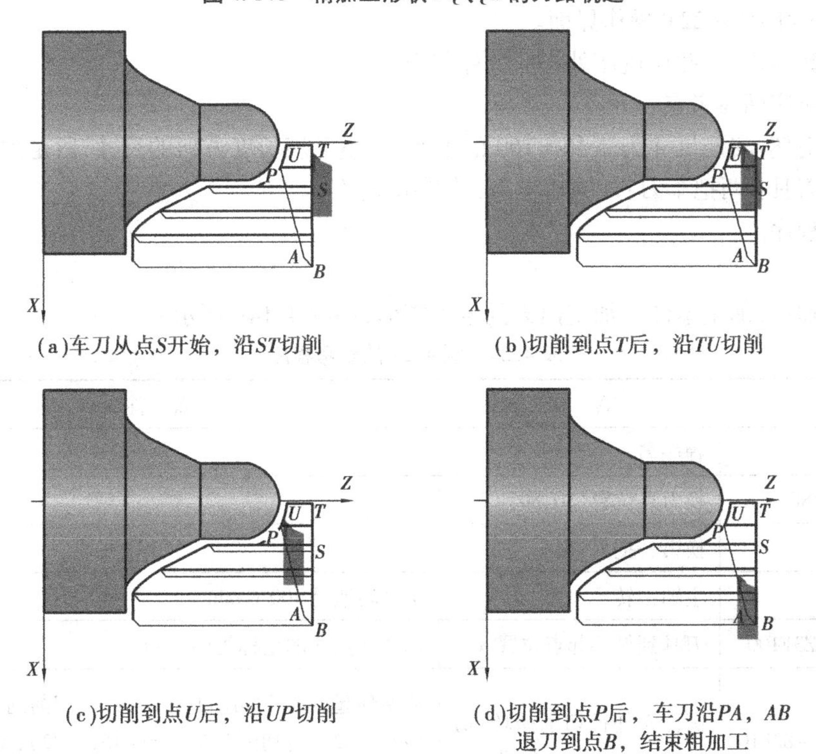

(a)车刀从点*S*开始，沿*ST*切削　　(b)切削到点*T*后，沿*TU*切削

(c)切削到点*U*后，沿*UP*切削　　(d)切削到点*P*后，车刀沿*PA*，*AB*退刀到点*B*，结束粗加工

图 4.147　精加工形状 *UP* 的刀路轨迹

例 4.28 如图 4.148 所示,用外径粗车复合循环指令(G71 指令)编制该零件的加工程序,并进行仿真加工。要求循环起始点在点 $A(46,4)$,切削深度为 1.5 mm(半径量),退刀量为 1 mm,X 方向精加工余量为 0.4 mm,Z 向精加工余量为 0.1 mm。

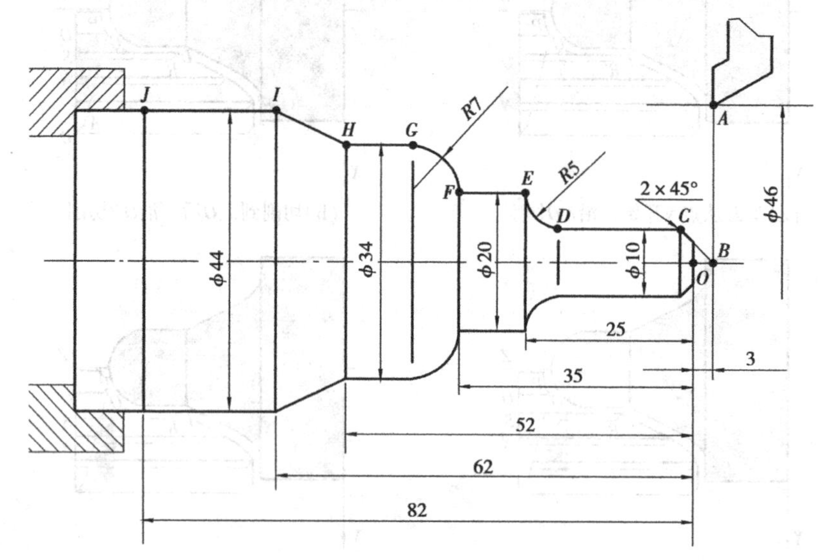

图 4.148 无凹槽加工时的外径粗车复合循环编程实例

解 ①编写程序,其参考程序见表 4.29 所示。

②进入 CZK-HNC22T 操作界面。

③启动数控机床,并让机床处于非急停状态。

④操作机床回参考点。

⑤安装毛坯:安装尺寸为 φ46×160 的毛坯,调整毛坯长度方向的尺寸,留足加工余量。

⑥安装刀具:两把车刀:外圆粗车刀,外圆精车刀。

⑦录入程序。

⑧对刀。

⑨运行程序,加工零件。加工出来的零件图形,如图 4.149 所示。

表 4.29 例 4.28 的参考程序

程序段	含 义	备 注
%0019	程序名	
N10 G00X80Z80	换刀点位置(80,80)	
N20 T0101	换第一把刀:粗车刀	
N30 M03S400	主轴正转	主轴转速是 400 r/min
N40 G01 X46Z3F100	刀具到循环起点位置 A	循环起点 A 的坐标为(46,3)
N50 G80X44Z-82F100	圆柱面外径切削循环,切掉外径 2 mm(直径量)	从循环起点 A,到切削起点(44,3),切削到切削终点 J(44,-82),再切削到退刀点(46,-82),退刀到循环起点 A

续表

程序段	含 义	备 注
N60G71U1.5 R1P110 Q190X0.4 Z0.1	1.外径粗车循环加工 2.粗车后,留有 X 向 0.4, Z 向 0.1 的精加工量	1.切削深度为 1.5 mm(U1.5),退刀量为 1 mm(R1) 2.精车量: X 向为 0.4,Z 向为 0.1,(X0.4Z0.1) 3.精加工路径第一程序段的顺序号为 N110(P110),精加工路径最后程序段的顺序号为 N190(Q190)粗加工结束,车刀在点 A(46,3)
N70 G000X80Z80	到换刀点位置(80,80)	
N80 M00	程序暂停	
N90 T0202 M03S800	换第一把刀:精车刀	
N100 G00 X46Z3F100		
N110 X0	精加工轮廓起始行,到倒角延长线点 B	精加工轮廓从点 B(0,3)开始
N120 G01X10Z-2	精加工 2×45°的倒角	到点 C(10,-2)
N130 Z-20	精加工 ϕ10 的外圆	到点 D(10,-20)
N140 G02X20Z-25R5	精加工 R5 的圆弧	凹弧 R5,到 R5 的终点 E(20,-25)
N150 G01Z-35	精加工 ϕ20 的外圆	到点 F(20,-35)
N160 G03X34Z-42R7	精加工 R7 的圆弧	凸弧 R7,到 R7 的终点 G(34,-42)
N170 G01Z-52	精加工 ϕ34 的外圆	到点 H(34,-52)
N180 X44Z-62	精加工外圆锥	到点 I(44,-62)
N190 Z-82	精加工 ϕ44 的外圆,精加工轮廓结束行	到点 J(44,-82)
N200 G00 X50	退刀	退刀到(50,-82)处
N210 X80 Z80	回换刀点	
N220 M05	主轴停	
N230 M30	主程序结束并复位	

【想一想 4-30】 无凹槽加工时的内(外)径粗车复合循环的含义、格式、刀路轨迹。

【自己动手 4-44】 用 G71 指令,编制例 4.28 所示的程序,并进行仿真加工。

4.有凹槽加工时的内(外)径粗车复合循环

(1)格式:G71U(Δd)R(r)P(ns)Q(nf)E(e)F(f)S(s)T(t);

(2)说明:如图 4.150 所示,循环六次粗加工,加工成“gaUMNOPVbcWQIEF”大致形状,粗加工后,留有精加工余量。再按精加工余量,精加工成“gaUMNOPVbcWQIEF” 形状。

①Δd:切削深度(每次切削量),指定时不加符号,方向由矢量 AA' 决定,是模态量,如图 4.132(a)所示。

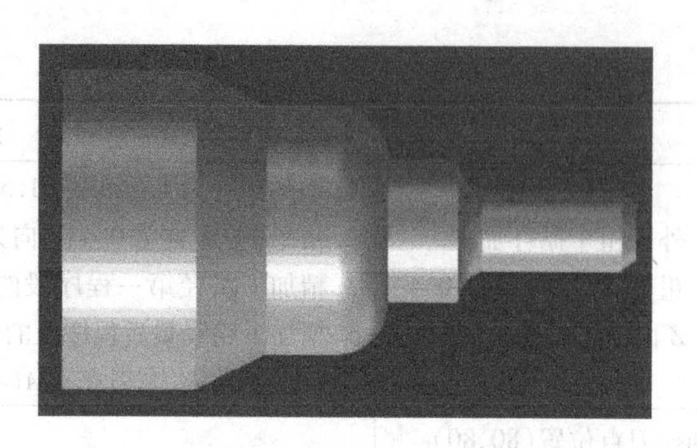

图 4.149　例 4.28 仿真加工出来的零件图形

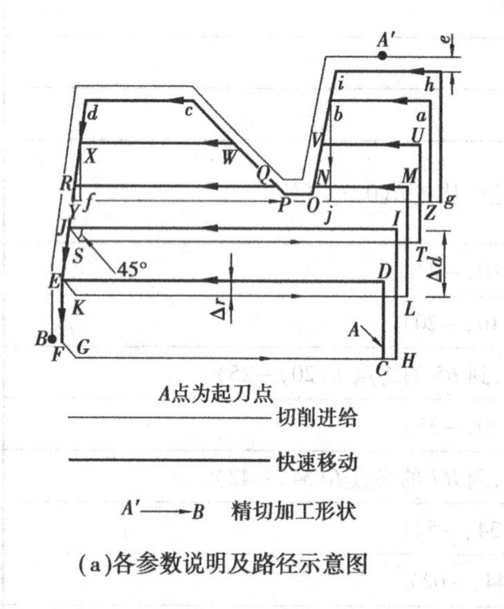

(a)各参数说明及路径示意图

(b)刀路轨迹示意图
(精加工形状：gaUMNOPVbcWQIEF)

图 4.150　有凹槽加工时的内(外)径粗车复合循环

②r:每次退刀量,是模态量,如图 4.150(a)所示。

③ns:精加工路径第一程序段(即图中的 AA')的顺序号(见例 4.29)。

④nf:精加工路径最后程序段(即图中的 $B'B$)的顺序号(见例 4.29)。

⑤e:精加工余量,其为 X 方向的等高距离;外径切削时为正,内径切削时为负。

⑥f,s,t:粗加工时 G71 中编程的 F,S,T 有效,而精加工时处于 ns 到 nf 程序段之间的 F, S,T 有效。

提示:

●G71 指令必须带有 P,Q 地址 ns,nf,且与精加工路径起、止顺序号对应,否则不进行该循环加工。

●Ns 的程序段必须为 G00/G01 指令,即从 A 到 A′的动作必须是直线或点定位运动。

●在顺序号为 ns 到顺序呈为 nf 的程序段中,不应包含子程序。

(3)刀路的具体轨迹。以加工图 4.150(b)的"gaUMNOPVbcWQIEF" 形状为例,说明有凹槽加工时的内(外)径粗车复合循环刀路的具体轨迹。

①粗加工形状 EF,车刀从点 A 开始,沿 AC 快速移动,到点 C 后,沿 CD,DE,EF 切削,切削

到点 *F* 后，沿 *FG*，*GC* 退刀到点 *C*。如图 4.151 所示，其刀路轨迹为：*A* →*C* →*D* →*E* →*F* →*G* →*C*。

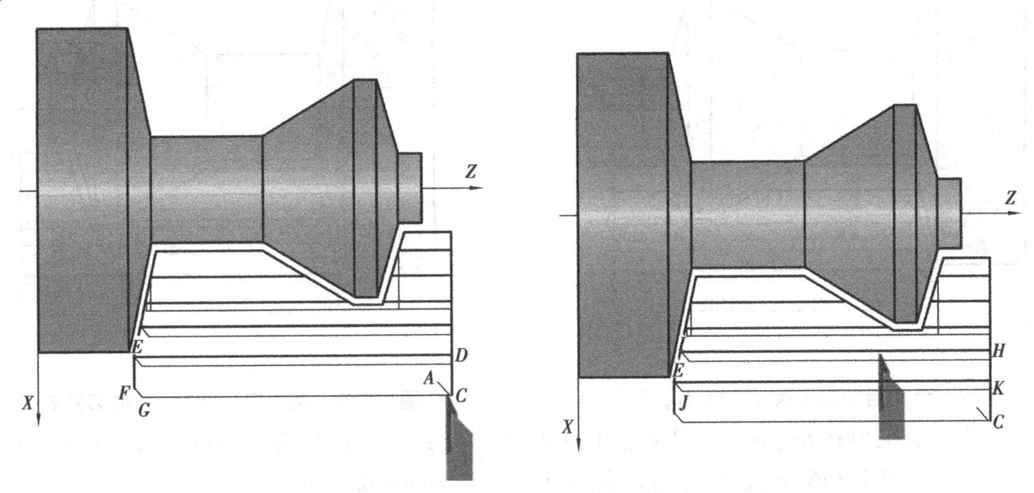

图 4.151　粗加工形状 *EF*　　　　图 4.152　粗加工形状 *IE* 的刀路轨迹

②粗加工形状 *IE*，车刀从点 *C* 开始，沿 *CH*，*HI*，*IE* 切削，切削到点 *E* 后，沿 *EJ*，*JK* 退刀到点 *K*。如图 4.152 所示，其刀路轨迹为：*C* →*H* →*I* →*E* →*J* →*K*。

③粗加工形状 *MN*，*OP*，*QI*：车刀从点 *K* 开始，沿 *KL*，*LM*，*MN*，*NO*，*OP*，*PQ*，*QI* 切削，切削到点 *I* 后，沿 *IR*，*RS* 退刀到点 *S*。如图 4.153 所示，其刀路轨迹为：*K* →*L* →*M* →*N* →*O* →*P* →*Q* →*I* →*R* →*S*。

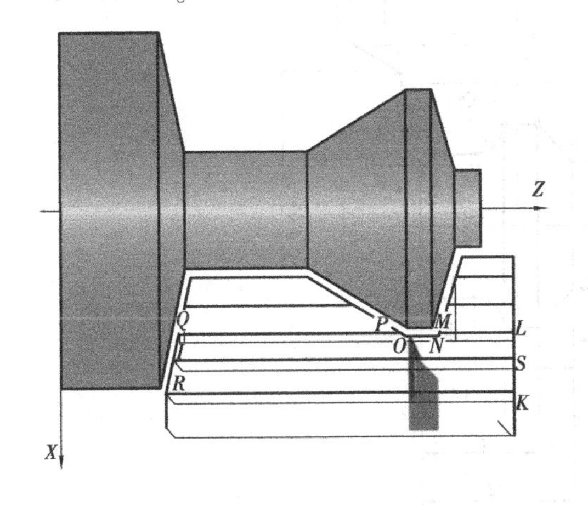

图 4.153　粗加工形状 *MN*，*OP*，*QI*

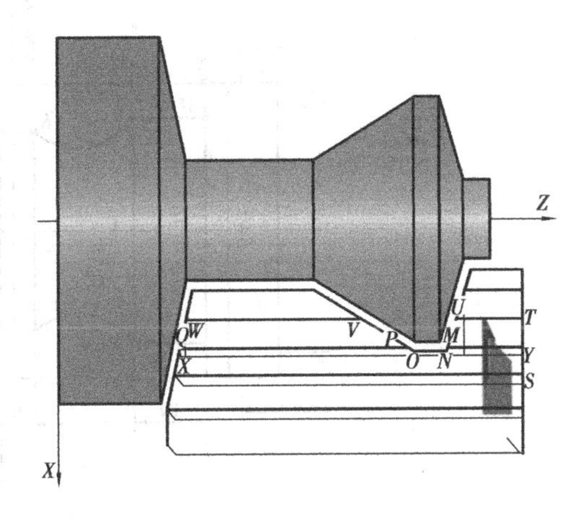

图 4.154　粗加工形状 *UM*，*PV*，*WQ* 的刀路轨迹

④粗加工形状 *UM*，*PV*，*WQ*：车刀从点 *S* 开始，沿 *ST*，*TU*，*UM*，*MN*，*NO*，*OP*，*PV*，*VW*，*WQ* 切削，切削到点 *Q* 后，沿 *QX*，*XY* 退刀到点 *Y*。如图 4.154 所示，其刀路轨迹为：*S* →*T* →*U* →*M* →*N* →*O* →*P* →*V* →*W* →*Q* →*X* →*Y*。

⑤粗加工形状 *aU*，*Vb*，*bc*，*cW*：车刀从点 *Y* 开始，沿 *YZ*，*Za*，*aN*，*NO*，*OV*，*Vb*，*bc*，*cW* 切削，切削到点 *W* 后，沿 *Wd*，*dY* 退刀到点 *Y*。如图 4.155 所示，其刀路轨迹为：*Y* →*Z* →*a* →*U* →*M* →*N* →*O* →*P* →*V* →*b* →*c* →*W* →*d* →*Y*。

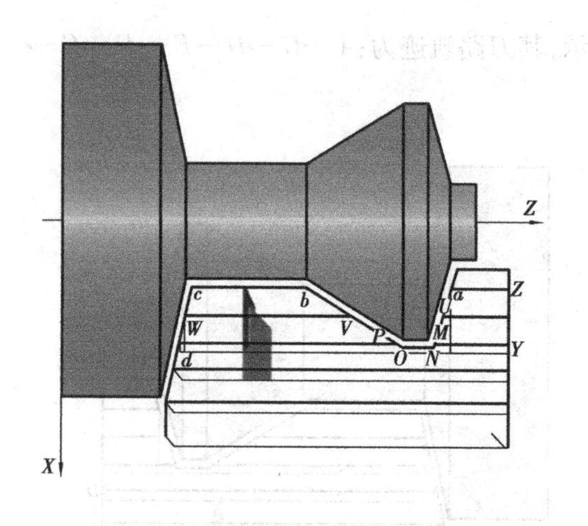

图 4.155　粗加工形状 aU,Vb,bc,cW

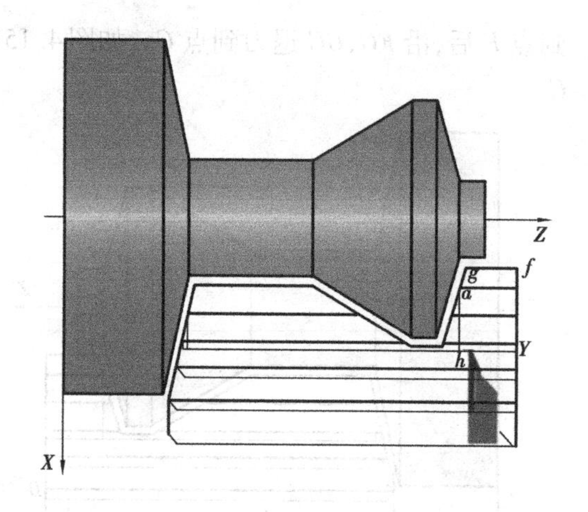

图 4.156　粗加工形状 fg,ga 的刀路轨迹

⑥粗粗加工形状 fg,ga。车刀从点 Y 开始,沿 Yf,fg,ga 切削,切削到点 a 后,沿 ah,hY 退刀到点 Y。如图 4.156 所示,其刀路轨迹为:$Y\rightarrow f\rightarrow g\rightarrow a\rightarrow h\rightarrow Y$。

粗加工后,进入精加工阶段。

例 4.29　如图 4.157 所示,用有凹槽的外径粗车复合循环指令(G71 指令)编制该零件的加工程序,并进行仿真加工。要求循环起始点在 $A(42,3)$,切削深度为 1.5 mm(半径量),退刀量为 1 mm,X 方向精加工余量为 0.4 mm,Z 向精加工余量为 0.1 mm,其中点划线部分为工件毛坯。

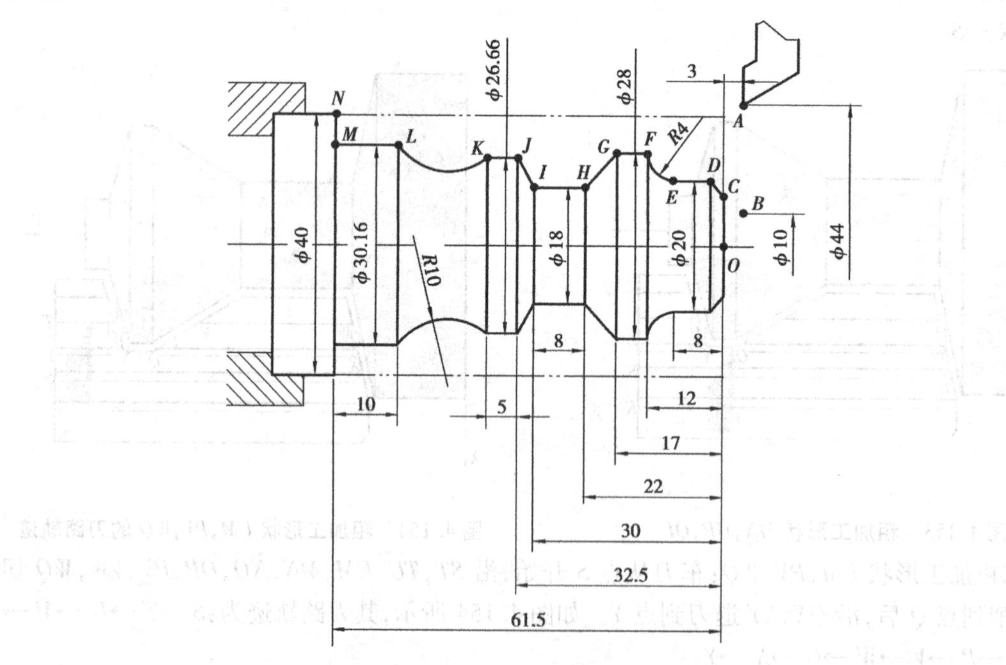

图 4.157　例 4.30 的图样

解　①编写程序,其参考程序,见表 4.30 所示。

②进入 CZK-HNC22T 操作界面。

表 4.30　例 4.29 的参考程序

程序段	含　义	备　注
%0020	程序名	
N10 T0101	换一号刀:粗车刀	
N20 G00 X80Z50 M03 S400	到换刀点位置	主轴正转转速是 400 r/min
N30 G00 X44Z3	到循环起点位置	到点 A(44,3)
N40 G71U1R1P90Q2000E0.3 F100	1. 有凹槽粗车循环加工 2. 粗加工完后,留有 0.3 mm 的精加工余量	1. 切削深度为 1(U1),每次退刀量为 1(R1) 2. 精加工路径第一程序段的顺序号是 N90(P90),精加工路径最后程序段的顺序号是 N200(Q200) 3. 精加工余量为 0.3 mm(E0.3) 4. 进给量为 100 mm/min 5. 粗加工结束,车刀在点 A(44,3)
N50 G00X80Z50	粗加工后,到换刀点位置	
N60 M00		
N70 T0202 M03S800	换二号刀:精车刀	
N80 G00 G42 X44Z3	二号刀加入刀尖圆弧半径补偿	到点 A(44,3)
N90 G00X10	精加工轮廓开始行,到倒角延长线处	到点 B(10,3),精加工轮廓从点 B 开始
N100 G01X20Z-2F80	精加工 2×45°的倒角	到点 D(10,0)
N110 Z-8	精加工 ϕ20 外圆	到点 E(20,-8)
N120 G02X28Z-12R4	精加工 R4 圆弧(凹弧)	到点 F(28,-12)
N130 G01Z-17	精加工 ϕ28 外圆槽	到点 G(28,-17)
N140 X18Z-22	精加工下切锥	到点 H(18,-22)
N150 Z-30	精加工 ϕ18 外圆槽	到点 I(18,-30)
N160 X26.66Z-32.5	精加工上切锥	到点 J(26.66,-32.5)
N170 Z-37.5	精加工 ϕ26.66 的外圆	到点 K(26.66,-37.5)
N180 G02X30.16Z-51.5R10	精加工 R10 下切圆弧(凹弧)	到点 L(30.16,-51.5)
N190 G01Z-61.5	精加工 ϕ30.16 的外圆	到点 M(30.16,-61.5)
N200 X40	退出已加工表面,精加工轮廓结束	到点 N(40,-61.5)精加工结束行
N210 G00 G40X80Z50	取消半径补偿,返回换刀点位置	
N220 M30	主轴停、主程序结束并复位	

③启动数控机床,并让机床处于非急停状态。

④操作机床回参考点。

⑤安装毛坯。安装尺寸为 $\phi 44 \times 150$ 的毛坯,调整毛坯长度方向的尺寸,留足加工余量。

⑥安装刀具。两把刀:外圆粗车刀,外圆精车刀。

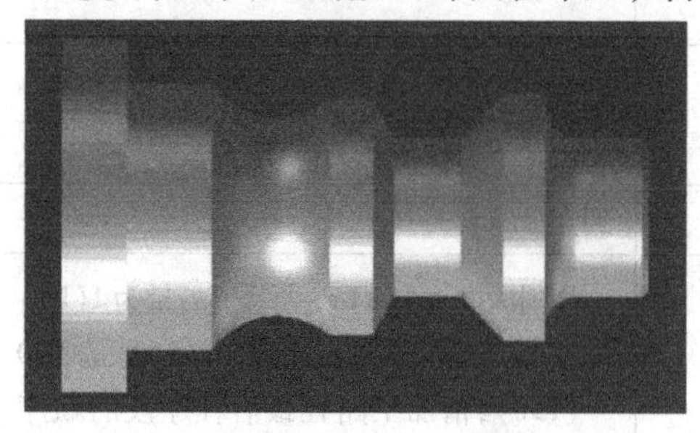

图 4.158　例 4.30 加工出来的零件图形

⑦录入程序。

⑧对刀。

⑨运行程序,加工零件。加工出来的零件图形如图 4.158 所示。

【想一想 4-31】　有凹槽加工时的内(外)径粗车复合循环的含义、格式、刀路轨迹。

【自己动手 4-45】　用 G71 指令,编制例 4.29 所示的程序,并进行仿真加工。

5. 端面粗车复合循环 G72

(1)格式:G72W(Δd)R(r)P(ns)Q(nf)X(Δx)Z(Δz)F(f)S(s)T(t)。

(2)说明:如图 4.159 所示。

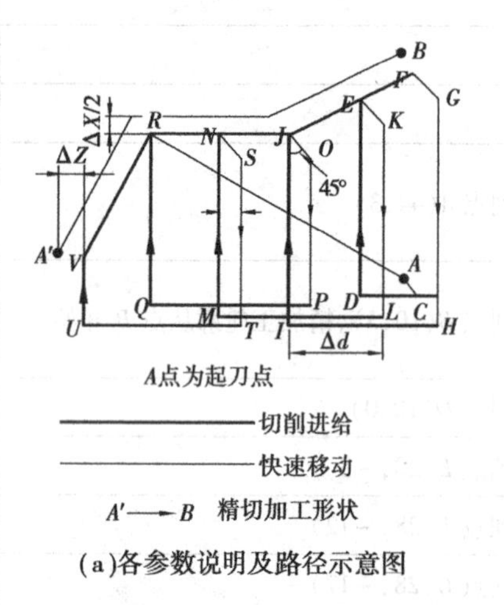

(a)各参数说明及路径示意图

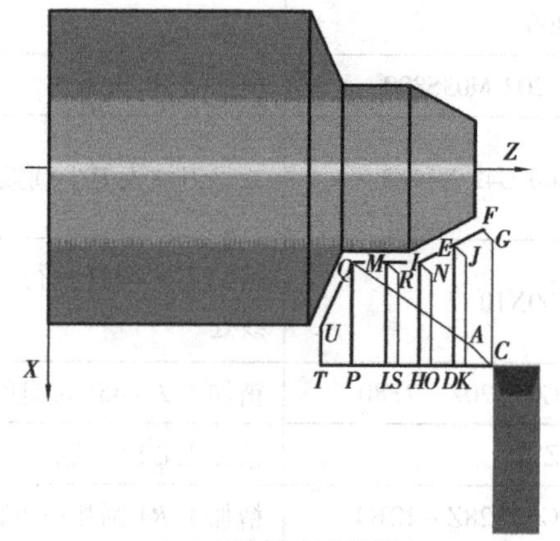

(b)刀路轨迹示意图

图 4.159　端面粗车复合循环 G72

①Δd:切削深度(每次切削量),指定时不加符号,方向由矢量 ***AA'*** 决定。

②r:每次退刀量。

③ns:精加工路径第一程序段(即图中的 ***AA'***)的顺序号。

④nf:精加工路径最后程序段(即图中的 ***B'B***)的顺序号。

⑤Δx:*X* 方向精加工余量。

⑥Δz:*Z* 方向精加工余量。

⑦f,s,t:粗加工时 G71 中编程的 *F*,*S*,*T* 有效,而精加工时处于 *ns* 到 *nf* 程序段之间的 *F*,*S*,*T* 有效。

⑧G72 切削循环下,切削进给方向平行于 *X* 轴,*X*(Δ*U*)和 *Z*(Δ*W*)的符号,如图 4.160 所示,其中(+)表示沿轴正方向移动,(−)表示沿轴负方向移动。

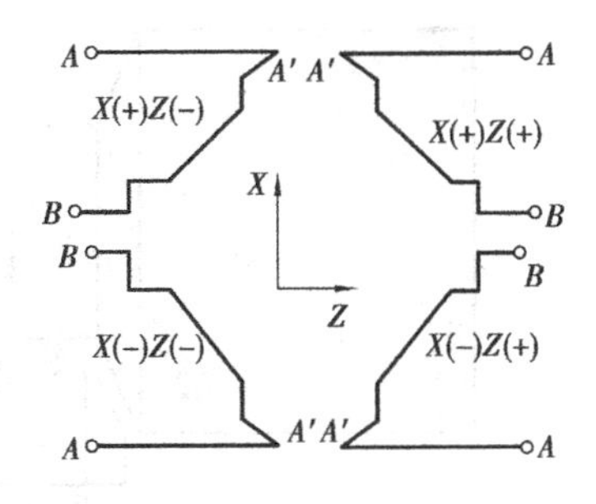

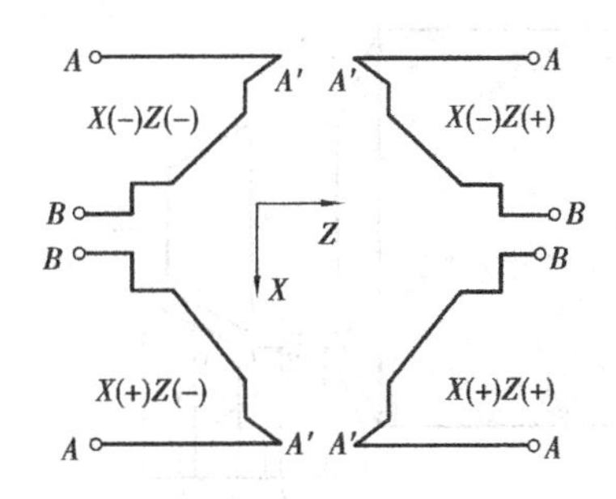

图 4.160　G72 切削循环下 $X(\Delta U)$ 和 $Z(\Delta W)$ 的符号

⑨该循环与 G71 的区别仅在于切削方向平行于 X 轴。

(3)刀路的具体轨迹。如图 4.159(b)所示，端面粗车复合循环粗加工各循环刀路的具体轨迹为：

①第一次循环，车刀从起刀点 A 开始，到点 C，沿 CD，DE，EF 切削，到点 F 后，沿 FG，GC 退刀，到点 C。如图 4.161 所示，其刀路轨迹为：$A \to C \to D \to E \to F \to G \to C$。

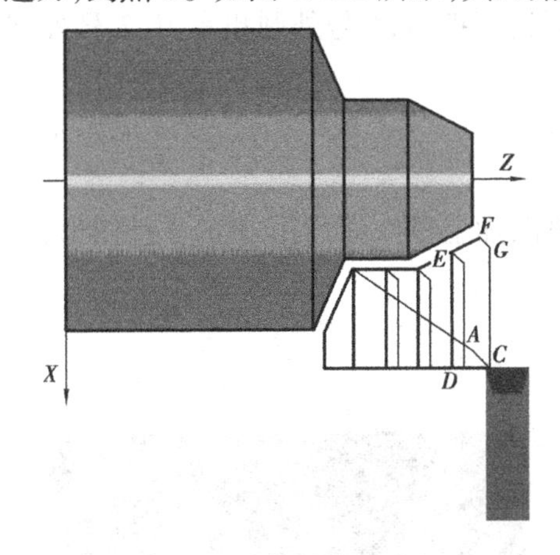

图 4.161　第一次循环的刀路轨迹

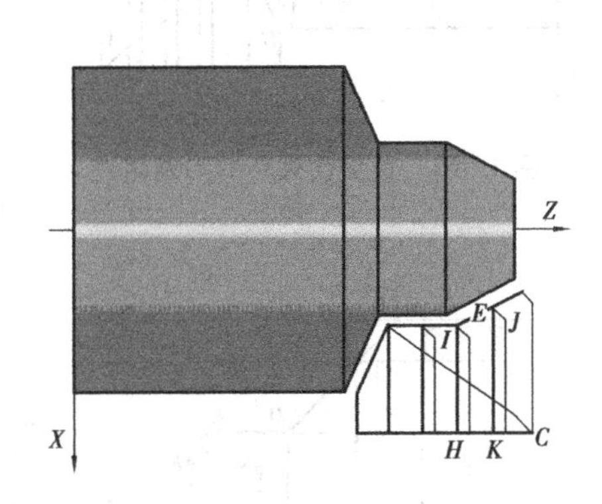

图 4.162　第二次循环的刀路轨迹

②第二次循环，车刀从起刀点 C 开始，沿 CH，HI，IE 切削，到点 E 后，沿 EJ，JK 退刀，到点 K，如图 4.162 所示，其刀路轨迹为 $C \to H \to I \to E \to J \to K$。

③第三次循环，车刀从起刀点 K 开始，沿 KL，LM，MI 切削，到点 I 后，沿 IN，NO 退刀，到点 O。如图 4.163 所示，其刀路轨迹为 $K \to L \to M \to I \to N \to O$。

④第四次循环，车刀从起刀点 O 开始，沿 OP，PQ，QM 切削，到点 I 后，沿 MR，RS 退刀，到点 S。如图 4.164 所示，其刀路轨迹为：$O \to P \to Q \to M \to R \to S$。

⑤第五次循环，车刀从起刀点 S 开始，沿 ST，TU，UQ 切削，到点 Q 后，沿 QA，AC 退刀，到点 C。如图 4.165 所示，其刀路轨迹为：$S \to T \to U \to Q \to A \to C$。

例 4.30　如图 4.166 所示(用 G72 指令，编制该零件的加工程序，并进行仿真加工。要求循环起始点在 $A(80,1)$，切削深度为 1.2 mm，退刀量为 1 mm，X 方向精加工余量为 0.2 mm，Z 向精加工余量为 0.5 mm，其中双点划线部分为毛坯件。

解　①编写程序，其参考程序，见表 4.31 所示。

②进入 CZK－HNC22T 操作界面。

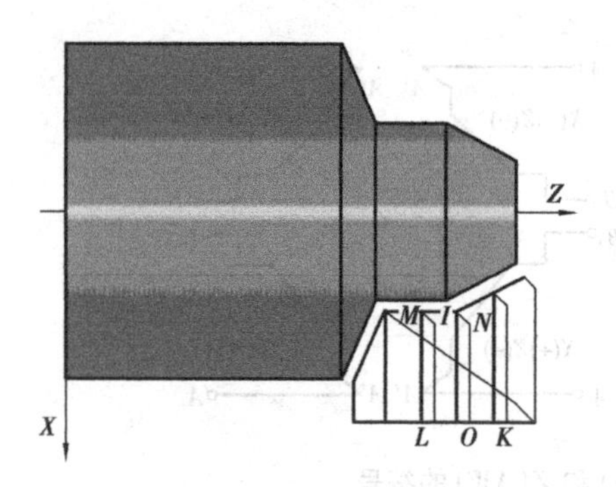

图 4.163　第三次循环的刀路轨迹

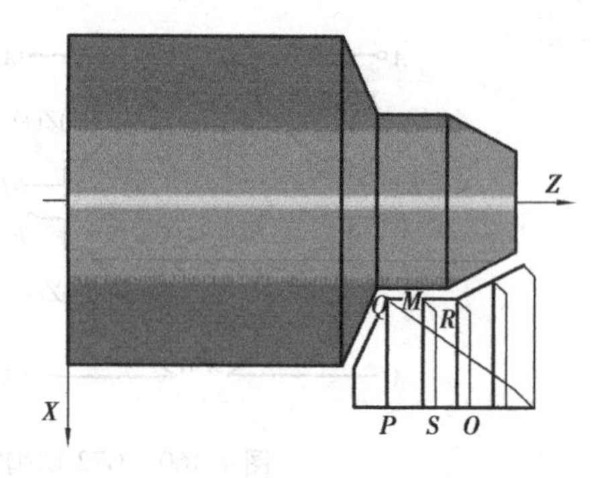

图 4.164　第四次循环的刀路轨迹

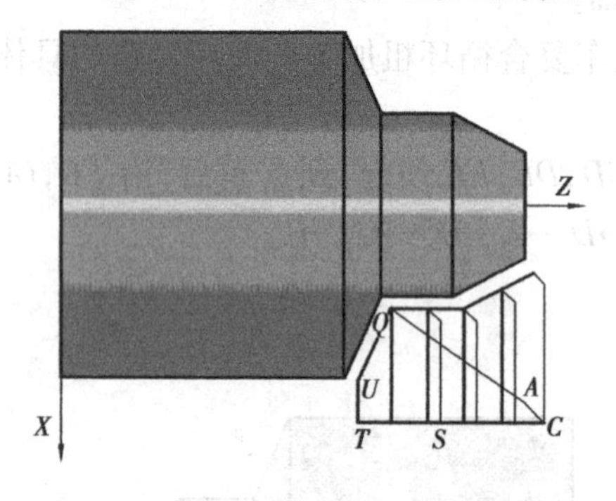

图 4.165　第五次循环的刀路轨迹

③启动数控机床,并让机床处于非急停状态。

④操作机床回参考点。

⑤安装毛坯:安装尺寸为 $\phi74\times200$ 的毛坯,调整毛坯长度方向的尺寸,留足加工余量。

⑥安装刀具:两把刀,1 号外圆粗车刀、2 号外圆精车刀。

⑦录入程序。

⑧对刀。

⑨运行程序,加工零件:加工出来的零件图形,如图 4.167 所示。

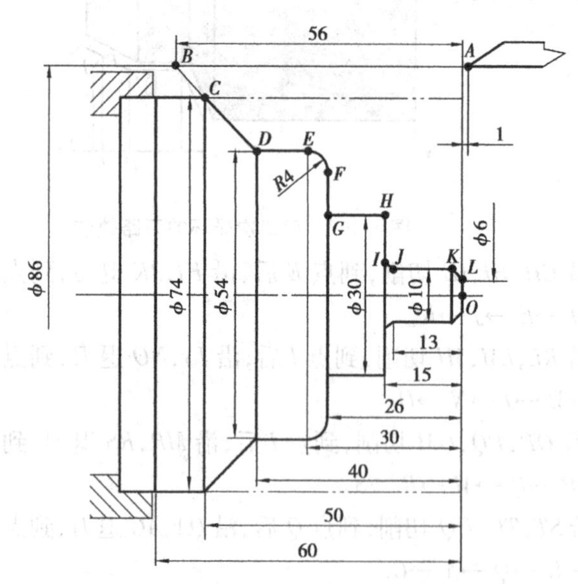

图 4.166　例 4.31 的图样

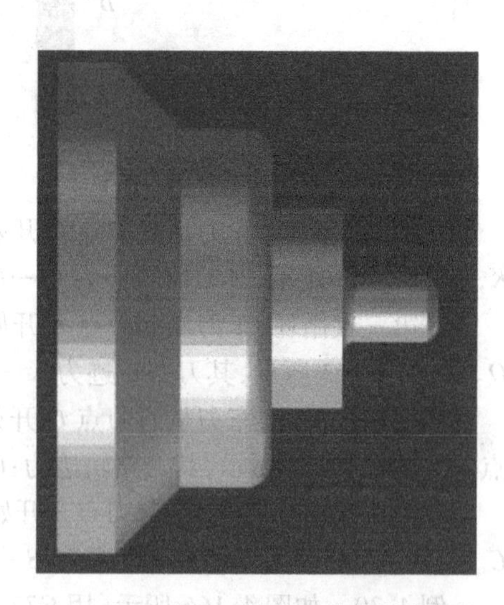

图 4.167　例 4.31 加工出来的零件图形

解　其参考程序,见表 4.31 所示。

表4.31　例4.30的参考程序

程序段	含　义	备　注
%0021	程序名	
N10 G00X100Z50	换刀点位置(100,50)	
N20 T0101	换一号刀:粗车刀	
N30 M03 S400	主轴正转	转速是400 r/min
N40 X86Z1	到循环起点 *A*	*A*(86,1)
N50 G72W1.2R1P100Q190 X0.2Z0.5F100	1.端面粗车复合循环加工 2.粗车完后,留有精加工余量:*X*向为0.2 mm,*Z*向为0.5 mm	1.切削深度为1.2(*W*1.2),每次退刀量为1(*R*1) 2.精加工路径第一程序段的顺序号是N100(P100),精加工路径最后程序段的顺序号是N190(Q190) 3.精加工余量:*X*向为0.2 mm(*X*0.2),*Z*向为0.5 mm(*Z*0.5) 4.进给量为100 mm/min 5.粗加工结束,车刀在点*A*(86,1)
N60 X100Z50	粗加工后,到换刀点位置	
N70 M00		
N80 T0202 MO3S800	换一号刀:精车刀	
N90 G42 X86Z1	加入刀尖圆弧半径补偿	到点*A*(86,1)
N100 G00Z-56	精加工轮廓开始,到锥面延长线处点*B*	点*B*的坐标为(86,-56),精加工从点*B*开始。
N110 G01X54Z-40F80	精加工锥面	到点*D*(54,-40)
N120 Z-30	精加工ϕ54外圆	到点*E*(54,-30)
N130 G02X46Z-26R4	精加工*R*4圆弧	到点*F*(46,-26)
N140 G01X30	精加工*Z*26处端面	到点*G*(30,-26)
N150 Z-15	精加工ϕ30外圆	到点*H*(30,-15)
N160 X14	精加工*Z*15处端面	到点*I*(14,-15)
N170 G03X10Z-13R2	精加工*R*2外圆槽	到点*J*(10,-13)
N180 G01Z-2	精加工ϕ10外圆	到点*K*(10,-2)
N190 X6Z1	精加工2×45°的倒角,精加工轮廓结束	到点(6,1)
N200 G00X50	退出已加工表面	
N210 G40X100Z50	取消半径补偿,返回程序起点位置	
N220 M30	主轴停、主程序结束并复位	

【自己动手4-46】 用G72指令编制例4.30所示的程序并进行仿真加工。

6.闭环车削复合循环G73(粗车)

(1)格式:G73U(ΔI)W(ΔK)R(r)P(ns)Q(nf)X(Δx)Z(Δz)F(f)S(s)T(t)。

(2)说明:如图4.168所示,4次循环:

①从点D开始,进刀到点E后,沿EF切削,到点F,沿FG退刀,到点G。

②从点G开始,进刀到点H后,沿HI切削,到点I,沿IJ退刀,到点J。

③从点J开始,进刀到点K后,沿KL切削,到点L,沿LC退刀,到点C。

④从点C开始,进刀到点M后,沿MN切削,到点N,沿NA,ND退刀,到点D。

该切能在切削工件时,刀具轨迹为封闭回路,刀具逐渐进给,使封闭切削回路逐渐向零件最终形状靠近,最终切削成工件的形状。这种指令能对铸造、锻造等粗加工中已初步成形的工件,进行高效率切削。其中:

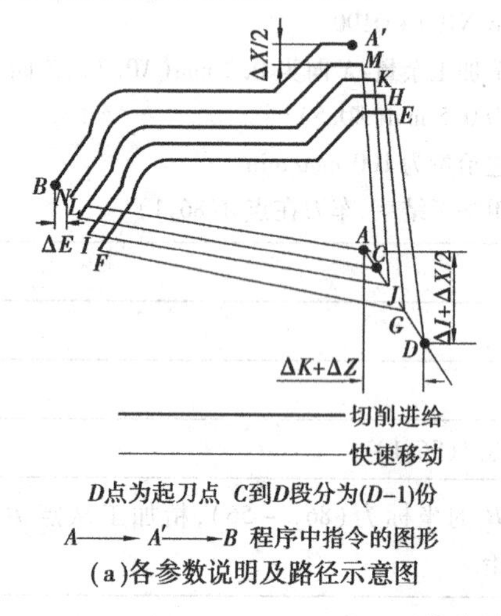

(a)各参数说明及路径示意图

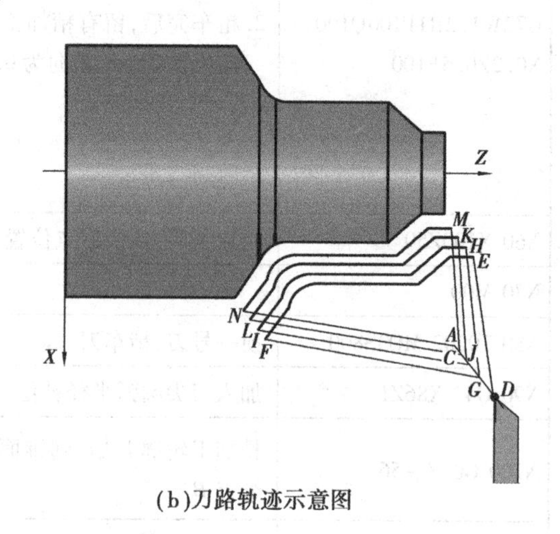

(b)刀路轨迹示意图

图4.168 闭环车削复合循环G73

①ΔI:X轴方向的粗加工总余量。

②ΔK:Z轴方向的粗加工总余量。

③r:粗切削次数。

④ns:精加工路径第一程序段(即图中的AA'的顺序号)(见例4.31)。

⑤nf:精加工路径最后程序段(即图中的$B'B$的顺序号)(见例4.31)。

⑥Δx:X方向精加工余量。

⑦Δz:Z方向精加工余量。

⑧f,s,t:粗加工时G71中编程的F,S,T有效,而精加工时处于ns到nf程序段之间的F,S,T有效。

例4.31 如图4.169所示,用G73指令,编制该零件的加工程序,并进行仿真加工。要求循环起始点在A(60,5),X,Z方向的粗加工余量分别为3 mm,0.9 mm,粗加工次数为3 mm;X,Z方向的精加工余量分别为0.6 mm,0.1 mm,其中双点画线为工件毛坯。

解 ①编写程序,其参考程序,见表4.32所示。

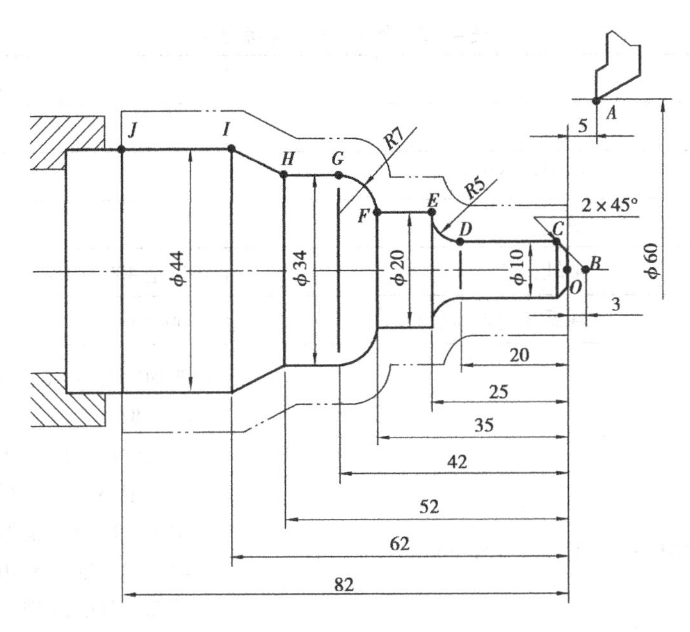

图 4.169　例 4.31 的图样

②进入 CZK-HNC22T 操作界面。

③启动数控机床，并让机床处于非急停状态。

④操作机床回参考点。

⑤安装毛坯。安装尺寸为 $\phi 60 \times 200$ 的毛坯，调整毛坯长度方向的尺寸，留足加工余量。

⑥安装刀具。两把刀：1 号外圆粗车刀、2 号外圆精车刀。

⑦录入程序。

⑧对刀。

加工出来的零件图形如图 4.170 所示。

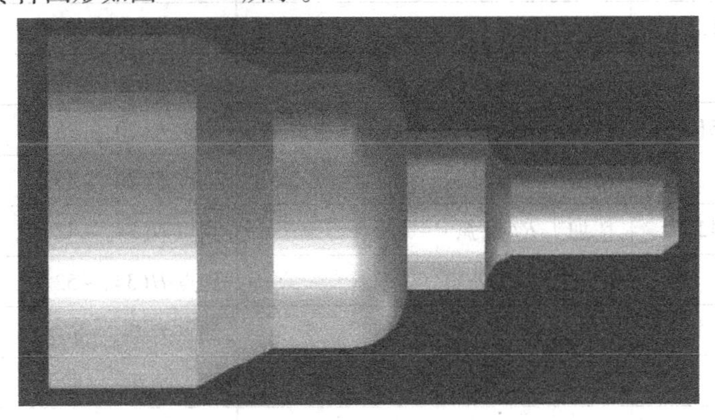

图 4.170　例 4.31 加工出来的零件图形

解　其参考程序，见表 4.34 所示。

表4.32　例4.31的参考程序

程序段	含　义	备　注
%0022	程序名	
N10 G00 X80 Z80	换刀点(80,80)	
N20 T0101	换一号刀	
N30 M03 S400	主轴正转	转速是400 r/min
N40 X60Z5	到循环起点位置点 *A*	*A*(60,5)
N50 G73U3W0.9R3P100Q170 X0.6Z0.1F120	闭环粗切循环加工	1. 粗加工余量: *X* 向为3(*U*3), *Z* 向为0.9(*W*0.9) 2. 粗切循环次数为3(*R*3) 3. 精加工路径第一程序段的顺序号是N100(P100),精加工路径最后程序段的顺序号是N170(Q170) 4. 精加工余量: *X* 向为0.6 mm(*X*0.6), *Z* 向为0.1 mm(*Z*0.1) 5. 进给量为120 mm/min 6. 粗车结束后,车刀在点 *A*
N60 G00 X80 Z80	到换刀点位置	
N70 M00		
N80 T0202 M03 S800		
N90 G00 X60Z5		
N100 X0Z3	精加工轮廓开始,到倒角延长线处	到点 *B*(0,3)
N100 G01 X10Z-2F80	精加工倒2×45°角	到点 *C*(10,-2)
N110 Z-20	精加工 ϕ10 外圆	到点 *D*(10,-20)
N120 G02X20Z-25R5	精加工 *R*5 圆弧	到点 *E*(20,-25)
N130 G01Z-35	精加工 ϕ20 外圆	到点 *F*(20,-35)
N140 G03 X34Z-42R7	精加工 *R*7 圆弧	到点 *G*(34,-42)
N150 G01Z-52	精加工 ϕ34 外圆	到点 *H*(34,-52)
N160 X44Z-62	精加工锥面	到点 *I*(44,-62)
N170 Z-82	退出已加工表面,精加工轮廓结束	到点 *J*(44,-82)
N180 G00X60		
N190 Z5		
N200 X80 Z80	返回程序起点位置	
N210 M30	主轴停、主程序结束并复位	

【想一想 4-32】　闭环车削复合循环 G73 的含义、格式、刀路轨迹。

【自己动手 4-47】　用 G73 指令，编制例 4.31 所示的程序并进行仿真加工。

7. 螺纹切削复合循环 G76

(1)格式：

G76C(c)R(r)E(e)A(a)X(x)Z(z)I(i)K(k)U(d)V(Δdmin)Q(Δd)P(P)F(L)

(2)说明：螺纹切削固定循环 G76 执行的加工轨迹，如图 4.171 所示。其单边切削及参数，如图 4.172 所示。其中：

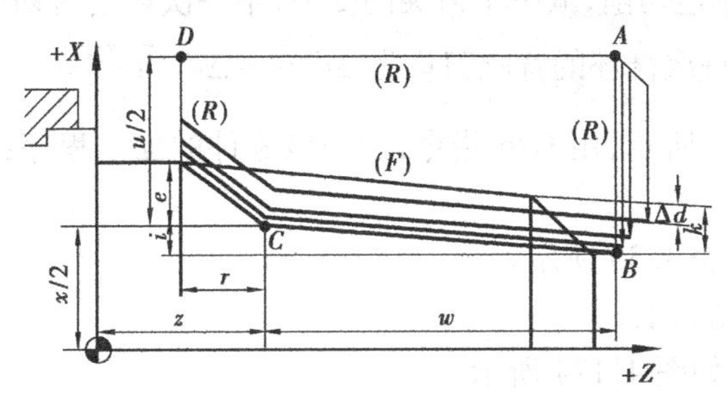

图 4.171　螺纹切削固定循环 G76 执行的加工轨迹

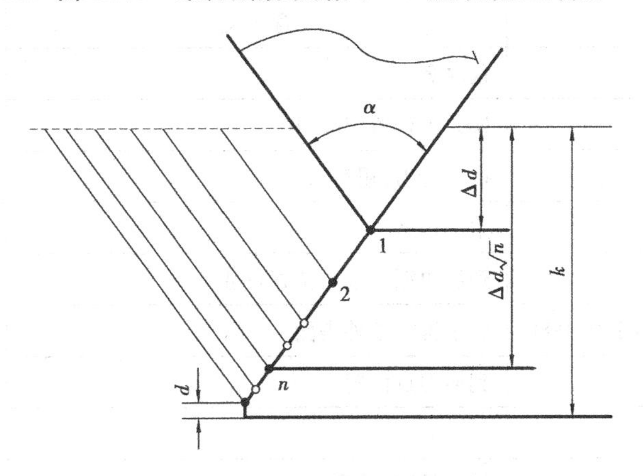

图 4.172　G76 单边切削及参数

①c：精整次数(1 ~ 99)，为模态值。

②r：螺纹 Z 向退尾长度(00 ~ 99)，为模态值。

③e：螺纹 X 向退尾长度(00 ~ 99)，为模态值。

④a：刀尖角度(二位数字)，为模态值；在 80°、60°、55°、30°、29°和 0°六个角度中选一个。

⑤x，z：绝对值编程时，为有效螺纹终点 C 点坐标。增量值编程时，为有效螺纹终点 C 相对于循环起点 A 的有向距离(用 G91 指令定义为增量编程，使用后用 G90 定义为绝对编程)。

⑥i：螺纹两端的半径差，如 $i=0$，为直螺纹(圆柱螺纹)切削方式。

⑦k：螺纹高度，该值由 X 轴方向上的半径值指定。

⑧Δd min：最小切削深度(半径值)，当第 n 次切削深度($\Delta d\sqrt{n}-\Delta d\sqrt{n-1}$)，小于 Δd min 时，则切削深度设定为 Δd min。

⑨d：精加工余量(半径值)。

⑩Δd:第一次切削深度(半径值)。

⑪P:主轴基准脉冲处距离切削起始点的主轴转角。

⑫L:螺纹导程(同 G32)。

提示:

●按 G76 中的 $X(x)$ 和 $Z(z)$ 指令实现循环加工,增量编程时,要注意 u 和 w 的正负号(由刀具轨迹 AC 和 CD 段的方向决定)。

●G76 循环进行单边切削,减少了刀尖的受力,第一次切削时切削深度为 Δd,第 n 次切削总深度为 $\Delta d\sqrt{n}$,每次循环的背吃刀量为 $\Delta d\sqrt{n}-\Delta d\sqrt{n-1}$。

例 4.32　如图 4.173 所示,用 G76 指令,编制该零件的加工程序:螺纹为 ZM60 ×2,括弧内尺寸根据标准得到。

解　其参考程序,见表 4.33 所示。

请读者自己练习仿真加工。

仿真加工后的图形,如图 4.174 所示。

表 4.33　例 4.32 的参考程序

程序段	含　义	备　注
%0023	程序名	
N10 G00 X100Z100	换刀点位置(100,100)	
N20 T0101	换一号刀,粗车刀	
N30 M03 S400	主轴正转	转速是 400 r/min
N40 G00 X90Z4	到简单循环起点位置点 A	点 A(90.4)
N50 G80X61.125Z-30I-1.063F80	加工锥螺纹外表面	
N60 G00X100Z100M05	到换刀点位置	
N70 M00		
N80 T0202	换二号刀,精车刀	
N90 M03S300	主轴正转	转速是 300 r/min
N100 G00X90Z4	到螺纹循环起点位置点 A	
N110 G76C2R-3E1.3A60X58.15Z-24I-0.875K1.299U0.1V0.1Q0.9F2		
N120 G00X100Z100	返回换刀点位置	
N130 M05	主轴停	
N140 M30	主程序结束并复位	

【想一想 4-33】　螺纹切削复合循环 G76 的含义、格式、刀路轨迹。

【自己动手 4-48】　用 G76 指令,编制例 4.32 所示的程序,并进行仿真加工。

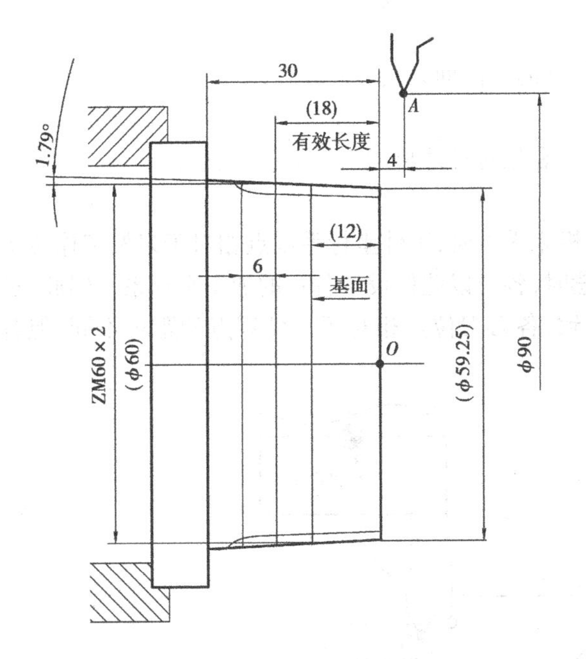

图 4.173　例 4.32 的图样

图 4.174　例 4.32 加工出来的零件图形

提示：

●复合循环指令注意事项

(1)G71,G72,G73 复合循环中地址 P 指定的程序段,应有准备机能 01 组的 G00 或 G01 指令,否则产生报警。

(2)在 MDI 方式下,不能运行 G71,G72,G73 指令,可运行 G76 的指令。

(3)在复合循环 G71,G72,G73 中,由 P,Q 指定顺序号的程序段之间,应包含 M98 子程序调用及 M99 子程序返回指令。

课题三　HNC22T 系统的刀具补偿功能指令

一、刀具补偿的内容

刀具的补偿包括刀具的偏置补偿和刀具磨损补偿,刀尖半径补偿。

提示：

●刀具的偏置和磨损补偿,是由 T 代码指定的功能,而不是由 G 代码规定的准备功能,但为了方便用户阅读,保持整个教材的系统性和连贯性,改在此处描述。

二、刀具偏置补偿

1. 刀具偏置补偿的含义

我们编程时设定刀架上各刀在工作位置时,其刀尖位置是一致的。但由于刀具的几何形状及安装的不同,其刀尖位置是不一致的,其相对于工件原点的距离也是不同的。因此需要将各刀具的位置值进行比较或设定,称为刀具偏置补偿。

2. 刀具偏置补偿的作用

刀具偏置补偿可使加工程序不随刀尖位置的不同而改变。

3. 刀具偏置补偿的形式

刀具偏置补偿有两种形式:绝对补偿形式和相对补偿形式

4. 绝对补偿形式

如图 4.175 所示,绝对刀偏即机床回到机床零点时,工件坐标系零点相对于刀架工作位上各刀刀尖位置的有向距离。当执行刀偏补偿时,各刀以此值设定各自的加工坐标系。因此,虽刀架在机床零点时,各刀由于几何尺寸不一致,各刀刀位点相对于工件零点的距离不同,但各自建立的坐标系均与工件坐标系重合。

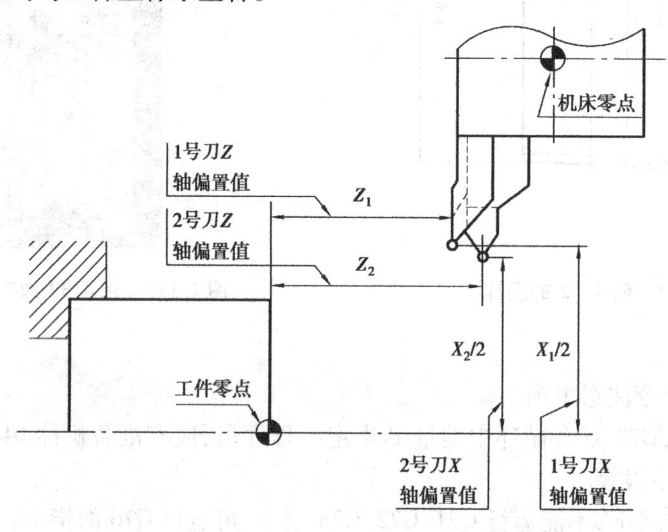

图 4.175　刀具偏置的绝对补偿形式

如图 4.176 所示,机床到达机床零点时,机床坐标值显示均为零,整个刀架上的点可考虑为一理想点,故当各刀对刀时,机床零点可视为在各刀与各刀刀位点上。华中系统可通过输入试切直径、长度值,自动计算工作零点相对与各刀刀位点的距离,其步骤如下(对刀步骤):

(1)按下 MDI 子菜单下的“刀具偏置表”功能按键。

(2)用各刀试切工件端面,输入此时刀具在将设立的工件坐标系下的 Z 轴坐标值(测量)。如编程时将工件原点设在工件前端面,即输入 0(设零前不得有 Z 轴位移)。系统源程序通过公式:$Z'_{机} = Z_{机} - Z_x$,自动计算出工件原点相对与该刀刀位点的 Z 轴距离。

(3)用同一把刀试切工件外圆,输入此时刀具在将设立的工件坐标系下的 X 轴坐标值,即试切工件的直径值(设零前不得有 X 轴位移)。系统源程序通过公式:$D'_{机} = D'_{机} - D_x$,自动计算出工件原点相对与该刀刀位点的 X 轴距离。

(4)退出换刀后,用下一把刀,重复(2)~(3)步骤;即可得到各刀绝对刀偏值,并自动输入到刀具偏置表中。

提示:

●对到操作的具体步骤见项目一

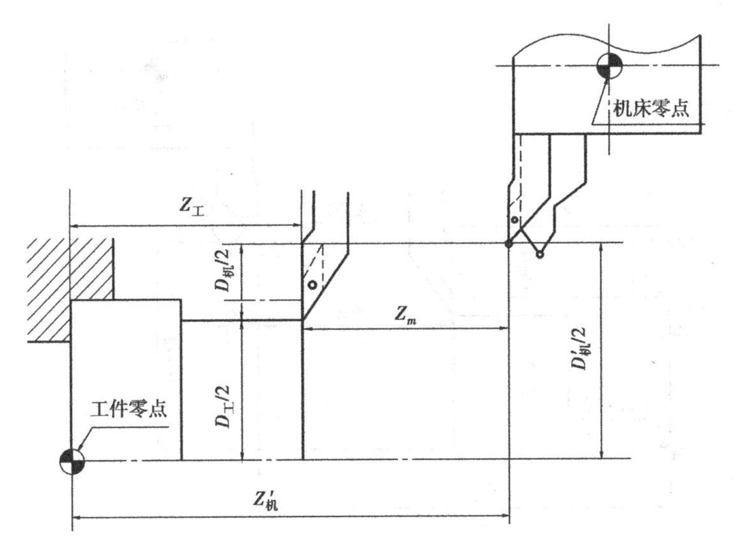

图 4.176 刀具偏置的绝对补偿值的设定

5. 相对补偿形式

如图 4.177 所示在对刀时，确定一把刀为标准刀具，并以其刀尖位置 A 为依据，建立坐标系。这样，当其他各刀转到加工位置时，刀尖位置 B 相对标刀刀尖位置 A 就会出现偏置，原来建立的坐标系就不再适用，因此应对非标准刀具相对于标准刀具之间的偏置 Δx，Δz 进行补偿，使刀尖位置 B 移至位置 A。华中系统是通过控制机床拖板的移动实现补偿的。

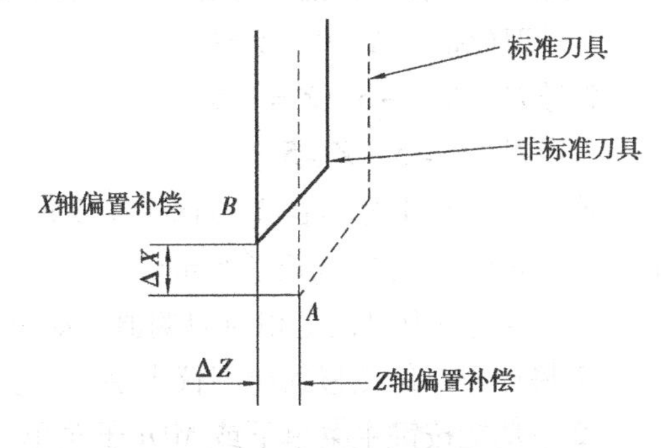

图 4.177 刀具偏置的相对补偿形式

标刀偏置值为机床回到机床零点时，工件零点相对工作位上标刀刀位点的有向距离。华中系统设定相对刀偏值的方法有两种：

(1)通过输入试切直径、长度值的方法。通过输入试切直径、长度值，自动计算当刀架在机床零点时工件零点相对于各刀刀位点的有向距离，并用标刀的值与该值进行比较，得到其相对标刀的刀偏值。如图 4.178 所示。其步骤是：

①按下 MDI 子菜单下的“刀具偏置表”功能按键。

②用标刀试切工件端面，输入此时刀具在将设立的工件坐标系下的 Z 轴坐标值，即工件长度值；如编程时将工件原点设在工件前端面，即输入 0(设零前不得有 Z 轴位移)。系统源程序通过公式：$Z'_机 = Z_机 - Z_x$，自动计算出工件零点相对与标刀刀位点的距离，即标刀 Z 轴刀偏值。

③用标刀试切工件外圆，输入此时刀具在将设立的工件系下的 X 轴坐标值，即试切后工件的直径值(设零前不得有 X 轴位移)。系统源程序通过公式：$D'_机 = D'_机 - D_x$，自动计算出工件零点相对于标刀刀位点的距离，即标刀 Z 轴刀偏值。

④按下“刀具偏置表”子菜单下的“标刀选择”功能按键，设定标刀刀偏值为基准。

⑤退出换刀后，用下一把刀重复②～③步骤；即可得到各刀相对于标刀的刀偏值，并自动输入到刀具偏置表中。

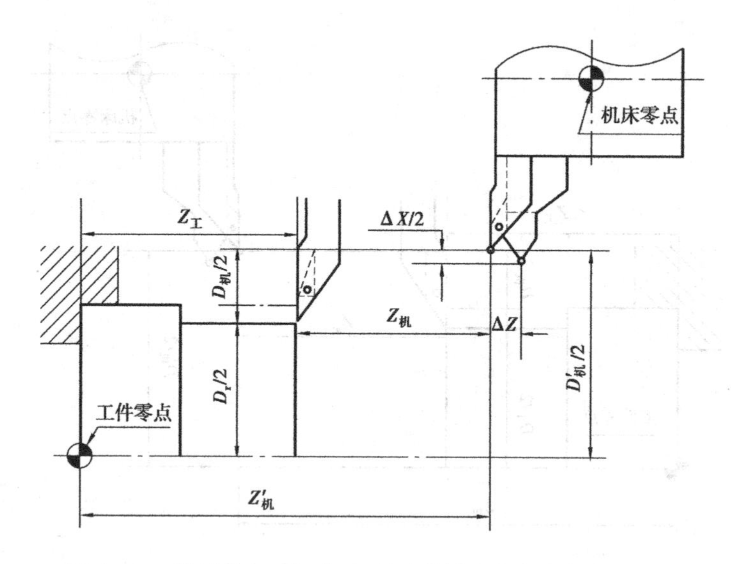

图 4.178 通过输入试切直径、长度值的方法设定相对刀偏值

例如,一次装夹 3 把车刀加工一零件,按上述步骤试切及退出,如果其刀补值分别为:

1 号刀(标刀)$X=0$ $Z=0$

2 号刀 $X=-5$ $Z=-5$

3 号刀 $X=5$ $Z=5$

则 2 号刀比 1 号刀在 X 方向短了 5 mm,在 Z 方向也短了 5 mm;3 号刀比 1 号刀在 X 方向长了 5 mm,在 Z 方向也长了 5 mm。

(2)通过对刀仪设定相对刀偏值。如果有对刀仪,相对刀偏值的测量步骤是:

①将标刀刀位点移到对刀仪十字中心。

②在功能按键主菜单下或 MDI 子菜单下,将刀具当前位置设为相对零点。

③退出换刀后,将下一把刀移到对刀仪十字中心,此时显示的相对值,即为该刀相对与标刀的刀偏值。

提示:

●如果没有对刀仪,相对刀偏值的测量步骤是:

(1)用标刀试切工件端面,在功能按键主菜单下或 MDI 子菜单下,将刀具当前 Z 轴位置设为相对零点(设零前不得有 Z 轴位移)。

(2)用标刀试切工件外圆,在功能按键主菜单下或 MDI 子菜单下,将刀具当前 X 轴位置设为相对零点(设零前不得有 X 轴位移),此时,标刀已在工件上切出一基准点。当标刀在基准点位置时,也即在设置的相对零点位置。

(3)退出换刀后,将下一把刀移到工件上基准点的位置上,此时显示的相对值,即为该刀相对与标刀的刀偏值。

【想一想 4-34】 刀具补偿的含义及具体内容。

【想一想 4-35】 绝对补偿形式的对刀步骤。

【想一想 4-36】 相对补偿形式的对刀步骤。

三、刀具磨损补偿

1. 刀具磨损补偿的原因

刀具使用一段时间后会磨损，刀具磨损会使产品尺寸产生误差，因此需要对其进行补偿。该补偿与刀具偏置补偿存放在同一个寄存器的地址号中，各刀的磨损补偿只对该刀有效（包括标刀）。

2. 刀具磨损补偿功能的代码：T 代码

刀具的补偿功能由 T 代码指定，其后的 4 位数字分别表示选择的刀具号和刀具偏置补偿号。T 代码的说明如下：

TXX ＋ XX　（“＋”前的两个“XX”为刀具号，“＋”后的两个“XX”为刀具补偿号）

刀具补偿号是刀具偏置补偿寄存器的地址号，该寄存器存放刀具的 X 轴和 Z 轴偏置补偿值、刀具的 X 轴和 Z 轴磨损补偿值。

T 加补偿号表示开始补偿功能，补偿号为 00 表示补偿量为 0，即取消补偿功能。

系统对刀具的补偿或取消，都是通过拖板的移动来实现的。

系统执行 T 指令，转动刀架，选用指定的刀具。

补偿号可以和刀具号相同，也可以不同，即一把刀具可以对应多个补偿号（值）。

如图 4.179 所示，如果刀具轨迹相对于编程轨迹具有 X,Z 方向上的补偿值（由 X,Z 方向上的补偿分量构成的矢量称为补偿矢量），那么程序段中的终点位置加或减去由 T 代码指定的补偿量（补偿矢量），即为刀具轨迹段终点位置。

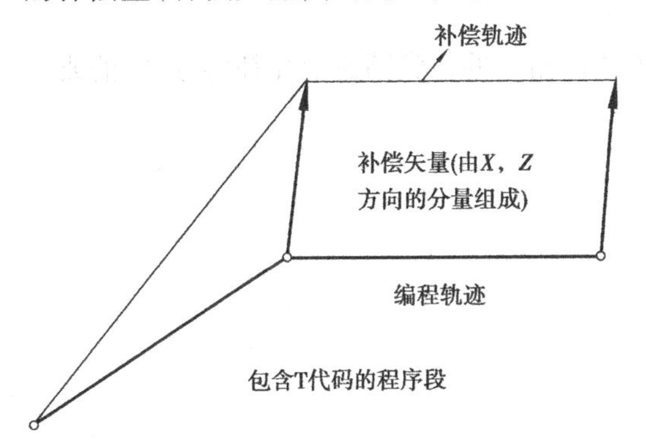

图 4.179　经偏置磨损补偿后的刀具轨迹

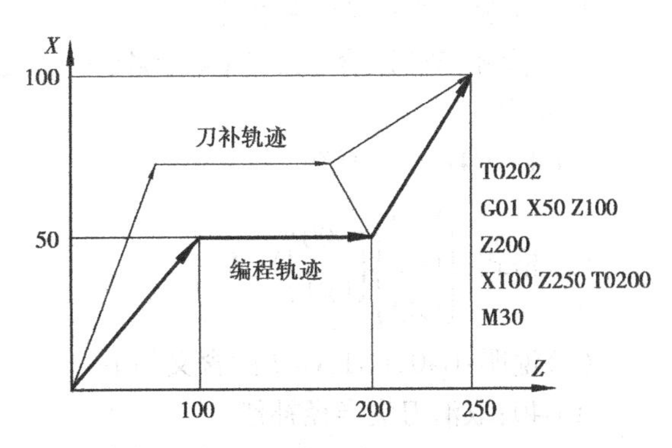

图 4.180　刀具偏置磨损补偿编程

3. 刀具磨损补偿编程示例

例 4.33　如图 4.180 所示，先建立刀具偏置磨损补偿，后取消刀具偏置磨损补偿。

解　其参考程序为：

```
N10 T0202
N20 G01X50Z100
N30 Z200
N40 X100Z250T0200
N50 M30
```

【想一想 4-37】　刀具磨损补偿的含义及内容。

四、刀尖圆弧半径补偿

1. 刀尖圆弧半径补偿的原因

数控程序一般是针对刀具上的某一点即刀位点按工件轮廓尺寸编制的。车刀的刀位点一般为理想状态下的假想刀尖或刀尖圆弧圆心。但实际加工中的车刀由于工艺或其他要求,刀尖往往不是一理想点,而是一段圆弧。当切削加工时刀具切削点在刀尖圆弧上变动造成实际切削点与刀位点之间的位置有偏差,故造成如图 4.181 所示。这种由于刀尖不是一理想点而是一段圆弧造成的加工误差,可用刀尖圆弧半径补偿功能来消除。

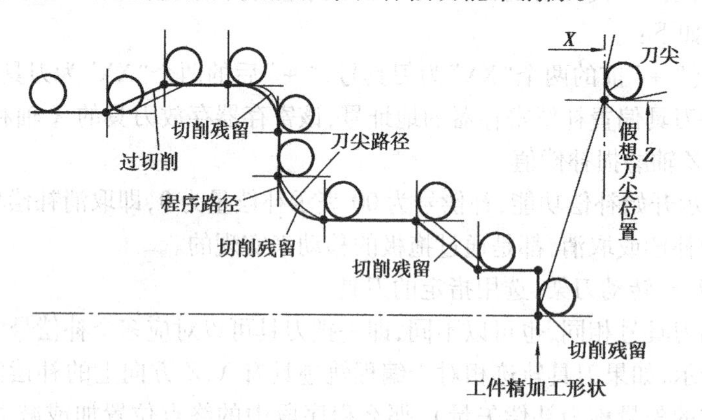

图 4.181　刀尖圆角造成的过切或少切

2. 刀尖圆弧半径补偿的指令

刀尖圆弧半径补偿是通过 G40、G41、G42 及 T 代码指定的刀尖圆弧半径补偿号,取消或加入半径补偿。

3. G40,G41,G42 代码

(1)格式:$\begin{Bmatrix} \text{G40} \\ \text{G41} \\ \text{G42} \end{Bmatrix} \begin{Bmatrix} \text{G00} \\ \text{G01} \end{Bmatrix}$X_Z

(2)说明:G40,G41,G42 的含义如下。

①G40:取消刀尖半径补偿。

②G41:左刀补(在刀具前进方向左侧补偿),如图 4.182 所示。

③G42:右刀补(在刀具前进方向右侧补偿),如图 4.182 所示。

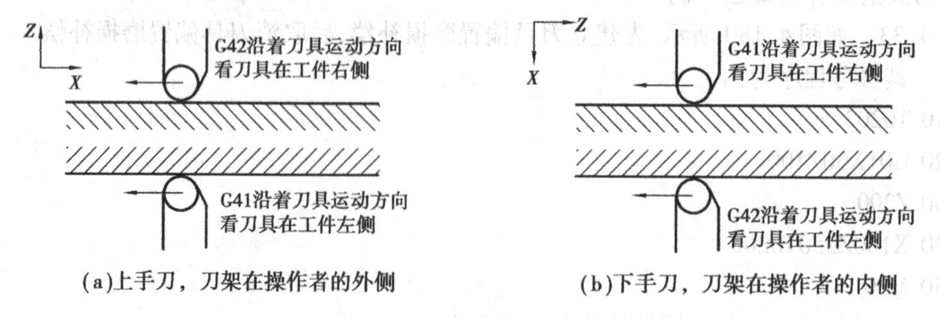

图 4.182　左刀补和右刀补

提示：

●G40,G41,G42 都是模态代码,可相互注销。

●G41/G42 不带参数,其补偿号(代表所用刀具对应的刀尖半径补偿值)由 T 代码指定,其刀尖圆弧补偿号与刀具偏置补偿号对应。

●刀尖半径补偿的建立与取消只能用 G00 或 G01,不能用 G02、03。

●刀尖半径补偿寄存器中,定义了车刀圆弧半径及刀尖的方向号。车刀刀尖的方向号定义了刀具刀位点与刀尖圆弧中心的位置关系,其中 0 ~9 有 10 个方向,如图 4.183 所示(实心点代表刀位点 A, + 代表刀尖圆弧圆心)。

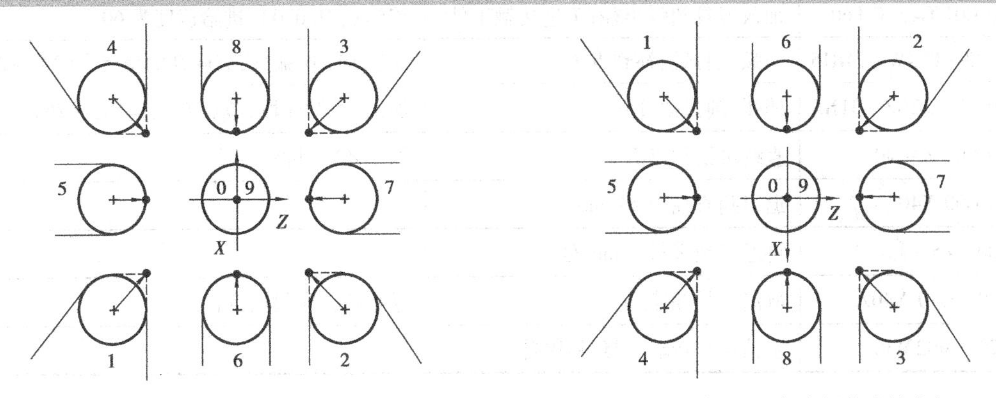

(a)上手刀，刀架在操作者的外侧　　(b)下手刀，刀架在操作者的内侧

图 4.183　车刀刀尖位置码定义

例 4.34　如图 4.184 所示,考虑刀尖半径补偿,编制零件的加工程序。

解　其加工程序见表 4.34。

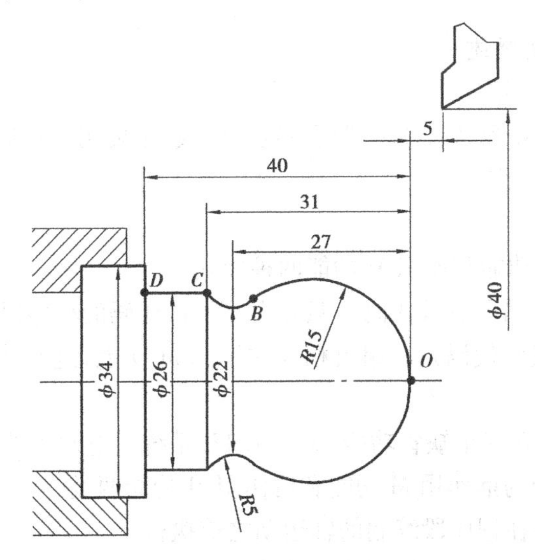

图 4.184　刀尖半径补偿编程实例

表 4.34　例 4.36 的参考程序

（该程序只考虑车刀的进给路线，没有考虑毛坯尺寸及切削量）

程序段	含 义	备 注
%0024	程序名	
N10 T0101	选 1 号刀	
N20 M03S500	主轴正转	主轴转速是 400 r/min
N30 G00 X40Z5	到程序起点位置	程序起点坐标(40,5)
N40 G00 X0	刀具移到工件中心	中心坐标(0,5)
N50 G01 G42Z0 F60	加入刀具圆弧半径，工进接触工件	移到点 $O(0,0)$，进给速度为 60
N60 G03 U24W -24R15	凸弧，圆弧插补到点 B	加工 $R15$ 圆弧段，节点 B 的坐标为(24，-24)
N70 G02 X26Z -31R5	凹弧，圆弧插补到点 C	加工 $R5$ 圆弧段，节点 C 的坐标为(26，-31)
N80 G01 Z -40	直线进给到点 D	加工 $\phi26$ 外圆
N90 G00 X40	退刀到直径为 40 mm 处	
N100　Z5	再退刀到 Z 轴 5 mm 处	
N110　G40 X40Z5	取消半径补偿	返回到程序起点位置
N120　M02M30	主轴停止转动，回到程序首	

【想一想 4-38】　刀尖圆弧半径补偿的含义、内容及指令。

【自己动手 4-49】　用刀尖圆弧半径补偿指令，编制例 4.34 所示的程序，并进行仿真加工。

课题四　HNC22T 系统辅助功能 M 代码

一、辅助功能 M 代码概述

1. M 代码的组成及作用

辅助功能由地址字 M 和其后的一或两位数字组成，主要用于控制零件程序的走向以及机床各种辅助功能的开关动作。

2. M 功能的形式

M 功能有非模态 M 功能和模态 M 功能两种形式。

(1)非模态 M 功能(当段有效代码)：只在书写了该代码的程序段中有效。

(2)模态 M 功能(续效代码)：一组可相互注销的 M 功能，这些功能在被同一组的另一个功能注销前一直有效。

模态 M 功能组中包含一个缺省功能，见表 4.35，系统上电时将被初始化为该功能。

另外，M 功能还可分为前作用 M 功能和后作用 M 功能两类。

(1)前作用 M 功能：在程序段编制的轴运动之前执行。

(2)后作用 M 功能：在程序段编制的轴运动之后执行。

3. M 代码的内容

华中系统 M 指令功能，见表 4.35 所示(标记者为缺省值)。其中：

(1)M00,M02,M30,M98,M99用于控制零件程序的走向,是CNC内定的辅助功能,不由机床制造商设计决定,也就是说与PLC程序无关。

(2)其余M代码用于机床各种辅助功能的开关动作,其功能不由CNC内定,而是由PLC程序指定,所以有可能因机床制造厂不同而有差异(表内为标准PLC指定的功能),请使用者参考机床说明书。

表4.35 M代码及功能

代 码	模 态	功能说明	代 码	模 态	功能说明
M00	非模态	程序停止	M03	模态	主轴正转
M02	非模态	程序结束	M04	模态	主轴反转
M30	非模态	程序结束并返回	M05	模态	主轴停止
		回程序起点	M07	模态	切削液打开
M98	非模态	调用子程序	M08	模态	切削液打开
M99	非模态	子程序结束	M09	模态	切削液停止

二、CNC内定的辅助功能

1.程序暂停指令M00

当CNC执行到M00指令时,将暂停执行当前程序,以方便操作者进行刀具和工件的尺寸测量、工件调头、手动变速等操作。

暂停时机床的进给停止,而全部现存的模态信息保持不变,欲继续执行后续程序,重按操作面板上的“循环启动”键。

M00为非模态后作用M功能。

2.程序结束指令M02

M02一般放在主程序的最后一个程序段中。

当CNC执行到M02指令时,机床的主轴、进给、冷却液全部停止,加工结束。

使用M02的程序结束后,若要重新执行该程序,就得重新调用该程序或在自动方式下,“程序”主菜单下按子菜单F4键,然后再按操作面板上的“循环启动”键。

M02为非模态后作用M功能。

3.程序结束并返回到零件程序头指令M30

M30和M02功能基本相同,只是M30指令还兼有控制返回到零件程序头(%)的作用。

使用M30的程序结束后,若要重新执行程序,只需再次按操作面板上的“循环启动”键。

【想一想4-39】 M00,M02,M30的含义。

4.子程序调用指令M98及从子程序返回指令M99

(1)含义:M98用来调用子程序,M99表示子程序结束,执行M99使控制返回到主程序。

(2)子程序的格式:

% * * * *

……

M99

在子程序开头,必须规定子程序号以作为调用入口地址。在子程序的结尾用M99,以控制执行完该子程序后返回主程序。

(3)调用子程序的格式

M98 P_L_

P:被调用的子程序号。

L:重复调用次数。

提示:

●可以带参数调用子程序。

●G65 指令的功能和参数与 M98 相同。

例 4.35 如图 4.185 所示,用子程序编制零件的加工程序(该例为半径编程)。

解 其加工程序,见表 4.36。

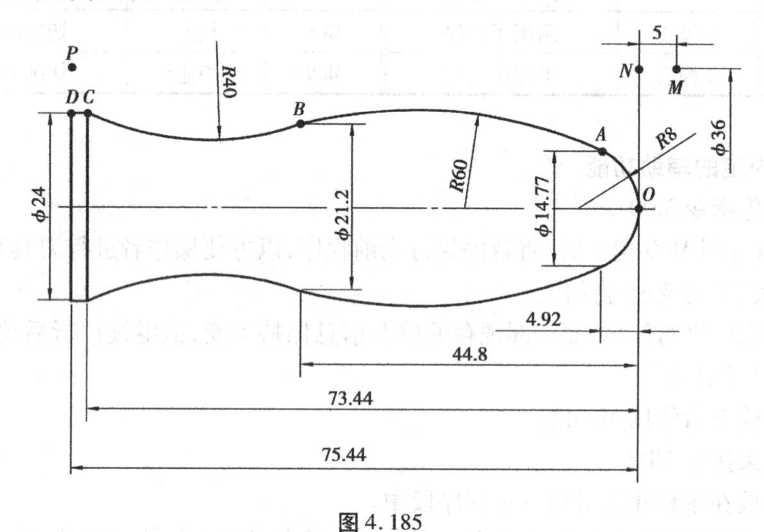

图 4.185

表 4.36 例 4.35 的参考程序

(该程序只考虑车刀的进给路线,没有考虑毛坯尺寸及切削量)

程序段	含 义
%0025	主程序程序名
N10 G00 X36Z5	快移到点 $M(36,5)$
N20 G00 Z0 M03	移到子程序起点处点 $N(36,0)$,主轴正转
N30 M98 P0003 L6	调用子程序,子程序名为 0003,并循环 6 次
N40 G00 X36Z5	退刀到点 $M(36,5)$
N50 M05	主轴停
N60 M30	主程序结束并复位
%0003	子程序名
N10 G01X0Z0F100	进刀到圆点 $O(0,0)$
N20 G03 X14.77Z - 4.92R8	加工 $R8$ 圆弧段,到点 $A(14.77,-4.92)$
N30 X21.2Z - 44.8R60	加工 $R60$ 圆弧段,到点 $B(21.2,-44.8)$

续表

程序段	含　义
N40 G02 X24Z－73.44R40	加工 *R*40 圆弧段,到点 *C*(24,－73.44)
N50 G01 Z－75.44	到点 *D*(24,－75.44)
N60 G00X36	退刀到点 *P*(36,－75.44)
N70 Z5	再退刀点 *M*(36,5)
N80 M99	子程序结束,并回到主程序

【想一想 4-40】　M98,M99 的含义。

【自己动手 4-50】　用子程序编制例 4.36 所示的程序,并进行仿真加工。

三、PLC 设定的辅助功能

1. 主轴控制指令 M03,M04,M05

(1)M03:M03 启动主轴,以程序中编制的主轴速度顺时针方向(从 *Z* 轴正向朝 *Z* 轴负向看)旋转。

(2)M04:M04 启动主轴,以程序中编制的主轴速度逆时针方向旋转。

(3)M05:M05 使主轴停止旋转。

M03,M04 为模态前作用 M 功能;M05 为模态后作用 M 功能,M05 为缺省功能。

M03,M04,M05 可相互注销。

2. 冷却液打开、停止指令 M07,M08,M09

(1)M07,M08:M07,M08 指令将打开冷却液管道。

(2)M09:M09 指令将关闭冷却液管道。

M07,M08 为模态前作用 M 功能;M09 为模态后作用 M 功能,M09 为缺省功能。

【想一想 4-41】　M03,M04,M05,M07,M08,M09 的含义。

课题五　HNC22T 系统主轴功能 S、进给功能 F、刀具功能 T

一、主轴功能 *S*

主轴功能 *S* 控制主轴转速,其后的数值表示主轴速度,单位为转/每分钟(r/min)。

恒线速度功能时 *S* 指定切削线速度,其后的数值单位为米/每分钟(m/min)(G96 恒线速度有效、G97 取消恒线速度)。

S 是模态指令,*S* 功能只有在主轴速度可调节时有效。

S 所编程的主轴转速可以借助机床控制面板上的主轴倍率开关,进行个修调。

二、进给速度 *F*

F 指令表示工件被加工时刀具相对于工件的合成进给速度,*F* 的单位取决于 G94(每分钟进给量 mm/min)或 G95(主轴每转一转刀具的进给量 mm/r)。

使用下式,可以实现每转进给量与每分钟进给量的转化。

$fm = fr \times S$

fm:每分钟的进给量:(mm/min)。

fr:每转进给量:(mm/r)。

S:主轴转数:(r/min)。

当工件在G01,G02或G03方式下,编程的F一直有效,直到被新的F值所取代,而工件在G00方式下快速定位的速度是各轴的最高速度,与所编F无关。

借助机床控制面板上的倍率按键,F可在一定范围内进行倍率修调。当执行攻丝循环G76、G82,螺纹切削G32时倍率开关失效,进给倍率固定在100%。

提示:

- 当使用每转进给量方式时,必须在主轴上安装一个位置编码器。
- 直径编程时,X轴方向的进给速度为:半径的变化量/分、半径的变化量/转。

三、刀具功能(T机能)

T代码用于选刀,其后的4位数字分别表示选择的刀具号和刀具补偿号。T代码与刀具的关系是由机床制造厂规定的,请参考机床厂家的说明书。

执行T指令,转动转塔刀架,选用指定的刀具。

当一个程序段同时包含T代码与刀具移动指令时:先执行T代码指令,而后执行刀具移动指令。

T指令同时调入补寄存器中的补偿值。

【想一想4-42】 S代码的内容。

【想一想4-43】 F代码的内容。

【想一想4-44】 T代码的内容。

课题六　综合编程实例

一、编程步骤

1. 产品图样分析

产品图样分析的内容有:

(1)尺寸是否完整。

(2)产品精度、粗糙度等要求。

(3)产品材质、硬度等。

2. 工艺处理

工艺处理的内容有:

(1)加工方式及设备确定。

(2)毛坯尺寸及材料确定。

(3)装夹定位的确定。

(4)加工路径及起刀点、换刀点的确定。

(5)刀具数量、材料、几何参数的确定。

(6)切削参数的确定。

3. 确定切削参数

(1)背吃刀量:影响背吃刀量的因素有:粗、精车工艺、刀具强度、机床性能、工件材料及表面粗糙度。

(2)进给量:进给量影响表面粗糙度,影响进给量的因素有:

①粗、精车工艺:粗车进给量应较大,以缩短切削时间;精车进给量应较小,以降低表面粗糙度。一般情况下,精车进给量小于0.2 mm/r为宜,但要考虑刀尖圆弧半径的影响;粗车进给量大于0.25 mm/r。

②机床性能:如功率、刚性。

③工件的装夹方式。

④刀具材料及几何形状。

⑤背吃刀量。

⑥工件材料:工件材料较软时,可选择较大进给量;反之,可选较小进给量。

(3)切削速度:切削速度的大小可影响切削效率、切削温度、刀具耐用度等。影响切削速度的因素有:刀具材料、工件材料、刀具耐用度、背吃刀量与进给量、刀具形状、切削液、机床性能等。

4. 数学处理

(1)编程零点及工件坐标系的确定。

(2)各节点数值的计算。

5. 其他主要内容

(1)按规定格式编写程序单。

(2)进行数控仿真加工,验正、修改程序。

(3)在数控车床上,按“程序编辑步骤”输入程序,并检查程序。

(4)修改程序。

【想一想4-45】　编程的主要步骤有哪些?

二、编程实例

1. 例4.36

(1)题意:如图4.186所示,编制该零件的程序,并进行仿真加工,其中:

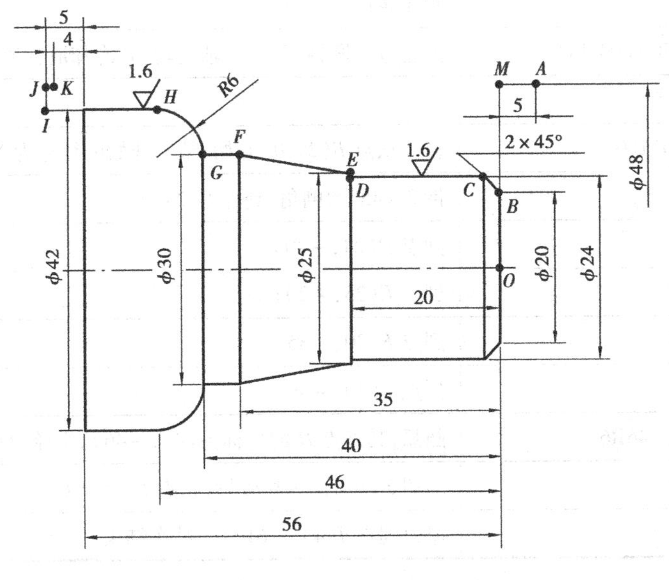

图4.186　例4.36图样及编程轨迹

①工艺条件:材质为45号钢。

②毛坯:直径为ϕ46 mm,长100 mm的棒料。

③刀具选用:四把刀:1号端面车刀、2号外圆粗车刀、3号外圆精车刀、4号切断车刀。

(2)程序:加工程序,见表4.37。

表4.37　例4.36的参考程序

程序段	含　义
%0026	程序名
N10 G00 X100Z80 T0101S800M03	换刀点(100,80),换一号端面刀,主轴正转
N20 X48Z0　M08	快速到点*M*(48,0),开冷却液管道(M08)
N30 G01X－0.5	切削端面(过中心0.5 mm,保证端面完全切削)
N40 G00Z5 M09	沿*Z*轴正向退刀,关闭冷却液管道(M09)
N50 X100Z80 M05	退刀到换刀点位置,主轴暂停(M05)
N60 M00	程序暂停
N70 T0202 S800M03M08	换二号外圆粗车刀,主轴正转,开冷却液管道
N80 G00 X48Z5	到循环起点*A*(48,5)
N90 G71U1.5R1P140Q220X0.25 Z0.1F100	1.外径粗车复合循环 2.切削深度为1.5,退刀量为1 3.精加工余量:*X*向为0.25,*X*向为0.1 4.精加工从N140开始,到N220结束 5.粗加工后,到循环起点(48,5)
N100 G00X100Z80 M05 M09	快速到换刀点位置(100,80),主轴暂停,关闭冷却液管道
N110 M00	程序暂停
N120 T0303 S1500M03M08	换三号外圆精车刀,主轴正转,开冷却液管道
N130 G00 X48Z5	
N140 G01X20Z0F100	精车从点*B*(20,0)开始,精车开始的行号为N120
N150 X24Z－2	倒2×45°的倒角,到点*C*(24,0)
N160 Z－20	到点*D*(24,－20)
N170 X25	到点*E*(25,－20)
N180 X30Z－35	到点*F*(30,－35)
N190 Z－40	到点*G*(30,－40)
N200 G03X42Z－46R6	凸弧,其终点*H*的坐标为(42,－46),半径为6
N210 G01Z－61	多切5 mm,作为切段量,到点*I*(42,－61)
N220 X48	退刀到点*J*(48,－61)处,精车结束

续表

程序段	含　义
N230 G00X100Z80M05M09	快速到换刀点位置(100,80),主轴暂停,关闭冷却液管道
N240 M00	程序暂停
N250 T0404 S600M03	换四号切断刀,主轴正转
N260 G00X45Z - 60	切断刀宽 4 mm,到点 $K(48,-60)$处
N270 G01X0F100M08	切断,开冷却液管道
N280 G00X100Z80M05M9	快速到换刀点位置(100,80),主轴暂停,关闭冷却液管道
N290 M30	程序结束,回到程序首

(3)仿真加工,其步骤为:

①进入 CZK - HNC22T 操作界面。

②启动数控机床,并让机床处于非急停状态。

③操作机床回参考点。

④安装毛坯:安装尺寸为 $\phi 46 \times 200$ 的毛坯,调整毛坯长度方向的尺寸,留足加工余量。

⑤安装刀具。

⑥录入程序。

⑦对刀。

⑧运行程序,加工零件:加工出来的零件图形,如图 4.187 所示。

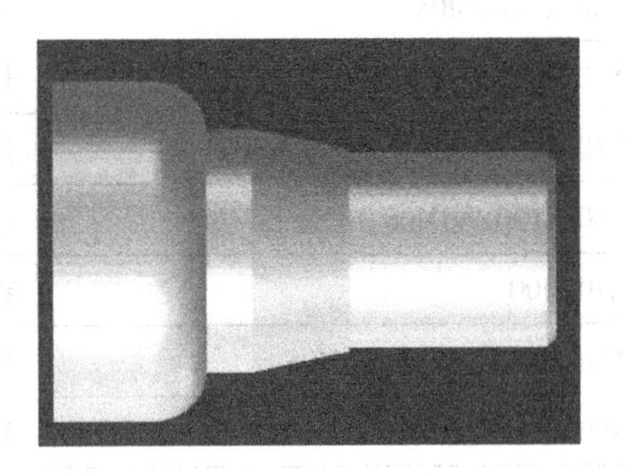

图 4.187　例 4.36 加工出来的零件图形

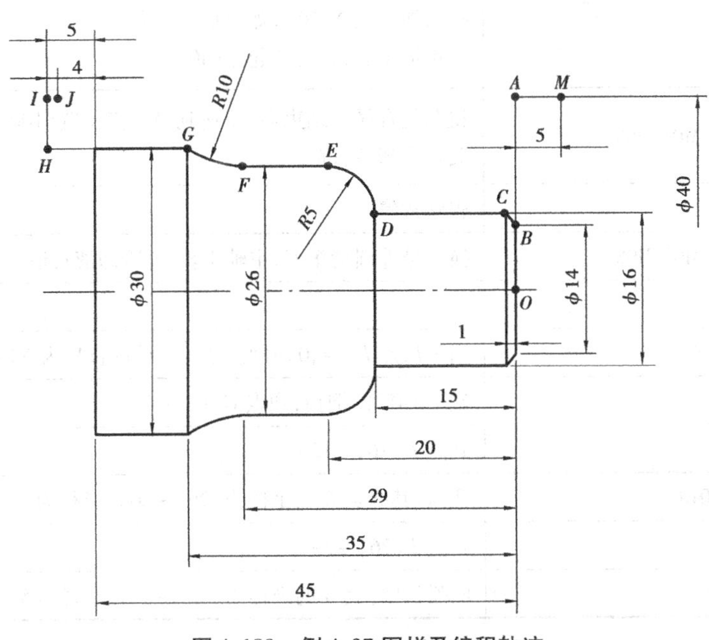

图 4.188　例 4.37 图样及编程轨迹

【自己动手4-51】 编制例4.36的程序,并进行仿真加工。

2.例4.37

(1)题意:如图4.188所示,编制该零件的程序,并进行仿真加工,其中:

①工艺条件:材质为45号钢。

②毛坯:直径为ϕ35 mm,长100 mm的棒料。

③刀具选用:四把刀:1号端面车刀、2号外圆粗车刀、3号外圆精车刀、4号切断车刀。

(2)程序:加工程序,见表4.38。

表4.38 例4.37的参考程序

程序段	含 义
%0027	程序名
N10 G00 X100Z80 T0101S800 M03	换刀点(100,80),换一号端面刀,主轴正转
N20 X40Z0M08	快速到点A(40,0)开冷却液管道
N30 G01X-0.5F100	切削端面(过中心0.5 mm,保证端面完全切削)
N40 G00Z5M09	沿Z轴正向退刀,关闭冷却液管道
N50 X100Z80M05	退刀到换刀点位置,主轴暂停
N70 M00	程序暂停
N80 T0202 S800M03M08	换二号外圆粗车刀,主轴正转,开冷却液管道
N90 G00X40Z5	到循环起点M(40,5)
N100 G71U1.5R1P150Q220X0.25Z0.1 F100	1.外径粗车复合循环 2.切削深度为1.5,退刀量为1 3.精加工余量:X向为0.25,Z向为0.1 4.精加工从N150开始,到N220结束 5.粗加工后,到循环起点(40,5)
N110 G00X100Z80 M05 M09	粗车复合循环结束后,快速到换刀点位置(100,80),主轴暂停,关闭冷却液管道
N120 M00	程序暂停
N130 T0303 S1500 M03 M08	换三号外圆精车刀,主轴正转,开冷却液管道
N140 G00X40Z5	
N150 G01X14Z0F100	精车从点B(14,0)开始,精车开始的行号为N140
N160 X16Z-1	倒1×45°的倒角,到点C(16,-1)
N170 Z-15	到点D(16,-15)
N180 G03X26Z-20R6	凸弧,其终点E的坐标为(26,-20),半径为5
N190 G01 Z-29	到点F(26,-29)
N200 G02X30Z-35	凹弧,其终点G的坐标为(30,-35),半径为5

续表

程序段	含　义
N210 G01Z-50	多切 5 mm,作为切段量,到点 $H(30,-50)$
N220 X40	退刀到点 $I(40,-50)$处,精车结束
N230 G00X100Z80M05M09	快速到换刀点位置(100,80),主轴暂停,关闭冷却液管道
N240 M00	程序暂停
N250 T0404 S600M03M08	换四号切断刀,主轴正转,开冷却液管道
N260 X40Z-49	切断刀宽 4 mm,到点 $J(40,-49)$处
N270 G01X0F100	切断,开冷却液管道
N280 G00X100Z80M05M09	快速到换刀点位置(100,80),主轴暂停,关闭冷却液管道
N290 M30	程序结束,回到程序首

(3)仿真加。其步骤为:

①进入 CZK-HNC22T 操作界面。

②启动数控机床,并让机床处于非急停状态。

③操作机床回参考点。

④安装毛坯:安装尺寸为 $\phi35\times100$ 的毛坯,调整毛坯长度方向的尺寸,留足加工余量。

⑤安装刀具。

⑥录入程序。

⑦对刀。

⑧运行程序,加工零件。加工出来的零件图形,如图 4.189 所示。

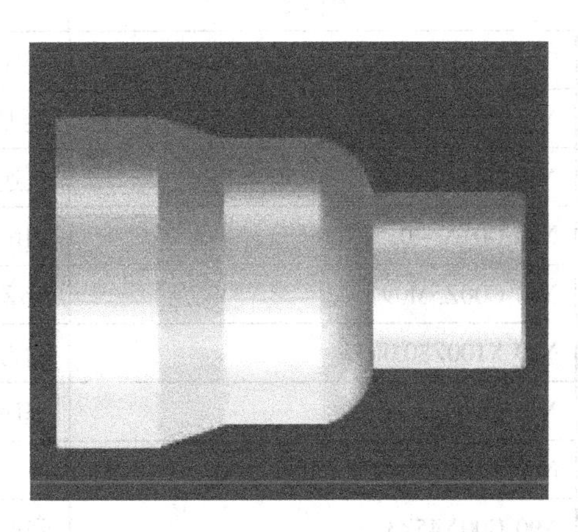

图 4.189　例 4.37 加工出来的零件图形

【自己动手 4-52】　编制例 4.37 的程序,并进行仿真加工。

3. 例 4.38

(1)题意。如图 4.190 所示,编制该零件的程序,并进行仿真加工,其中:

①工艺条件。材质为 45 号钢。

②毛坯。直径为 ϕ42 mm,长 150 mm 的棒料。

③刀具选用。四把刀:1 号端面车刀、2 号外圆粗车刀、3 号外圆精车刀、4 号切断车刀。

(2)程序。加工程序,见表 4.39。

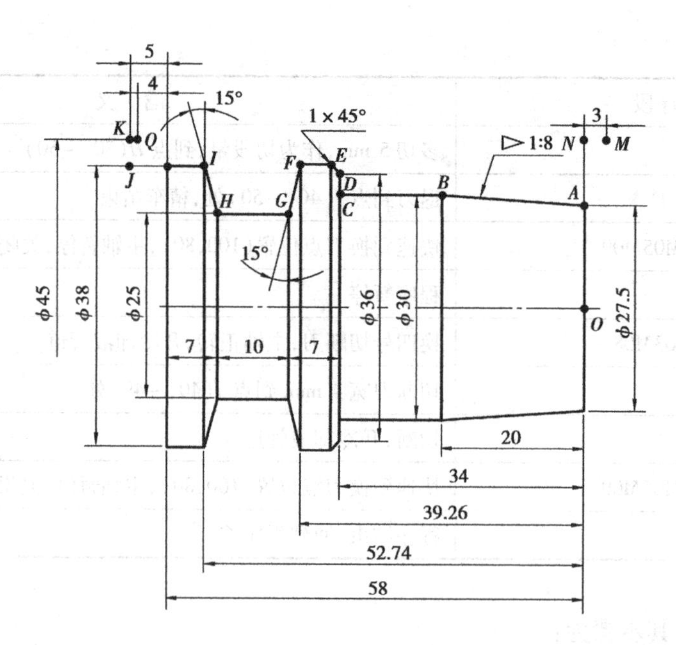

图4.190　例4.38图样及编程轨迹

表4.39　例4.38的参考程序

程序段	含　义
%0028	程序名
N10 G00 X100Z80 T0101S800 M03	换刀点(100,80),换一号端面刀,主轴正转
N20 X45Z0M08	快速到点 *N*(45,0)的点,开冷却液管道
N30 G01X－0.5F100	切削端面(过中心0.5 mm,保证端面完全切削)
N40 G00Z5M09	沿 *Z* 轴正向退刀,关闭冷却液管道
N50 X100Z80M05	退刀到换刀点位置,主轴暂停
N70 M00	程序暂停
N80 T0202 S800M03M08	换二号外圆粗车刀,主轴正转,开冷却液管道
N90 G00X45Z3	到循环起点 *M*(45,3)
N100 G71U1R1P150Q250E0.3F100	1.有凹槽外径粗车复合循环 2.切削深度为1,退刀量为1 3.精加工余量:0.3(切削外径为正) 4.精加工从N150开始,到N250结束 5.粗加工后,车刀在循环起点(40,3)
N110 G00X100Z80 M05 M09	粗车复合循环结束后,快速到换刀点位置(100,80),主轴暂停,关闭冷却液管道
N120 M00	程序暂停
N130 T0303 S1500 M03 M08	换三号外圆精车刀,主轴正转,开冷却液管道

续表

程序段	含　义
N140 G00 X45Z3	
N150 G01X26.5Z0F100	精车从坐标为（26.5,0）的点开始，精车开始的行号为 N150
N160 X27.5Z－0.5	倒 0.5×45°的倒角（右端面倒 0.5×45°的倒角）
N170 X30Z－20	到点 B(30，－20)
N180 Z－34	到点 C(30，－34)
N190 X36	到点 D(36，－34)
N200 X38Z－35	倒 1×45°的倒角，到点 E(38，－35)
N210 Z－39.26	到点 F(38，－39.26)
N220 X25Z－41	到点 G(25，－41)
N230 Z－51	到点 H(25，－51)
N240 X38Z－52.74	到点 I(38，－52.74)
N250 Z－63	到点 J(38，－63)精车结束
N260 G00X45 M05M09	退刀到点 K(45，－63)处，主轴暂停，关闭冷却液管道
N270 X100Z80	再退刀到换刀点(100,80)
N280 M00	程序暂停
N290　T0404 S600M03M08	换四号切断刀，主轴正转，开冷却液管道
N300　G00X45Z3	到点 M(45,3)
N310　Z－61	到点 Q(45，－61)，准备切断(切断刀宽 4 mm)
N320 G01X0 F100	切断
N330 G00X45 M05M09	退刀到坐标为(45，－61)处，主轴暂停，关闭冷却液管道
N340 X100Z80	再退刀到坐标为(100,80)处
N350 M30	程序结束，回到程序首

(3)仿真加工。其步骤为：

①进入 CZK-HNC22T 操作界面。

②启动数控机床，并让机床处于非急停状态。

③操作机床回参考点。

④安装毛坯。安装尺寸为 $\phi 42\times159$ 的毛坯，调整毛坯长度方向的尺寸，留足加工余量。

⑤安装刀具。1 号端面车刀、2 号外圆粗车刀、3 号外圆精车刀、4 号切断车刀。

⑥录入程序。

⑦对刀。

⑧运行程序，加工零件。加工出来的零件图形，如图 4.191 所示。

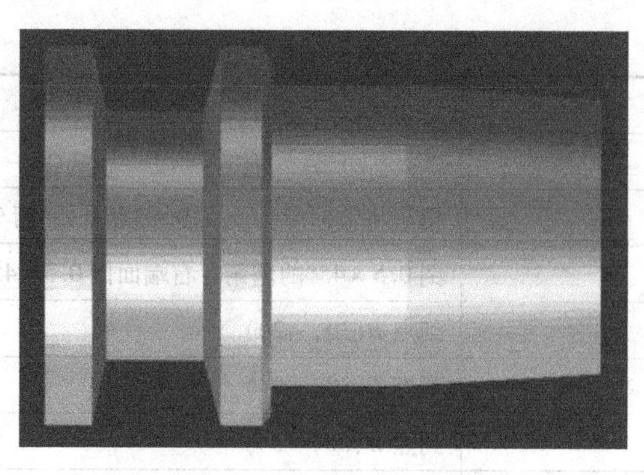

图 4.191 例 4.38 加工出来的零件图形

【自己动手 4-53】 编制例 4.38 的程序,并进行仿真加工。

4. 例 4.39

(1)题意。如图 4.192 所示,编制该零件的程序,并进行仿真加工,其中:

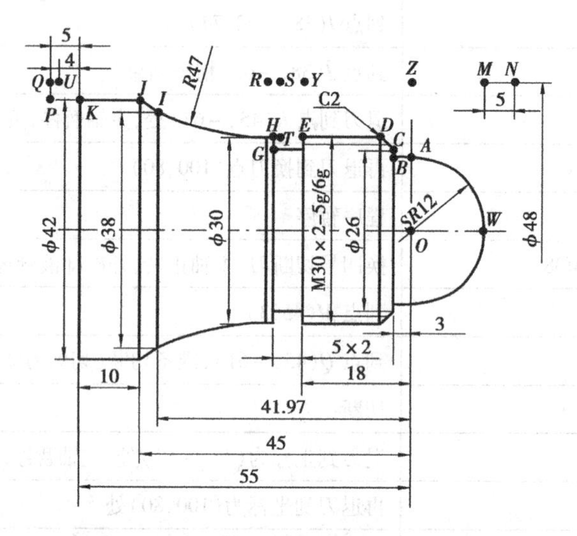

图 4.192 例 4.39 图样及编程轨迹

①工艺条件。材质为 45 号钢。

②毛坯。直径为 ϕ45 mm,长 150 mm 的棒料。

③刀具选用。四把刀:1 号外圆粗车刀(粗车及车端面)、2 号外圆精车刀、3 号切槽刀、4 号 60°螺纹车刀。

(2)程序。加工程序,见表 4.40(以 O 点为编程原点)。

查表得:螺纹牙深(半径量)为 1.299;螺纹分 5 次切削,其直径吃刀量分别为:0.9、0.6、0.6、0.4、0.1。

表 4.40　例 4.39 的参考程序

程序段	含　义
%0029	程序名
N10 G00 X100Z80 T0101S800 M03	换刀点(100,80),换一号车刀,主轴正转
N20 X48Z0M08	快速到点 M(48,0)开冷却液管道
N30 G01X -0.5F100	切削端面(过中心 0.5 mm,保证端面完全切削)
N40 G00Z5	沿 Z 轴正向退刀,关闭冷却液管道
N50 X48	再退刀到点 N(48,5),循环起点
N60 G71U1.5R1P110Q200X.25Z0.1F100	1. 无凹槽外径粗车复合循环 2. 切削深度为 1.5,退刀量为 1 3. 精加工余量:X 向为 0.25,Z 向为 0.1 4. 精加工从 N110 开始,到 N200 结束 5. 粗加工后,车刀在循环起点 N(48,5)
N70 G00X100Z80 M05 M09	粗车复合循环结束后,快速到换刀点位置(100,80),主轴暂停,关闭冷却液管道
N80 M00	程序暂停
N90 T0202 S1500 M03 M08	换 2 号外圆精车刀,主轴正转,开冷却液管道
N100 G00X48Z5	快速到点 N(48,5)
N110 G01 X0Z12 F100	到点 W(0,12),精车从点 W 开始,精车开始的行号为 N120(路径依次为 W、A、B、C、D、H、I、J、P、Q)
N120 G03 X24Z -12R12	凸弧,终点坐标为点 A(24,-12),半径为 12
N130 G01Z -15F100	到点 B(24,-15)
N140 X26	到点 C(26,-15)
N150 X30Z -17	倒 2×45°的倒角,到点 D(30,-17)
N160 Z -23	到点 H(30,-23)
N170 G02X382Z -41.97R47F100	凹弧,终点坐标为点 I(38,-41.97),半径为 47
N180 G01 X42Z -45	到点 J(42,- 45)
N190 Z -60	到点 P(42,-60)(留有 5 mm 的切断量)
N200 X48	退刀到点 Q(48,-60)处,精车结束
N210 G00 X100Z80 M05 M09	快速到换刀点位置(100,80)
N220 M00	程序暂停
N230 T0303 S500M03M08	换三号切断刀(切刀宽 4 mm),主轴正转,开冷却液管道
N240　G00X48Z5	

续表

程序段	含 义
N250 X48Z-23	快速到点 $R(48,-23)$(路径依次为 R、H、G、R)
N260 G01X30	到点 $H(30,-23)$,接触表面,准备切第一次
N270 X26F100	到点 $G(26,-23)$切第一次
N280 G00X48	退刀到点 $R(48,-23)$
N290 Z-34	再到点 $S(48,-22)$
N300 G01X30	再到点 $T(48,-22)$接触表面,准备切第二次
N310 X26.2	到坐标为(25.8,-22)处,切第二次(比第一次要少切 0.2 mm(直径量))
N320 G00X48	退刀到点 $S(48,-22)$
N330 Z-23	到点 $R(48,-23)$
N340 G01X26	到点 $G(26,-23)$
N350 Z-18	向右切到点 $F(26,-18)$
N360 G00X48	退刀到点 $Y(48,-18)$
N370 G00 X100Z80 M05 M09	快速到换刀点位置(100,80)
N380 M00	程序暂停
N390 T0404 S500M03M08	换四号螺纹刀,主轴正转,开冷却液管道
N400 G00X48Z5	
N410 Z0	到简单螺纹循环起点 $T(48,0)$(升速段为 3 mm)
N420 G82 X29.1Z-19.5C1F2	降速段 1.5 mm,Z 就为 -19.5,第一次切深为 0.9:30-0.9=29.1,所以螺纹第一次循环切削终点的坐标为(29.1,-19.5)单头螺纹,C 为 1,该螺纹的导程为 2,F 为 2
N430 X28.5Z-19.5 C1F2	第二次切深为 0.6:29.1-0.6=28.5,螺纹第二次循环切削终点的坐标为(28.5,-19.5)
N440 X27.9Z-19.5C1F2	第三次切深为 0.6:28.5-0.6=27.9,螺纹第三次循环切削终点的坐标为(27.9,-19.5)
N450 X27.5Z-19.5C1F2	第四次切深为 0.4:27.9-0.4=27.5,螺纹第四次循环切削终点的坐标为(27.5,-19.5)
N460 X27.4Z-19.5C1F2	第五次切深为 0.1:27.5-0.1=27.4,螺纹第五次循环切削终点的坐标为(27.4,-19.5)
N470 X27.4Z-19.5C1F2	光整加工螺纹结束后,车刀在点 $Z(48,0)$

续表

程序段	含　义
N480 G00X100M05M09	退刀到坐标为(100, -12)处，主轴暂停，关闭冷却液管道 G82 每次切削完后，要回到螺纹循环起点 T，所以 X 向退刀到 100 mm 处时，其 Z 坐标为(100, -12)
N490 Z80	再退刀，到换刀点(100,80)
N450 M00	
N460　T0303 S500M03M08	换三号切断刀(切刀宽 4 mm)，主轴正转，开冷却液管道
N470 G00X48Z-71	到点 U(48, -59)
N480 X-0.5F30	切断
N490　G00X48 M05M09	退刀，主轴暂停，关闭冷却液管道
N500 X100Z80	再退刀，到坐标为(100,80)处
N510 M30	程序结束，回到程序首

(3)仿真加工。其步骤为：

①进入 CZK-HNC22T 操作界面。

②启动数控机床，并让机床处于非急停状态。

③操作机床回参考点。

④安装毛坯。安装尺寸为 $\phi 45\times 150$ 的毛坯，调整毛坯长度方向的尺寸，留足加工余量。

⑤安装刀具。安装四把刀：1 号外圆粗车刀(粗车及车端面)、2 号外圆精车刀、3 号切槽刀、4 号 60°螺纹车刀。

⑥录入程序。

⑦对刀。

⑧运行程序，加工零件。加工出来的零件图形，如图 4.193 所示。

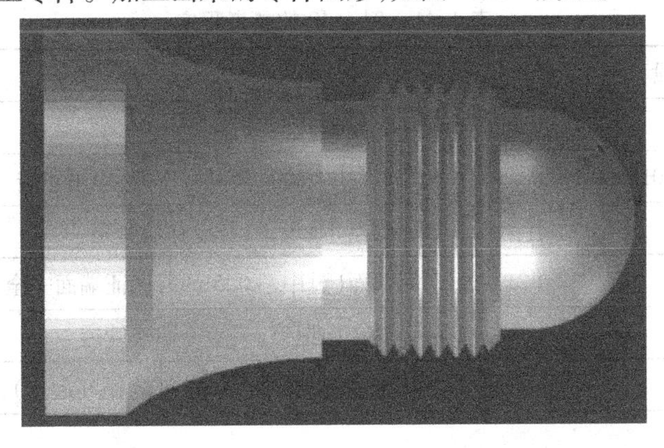

图 4.193　例 4.39 加工出来的零件图形

【自己动手 4-54】　编制例 4.39 的程序，并进行仿真加工。

5. 例 4.40

(1)题意。如图 4.194 所示,编制该零件的程序,并进行仿真加工,其中:

①工艺条件。材质为 45 号钢。

②毛坯。直径为 ϕ48 mm,长 150 mm 的棒料。

③刀具选用。四把刀:1 号外圆粗车刀(粗车及车端面)、2 号外圆精车刀、3 号切槽刀、4 号 60°螺纹车刀。

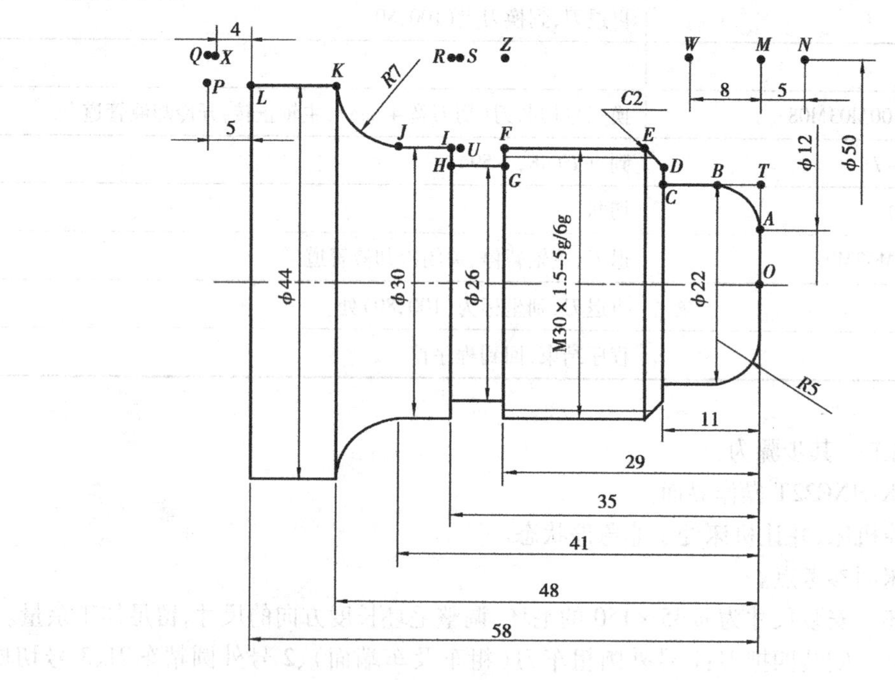

图 4.194 例 4.40 图样及编程轨迹

(2)程序。加工程序,见表 4.41。

查表得:螺纹牙深(半径量)为 0.974;螺纹分 4 次切削,其直径吃刀量分别为:0.8、0.6、0.4、0.16。

表 4.41 例 4.40 的参考程序

程序段	含 义
%0030	程序名
N10 G00 X100Z80 T0101S800 M03	换刀点(100,80),换一号车刀,主轴正转
N20 X50Z0M08	快速到点 M(50,0)开冷却液管道
N30 X-0.5F100	切削端面(过中心 0.5 mm,保证端面完全切削)
N40 G05Z5M09	沿 Z 轴正向退刀,关闭冷却液管道
N50 X50M08	再 X 轴退刀到点 N(50,5)(为循环起点),开冷却液管道

续表

程序段	含　义
N60 G71U1.5R1P120Q200X.25Z0.1F100	1. 无凹槽外径粗车复合循环 2. 切削深度为1.5，退刀量为1 3. 精加工余量：X向为0.25，Z向为0.1 4. 精加工从N120开始，到N200结束 5. 粗加工后，车刀在循环起点N(50,5)
N70　G00X100Z80 M05 M09	粗车复合循环结束后，快速到换刀点位置(100,80)，主轴暂停
N80 M00	程序暂停
N90 T0202 S1500 M03 M08	换2号外圆精车刀，主轴正转，开冷却液管道
N100 G00X50Z5	
N110 X50Z0F100	到点M(50,0)
N120 G01X0Z0	到点O(0,0)精车从点O开始，精车开始的行号为N120(路径依次为O、A、B、C、D、E、J、K、P)
N130 X22R5	1. 直线后倒圆角，从点O(0,0)到点A(12,0)，然后到点B(22，−5)，交点T的坐标是(22,0)半径为5 结束后到点B 2. 程序段N120、N130也可为： N130 G01X10Z0F100 (到点A(12,0)) N135 G03X22Z−5R5　(凸弧，圆弧终点为点B(22，−5)，半径为5) 结束后到点B
N140 Z−11	到点C(22，−11)
N150 X26	到点D(26，−11)
N160 X30Z−13	倒2×45°的倒角，到点E(30，−13)
N170 Z−41	到点J(30，−41)
N180 G02X44Z−48R7	凹弧，圆弧终点为点K(44，−48)，半径为7
N190 G01Z−63	到点P(44，−63)(留有5 mm的切断量)
N200 G00X50	退刀到点Q(50，−63)处，精车结束
N210 X100Z80 M05 M09	快速到换刀点位置(100,80)
N220 M00	程序暂停
N230 T0303 S500M03M08	换三号切断刀(切刀宽4 mm)，主轴正转，开冷却液管道
N240 G00X50Z5	
N250 X50Z−35	快速到点R(50，−35)

续表

程序段	含 义
N260 G01X30	到点 $I(30,-35)$,接触表面,准备切第一次
N270 X26F100	到点 $H(26,-35)$切第一次
N280 G00X50	退刀到点 $R(50,-35)$
N290 Z-34	再退刀到点 $S(50,-34)$
N300 X30	到点 $U(30,-34)$,接触表面,准备切第二次
N310 X26.2	到点坐标为(26.2,-34)处,切第二次(比第一次要少切 0.2 mm(直径量))
N320 G00X50	退刀到点 $S(50,-34)$
N330 Z-35	到点 $R(50,-35)$
N340 X26	到点 $H(26,-35)$
N350 Z-30	向右切到点 $G(26,-30)$
N360 G00X50	退刀到点 $I(50,-3)$
N370 G00 X100Z80 M05 M09	快速到换刀点位置(100,80)
N380 M00	程序暂停
N390 T0404 S500M03M08	换四号螺纹刀,主轴正转,开冷却液管道
N400 G00X50Z5	
N410 X50Z-8	到简单螺纹循环起点 $W(50,-8)$(升速段为 3 mm)
N420 G82 X29.2Z-31.5C1F2	降速段 1.5 mm,Z 就为 -30.5,第一次切深为 0.8:30-0.8=29.2,所以螺纹第一次循环切削终点的坐标为(29.2,-31.5)单头螺纹,C 为 1,该螺纹的导程为 2,F 为 2
N430 X28.6Z-31.5 C1F2	第二次切深为 0.6:29.2-0.6=28.6,螺纹第二次循环切削终点的坐标为(28.6,-31.5)
N440 X28.2Z-31.5C1F2	第三次切深为 0.4:28.6-0.4=28.2,螺纹第三次循环切削终点的坐标为(28.2,-31.5)
N450 X28.04Z-31.5C1F2	第四次切深为 0.16:28.2-0.16=28.04,螺纹第四次循环切削终点的坐标为(28.04,-31.5)
N460 X28.04Z-31.5C1F2	光整加工螺纹,结束后,车刀在点 $W(50,-8)$
N470 G00X100M05M09	1. 退刀到坐标为(100,-8)处,主轴暂停,关闭冷却液管道 2. G82每次切削完后,要回到螺纹循环起点 W,所以 X 向退刀到 100 mm 处时,其 Z 坐标为(100,-8)
N480 Z80	再退刀,到换刀点(100,80)处

续表

程序段	含 义
N490 M00	
N500 T0303 S500M03M08	换三号切断刀(切刀宽4 mm),主轴正转,开冷却液管道
N510 G00X50Z-62	到点X(50,-62)
N520 X-0.5F30	切断
N530 G00X50 M05M09	退刀,主轴暂停,关闭冷却液管道
N540 X100Z80	再退刀,到换刀点(100,80)处
N550 M30	程序结束,回到程序首

(3)仿真加工。其步骤为:

①进入CZK-HNC22T操作界面。

②启动数控机床,并让机床处于非急停状态。

③操作机床回参考点。

④安装毛坯。安装尺寸为$\phi 48\times150$的毛坯,调整毛坯长度方向的尺寸,留足加工余量。

⑤安装刀具。

⑥录入程序。

⑦对刀。

⑧运行程序,加工零件。加工出来的零件图形,如图4.195所示。

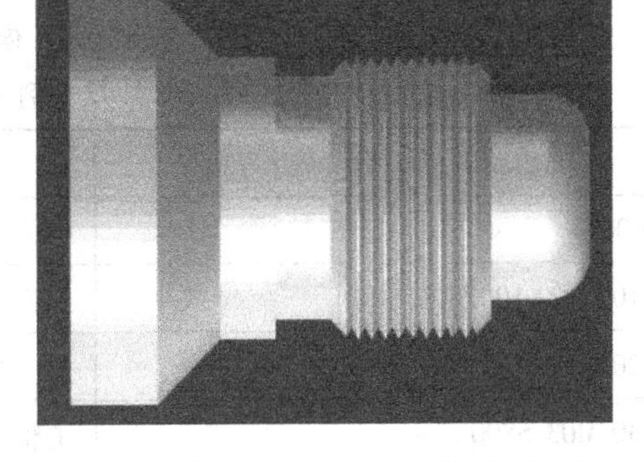

图4.195 例4.40仿真加工出来的零件图形

【自己动手4-55】 编制例4.40的程序,并进行仿真加工。

6.例4.41

(1)题意。如图4.196所示,编制该零件的程序,并进行仿真加工,其中:

①工艺条件。材质为45号钢。

②毛坯。直径为ϕ58 mm,长220 mm的棒料。

③刀具选用。四把刀:1号端面车刀,加工工件端面;2号外圆粗车刀,粗加工工件轮廓;3号外圆车刀,精加工工件轮廓;4号外圆螺纹车刀,加工导程为3 mm,螺距为1 mm的三头螺纹。

(2)程序。加工程序,见表4.42。

查表得:螺纹牙深(半径量)为0.649;螺纹分3次切削,其直径吃刀量分别为:0.7、0.4、0.2。

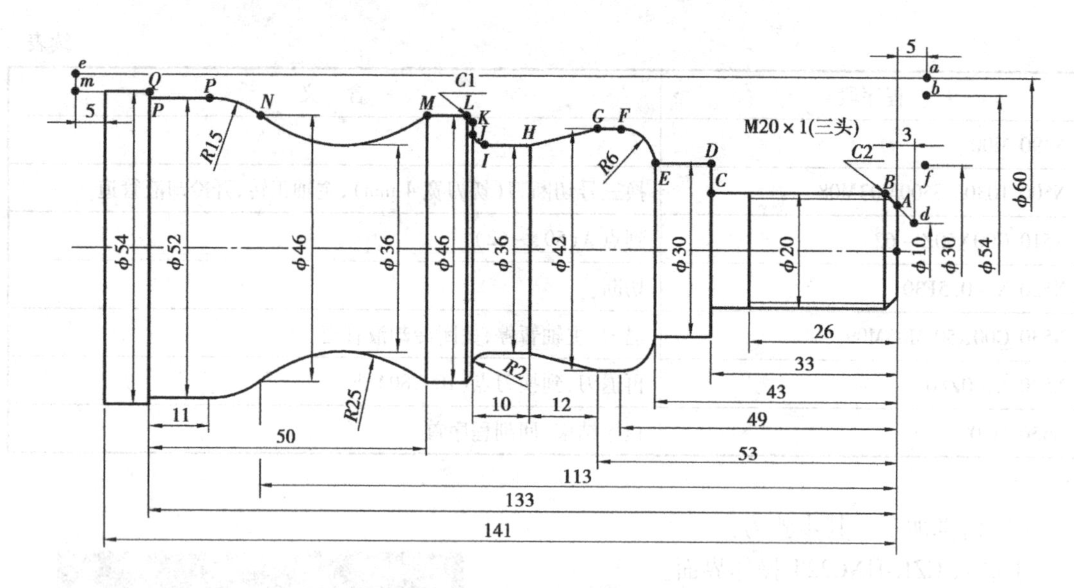

图 4.196　例 4.41 图样及编程轨迹

表 4.42　例 4.41 的仿真加参考程序

程序段	含　义
%0031	程序名
N10 G00X100Z80	到换刀点位置(100,80)
N20 T0101	换一号端面车刀
N30 M03 S800	主轴正转
N40 X60Z5 M08	到简单端面循环起点位置点 a(60,5)
N50 G81X0Z1.5F100	1. 简单端面循环,加工过长毛坯 2. 其循环路径为:从循环起点 a(60,5)开始、到切削起点 (60,1.5)、经切削终点 (0,1.5)、再到退刀点(0,5)、回到循环起点(60.5)
N60 G81 X0Z0	1. 简单端面循环,加工端面 2. 其循环路径为:从循环起点 a(60,5)开始、到切削起点 (60,0)、经切削终点 (0,0)、再到退刀点(0,5)、回到循环起点(60.5)
N70 G00 X100Z80 M05 M09	快速到换刀点位置(100,80)
N80 M00	程序暂停
N90 T0202	选二号外圆粗车刀
N100 M03 S900	
N110 G00 X60Z5 M08	到简单外圆循环起点位置点 a(60,5)

续表

程序段	含 义
N120 G80 X54Z－146F100	1. 简单外圆循环，加工过大毛坯 2. 其循环路径为：从循环起点（60，5）开始、到切削起点（54，5）、经切削终点（54，－146）、再到退刀点（60，－146）、回到循环起点（60.5）
N130 X54	到复合循环起点位置点 b(54，5)
N140 G71U1R1P190Q370E0.3	1. 有凹槽外径粗车复合循环 2. 切削深度（每次切削量）为1，每次退刀量为1 3. 精加工余量：0.3（X 方向的等高距离） 4. 精加工从 N190 开始，到 N370 结束 5. 粗加工后，车刀在循环起点 b(54，5)
N150 G00X100Z80 M05 M09	粗车复合循环结束后，快速到换刀点位置（100，80），主轴暂停
N160 M00	程序暂停
N170 T0303 M03 M08	换3号外圆精车刀，主轴正转，开冷却液管道
N180 G00 G42 X56Z3	到精加工起始点，加入刀尖圆弧半径补偿
N190 G01 X10F100	到点 d(10，3)（倒角 $C2$ 的延长线），精加工轮廓开始，精车开始的行号为 N190
N200 X20Z－2	精加工倒 2×45°的角，到点 B(20，－2)
N210 Z－33	精加工螺纹外径，到点 C(20，－33)
N220 X30	精加工 ϕ30 的右端面，到点 D(30，－33)
N230 Z－43	精加工 ϕ30 的外圆，到点 E(30，－43)
N240 G03X42Z－49R6F100	精加工 $R6$ 的圆弧（凸弧），到点 F(42，－49)
N250 G01Z－53F100	精加工 ϕ42 的外圆，到点 G(42，－53)
N260 X36Z－65	精加工下切锥面，到点 H(36，－65)
N270 Z－73	精加工 ϕ36 的外圆，到点 I(36，－73)
N280 G02X40Z－75R2	精加工 $R2$ 的圆弧（凹弧），到点 J(40，－75)
N290 G01X44	精加工 ϕ46 的右端面，到点 K(44，－75)
N300 X46Z－76	精加工倒 1×45°的角，到点 L(46，－76)
N310 Z－83	精加工 ϕ46 的外圆，到点 M(46，－83)
N320 G02Z－113R25	精加工 $R25$ 的圆弧（凹弧），到点 N(46，－113)
N330 G03X52Z－122R15	精加工 $R15$ 的圆弧（凸弧），到点 P(52，－122)
N340 G01Z－133	精加工 ϕ52 的外圆，到点 Q(52，－133)
N350 X54	精加工 ϕ52 的右端面，到点 R(54，－133)

续表

程序段	含 义
N360 Z-146	点 $m(54,-146)$
N370 G00 X56	退刀到点 $e(60,-146)$处,精车结束
N380 G00 G40 X100Z80 M05 M09	快速到换刀点位置(100,80),取消刀尖圆弧半径补偿
N390 M00	程序暂停
N400 T0404	换四号螺纹刀(切刀宽 4 mm)
N410 M03S200M08	主轴正转,开冷却液管道
N420 G00X30Z5	到简单螺纹循环起点 $f(30,5)$(升速段为 5 mm)
N430 G82X19.3Z-27.5R-3E1C3P120F3	1. 降速段 1.5 mm,Z 为 -27.5,第一次切深为 0.7:20-0.7=19.3,所以螺纹第一次循环切削终点的坐标为(19.3,-27.5) 2. 三头螺纹,C 为 3,该螺纹的导程为 3,F 为 3 3. 螺纹切削的退尾量:Z 向为 -3(向左退),X 向为 1(向外退)
N440 G82X18.9Z-27.5R-3E1C3P120F3	第二次切深为 0.4:19.3-0.4=18.9,螺纹第二次循环切削终点的坐标为(18.9,-27.5)
N450 G82X18.7Z-27.5R-3E1C3P120F3	第三次切深为 0.2:18.9-0.2=18.7,螺纹第三次循环切削终点的坐标为(18.7,-27.5)
N460G82X18.7 Z-27.5R-3E1C3P120F3	光整加工螺纹
N470 G00X100M05M09	1. 退刀到坐标为(100,5)处,主轴暂停,关闭冷却液管道 2. G82 每次切削完后,要回到螺纹循环起点 f,所以 X 向退刀到 100 mm 处时,其 Z 坐标为(100,5)
N480 Z80	再退刀,到坐标为(100,80)处
N490 M30	程序结束,回到程序首

(3)仿真加工。其步骤为:

①进入 CZK-HNC22T 操作界面。

②启动数控机床,并让机床处于非急停状态。

③操作机床回参考点。

④安装毛坯。安装尺寸为 $\phi54\times220$ 的毛坯,调整毛坯长度方向的尺寸,留足加工余量。

⑤安装刀具。

⑥录入程序。

⑦对刀。

⑧运行程序,加工零件。加工出来的零件图形,如图 4.197 所示。

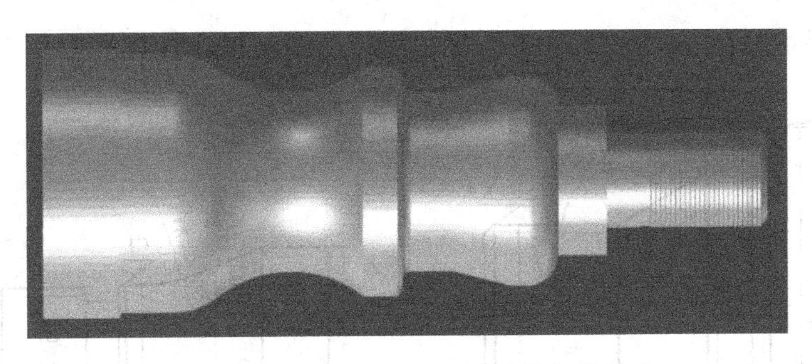

图 4.197　例 4.41 仿真加工出来的零件图形

【自己动手 4-56】　编制例 4.41 的程序，并进行仿真加工。

【自己动手 4-57】　如图 4.198 所示，编制程序，并进行仿真加工。

【自己动手 4-58】　如图 4.199 所示，编制程序，并进行仿真加工。

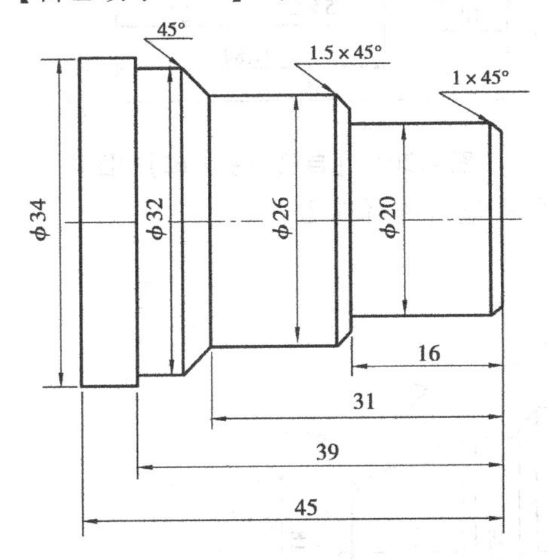

图 4.198　【自己动手 4-57】的图样

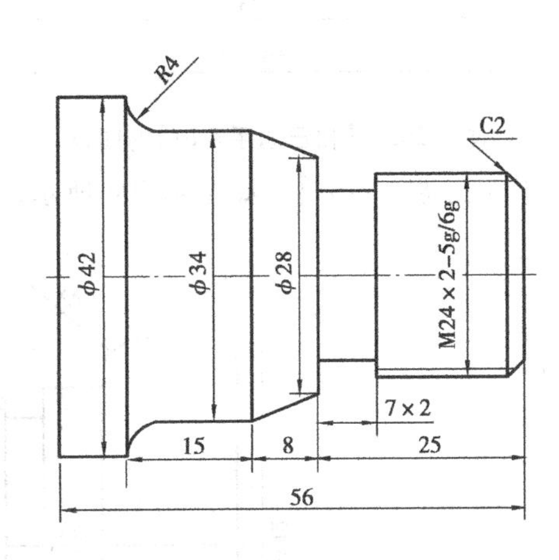

图 4.199　【自己动手 4-58】的图样

【自己动手 4-59】　如图 4.200 所示，编制程序，并进行仿真加工。

【自己动手 4-60】　如图 4.201 所示，编制程序，并进行仿真加工。

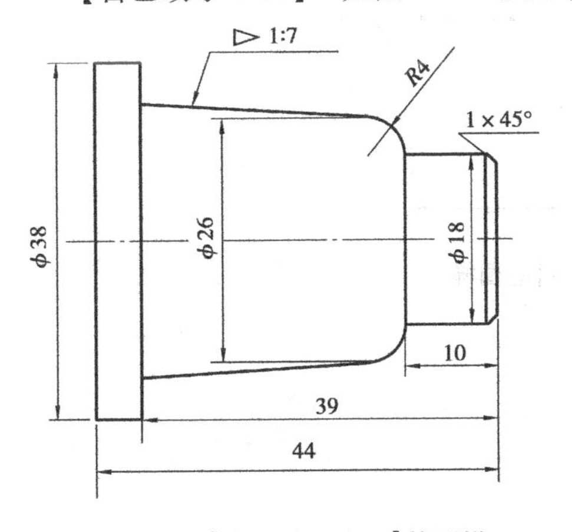

图 4.200　【自己动手 4-59】的图样

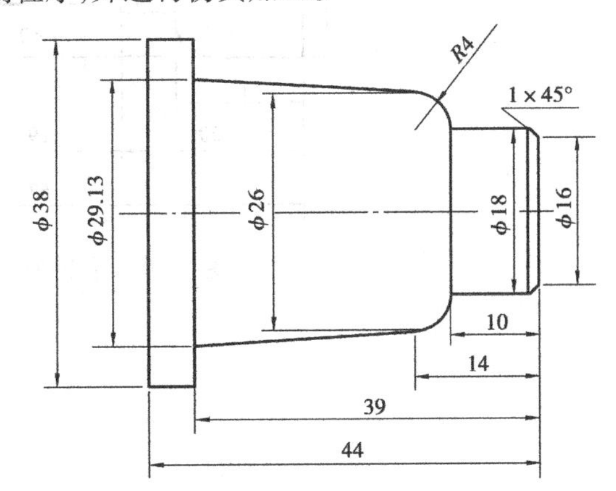

图 4.201　【自己动手 4-60】的图样

【自己动手 4-61】　如图 4.202 所示，编制程序，并进行仿真加工。

【自己动手4-62】 如图4.203所示,编制程序,并进行仿真加工。

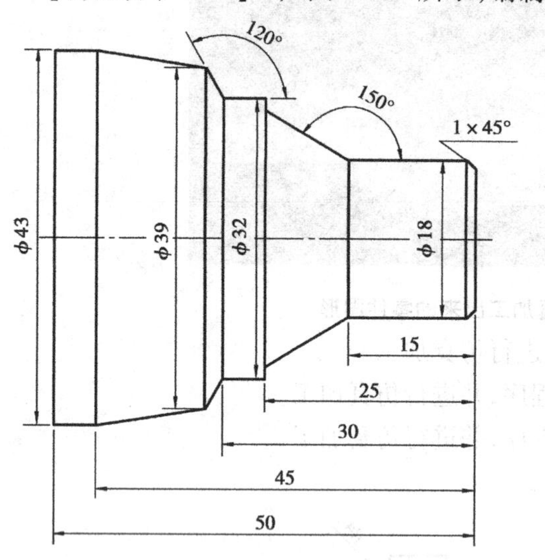

图4.202 【自己动手4-61】的图样

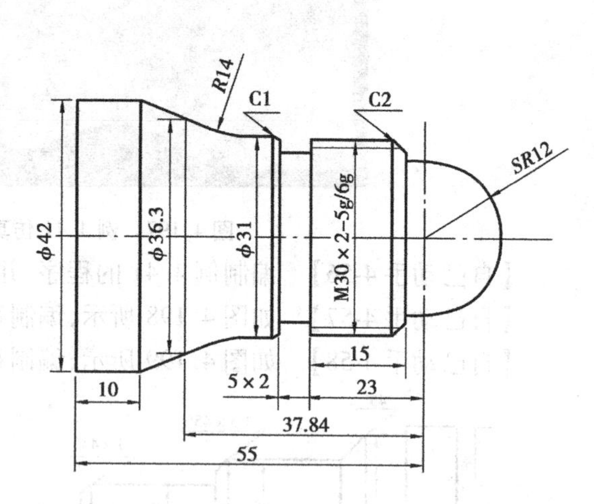

图4.203 【自己动手4-62】的图样

【自己动手4-63】 如图4.204所示,编制程序,并进行仿真加工。

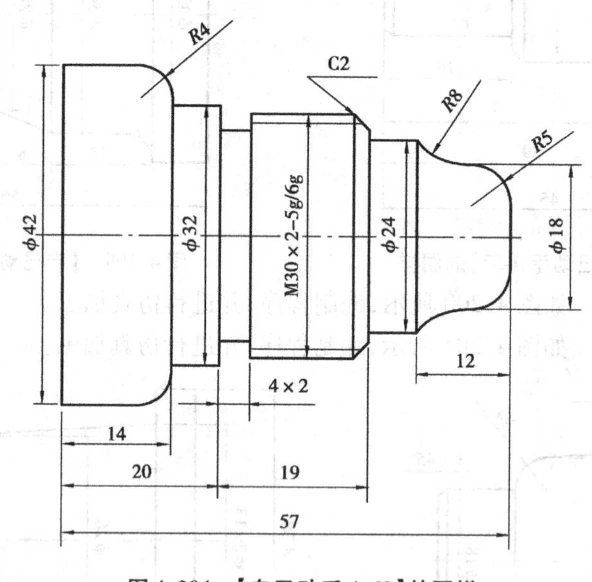

图4.204 【自己动手4-63】的图样

参考文献

[1] 袁宗杰. 数控仿真技术实用教程[M]. 北京:清华大学出版社,2007.
[2] 李均. 数控车编程与仿真加工[M]. 重庆:重庆大学出版社,2007.
[3] 付琳. 金属切削加工(三)——数控车削[M]. 重庆:重庆大学出版社,2007.
[4] 张超英. 数控车床[M]. 北京:化学工业出版社.
[5] 广州数控 GSK928TC/TE 车床数控系统产品说明书.
[6] 广州数控 GSK980TD 车床数控系统产品说明书.
[7] CZK 数控车床系列使用手册. 广州超软科技有限公司.